有 机 化 学

主 编 李 梅
副主编 曹 力

哈尔滨工程大学出版社

内 容 简 介

全书共分 10 章,第 1 章为绪论;第 2 至 4 章介绍烃的结构、命名及性质,包括烷烃、烯烃、炔烃和芳香烃;第 5 至 8 章是烃的衍生物——卤代烃及含氧化合物(醇、酚、醚、醛酮和羧酸及其衍生物);第 9 章为有机含氮化合物;第 10 章为杂环化合物。各章强调官能团的结构与性能的关系,重点阐明重要反应的基本原理,突出有机化学的实际应用;每章均附思考题和习题,有利于加强学生的探索性和自主性学习。

本书可作为高等院校非化学、化工类专业少学时的有机化学课程的教材或参考书。

图书在版编目(CIP)数据

有机化学/李梅主编. —哈尔滨:哈尔滨工程
大学出版社,2014.1(2019.1 重印)
ISBN 978 - 7 - 5661 - 0764 - 0

Ⅰ.①有… Ⅱ.①李… Ⅲ.①有机化学 Ⅳ.①O62

中国版本图书馆 CIP 数据核字(2014)第 022337 号

出版发行　哈尔滨工程大学出版社
社　　址　哈尔滨市南岗区南通大街 145 号
邮政编码　150001
发行电话　0451 - 82519328
传　　真　0451 - 82519699
经　　销　新华书店
印　　刷　北京中石油彩色印刷有限责任公司
开　　本　787mm×1 092mm　1/16
印　　张　15.25
字　　数　386 千字
版　　次　2014 年 2 月第 1 版
印　　次　2019 年 1 月第 3 次印刷
定　　价　33.00 元
http://www.hrbeupress.com
E-mail:heupress@ hrbeu.edu.cn

前　言

　　本书是根据普通高等院校非化学、化工类专业对有机化学基本要求进行编写的。本书在整体上以简明为特点,但对典型反应的反应机理作了较细致的介绍和讨论。本书在安排上力求内容的系统性和知识的条理性;以基本理论、基本概念和基本反应为核心,突出结构与性质的内在关系,对知识点的介绍循序渐进,符合认知规律;重点突出,基本内容覆盖面宽而不杂。以各类化合物的基本性质、基本反应、变化规律为主线,着重强调官能团的结构与性能的关系。本书适用于普通高等院校非化学、化工专业(如核化工与核燃料工程、给排水专业、环境工程、环境科学、生物工程)、教学学时少(40~60学时)的有机化学教材,也可作为其他相关专业的教学参考书。

　　本书由李梅编写第1章、第2章、第6至10章,曹力编写第3至5章。由李梅负责制定编写大纲、统稿和定稿。

　　本书的编写参阅了国内外的有机化学教材,在此对这些教材的作者表示衷心的感谢!

　　感谢课题组各位老师和研究生的大力支持和帮助!

　　由于编者学识水平所限,书中疏漏之处在所难免,恳请广大读者给予批评指正。

编　者

2013年12月

目　录

第1章 绪 论

1.1 有机化合物和有机化学

有机化合物在组成上都含有碳元素(如酒精、醋酸、油脂、糖等化合物),因此,有机化合物被定义为含碳的化合物。有机化合物除了碳、氢元素外,有的还会有氧、氮、硫、磷、氯等一些元素。一些具有典型无机化合物性质的含碳化合物,如二氧化碳、碳酸盐、金属氰化物(如氰化钠)等,一般不列入有机化合物讨论。通常,有机化合物都含有碳和氢两种元素,从结构上考虑,可将碳氢化合物看做有机化合物的母体,而将其他的有机化合物看做是碳氢化合物分子中的氢原子被其他原子或基团直接或间接取代后生成的衍生物,因此,有机化合物也可以定义为碳氢化合物及其衍生物。所以,有机化学是研究碳化合物的化学,或者说是研究碳氢化合物及其衍生物的化学。

有机化合物与人们生活密切相关,衣、食、住、行都离不开有机化合物。脂类、蛋白质和碳水化合物三大类重要食物是有机化合物;木材、煤、天然气和石油是有机化合物;橡胶、纸张、棉花、羊毛和蚕丝也是有机化合物;尤其现在的合成纤维、合成橡胶、合成塑料、各种药物、添加剂、染料以及化妆品几乎都是有机化合物。可以说,有机化合物是人类日常生活中一刻也离不开的必需品。

有机化学是一门基础科学,是化学学科的一个重要分支,是研究有机化合物的组成、结构、性质及其变化规律的科学。它是有机化学工业(生产有机化合物的工业)的理论基础,与经济建设和国防建设密切相关,不论是化学工业、能源工业、材料工业,还是国防工业的发展,都离不开有机化学的成就。同时,有机化学的基本原理对于掌握和发展其他学科也是必不可少的。尤其是生物学已发展到分子生物学、遗传工程学的领域,作为生命现象的物质基础的蛋白质就是天然高分子有机化合物。有机化物的研究对揭开蛋白质结构的奥秘、探索生命现象是有重要意义的。

1.2 有机化合物的特性

有机化合物和无机化合物虽然没有截然不同的界线,但其研究的对象有机化合物与无机化合物在性质上存在着一定的差异。除少数例外,一般有机化合物都含有碳和氢两种元素,因此容易燃烧,生成二氧化碳和水,同时放出大量的热量。大多数无机化合物,如酸、碱、盐、氧化物等都不能燃烧。因而有时采用灼烧试验可以区别有机物和无机物。

在室温下,绝大多数无机化合物都是高熔点的固体,而有机化合物通常为气体、液体或低熔点的固体。例如,氯化钠和丙酮的相对分子质量相当,但二者的熔、沸点相差很大(见

表1.1）。大多数有机化合物的熔点一般在400 ℃以下,而且它们的熔、沸点随着相对分子质量的增加而逐渐增加。一般来说,纯粹的有机化合物都有固定的熔点和沸点。因此,熔点和沸点是有机化合物的重要物理常数,人们常利用熔点和沸点的测定来鉴定有机化合物。

表1.1 氯化钠和丙酮的熔沸点

化合物	相对分子质量	熔点 / ℃	沸点 / ℃
氯化钠(NaCl)	58.44	801	1 413
丙酮(CH₃COCH₃)	58.08	−95.35	56.2

无机化合物大多易溶于水,不易溶于有机溶剂,而有机化合物一般在水中的溶解度都很小,但易溶于极性小的或非极性的有机溶剂(如乙醚、苯、烃、丙酮等)中。无机反应是离子型反应,一般反应速度都很快。如酸碱中和反应是在瞬间完成的。有机反应大部分是分子间的反应,反应过程中包括共价键旧键的断裂和新键的形成,所以反应速度比较慢。一般需要几小时,甚至几十小时才能完成。为了加速有机反应的进行,常采用加热、光照、搅拌或加催化剂等措施。

有机化合物的分子大多是由多个原子结合而成的复杂分子,所以在有机反应中,反应中心往往不局限于分子的某一固定部位,常常可以在不同部位同时发生反应,因此在有机反应中,除了生成主要产物以外,还常常有副产物生成。

同分异构现象是有机化学中极为普遍而又很重要的问题,也是造成有机化合物数目繁多的主要原因之一。所谓同分异构现象是指具有相同分子式,但结构不同,从而性质各异的现象。例如,乙醇和甲醚,分子式均为C_2H_6O,但它们的结构不同,因而物理和化学性质也不相同。乙醇和甲醚互为同分异构体。由于在有机化学中普遍存在同分异构现象,故在有机化学中不能只用分子式来表示某一有机化合物,必须使用构造式或构型式。

1.3 分子结构和结构式

分子是由组成的原子按照一定的排列顺序,相互影响相互作用而结合在一起的整体,这种排列顺序和相互关系称为分子结构。由于分子内原子间的相互影响相互作用的结果,分子的性质不仅决定于组成元素的性质和数量,而且也决定于分子的结构。

分子的结构通常用结构式表示。结构式是表示分子结构的化学式,一般使用的结构式有路易斯电子结构式、短线式、缩简式和键线式,见表1.2。

表1.2 有机化合物常用的结构式

化合物	路易斯式	短线式	缩简式	键线式
丁烷	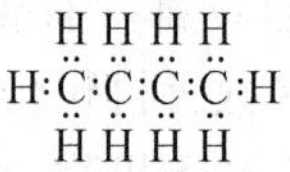 H∶C∶C∶C∶C∶H	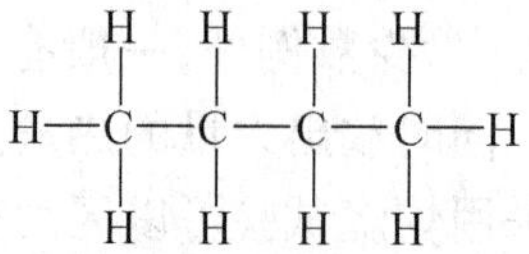 H—C—C—C—C—H	CH₃CH₂CH₂CH₃	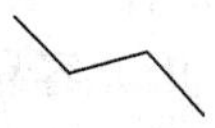

表 1.2(续)

化合物	路易斯式	短线式	缩简式	键线式
1-丁烯	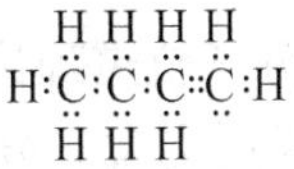	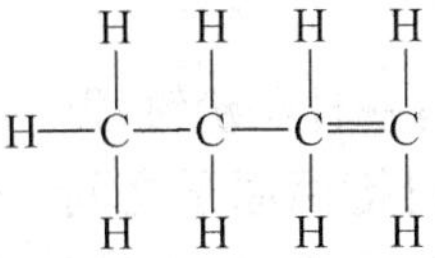	$CH_3CH_2CH=CH_2$	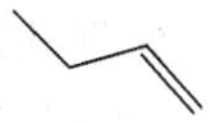
正丁醇	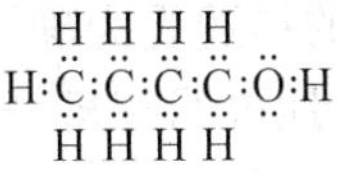	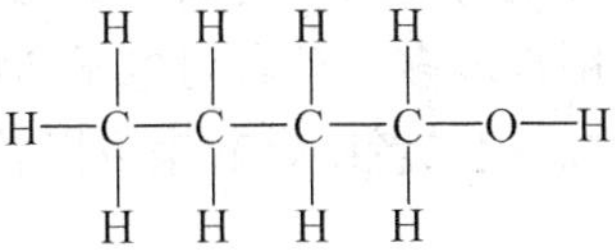	$CH_3CH_2CH_2CH_2OH$	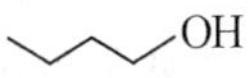
乙醚	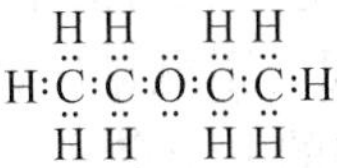	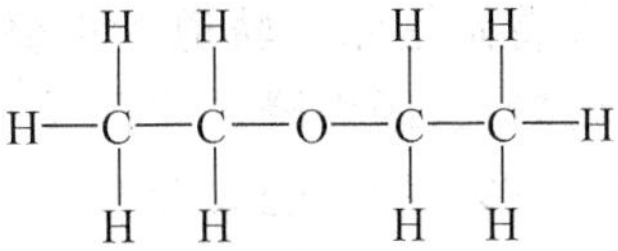	$CH_3CH_2OCH_2CH_3$	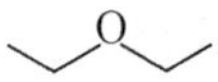
丁酮	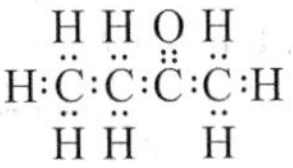	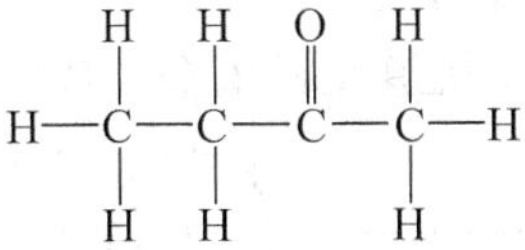	$CH_3CH_2COCH_3$	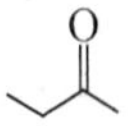
环丁烷	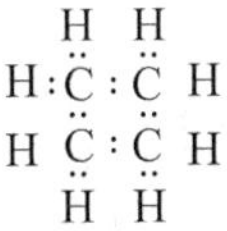	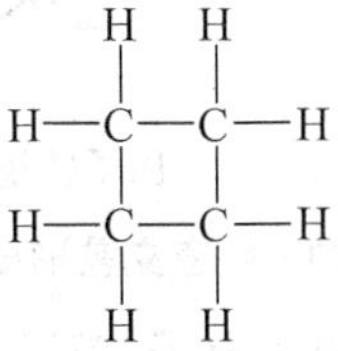	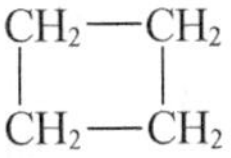 CH_2-CH_2 / CH_2-CH_2	
苯	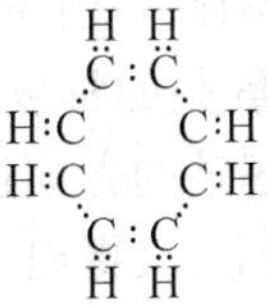	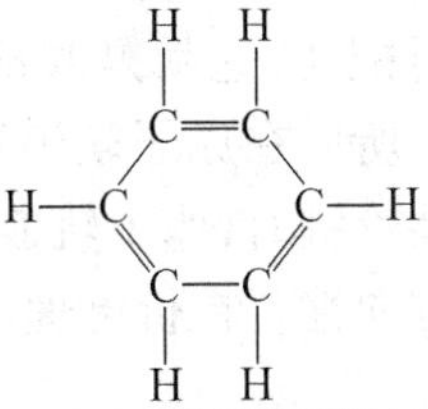	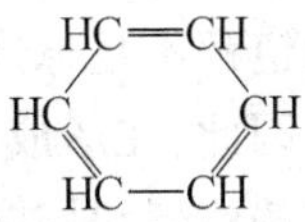	

路易斯电子结构式是用一对电子表示一个共价键,短线式是用一根短线表示一个共价键;缩简式是将碳碳、碳氢之间的键线省略,双键、三键保留下来;键线式是省略碳、氢元素符号,只写碳碳键,相邻碳碳键之间的夹角画成120°。当官能团含有碳原子时,则该碳原子作为官能团的一部分仍需写出,如表 1.2 中的丁酮所示。另外,上面所说的结构和书写的结构式严格来说是不太确切的。分子结构通常包括组成分子的原子彼此之间的连接顺序,以及各原子在空间的相对位置,即分子结构包括分子的构造、构型和构象(将在以后各章节中讨论)。二分子中原子间的连接顺序称为构造,故上面所书写的表示分子构造的化学式,称为构造式。

1.4 共价键

在有机化合物分子中,主要的、典型的化学键是共价键,以共价键结合是有机化合物分子基本的、共同的结构特征,所以,了解和熟悉有机化合物分子的共价键,是研究和掌握有机化合物的结构与性质之间辩证关系的关键。

1.4.1 共价键的形成

处理共价键的问题常用是两种理论:一种是价键理论,一种是分子轨道理论。价键理论是从"形成共价键的电子只处于形成共价键两原子之间"的定域观点出发。分子轨道理论是以"形成共价键的电子是分布在整个分子之中"的离域观点为基础的。前者形象直观易理解,在处理有机化合物分子结构时用得较多。后者对电子离域的描述更为确切,多用于处理具有明显离域现象的有机分子结构。把二者结合起来可以较好地说明有机分子的结构。

1. 价键理论

价键理论认为,共价键的形成可以看做是原子轨道的重叠或电子配对的结果。原子轨道重叠后,在两个原子核间电子云密度较大,因而降低了两核之间的正电排斥,增加了两核对负电的吸引,使整个体系的能量降低,形成稳定的共价键。成键的电子定域在两个成键原子之间。如果两个原子各有一个未成对的电子,并且自旋方向相反,其原子轨道就可重叠形成一个共价键。例如,两个氢原子的1s轨道互相重叠生成氢分子(图1.1)。

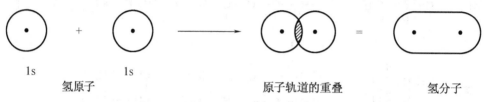

图1.1 氢原子的 s 轨道交盖形成氢分子

在形成共价键时,一个原子有几个未成对电子,就可以和几个自旋方向相反的电子配对成键,不再与多于它的未成对的电子进行配对,这就是共价键的饱和性。由于除 s 轨道外,其他成键的原子轨道都不是球形对称的,所以在原子轨道重叠时,重叠的程度越大,所形成的共价键越牢固。因此,在形成稳定的共价键时,原子轨道只能沿键轴的方向进行重叠才能达到最大程度的重叠,这就是共价键的方向性。在价键理论的基础上,又提出了杂化轨道的概念,它是价键理论的延伸和发展。

2. 杂化轨道理论

如前所述,原子能够通过共用未成对电子彼此成键,每个键包含两个自旋反平行的电子。已知碳原子是第二周期第四主族元素。基态时,核外电子排布为:$1s^2 2s^2 2p_x^1 2p_y^1 2p_z^0$,碳原子只有两个未成对电子。碳原子应是两价的。但大量事实都证实,在有机化合物中碳原子都是四价的,而且在饱和化合物中,碳的四价都是等同的。为了解决这类矛盾,1931 年,L. Pauling 和 J. C. Slater 提出了原子轨道杂化,不仅对碳原子是四价作出了合理的解释,而且还解释了有机化合物和无机化合物的许多问题,如甲烷、乙烯和乙炔等分子的结构问题。

杂化轨道理论认为,碳原子在成键的过程中首先要吸收一定的能量,使 2s 轨道的一个电子跃迁到 2p 空轨道中,形成碳原子的激发态:

激发态的碳原子具有四个单电子,因此碳原子为四价的。

　　碳原子在成键时,原子轨道(一个 2s 轨道和三个 2p 轨道)可以"混合起来"进行"重新组合"形成能量等同的新轨道,称为杂化轨道。杂化轨道的能量比 2s 轨道的能量略高,但低于 2p 轨道的能量。这种由不同类型的轨道混合起来重新组合成新轨道的过程,叫做"轨道的杂化"。杂化轨道的数目等于参加组合的原子轨道的数目。

　　碳原子轨道的杂化有三种形式:一个 2s 轨道和三个 2p 轨道进行杂化,称为 sp^3 杂化;一个 2s 轨道和两个 2p 轨道杂化,称为 sp^2 杂化;一个 2s 轨道和一个 2p 轨道杂化,称为 sp 杂化。下面分别进行讨论。

　　(1)碳原子轨道的 sp^3 杂化

　　碳原子在成键的过程中首先要吸收一定的能量,使 2s 轨道的一个电子跃迁到 2p 空轨道中,然后 2s 轨道和三个 2p 轨道杂化,形成四个能量相等的新轨道,叫做 sp^3 杂化轨道,这种杂化方式叫做 sp^3 杂化。如图 1.2 所示。

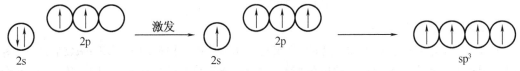

图 1.2 碳原子的 sp^3 杂化

　　sp^3 杂化轨道的形状及能量既不同于 2s 轨道,又不同于 2p 轨道,它含有 1/4 的 s 成分和 3/4 的 p 成分,如图 1.3(a)所示。四个 sp^3 杂化轨道是有方向性的,任意两个 sp^3 轨道对称轴之间的夹角均为 109.5°,如图 1.3(b)所示。

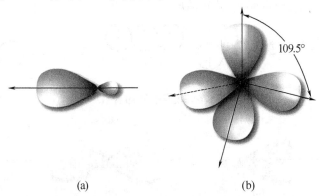

(a)　　　　　　　　　　　(b)

图 1.3 碳原子的 sp^3 杂化轨道

　　通常将进行了 sp^3 轨道杂化的碳原子称为 sp^3 杂化碳原子,烷烃分子中的碳原子均为 sp^3 杂化碳原子。

　　(2)碳原子轨道的 sp^2 杂化

　　碳原子用一个 2s 轨道和两个 2p 轨道进行杂化,重新组合成三个能量等同的杂化轨道,称 sp^2 杂化,如图 1.4 所示。sp^2 杂化轨道的形状与 sp^3 杂化轨道相似[图 1.5(a)],sp^2 杂化轨道中含有 1/3 的 s 成分和 2/3 的 p 成分,这三个 sp^2 杂化轨道的对称轴在同一平面上,彼此之间的夹角为 120°[图 1.5(b)]。

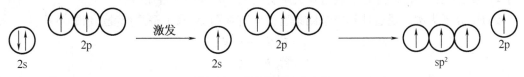

图 1.4 碳原子的 sp^2 杂化

碳原子未参与杂化的一个2p轨道,它的对称轴垂直于三个 sp^2 杂化轨道对称轴所在的平面。通常将进行 sp^2 轨道杂化的碳原子称为 sp^2 杂化碳原子,与双键相连的碳原子一般是 sp^2 杂化碳原子。

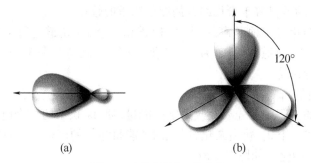

图1.5 碳原子的 sp^2 杂化

（3）碳原子轨道的 sp 杂化

一个2s轨道和一个2p轨道重新组合成两个能量相同、伸展方向相反的杂化轨道,称 sp 杂化,如图1.6所示。sp 杂化轨道的形状与 sp^3,sp^2 杂化轨道的形状相似[图1.7(a)],sp 杂化轨道含有 1/2 的 s 成分和 1/2 的 p 成分,两个 sp 杂化轨道对称轴在一条直线上,互呈180°夹角(图1.7b)。碳原子两个未参与杂化的2p轨道,其对称轴不仅互相垂直,而且都垂直于 sp 杂化轨道对称轴所在的直线。通常将进行 sp 轨道杂化的碳原子称为 sp 杂化碳原子,以三键相连的碳原子一般是 sp 杂化碳原子。

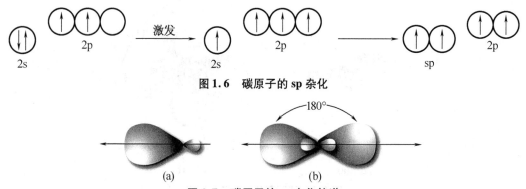

图1.6 碳原子的 sp 杂化

图1.7 碳原子的 sp 杂化轨道

3. 分子轨道理论

美国化学家莫利肯（R. S. Mulliken）和德国化学家洪特（F. Hund）提出了一种新的共价键理论——分子轨道理论(Molecular Orbital Theory),该理论在现代共价键理论中占有很重要的地位。分子轨道理论是从分子的整体出发去研究分子中每一个电子的运动状态,认为形成化学键的电子是在整个分子中运动的,通过薛定谔方程的解,可以求出描述分子的电子运动状态的波函数 Ψ。实际求解波函数 Ψ 是很困难的。通常只能用近似方法,最常用的是原子轨道线性组合法,即把分子轨道看成是所属原子轨道的线性组合。

以 H_2 分子为例。通过计算求解结果所得的直观图形,来了解共价键形成的过程。

$$\Psi_1 = C_1 \Psi_A + C_2 \Psi_B$$
$$\Psi_2 = C_1 \Psi_A - C_2 \Psi_B$$

其中,Ψ_1,Ψ_2 是 H_2 分子轨道;Ψ_A,Ψ_B 是 H_A,H_B 原子的原子轨道;C_1,C_2 是系数。如图

1.8 所示。

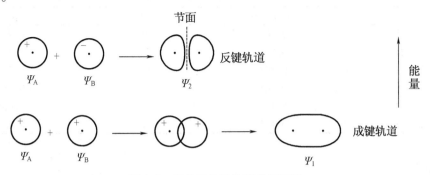

图 1.8　氢分子轨道的形成示意图

由图 1.9 可见,成键 Ψ_1 的轨道的能量低于 H 原子的 1S 态电子的能量;反键的轨道 Ψ_2 的能量则高于 H 原子的 1S 态电子的能量。电子在分子轨道的填充原则依然遵从核外电子排布的能量最低原理和洪特规则。所以氢原子形成氢分子时,一对自旋相反的电子进入能量低的成键轨道 Ψ_1 时,体系的能量大大降低。

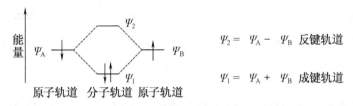

图 1.9　氢原子形成氢分子的轨道能级图

原子轨道组成分子轨道必须满足下面的三个原则:

(1)组成分子轨道的原子轨道的符号(即位相)必须相同,才能匹配组成分子轨道;否则就不能组成分子轨道,即对称匹配的原则。

(2)成键的原子轨道的能量相近、能量差愈小愈好,这样才能够有效地组成分子轨道,即能量接近原则。

(3)对称性匹配的两个原子轨道进行线性组合时,其重叠程度愈大,则组合成的分子轨道的能量愈低,所形成的化学键愈牢固,即最大重叠原则。

在上述三条原则中,对称性匹配原则是首要的,它决定原子轨道有无组合成分子轨道的可能性。能量近似原则和轨道最大重叠原则是在符合对称性匹配原则的前提下,决定分子轨道组合效率的问题。

虽然分子轨道理论对共价键的描述更为确切,但由于价键理论的定域描述比较直观,易于理解,因此在有机化学中使用较多的还是价键理论。只有在一些具有明显离域的体系中才使用分子轨道理论。

1.4.2　共价键的属性

在有机化学中,经常用到的键参数有键长、键能、键角和键的极性(偶极矩),这些物理量可用来表征共价键的性质,它们可利用近代物理方法测定。

1. 键长

形成共价键的两个原子核之间的平均距离称为键长。一般说来,形成的共价键越短,表示键越强,越牢固。一些常见的共价键键长见表 1.3。

表1.3 一些常见共价键的键长

键	键长/nm	键	键长/nm
C—H	0.109	C—I	0.212
O—H	0.096	C—C	0.154
N—H	0.103	C—N	0.147
C—F	0.141	C—O	0.143
C—Cl	0.177	C=C	0.134
C—Br	0.191	C≡C	0.120

2. 键角

两价以上的原子与其他原子成键时,两个共价键之间的夹角称为键角。例如:

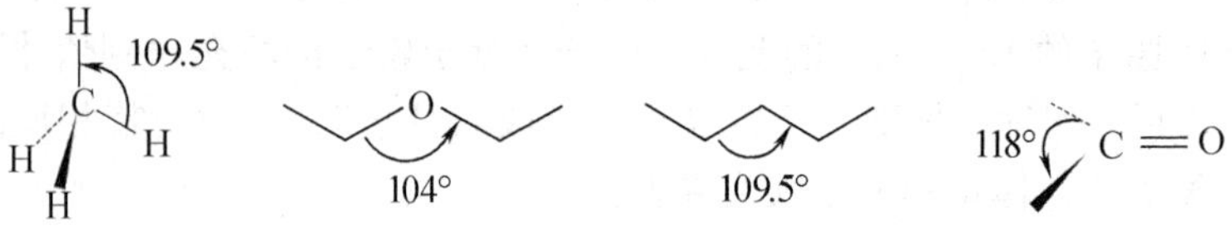

甲烷　　　　　　乙醚　　　　　　戊烷　　　　　　甲醛

键角反映了分子的空间结构,键角的大小与成键的中心原子有关,也随着分子结构的不同而改变,因为分子中各原子或基团是相互影响的。

3. 键能

键能表示共价键的牢固程度。当 A 和 B 两个原子(气态)结合生成 A-B 分子(气态)时,放出的能量称为键能。

$$A(气态) + B(气态) \rightarrow A-B(气态)$$

显然,要使 1 mol A-B 双原子分子(气态)离解为原子(气态)时,所需要的能量叫做A-B键的离解能,以符号 D(A-B) 表示。对于双原子分子,A-B 键的离解能就是它的键能。键的离解能和键能单位通常用 $kJ \cdot mol^{-1}$ 表示。对于多原子的分子,键能一般是指同一类共价键的离解能的平均值。一般说来,键能的大小反映了共价键的强度,键能越大,表示键越牢固。一些常见共价键的键能见表1.4。

表1.4 一些常见共价键的键能

共价键	键能/$kJ \cdot mol^{-1}$	共价键	键能/$kJ \cdot mol^{-1}$
C—H	414	C—I	218
O—H	464	C—C	347
N—H	389	C—N	305
C—F	485	C—O	360
C—Cl	339	C=C	611
C—Br	285	C≡C	837

4. 键的极性、分子的极性和诱导效应

(1) 键的极性

键的极性是由于成键的两个原子之间的电负性差异而引起的。当两个不相同的原子形成共价键时,由于电负性的差异,电子云偏向电负性较大的原子一方,使正、负电荷重心不能重合,电负性较大的原子带有微弱的负电荷(用δ−表示),电负性较小的原子带有微弱的正电荷(用δ+表示),这种键叫做极性共价键。共价键的极性大小可用偶极矩(键矩)μ来表示。

$$\mu = q \cdot d$$

式中,q 为正、负电荷中心所带的电荷值(库仑 C);d 是正、负电荷间的距离(m);偶极矩 μ 的法定单位为 C·m(库仑·米)。偶极矩是矢量,有方向性,一般用表示由正端指向负端。例如:

$$\overset{\delta+}{H}\!-\!\overset{\delta-}{Cl} \qquad H\!-\!Cl \qquad \mu = 3.57 \times 10^{-30}\ C\cdot m$$

(2)分子的极性

分子的极性在双原子分子中,共价键的极性就是分子的极性。但对多原子的分子来说,分子的极性不仅取决于键的极性,还取决于分子的结构。偶极矩为零的分子是非极性分子;偶极矩不等于零的分子是极性分子。偶极矩越大,分子的极性就越强。例如:

$$\mu = 0 \qquad \mu = 6.47 \times 10^{-30}\ C\cdot m \qquad \mu = 3.28 \times 10^{-30}\ C\cdot m$$

CCl_4 是非极性分子,而 CH_3Cl 和 CH_2Cl_2 是极性分子,CH_3Cl 的偶极矩大于 CH_2Cl_2 的偶极矩,因此,CH_3Cl 分子的极性强于 CH_2Cl_2 分子。

(3)诱导效应

在多原子分子中,当两个直接相连原子的电负性不同时,由于电负性较大的原子吸引电子能力强,不仅两原子之间的电子云密度偏向电负性较大的原子(用——表示电子云密度的"偏移"),使之带有部分负电荷(用δ−表示),与之相连的原子则带有部分正电荷(用δ+表示),而且这种影响沿着分子链诱导传递,使与电负性较大原子间接相连的原子受到一定的影响。但这种影响随着分子链的增长而迅速减弱。例如,在1−氯戊烷分子中:

$$\underset{5}{CH_3}\!-\!\underset{4}{CH_2}\!-\!\overset{\delta\delta\delta+}{\underset{3}{CH_2}}\!-\!\overset{\delta\delta+}{\underset{2}{CH_2}}\!-\!\overset{\delta+}{\underset{1}{CH_2}}\!-\!\overset{\delta+}{Cl}$$

由于氯原子的电负性比碳原子大,C—Cl之间电子云密度偏向氯原子,氯原子带有部分负电荷(δ−),C_1 带有部分正电荷,C_1 和 C_2 比,由于 C_1 带有部分正电荷,它吸引电子使 C_1—C_2 之间的电子云密度产生一定的"偏移",使 C_2 上也带有很少的正电荷(δδ+),同样依次影响的结果,C_3 上也带有部分正电荷(δδδ+)。像1−氯戊烷这样,由于分子内成键原子的电负性不同,而引起分子中电子云密度分布不平均,且这种影响沿分子链静电诱导传递下去,这种分子内原子间相互影响的电子效应,称为诱导效应(Inductive Effect),通常用I表示。

比较各种原子或原子团的诱导效应时,常以氢原子为标准。吸引电子能力(电负性较大)比氢原子强的原子或原子团有吸电子的诱导效应(负的诱导效应),用−I表示,整个分子的电子云偏向取代基。吸引电子的能力比氢原子弱的原子或原子团具有给电子的诱导效应(正的诱导效应),用+I表示,整个分子的电子云偏离取代基。

具有 –I 效应的原子或基团的相对强度如下：

对同族元素

$$—F > —Cl > —Br > —I$$

对同周期元素

$$—F > —OR > —NR_2$$

具有 +I 效应的基团主要是烷基，其相对强度如下：

$$(CH_3)_3C— > (CH_3)_2CH— > CH_3CH_2— > CH_3—$$

在诱导效应中，一般用箭头"——"表示电子移动的方向，表示电子云的分布发生了变化。诱导效应是一种短程的电子效应，一般间隔三个化学键诱导效应的影响就很小了。需要注意的是诱导效应只改变键内电子云密度分布，并不改变键的本性。

诱导效应根据所处的环境还可以分为静态诱导效应和动态诱导效应。静态诱导效应是静态分子中所表现出的内在固有的诱导效应。在化学反应中，极性试剂进攻分子的反应中心，从而改变成键电子的电子云分布状况，这种诱导效应属于动态诱导效应。

1.4.3 共价键的断裂和有机化学反应的类型

有机分子之间发生反应，其本质就是这些分子中某些共价键的断裂和新共价键的形成。

1. 共价键的断裂

共价键的断裂有两种方式，一种方式是均裂，另一种方式是异裂。共价键断裂时，成键的一对电子平均分给两个原子或原子团，这种断裂方式称为均裂。均裂生成的带单电子的原子或原子团称为自由基或游离基。自由基通常用"·"表示。均裂反应一般要在光照条件或高温加热下进行。

$$—\overset{|}{\underset{|}{C}}:L \xrightarrow{\text{均裂}} —\overset{|}{\underset{|}{C}}· + L·$$
$$\text{碳自由基}$$

共价键断裂时，成键的一对电子保留在一个原子上。这种断裂方式称为异裂。异裂有以下两种情况：

$$—\overset{|}{\underset{|}{C}}^+ + L:^- \xleftarrow{\text{异裂}} —\overset{|}{\underset{|}{C}}:L \xrightarrow{\text{异裂}} —\overset{|}{\underset{|}{C}}:^- + L^+$$
$$\text{碳正离子} \qquad\qquad\qquad \text{碳负离子}$$

共价键发生异裂产生的是正、负离子。如果成键两原子之一为碳原子时，异裂可以生成碳正离子和碳负离子。异裂一般需要酸、碱催化或在极性物质存在的条件下进行。

2. 有机反应类型

根据共价键的断裂方式，有机反应分为两大类，即游离基反应和离子型反应。共价键均裂生成游离基而引发的反应称为游离基反应；共价键异裂生成离子而引发的反应称为离子型反应。离子型反应根据反应试剂是亲电试剂还是亲核试剂，又可分为亲电反应和亲核反应。亲电反应又可再分为亲电加成反应和亲电取代反应；亲核反应也可再分为亲核加成反应和亲核取代反应。

1.4.4 有机化学反应的活泼中间体

在有机化学中，只要一个反应包括一个以上的基元反应，则至少包含一个活泼中间体。

这些活泼中间体的产生,再由它们生成最终产物。因此,活泼中间体是研究有机合成和反应历程的重要部分。有机活泼中间体种类很多,主要包括自由基、碳正离子、碳负离子等,它们是化学反应中在反应物转变为产物的过程中生成的具有高反应活性的中间物种,其存在时间极短,一般不能游离存在。

1. 碳自由基

在自由基反应中,共价键发生均裂生成自由基。多数碳自由基或烷基自由基是近似平面构型的,带有单电子的碳原子是 sp^2 杂化态,未成对的单电子处于未参与 sp^2 杂化的 2p 轨道中,该轨道与 sp^2 杂化所在的平面垂直。但是,随着与碳原子相连接的原子或基团的不同,碳自由基的构型可不同程度地偏离平面三角形。

碳自由基的稳定性顺序为

$$3° \ C· > 2° \ C· > 1° \ C· > H_3C·$$

2. 碳正离子

在离子型反应中,共价键异裂可生成碳正离子和碳负离子。碳正离子与自由基一样,是一个活泼的中间体。碳正离子有一个正电荷,最外层有 6 个电子。带正电荷的碳原子以 sp^2 杂化轨道与其他三个原子或原子团结合形成三个 σ 键,3 个 σ 键与碳原子处于同一个平面。碳原子未成键的 p 轨道与这个平面垂直。碳正离子是平面结构。它们稳定性的一般规律为

$$3° \ C^+ > 2° \ C^+ > 1° \ C^+ > H_3C^+$$

碳正离子越稳定,能量越低,形成越容易。

3. 碳负离子

简单的烷基碳负离子,其负电中心碳原子是 sp^3 杂化,三个 sp^3 杂化轨道与其他三个原子的轨道形成三个 σ 键,未共用电子对占据一个 sp^3 杂化轨道,烷基碳负离子具有四面体构型。这类碳负离子的稳定性顺序(按荷负电原子类型)为

$$3° \ C^- < 2° \ C^- < 1° \ C^- < H_3C^-$$

1.5 有机化学中的酸碱理论

有机化学中的酸碱理论是理解有机反应的最基本的概念之一,目前广泛应用于有机化学的是布朗斯特(J. N. Brönsted)酸碱质子理论和路易斯(G. N. Lewis)酸碱电子理论。

1.5.1 酸碱质子理论

丹麦化学家布朗斯特和英国化学家劳里于 1923 年分别提出了酸碱质子理论,又称为布朗斯特 – 劳里酸碱质子理论。布朗斯特认为,凡是能给出质子的分子或离子都是酸;凡是能与质子结合的分子或离子都是碱。酸失去质子,剩余的基团就是它的共轭碱;碱得到质子,生成的物质就是它的共轭酸。例如,醋酸溶于水的反应可表示如下:

$$CH_3COOH + H_2O \Longrightarrow CH_3COO^- + H_3O^+$$

在正反应中,CH_3COOH 是酸,CH_3COO^- 是它的共轭碱;H_2O 是碱,H_3O^+ 是它的共轭酸。对逆反应来说,H_3O^+ 是酸,H_2O 是它的共轭碱;CH_3COO^- 是碱,CH_3COOH 是它的共轭酸。在共轭酸碱中,一种酸的酸性愈强,其共轭碱的碱性就愈弱,因此,酸碱的概念是相对的,某一物质在一个反应中是酸,而在另一反应中可以是碱。例如,H_2O 对 CH_3COO^- 来说是酸,

而 H_2O 对 NH_4^+ 则是碱：

$$H_2O + CH_3COO^- \Longleftrightarrow CH_3COOH + OH^-$$
$$\text{酸} \qquad \text{碱} \qquad \text{(共轭酸)(共轭碱)}$$

$$H_2O + NH_4^+ \Longleftrightarrow H_3O^+ + NH_3$$
$$\text{碱} \qquad \text{酸} \qquad \text{(共轭酸)(共轭碱)}$$

酸的强度取决于它给出质子的倾向,容易给出质子的是强酸;不易给出质子的是弱酸。通常用离解平衡常数 K_a 或 pK_a 表示,K_a 值越大或 pK_a 值越小,表示酸性越强。碱的强度取决于它接受质子的倾向,容易接受质子的是强碱;不易接受质子的是弱碱。通常用 K_b 或 pK_b 表示,K_b 值越大或 pK_b 值越小,表示碱性越强。在水溶液中,酸的 pK_a 与共轭碱的 pK_b 之和为14。即:碱的 $pK_b = 14 -$ 共轭酸的 pK_a。在酸碱反应中,总是较强的酸把质子传递给较强的碱。

1.5.2　酸碱电子理论

布朗斯特酸碱理论仅限于得失质子,而路易斯酸碱理论着眼于电子对,认为酸是能接受外来电子对的电子接受体,碱是能给出电子对的电子给予体。因此,酸和碱的反应可用下式表示:

$$A + :B \Longleftrightarrow A:B$$

上式中,A 是路易斯酸,它至少有一个原子具有空轨道,例如,H^+,Ag^+ 具有接受电子对的能力,在有机反应中常称为亲电试剂;B 是路易斯碱,它至少含有一对未共用电子对,例如,NH_3 和 OH^- 具有给予电子对的能力,在有机反应中常称为亲核试剂。酸和碱反应生成的 AB 叫做酸碱加合物。一些常见的路易斯酸碱如下所示。

路易斯酸:BF_3,$AlCl_3$,$FeCl_2$,$SnCl_4$,$LiCl$,$MgCl_2$,H^+,R^+,Ag^+ 等。

路易斯碱:H_2O,NH_3,CH_3NH_2,CH_3OH,CH_3OCH_3,X^-,OH^-,CN^-,RO^-,R^-,ROH,RNH_2,ROR,$CH_2 = CHR$ 和某些芳香化合物等。

路易斯碱与布朗斯特碱两者没有多大区别,但路易斯酸要比布朗斯特酸概念广泛得多。路易斯酸碱与布朗斯特酸碱在有机化学中均有重要用途。

1.6　有机化合物的分类

有机化合物数量庞大,而且还在不断地合成和发现新的有机化合物。为了系统地进行研究,严格的、科学的分类是非常必要的。同时,由于结构理论的建立和分析仪器的发展也为科学的分类确立了基础,提供了手段。有机化合物的结构与其性质密切相关,因此,有机化合物按其分子结构通常采用两种分类方法,一种是按有机分子的碳架特征不同分类,一种是按官能团分类。

1.6.1　按有机分子的碳架分类

根据碳架不同,一般可将有机化合物分为以下几类。

1. 开链化合物

在开链化合物中,碳原子互相结合形成链状。因为这类化合物最初是从脂肪中得到的,所以又称脂肪族化合物。其中碳原子之间可以通过单键、双键或三键相连。例如：

$$CH_3CH_2CH_2CH_3 \qquad CH_3CH_2CH=CH_2 \qquad CH_3C\equiv C \qquad CH_3CH_2CH_2OH$$

丁烷　　　　　　丁烯　　　　　　丙炔　　　　　丙醇

2. 碳环化合物

碳环化合物分子中含有由碳原子组成的碳环。它们又可分为三类：

（1）脂环族化合物

分子中的碳原子连接成环状,其化学性质与脂肪族化合物相似。如：

环丙烷　　环丁烷　　环戊烷　　环己烯　　环己烷　　1,3-环戊二烯

（2）芳香族化合物

这类化合物中大多数都含有芳环结构,其性质不同于开链化合物和脂环化合物,而具有"芳香性"。例如：

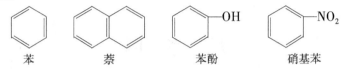

苯　　　　　萘　　　　　苯酚　　　　硝基苯

（3）杂环化合物

在这类化合物分子中,组成环的元素除碳原子以外还含有其他元素的原子(如氧、硫、氮),这些原子通常称为杂原子。如：

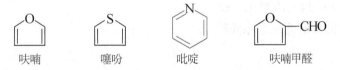

呋喃　　　　噻吩　　　　吡啶　　　呋喃甲醛

1.6.2 按有机化合物不同官能团分类

官能团是分子中比较活泼而又易起化学反应的原子或基团,它决定化合物的主要化学性质。含有相同官能团的化合物在化学性质上基本是相同的。因此,只要研究该类化合物中的一个或几个化合物的性质后,即可了解该类其他化合物的性质,因此,将它们归为一类,按官能团进行研究和学习是比较方便的。常见重要的官能团见表1.5。

表 1.5　一些常见的重要官能团

化合物类别	化合物举例	官能团构造	官能团名称
烯烃	$CH_2=CH_2$	C=C	双键
炔烃	$CH\equiv CH$	$-C\equiv C-$	三键
卤代烃	C_2H_5-X	X(F, Cl, Br, I)	卤基(卤原子)
醇和酚	C_2H_5-OH, C_6H_5-OH	$-OH$	羟基
醚	$C_2H_5-O-C_2H_5$	C—O—C	醚键

表 1.5（续）

化合物类别	化合物举例	官能团构造	官能团名称
醛	$CH_3\overset{\|\|}{\underset{O}{C}}-H$	$-\overset{\|\|}{\underset{O}{C}}-H$	醛基
酮	$CH_3\overset{\|\|}{\underset{O}{C}}-CH_3$	$(C)-\overset{\|\|}{\underset{O}{C}}-(C)$	酮基
羧酸	$CH_3\overset{\|\|}{\underset{O}{C}}-OH$	$-\overset{\|\|}{\underset{O}{C}}-OH$	羧基
腈	CH_3-CN	$-CN$	氰基
胺	CH_3-NH_2	$-NH_2$	氨基
硝基化合物	CH_3-NO_2	$-NO_2$	硝基
硫醇	C_2H_5-SH	$-SH$	巯基
磺酸	$C_2H_5-SO_3H$	$-SO_3H$	磺(酸)基

思 考 题

1.有机化合物一般具有什么特点？

2.由 CO_2 和 H_2O 分子的键角和立体形状说明，为什么 CO_2 分子的偶极矩 $\mu=0$，而 H_2O 分子的偶极矩 $\mu=6.14\times10^{-30}$ C·m？

3.键能和键的离解能概念相同吗？

习 题

一、按要求选择正确答案，并作简要说明。

1.在人类已知的化合物中，品种最多的一类化合物是（　　　）

A.过渡元素化合物　　　　　　　　　B.第Ⅱ族元素化合物

C.第Ⅲ族元素化合物　　　　　　　　D.第Ⅳ族元素化合物

2.下列化合物中，具有偶极矩的分子是（　　　）。

A. BF_3 　　　　　B. CO_2 　　　　　C. CCl_4 　　　　　D. CH_3OH

3.下列化合物中，分子的偶极矩最小的是（　　　）。

A. 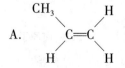 　　　　　　　　　B.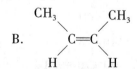

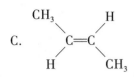

C.

D.

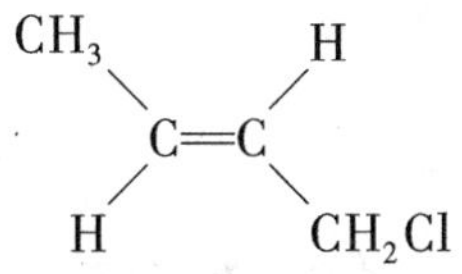

4. 下列物种中,属于路易斯酸的是(　　)。

A. $AlCl_4^-$　　　　　　B. NH_3　　　　　　C. BF_3　　　　　　D. H_2O

5. 炔烃分子中碳碳三键上的两个 π 键是由(　　)形成的。

A. sp^3 轨道　　　B. sp^2 轨道　　　　C. sp 轨道　　　　D. p 轨道

二、按由大到小的顺序,预测并排列下列各组化合物的指定特性,说明理由

1. 下列烃类化合物

A. CH_3CH_3　　　B. $CH_2=CH_2$　　　C. $CH≡CH$　　　D. C_6H_6

碳碳键键长的相对顺序为＿＿＿＿＞＿＿＿＿＞＿＿＿＿＞＿＿＿＿。

2. 根据元素的电负性,下列共价键

A. C－F　　　　　B. C－Br　　　　　C. C－O　　　　　D. C－N

极性强弱的相对顺序为＿＿＿＿＞＿＿＿＿＞＿＿＿＿＞＿＿＿＿。

三、根据化学键的杂化理论,指出下列化合物中标有 ＊ 的碳原子的轨道杂化状态

1. 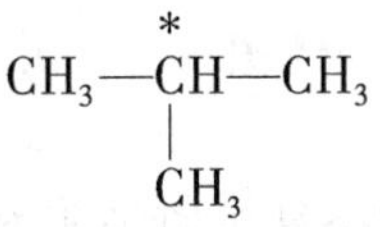 CH_3－$\overset{*}{CH}$－CH_3
   　　　　|
   　　　CH_3

2. 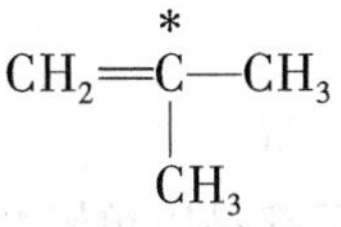 CH_2＝$\overset{*}{C}$－CH_3
   　　　　　|
   　　　　CH_3

3. $CH_3CH_2\overset{*}{C}≡CH$

4. $CH_2=\overset{*}{C}=CHCH_3$

四、用箭头表示下列结构中键的极性,并指出分子偶极矩的方向。

1.

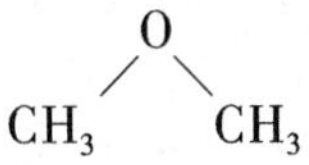

2.

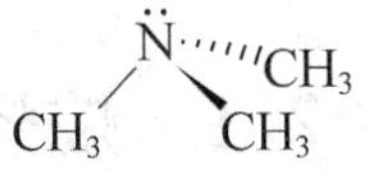

3.

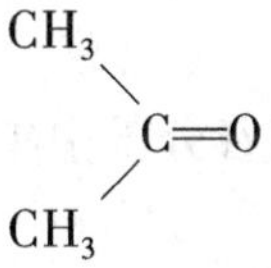

4.

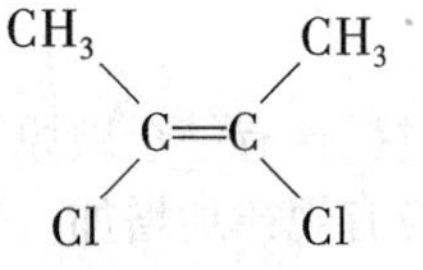

第2章 饱 和 烃

分子中只含有碳和氢两种元素的有机化合物称为碳氢化合物,简称烃。烃分子中的氢原子被其他原子或基团直接或间接取代后,生成的有机化合物可以看成是烃的衍生物。所以一般认为烃是有机化合物的母体。

烃的种类很多,根据烃分子中碳原子的连接方式,可大体分类如下:

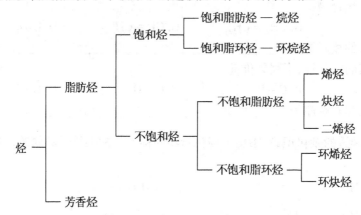

饱和烃分子中的碳原子都是以单键相连,碳原子的其余价键完全被氢原子所饱和。饱和烃分子中的碳原子以开链连接成直链或分叉链的称为烷烃;碳原子相互连接成环状结构的称为环烷烃。烷烃和环烷烃具有相似的性质,故在一章中进行讨论。

2.1　烷烃的构造异构

最简单的烷烃是甲烷,含有一个碳原子和四个氢原子。其他烷烃随着分子中碳原子数的增加,氢原子数也相应有规律地增加。例如:

$$CH_4 \quad CH_3CH_3 \quad CH_3CH_2CH_3 \quad CH_3CH_2CH_2CH_3 \quad CH_3CH_2CH_2CH_2CH_3$$
甲烷　　乙烷　　　丙烷　　　　丁烷　　　　　　戊烷

结构相似,在组成上相差一个或几个 CH_2 的一系列化合物称为同系列。同系列中的各个化合物互为同系物,相邻同系物之间的差 CH_2 叫做同系差。同系列是有机化学中的普遍现象,同系列中各个同系物(特别是高级同系物)具有相似的结构和性质。但值得注意,同系列中的第一个化合物,由于其构造与同系列中的其他成员有较大的差别,往往又表现出某些特征性。

甲烷、乙烷和丙烷只有一种结构,但含有四个或四个以上碳原子的烷烃不止一种。例如,含有四个碳原子的烷烃(C_4H_{10})有以下两种结构:

$$CH_3—CH_2—CH_2—CH_3 \qquad CH_3—\overset{\overset{\displaystyle CH_3}{|}}{CH}—CH_3$$

正丁烷　　　　　　　　　　异丁烷

很明显,这两种丁烷结构上的差异是由于分子中碳原子连接方式不同而产生的,我们把分子式相同而构造式不同所产生的同分异构现象叫做构造异构;这种由于碳链的构造不同而产生的同分异构现象又称做碳链异构。很显然,随着分子中碳原子数的增加,碳原子间就有更多的连接方式,异构体的数目明显增加,见表2.1。

表 2.1 烷烃的构造异构体的数目

碳原子数	异构体数目	碳原子数	异构体数目
1~3	1	8	18
4	2	9	35
5	3	10	75
6	5	15	4 347
7	9	20	366 319

如烷烃分子式为 C_7H_{16} 具有如下 9 种同分异构体:

$CH_3CH_2CH_2CH_2CH_2CH_3$	$CH_3CHCH_2CH_2CH_2CH_3$ $\quad\quad\mid$ $\quad\quad CH_3$	$CH_3CH_2CHCH_2CH_2CH_3$ $\quad\quad\quad\mid$ $\quad\quad\quad CH_3$
庚烷	2 - 甲基己烷	3 - 甲基己烷
$CH_3CH-CHCH_2CH_3$ $\quad\quad\mid\quad\mid$ $\quad\quad CH_3\ CH_3$	$CH_3CHCH_2CHCH_3$ $\quad\quad\mid\quad\quad\mid$ $\quad\quad CH_3\quad CH_3$	$CH_3CH_2CHCH_2CH_3$ $\quad\quad\quad\mid$ $\quad\quad\quad C_2H_5$
2,3 - 二甲基戊烷	2,4 - 二甲基戊烷	3 - 乙基戊烷
$\quad\quad CH_3$ $\quad\quad\mid$ $CH_3CCH_2CH_2CH_3$ $\quad\quad\mid$ $\quad\quad CH_3$	$\quad\quad\quad CH_3$ $\quad\quad\quad\mid$ $CH_3CH_2CCH_2CH_3$ $\quad\quad\quad\mid$ $\quad\quad\quad CH_3$	$H_3C\ \ CH_3$ $\quad\mid\quad\mid$ $CH_3-CHCCH_3$ $\quad\quad\quad\mid$ $\quad\quad\quad CH_3$
2,2 - 二甲基戊烷	3,3 - 二甲基戊烷	2,2,3 - 三甲基丁烷

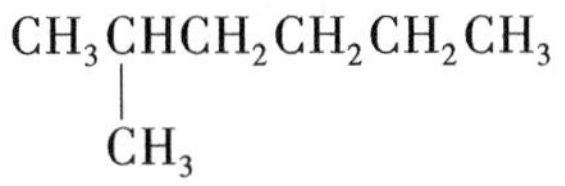

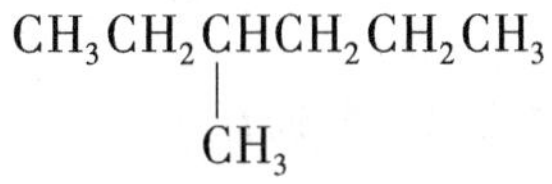

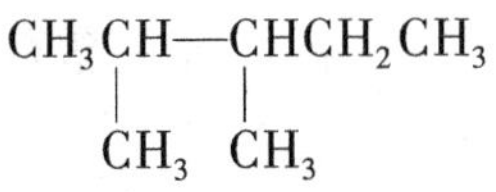

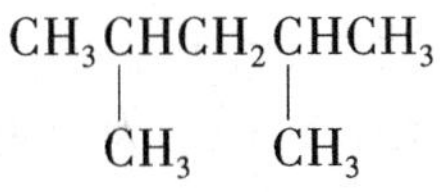

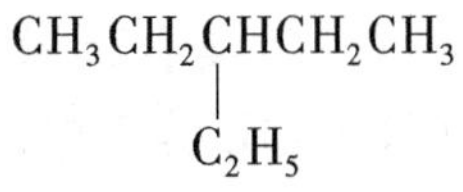

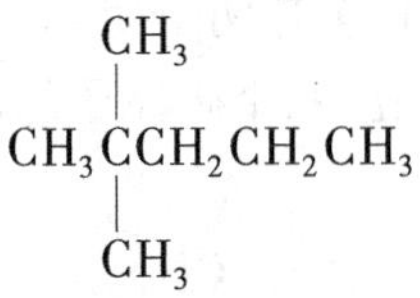

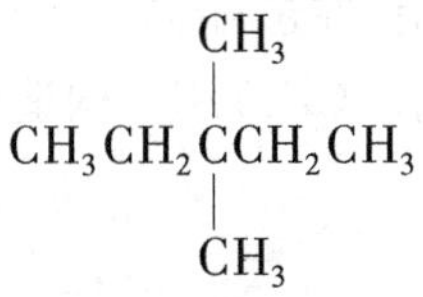

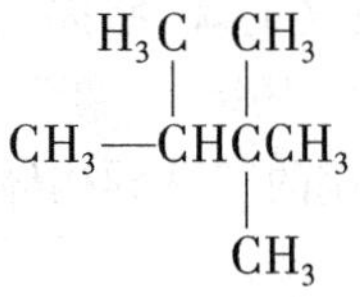

上面烷烃分子中碳原子的连接方式不同。在有机分子中碳原子分别与一个碳原子、两个碳原子、三个碳原子、四个碳原子相连,我们把它叫做伯(一级)碳原子、仲(二级)碳原子、叔(三级)碳原子、季(四级)碳原子,分别用 1°,2°,3°,4° 表示。例如:

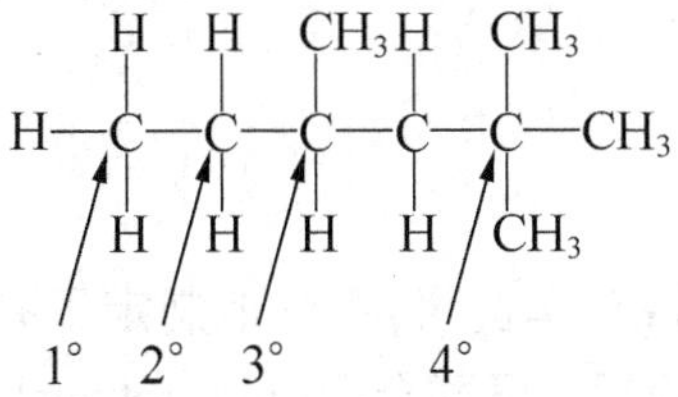

氢原子与伯(一级)碳原子、仲(二级)碳原子、叔(三级)碳原子相连而分别称为第一、第二、第三氢原子或称为伯、仲、叔氢原子。不同类型的氢原子的活泼性不同。

2.2 烷烃的命名

2.2.1 烷基的命名

烷烃分子中去掉一个氢原子后余下的一价基团叫烷基。烷基通式为 C_nH_{2n+1}，通常用 R—表示。烷基的名称由相应的烷烃命名。常见烷基如下：

$$CH_3— \qquad CH_3CH_2— \qquad CH_3CH_2CH_2— \qquad (CH_3)_2CH—$$
甲基 $\qquad$ 乙基 $\qquad$ 丙基 $\qquad$ 异丙基

$$CH_3CH_2CH_2CH_2— \qquad (CH_3)_2CHCH_2— \qquad CH_3CH_2CH(CH_3)—$$
丁基 $\qquad$ 异丁基 $\qquad$ 仲丁基

$$(CH_3)_3C— \qquad (CH_3)_2CHCH_2CH_2— \qquad (CH_3)_3CCH_2—$$
叔丁基 $\qquad$ 异戊基 $\qquad$ 新戊基

2.2.2 普通命名法

(1)根据分子中碳原子的数目称"某烷"。碳原子数在十以内时,用天干字甲、乙、丙、丁、戊、己、庚、辛、壬、癸表示;碳原子数在十个以上时,则以十一、十二、十三等数目字表示。例如：$CH_3(CH_2)_6CH_3$ 为辛烷,$CH_3(CH_2)_{12}CH_3$ 为十四烷。

(2)为了区别烷烃的异构体,直链烷烃称"正"某烷;在链端第二个碳原子上连有一个甲基且无其他支链的烷烃,称"异"某烷;在链端第二个碳原子上连有两个甲基且无其他支链的烷烃,称"新"某烷。"新"专指具有$(CH_3)_3C—$构造的含有五、六个碳原子的烷烃。

例如,戊烷的三种异构体如下：

$$CH_3CH_2CH_2CH_2CH_3 \qquad CH_3\underset{\underset{CH_3}{|}}{C}HCH_2CH_3 \qquad CH_3\underset{\underset{CH_3}{|}}{\overset{\overset{CH_3}{|}}{C}}CH_3$$

正戊烷 $\qquad\qquad$ 异戊烷 $\qquad\qquad$ 新戊烷

普通命名法只能适用比较简单的烷烃,对于结构比较复杂的烷烃,一般采用系统命名法进行命名。

2.2.3 系统命名法

1892 年在日内瓦召开了国际化学会议,系统地制定了有机化合物的命名法,叫做日内瓦命名法。后来由国际纯粹和应用化学联合会(International Union of Pure and Applied Cheristry,简写 IUPAC)作了几次修订,简称为 IUPAC 命名法。我国参考这个命名法的原则结合汉字的特点制定了我国的系统命名法。1980 年对我国的系统命名进行增补和修订,公布了《有机化学命名原则》。直链烷烃的系统命名法与普通命名法相同,只是把"正"字取消。而对于带有支链的烷烃则看做是直链烷烃的烷基衍生物,其命名原则如下：

(1)在分子中选择一个最长的碳链作主链,根据主链所含的碳原子数叫做某烷。如下面的化合物主链含有 6 个碳原子,称己烷。主链以外的其他烷基看做主链上的取代基,同一

分子中若有两条以上等长的主链时,则应选取分支最多的碳链作主链。例如:

$$CH_3CH_2CH_2—CH—CH_2—CH_3$$
$$CH—CH_3$$
$$CH_3$$

a

$$CH_3CH_2CH_2—CH—CH_2—CH_3$$
$$CH—CH_3$$
$$CH_3$$

b

主链的选择有两种方式,方式 b 主链上有两条支链,而方式 a 主链上只有一条,因此主链的正确的选择是方式 b。

(2)由距离支链最近的一端开始,将主链上的碳原子用阿拉伯数字进行编号。将支链的位置和名称写在母体名称的前面,阿拉伯数字和汉字之间必须加一半字线隔开。例如:

$$\underset{6}{C}H_3\underset{5}{C}H_2\underset{4}{C}H_2—\underset{3}{C}H—CH_2—CH_3$$
$$\underset{2}{C}H—CH_3$$
$$\underset{1}{C}H_3$$

2 - 甲基 - 3 - 乙基己烷

(3)如果含有几个相同的取代基时,要把它们合并起来。取代基的数目用二、三、四……表示,写在取代基的前面,其位次必须逐个注明,位次的数字之间要用逗号隔开。例如:

$$CH_3CH_2CH_2—CH—CH—CH_3$$
$$CH_3 \quad CH_3$$

2,3 - 二甲基己烷

(4)当主链中含有几个不同取代基时,取代基排列的顺序,按"次序规则"所定的"较优"基团列在后面。

次序规则:

a. 各种取代基或官能团按其第一个原子的原子序数大小排列,原子序数大当然为"较优"基团。若为同位素,则质量高的定为"较优"基团。几种常见原子的优先次序为:I > Br > Cl > S > P > O > N > C > H。

b. 如果两个基团的第一个原子相同,则比较与之相连的第二个原子,原子序数大者为"较优"基团,以此类推。比较时,按原子序数排列,先比较各组中原子序数最大者,若仍相同,再依次比较第二个、第三个。若仍相同,则沿取代基链逐次比较。如"较优"顺序:

$$(CH_3)_3C— > (CH_3)_2CH— > CH_3CH_2— > CH_3—$$

c. 双键或三键基团,可以分解为连有两个或三个相同原子。"较优"顺序:

$$—C≡CH > —CH=CH_2 > (CH_3)_2CH—$$

d. 若原子的键不到四个(氢除外),可以补加原子序数为零的假想原子(其顺序排在最后),使之达到四个。如—NH_2 的孤对电子即为假想原子。

按照次序规则,烷基的优先次序为:叔丁基 > 异丁基 > 异丙基 > 丁基 > 丙基 > 乙基 > 甲基。

$$CH_3CHCH_2CHCH_2CH_3$$
$$CH_3 \quad C_2H_5$$

2 - 甲基 - 4 - 乙基己烷

(5)当主链上有几个取代基,并有几种编号的可能时,应当选取取代基具有"最低系列"

的那种编号。

所谓"最低系列"指的是碳链以不同方向编号,得到两种或两种以上的不同编号的系列,则逐次比较各系列的不同位次,最先遇到的位次最小者,定为"最低系列"。例如:

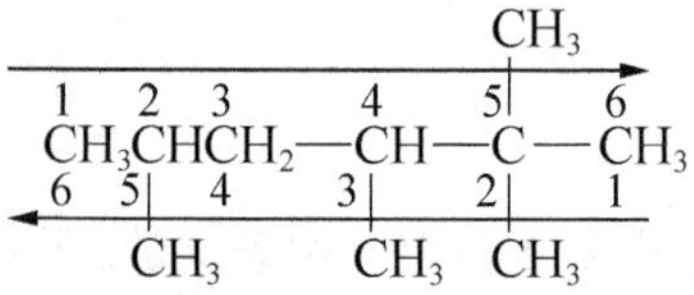

$$CH_3CHCH_2-CH-C-CH_3$$

2,2,3,5-四甲基己烷

上述化合物有两种编号方法,从右向左编号,取代基的位次为 2,2,3,5;从左向右编号,取代基的位次为 2,4,5,5。逐个比较每个取代基的位次,第一个均为 2,第二个取代基编号分别为 2 和 4,因此主链应该从右向左编号。例如:

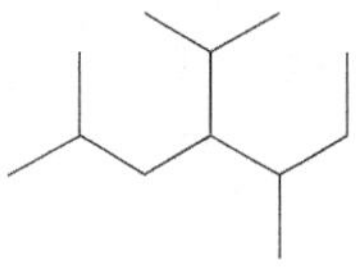

$$CH_3-CH_2-CH-CH-CH-CH-CH_3$$

2,5-二甲基-4-异丙基庚烷 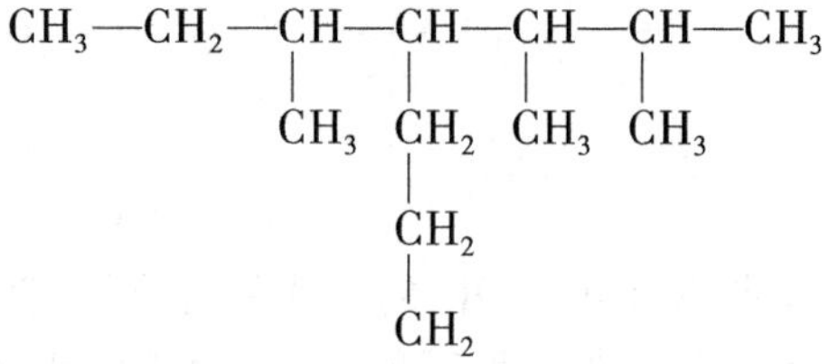   2,3,5-三甲基-4-丙基庚烷

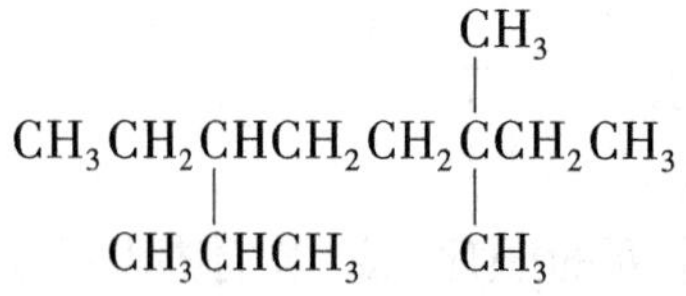

$$CH_3CH_2CHCH_2CH_2CCH_2CH_3$$

2,6,6-三甲基-3-乙基辛烷 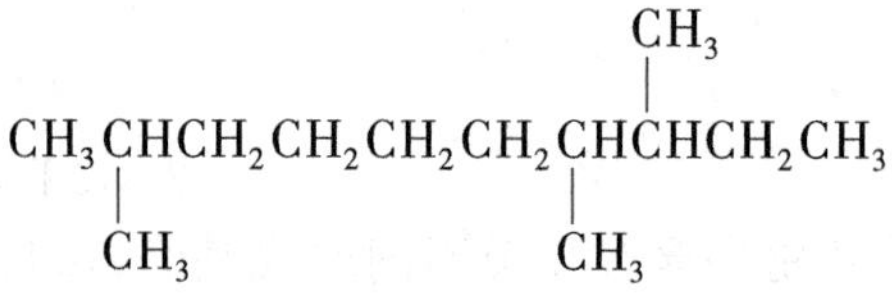   2,7,8-三甲基癸烷

(6)如果烷烃比较复杂,在支链上还有取代基时,从与主链相连的碳原子开始,把支链的碳原子依次编号,支链上取代基的位置就由这个编号所得的号数来表示。这个取代了的支链的名称可放在括号中,或用带撇的数字来表明支链中的碳原子。

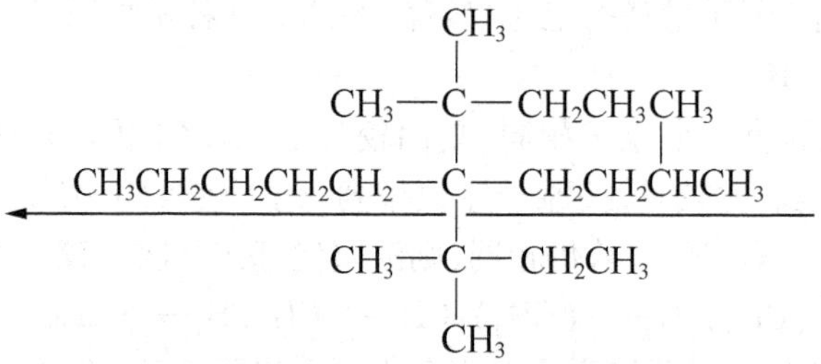

2-甲基-5,5-二(1,1-二甲基丙基)癸烷

或 2-甲基-5-1′,1′-二甲基丙基-5-1″,1″-二甲基丙基癸烷

2.3 烷烃的结构

2.3.1 sp³ 杂化碳原子和碳－碳 σ 键

原子轨道沿键轴相互交盖,形成对键轴呈圆柱形对称的轨道称为 σ 轨道。σ 轨道上的电子称为 σ 电子。σ 轨道构成的共价键称为 σ 键。

近代物理方法测定,甲烷分子为一正四面体结构,碳原子位于正四面体中心,四个氢原子位于正四面体的四个顶点。四个碳氢键的键长都为 0.109 nm,键能为 414.9 kJ·mol⁻¹,所有 H—C—H 的键角都是 109.5°。甲烷分子的正四面体结构如图 2.1 所示。

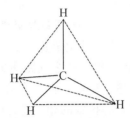

图 2.1　甲烷的结构示意图

从碳原子的杂化轨道理论也可以理解甲烷分子的正四面体结构。在形成甲烷分子时,四个氢原子的 1s 轨道沿着碳原子的四个杂化轨道的对称轴方向接近,实现最大程度的重叠,形成四个等同的 C—H σ 键。如图 2.2 所示。与此相似,由两个和两个以上的碳原子组成的烷烃,其 C—H σ 键也是由碳原子的 sp³ 杂化轨道与氢原子的 1s 轨道在对称轴的方向交盖而成。不同之处是,C—C 键是由两个碳原子各以 sp³ 杂化轨道在对称轴的方向交盖而成,如图 2.3 所示。

图 2.2　sp³ 杂化碳原子形成甲烷分子　　**图 2.3　sp³ 杂化碳原子形成乙烷分子**

σ 键存在于任何含有共价键的有机分子中,由于 σ 键是在成键轨道方向的直线上相互交盖而成,交盖程度大,且呈圆柱形对称,因此,σ 键可以沿键轴自由旋转而不易被破坏。含有两个或两个以上的多价原子的有机化合物,由于 σ 键旋转而导致分子中其他原子或基团在空间排列方式不同,叫做构象(Conformation)。同一分子的不同构象称为构象异构体。构象对有机化合物的性质和反应有重要的影响。

2.3.2 烷烃的构象

1. 乙烷的构象

在常温下,乙烷分子中的两个甲基并不是固定在一定位置上,而是可以绕 C—C σ 键自由旋转,在旋转中形成许多不同的空间排列形式。乙烷分子可以有无数种构象,但从能量的观点看乙烷只有两种极限式构象:交叉式构象和重叠式构象。表示构象可以用透视式或纽曼(Newman)投影式。透视式是从分子的侧面观察分子,较直观地反映了碳原子和氢原子在空间的排列情况。Newman 投影式是沿着 C—C 键轴观察分子,从圆心伸出的三条线

,表示离观察者近的碳原子上的价键,而从圆周向外伸出的三条线 ,表示离观察者远的碳原子上的价键。在投影式中每个碳原子上的三个键互呈 120°。

透视式　　Newman 投影式　　透视式　　Newman 投影式
（a）交叉式构象　　　　　　（b）重叠式构象

在交叉式构象中,两个碳原子上 C—H σ 键两两交错,C—H 键上 σ 电子对之间距离最远,相互间斥力最小,因而内能最低、稳定性也最大。交叉式是最稳定的构象。而在重叠式构象中,两个碳原子上的 C—H 键上 σ 电子对之间距离最近,相互之间的作用力最大,相互之间的排斥力最大,因而能量最高,最不稳定。在一个分子的所有构象中,能量最低最稳定的构象称为优势构象。优势构象在各种构象的相互转化中,出现的概率最大。

交叉式与重叠式的构象虽然内能不同,但差别较小,约为 $12.6 \ kJ \cdot mol^{-1}$,此能差称为能垒(Ea),如图 2.4 所示。其他构象内能介于二者之间。

交叉式构象经绕 C—C 键旋转 60° 可以转变为重叠式,但必须给予 $12.6 \ kJ \cdot mol^{-1}$ 的能量克服能垒才能实现。进一步绕 C—C 键旋转又可以变成交叉式。由此可见,通常所说的单键可以自由旋转,也并非完全自由。室温下,分子间的碰撞可产生 $83.8 \ kJ \cdot mol^{-1}$ 的能量,足以使 C—C 键"自由"旋转,各构象间迅速转换,无法分离出其中某一构象异构体,但大多数乙烷分子是以最稳定的交叉式构象存在。

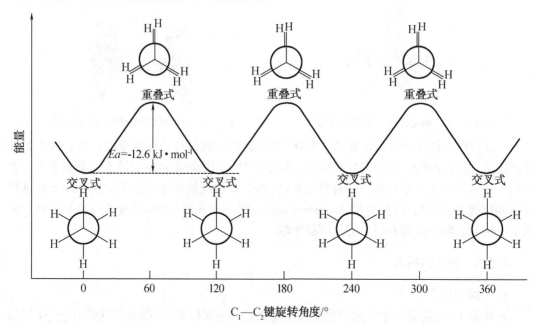

图 2.4　乙烷构象能量图

2. 丁烷的构象

丁烷可以看做是乙烷分子中的两个碳原子上各有一个氢原子被一个甲基取代后的产物,当绕 C_2—C_3 σ 键旋转 360°时,每旋转 60°可以得到一种有代表性的构象,即:

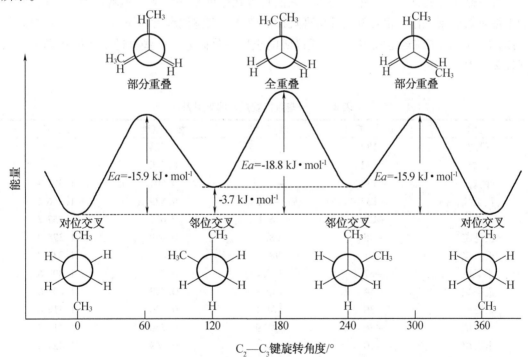

在上述六种构象中,Ⅱ 与 Ⅵ 相同,Ⅲ 与 Ⅴ 相同,所以实际上具有代表性的构象为 Ⅰ,Ⅱ,Ⅲ,Ⅳ 四种。它们分别叫做全重叠式、邻位交叉式、部分重叠式、对位交叉式。

当 C_2 和 C_3 绕 C_2—C_3σ 键键轴相对旋转一周,产生的各种构象体的能量变化如图 2.5 所示。

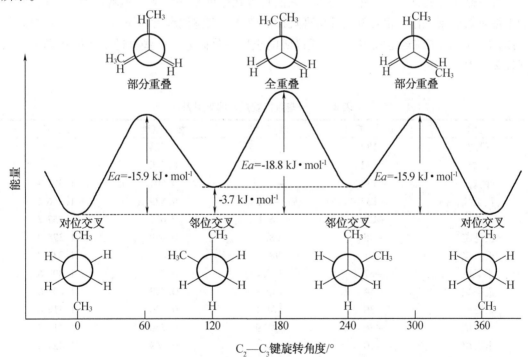

图 2.5　正丁烷不同构象的能量曲线图

在图 2.5 中,丁烷几种构象的内能高低顺序为:全重叠式 > 部分重叠式 > 邻位交叉式 > 对位交叉式。正丁烷各种构象之间的能量差别不太大。在室温下分子碰撞的能量足可引起各构象间的迅速转化,因此正丁烷实际上是各构象异构体的混合物,主要是以对位交叉式和邻位交叉式的构象存在,前者约占 63%,后者约占 37%,其他两种构象所占的比例很小。

随着正构烷烃碳原子数的增加,它们的构象也随之而复杂,但其优势构象是能量最低的对位交叉式。因此,直链烷烃在空间的排列,通常是以最稳定的交叉式构象存在为主,绝大多数呈现锯齿形。

构象及构象变化对有机化合物的理化性质有重要的影响,有时甚至对反应性能起着决定性的作用,特别是在蛋白质的性质及酶的活性等方面具有重要的意义。

2.4　烷烃的物理性质

有机化合物的物理性质通常包括物质的存在状态、相对密度、沸点、熔点、折射率和溶解度等。在一定条件下,对于一种纯的有机化合物来说,这些物理性质是固定的,通常称为物理常数。通过测定一些物理常数来鉴定未知化合物及判断其是否为纯物质,也常用物理常数来分离有机化合物。

烷烃是无色具有一定气味的物质。它们具有相似的物理性质。随着碳原子数的增加,物理性质如沸点、熔点、相对密度等出现规律的变化。在室温和常压下,$C_1 \sim C_4$ 的正烷烃是气体,$C_5 \sim C_{17}$ 的正烷烃是液体,C_{18} 和更高级的正烷烃是固体。一些直链烷烃的物理常数列于表 2.1 中。

表 2.1　一些直链烷烃的物理常数

名称	熔点/℃	沸点/℃	相对密度	折射率
甲烷	−182	−161.5	0.424	—
乙烷	−172	−88.6	0.546	—
丙烷	−188	−42.1	0.501	1.339 7
正丁烷	−135	−0.5	0.579	1.356 2
正戊烷	−130	36.1	0.626	1.357 7
正己烷	−95	68.7	0.659	1.375 0
正庚烷	−91	98.4	0.684	1.387 7
正辛烷	−57	125.7	0.703	1.397 6
正壬烷	−54	150.8	0.718	1.405 6
正癸烷	−30	174.1	0.730	1.412 0
十一烷	−26	195.9	0.740	1.417 3
十二烷	−10	216.3	0.749	1.421 6
十三烷	−6	235.5	0.756	1.425 6
十四烷	6	253.6	0.763	1.429 0
十五烷	10	270.7	0.769	1.431 5
十八烷	28	317.4	0.776	1.439 0
二十烷	37	342.7	0.786	
三十烷	66	446.4	0.810	

2.4.1 沸点

直链烷烃的沸点(b. p.)是随着相对分子质量的增加而有规律升高,见表 2.1。液体沸点的高低决定了分子间力——范德华力的大小,分子间力愈大,使之沸腾就必须提供更多的能量,所以沸点就愈高。

分子间力的大小取决了分子结构。直链烷烃的偶极距都等于零,是非极性分子。分子间力是由于色散力所产生的,相对分子质量越大,即碳原子数越多,电子数也越多,色散力当然也就越大,沸点就越高。在碳原子数相同的烷烃异构体中,含支链的烷烃由于支链的阻碍,使分子间靠近接触的程度不如直链烷烃。由于色散力只有近距离内才能有效地产生作用,随着距离的增大而减弱。所以直链烷烃的沸点高于它的异构体。例如,在戊烷的三个异构体中,正戊烷的沸点是 36.1 ℃,异戊烷的沸点是 27.9 ℃,而新戊烷的沸点是 9.5 ℃。

2.4.2 熔点

直链烷烃的熔点(m. p.)的变化基本上与沸点相似,直链烷烃的熔点变化也是随着碳原子数的增加而升高,见表 2.1。不过含奇数碳原子和含偶数碳原子的烷烃分别构成两条熔点曲线,偶数的曲线在上面,奇数的曲线在下面,两条曲线随着相对分子质量的增加而渐趋一致,如图 2.6 所示。这是因为烷烃碳链在晶体时呈锯齿形,奇数碳链中两端甲基处于同一侧,而偶数碳链中两端甲基处于相反的位置。因此偶数碳链比奇数碳链有较高的对称性,在晶格中排列得更紧密,它们的范德华引力也就更强一些,熔点也就高些。这说明晶体分子间的引力不仅与分子的大小有关,而且也和它们在晶格中所处状态有关。上述现象在有机化学其他族类的同系列中也可以看到。正戊烷的熔点是 - 129 ℃,新戊烷的熔点是 - 16.6 ℃,同分异构体中,分子对称性越好,熔点越高。

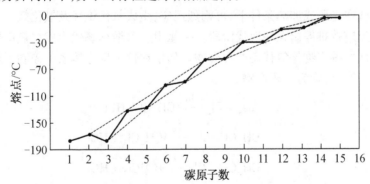

图 2.6 直链烷烃的熔点与分子中所含碳原子数的关系图

2.4.3 相对密度

正烷烃的相对密度是随着碳原子的数目增加逐渐增大。二十烷以下的接近于 0.78,见表 2.1。这也与分子间引力有关,分子间引力增大,分子间的距离相应减小,相对密度必然增大。

2.4.4 溶解度

烷烃在水中的溶解度很小,几乎不溶于水,能溶于某些有机溶剂如氯仿、乙醚、四氯化碳等溶剂中。结构相似的化合物,它们分子间的作用力也相似,因此彼此互溶,称为"相似相溶"规则。溶解度也是有机化合物重要的常数。

2.4.5 折射率 n_D^{20}

折射率也称折光指数,是光通过真空和介质的速度比($n = c/v_{介质}$)。一定波长的光在一定温度下透过物质时所测得的折射率是不变的。因此,有机化合物的折射率也是其固有物理常数。折射率反映了分子中电子被光极化的程度,折射率越大,分子被极化的程度越大。表 2.1 列出了一些直链烷烃的折射率。在烷烃的同系列中,通常随碳链增长折射率增大。

2.5 烷烃的化学性质

根据烷烃的结构特点,烷烃分子中碳原子都是 sp^3 杂化,分子中只有共价单键 σ 键,σ 键较稳定。因此,在常温常压下烷烃不与强酸、强碱、强氧化剂和强还原剂发生反应或反应速度很慢,表现出明显的化学惰性。由于烷烃的相对稳定性,许多烷烃被用作溶剂使用。但烷烃反应的惰性是相对的,在一定条件下,烷烃也显示一定的反应活性。

2.5.1 卤代反应

1. 卤代反应

烷烃中的氢原子被其他元素的原子或基团所替代的反应称取代反应。被卤素取代的反应称为卤代反应。

甲烷的氯代在强光的直射下极为激烈,以致发生爆炸产生碳和氯化氢。

$$CH_4 + Cl_2 \longrightarrow C + HCl$$

烷烃与氯气在光照或加热条件下,可剧烈反应,生成氯代烷烃及氯化氢。

甲烷氯代反应较难停留在一取代阶段。一氯甲烷可继续氯代生成二氯甲烷、三氯甲烷、四氯化碳。因此所得产物是氯代烷的混合物。如果在这个反应体系中控制甲烷与氯气的摩尔比,可使某一种化合物为主要产物。

$$CH_4 + Cl_2 \xrightarrow{hv} CH_3Cl + HCl$$

$$CH_3Cl + Cl_2 \xrightarrow{hv} CH_2Cl_2 + HCl$$

$$CH_2Cl_2 + Cl_2 \xrightarrow{hv} CHCl_3 + HCl$$

$$CHCl_3 + Cl_2 \xrightarrow{hv} CCl_4 + HCl$$

卤素与甲烷的反应活性顺序为:$F_2 > Cl_2 > Br_2 > I_2$。氟代反应十分剧烈,难以控制,强烈的放热反应所产生的热量可破坏大多数的化学键,以致发生爆炸。碘最不活泼,碘代反应难以进行。因此,卤代反应一般是指氯代反应和溴代反应。

2. 卤代反应的机理

化学反应方程式一般只表示反应原料和产物之间的数量关系,并没有说明原料是怎样变成产物的,以及在变化过程中经过哪些中间步骤。然而对于我们来说,这些却是我们所要知道的,也就是说我们不仅要知道发生了什么反应,而且也要知道它是怎样发生的。如甲烷和氯在光照或热影响下生成氯甲烷和氯化氢的反应,到底是怎样从甲烷变成氯甲烷和氯化氢的,这个转变是否只是一步反应,热和光在这里起了什么作用? 对这些问题的回答,亦即对一个化学反应详详细细的一步一步的描述就是反应历程(Reaction Mechanism,又称反应机理或反应机制)。反应历程是根据实验事实所做出的理论假说。实验事实越多,根据它所做出的理论假说就越可靠。常常会由于新实验事实的出现,对原有的反应历程要作某些适当的修改,有时甚至要抛弃这个旧历程而提出新的,以使它和实际情况更加符合。如果一个反应的历程是可靠的,那么就可用它来说明试剂浓度、温度、溶剂、催化剂等对反应速率的影响,而且也可以根据它来推测在试剂结构改变时反应速率会发生什么变化等。

氯气与甲烷反应有如下实验事实:

(1)甲烷和氯气混合物在室温下及黑暗处长期放置并不发生化学反应。

(2)将氯气用光照射后,在黑暗处放置一段时间再与甲烷混合,反应不能进行;若将氯气用光照射,迅速在黑暗处与甲烷混合,反应立即发生,且放出大量的热量。

(3)若将甲烷用光照射后,在黑暗处迅速与氯气混合,也不发生化学反应。

从上述实验事实可以看出,甲烷氯代反应的进行与光对氯气的影响有关。首先,在光照射下氯气分子吸收能量,使其共价键发生均裂,产生两个活泼氯原子(氯自由基)。

$$Cl-Cl \xrightarrow[\text{or}\triangle]{h\nu} Cl\cdot + Cl\cdot$$

氯自由基非常活泼,它夺取甲烷分子中的一个氢原子,生成甲基自由基和氯化氢。

$$Cl\cdot + CH_4 \longrightarrow \cdot CH_3 + HCl$$

甲基自由基与氯自由基一样活泼,它与氯气分子作用,生成一氯甲烷,同时产生新的氯自由基。

$$Cl_2 + \cdot CH_3 \longrightarrow CH_3Cl + Cl\cdot$$

新的氯自由基不但可以夺取甲烷分子中的氢,也可以夺取氯甲烷分子中的氢,生成氯甲基自由基。如此循环,可以使反应连续进行,生成一氯甲烷、二氯甲烷、三氯甲烷、四氯化碳等。这种由自由基引起的、连续循环进行的反应称自由基取代反应,又称连锁反应。

在自由基反应中,虽然只有少数自由基就可以引起一系列反应,但反应不能无限制地进行下去。因为随着反应的进行,氯气和甲烷的含量不断降低,自由基的含量相对增加,自由基之间的碰撞机会也增加,产生了自由基之间的结合,导致反应的终止。

$$Cl\cdot + Cl\cdot \longrightarrow Cl_2$$

$$\cdot CH_3 + \cdot CH_3 \longrightarrow CH_3CH_3$$

$$Cl\cdot + \cdot CH_3 \longrightarrow CH_2Cl$$

由此可见,反应的最终产物是多种卤代烃的混合物。

从上述反应的全过程可以看出,自由基反应通常包括三个阶段:链的引发即吸收能量开始产生自由基的过程;链的增长即反应连续进行的阶段,其特点是产生取代物和新的自由基;链的终止即自由基相互结合,使反应终止。

自由基型氯代反应的机理的反应特点是:

(1)反应是在有光照或加热条件下发生的,当有自由基引发剂存在时,也能发生此类反应,反应活泼中间体是碳自由基。

(2)反应既可在气相中又可在液相中进行。若在液相中反应,通常是在非极性溶剂中进行比较有利。

(3)自由基反应一经引发,反应速率会迅速增大。当有自由基终止剂加入时,则使反应减缓直至停止。

3. 烷烃卤代反应的取向

碳链较长的烷烃发生卤代反应时,因氢原子所处的位置不同,卤代反应取代的位置也各异,即取向不同;同时,卤代反应进行的难易程度也不相同。现以丙烷为例来进行说明。丙烷分子中有六个伯氢和两个仲氢,理论上两种氢原子被卤代的概率之比为3:1,但在室温条件下,这两种产物得率之比为43:57。说明仲氢比伯氢活性大,更容易被取代。

$$CH_3CH_2CH_3 + Cl_2 \xrightarrow{hv} CH_3CH_2CH_2Cl + CH_3\underset{|}{\overset{}{C}}HCH_3$$
$$Cl$$

43%　　　57%
6 个伯氢所得　2 个仲氢所得

如果考察氢原子被取代的概率,仲氢/伯氢 $= \dfrac{57/2}{43/6} = \dfrac{1}{4}$,仲氢的反应活性是伯氢的 4 倍。

又如异丁烷与氯气反应,叔氢/仲氢 $= \dfrac{36/1}{64/9} = \dfrac{5}{1}$,叔氢的反应活性是仲氢的 5 倍。

$$CH_3\overset{\overset{\displaystyle CH_3}{|}}{\underset{\underset{\displaystyle CH_3}{|}}{C}}H + Cl_2 \xrightarrow{hv} CH_3\overset{\overset{\displaystyle CH_3}{|}}{\underset{\underset{\displaystyle CH_3}{|}}{C}}Cl + CH_3\overset{\overset{\displaystyle CH_3}{|}}{\underset{\underset{\displaystyle CH_2Cl}{|}}{C}}H$$

大量氯代反应的实验结果表明:在同一烷烃中,叔、仲和伯氢原子的相对活性之比为5:4:1。根据各级氢的相对活性,可预测烷烃各氯代产物异构体的收率。

溴代反应中,也遵循反应活性叔氢 > 仲氢 > 伯氢,叔氢:仲氢:伯氢 = 1 600:82:1。溴的选择性比氯强,这是什么道理呢?这可用卤原子的活泼性来说明,因为氯原子较活泼,又有能力夺取烷烃中的各种氢原子而成为 HCl。溴原子不活泼,绝大部分只能夺取较活泼的氢。

$$CH_3CH_2CH_3 \xrightarrow[\text{光 127 ℃}]{Br_2} CH_3CH_2CH_2Br + CH_3\underset{|}{\overset{}{C}}HCH_3$$
$$Br$$

3%　　　97%

$$CH_3CH_2CH_2CH_3 \xrightarrow[\text{光 127 ℃}]{Br_2} CH_3CH_2CH_2CH_2Br + CH_3CH_2\underset{|}{\overset{}{C}}HCH_3$$
$$Br$$

2%　　　98%

某一反应可能生成几种产物,其中一种产物所占的含量比较大,则称该反应对这种产物具有选择性。由于有机反应副反应多,若反应的选择性大,得到几种可能产物所占比例差别大。若反应的选择性小,得到几种可能产物所占比例差别小。

氯的活性大,氯化反应选择性小,而溴的活性较小,溴化具有很高的选择性,因此,烷烃的溴代在合成上具有应用价值。例:

$$CH_3CH_2CH_3 \xrightarrow{hv}{X_2} CH_3CH_2CH_2X + CH_3\underset{|}{\overset{}{C}}HCH_3$$
$$X$$

Cl_2	43%	57%
Br_2	3%	97%

$$在氯化反应中: 仲氢/伯氢 = \frac{4}{1}$$

$$在溴化反应中: 仲氢/伯氢 = \frac{97}{1}$$

4. 烷基自由基的稳定性

烷烃的卤代反应,在室温下,叔、仲、伯氢的活性顺序是:叔氢 > 仲氢 > 伯氢。怎样从结构上来说明对夺取不同氢原子的难易程度呢？烷烃被夺取一个氢原子后形成游离基,故必先考察形成各种烷基游离基的难易程度。游离基越稳定,氢原子越易被夺去,活泼性就越强。烷烃的 C—H 键的离解能愈小,C—H 键易断裂,游离基易生成。氢原子越易被夺去,活泼性越强。在自由基链反应中,决定速度步骤中的中间体是烷基自由基,自由基越稳定,反应越易进行。可以通过烷烃发生均裂生成碳自由基和氢原子自由基来进行说明。

键裂解能

$$H—CH_3 \longrightarrow CH_3\cdot + H\cdot \qquad 439.6 \ kJ \cdot mol^{-1}$$

$$CH_3CH_2—H \longrightarrow CH_3CH_2\cdot + H\cdot \qquad 397.7 \ kJ \cdot mol^{-1}$$

$$\overset{\displaystyle CH_3}{\underset{\displaystyle H}{CH_3—C—CH_3}} \longrightarrow (CH_3)_3C\cdot + H\cdot \qquad 389.4 \ kJ \cdot mol^{-1}$$

通过键裂解能的大小可知,键裂解能越小,键越弱,越易均裂,自由基越易形成,即自由基稳定。因此,自由基的稳定性顺序为

$$(CH_3)_3C\cdot > (CH_3)_2CH\cdot > CH_3CH_2\cdot > CH_3\cdot$$

5. 活性中间体和过渡态

活性中间体是反应中生成的中间产物,如 $CH_3\cdot$,R_3C^+ 等。它们是非常活泼的物质,存在时间很短,少数比较稳定可以分离出来,大多数还未能分离出来。但可用直接或间接的方法证明它们的存在。图 2.7 给出的甲烷氯化反应进程与能量变化曲线图,在能量曲线上处在低谷的地方是活性中间体碳自由基。

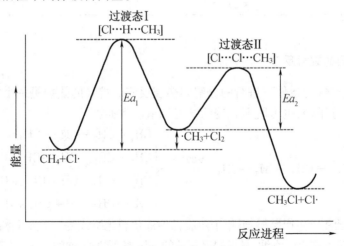

图 2.7　甲烷氯化反应能量变化曲线图

过渡态是一个从反应物到产物的中间状态,由于过渡态是不稳定的,目前还未能分离出来进行测定。过渡态是旧键未完全断裂,新键尚未完全形成,在能量变化曲线上,过渡态处

于峰顶处。

反应经过两个过渡态:过渡态 I[Cl…H…CH₃]和过渡态 II[CH₃…Cl…Cl]都处在能量曲线的顶峰。由于形成过渡态 I 所需的活化能(Ea_1)比形成过渡态 II 的活化能(Ea_2)高,所以甲烷与 Cl· 生成 CH₃· 反应是决定反应速度的一步。对于多步骤的反应,活化能最大的一步反应速率最慢,因而生成自由基的反应是决定反应总速率的一步。故自由基越稳定,自由基越易生成,反应就越快。

2.5.2 氧化反应

在常温下,烷烃一般不与氧化剂(如高锰酸钾水溶液、臭氧等)反应,与空气中的氧气也不起反应。但在空气(氧气)中可以燃烧,烷烃在空气中完全燃烧时,生成二氧化碳和水,并放出大量的热。例如:

$$CH_4 + 2O_2 \longrightarrow CO_2 + 2H_2O \quad \Delta H_m^\ominus = -891 \text{ kJ} \cdot \text{mol}^{-1}$$

部分烷烃的燃烧热见表2.2。直链烷烃每增加一个 CH₂,燃烧热的平均增加约659 kJ·mol⁻¹。在同碳数烷烃的异构体中,直链烷烃的燃烧热最大,支链越多,燃烧热越小。由于同分异构体完全燃烧时生成相同的产物,消耗氧气的量也相同。而燃烧热不同,燃烧热的大小反映出烷烃所具有的内能的大小。可见,同碳数的支链烷烃比直链烷烃稳定。

表 2.2　部分烷烃的燃烧热　　　　　　　　　单位:kJ·mol⁻¹

化合物	$-\Delta H_m^\ominus$	化合物	$-\Delta H_m^\ominus$
甲烷	891.0	壬烷	6 129.1
乙烷	1 560.8	葵烷	6 783.0
丙烷	2 221.5	异丁烷	2 869.6
丁烷	2 878.0	2－甲基丁烷	3 531.1
戊烷	3 539.1	2－甲基戊烷	4 160.0
己烷	4 165.9	2－甲基己烷	4 814.8
庚烷	4 820.3	2－甲基庚烷	5 469.2
辛烷	5 474.2		

2.5.3 烷烃的裂解反应

烷烃在隔绝空气的条件下进行的分解叫热裂反应。烷烃的热裂是一个复杂的反应。烷烃热裂可生成小分子烃,也可脱氢转变为烯烃和氢。例如:

$$CH_3-CH_2-CH_2-CH_3 \xrightarrow{\geqslant 800\text{ ℃}} \begin{cases} CH_4 + CH_3-CH_2-CH_3 \\ CH_3-CH_2 + CH_2=CH_2 \\ CH_3-CH_2-CH=CH_2 + H_2 \\ CH_3-CH=CH-CH_3 + H_2 \end{cases}$$

热裂反应主要用于生产燃料,近年来热裂已为催化裂化所代替。工业上利用催化裂化把高沸点的重油转变为低沸点的汽油,从而提高石油的利用率,增加汽油的产量,提高汽油的质量。

2.6 环烷烃的分类和命名

分子中具有碳环结构的烷烃称为环烷烃，单环烷烃的通式为 C_nH_{2n}，与单烯烃互为同分异构体。环烷烃可按分子中碳环的数目大致分为单环烷烃和多环烷烃两大类型。

2.6.1 单环烷烃

最简单的环烷烃是环丙烷，从含四个碳的环烷烃开始，除具有相应的烯烃同分异构体外，还有碳环异构体，如分子式为 C_5H_{10} 的环烷烃具有五种碳环异构体。

环戊烷

甲基环丁烷

乙基环丙烷

1,2－二甲基环丙烷

1,1－二甲基环丙烷

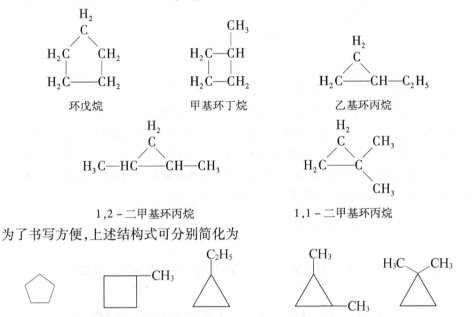

为了书写方便，上述结构式可分别简化为

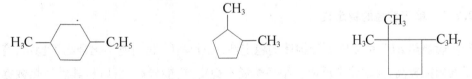

单环烷烃的命名与烷烃基本相同，只是在“某烷”前加一“环”字，环烷烃若有取代基时，它所在位置的编号仍遵循最低系列原则。只有一个取代基时“1”字可省略。

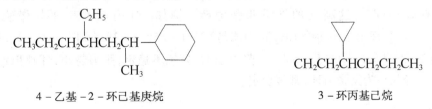

1－甲基－4－乙基环己烷

1,2－二甲基环戊烷

1,1－二甲基－2－丙基环丁烷

当简单的环上连有较长的碳链时，可将环当作取代基。如：

4－乙基－2－环己基庚烷

3－环丙基己烷

2.6.2 双环烷烃

含有两个或多个碳环的环烷烃属于多环烷烃。多环烷烃又按环的结构、位置分为桥环、螺环等。

(1)桥环。两个或两个以上碳环共用两个以上碳原子的多环烷烃称为桥环烃,两个或两个以上环共用的叔碳原子称为"桥头碳原子",从一个桥头到另一个桥头的碳链称为"桥"。桥环化合物命名时,从一个桥头开始,沿最长的桥编到另一个桥头,再沿次长的桥编回到起始桥头,最短的桥最后编号。命名时以二环、三环作词头,然后根据母体烃中碳原子总数称为某烷。在词头"环"字后面的方括号中,由多到少写出各桥所含碳原子数(桥头碳原子不计入),同时各数字间用下角圆点隔开,有取代基时,应使取代基编号较小。例如:

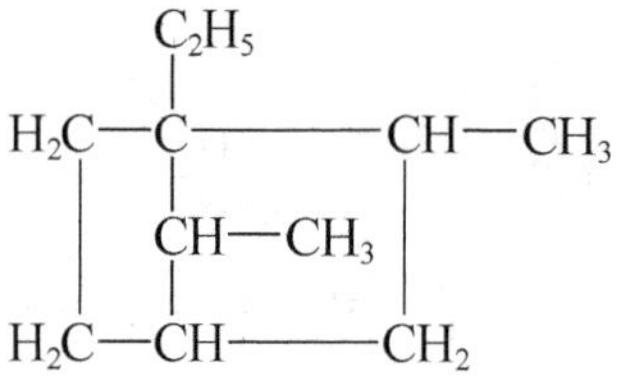

2,7 - 二甲基 - 1 - 乙基双环[2.2.1]庚烷 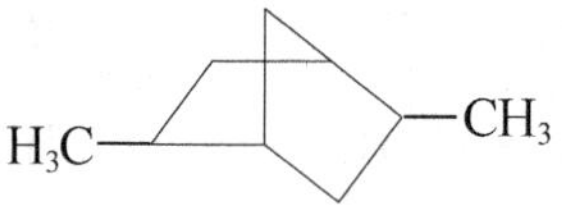   2,5 - 二甲基双环[2.2.1]庚烷

(2)螺环。脂环烃分子中两个碳环共用一个碳原子的称为螺环烃,共用的碳原子为螺原子。命名时根据成环的碳原子总数称为螺某烷,编号从小环开始,经过螺原子编至大环,在"螺"字之后的方括号中,注明各螺环所含的碳原子数(螺原子除外),先小环再大环,数字间用下角圆点隔开。有取代基的要使其编号较小。例如:

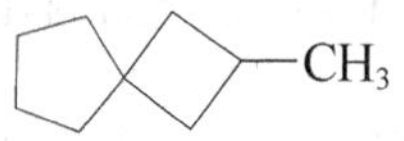

2 - 甲基螺[3.4]辛烷 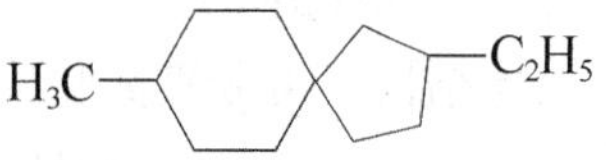   8 - 甲基 - 2 - 乙基螺[4,5]癸烷

2.7   单环烷烃的结构和物理性质

2.7.1   单环烷烃的稳定性

利用燃烧热 $\Delta H_m^{\ominus}$ 可以判断异构体的稳定性,在化学上,我们说某化合物不稳定,意思是说分子的内能较高,易起化学反应。小环烷烃不稳定,内能较高,可以从其燃烧热数据得到证实。单环烷烃的燃烧热见表 2.3。开链烷烃不论含碳多少,每个 CH_2 的燃烧热都接近 $658.6 \ kJ \cdot mol^{-1}$,而环烷烃每个 CH_2 的燃烧热则因环的大小而不同,大多数都大于开链烷烃的 $658.6 \ kJ \cdot mol^{-1}$,这高出的能量叫张力能。例如:环丙烷 CH_2 平均燃烧热值为 $697.1 \ kJ \cdot mol^{-1}$,环丙烷中每个 CH_2 张力能是 $697.1 - 658.6 = 38.5 \ kJ \cdot mol^{-1}$,环丙烷分子总张力能 $3 \times 38.5 = 115.5 \ kJ \cdot mol^{-1}$。张力越大,环越不稳定;张力越小,环越稳定。环己烷及大环烷烃几乎为无张力环,都很稳定。

表 2.3　单环烷烃的燃烧热　　　　　　　　单位:kJ·mol^{-1}

环的大小 n	$-\Delta H_m^{\ominus}/n$	$-\Delta H_m^{\ominus}/n-658.6$	$n(-\Delta H_m^{\ominus}/n-658.6)$
3	697.1	38.5	115.5
4	686.2	27.4	109.6
5	664.0	5.4	27.0
6	658.6	0	0
7	662.4	3.8	26.6
8	663.6	5.0	40.0
9	664.1	5.5	49.5
10	663.6	5.0	50.0
11	664.5	5.0	64.0
12	659.9	1.3	15.6
13	660.2	1.7	22.1
14	658.6	0	0
15	659.0	0.4	6.0
16	658.7	0.1	1.6
17	658.7	0.1	1.7
烷烃	658.6	-	-

2.7.2　小环烷烃的结构

从环烷烃的化学性质可以看出,环的稳定性与组成环的碳原子数密切相关,环的稳定性的大小反映了分子内能的不同,内能越大,环越不稳定。

据测定,环丙烷分子中 C—C—C 键角为 105.5°,H—C—H 键角为 114°。可见,相邻碳原子的 sp^3 杂化轨道为形成环丙烷必须将正常键角压缩成 105.5°,这就使分子本身产生一种恢复正常键角的角张力。角张力的存在是环丙烷不稳定的重要原因。此外,轨道重叠程度越大,形成的键越牢固。显然在形成 105.5°键角时,其轨道重叠不及正常的 109.5°大,实际上呈弯曲状,所以人们常把这种键称为弯曲键或香蕉键,如图 2.8 所示。

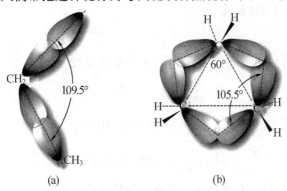

图 2.8　丙烷及环丙烷分子中碳碳键原子轨道交盖情况示意图
(a)丙烷;(b)环丙烷

环丁烷与环丙烷类似,分子内也存在角张力,但比环丙烷小些。为降低扭转张力(由于 C—C 间处于重叠式构象引起的张力),环丁烷通常呈折叠状构象,这种非平面结构可减少 C—H 键的重叠,其稳定性比环丙烷大一些。

环丁烷   环戊烷

环戊烷、环己烷分子中的碳原子不在一个平面上,碳碳 σ 键的夹角接近或保持 109.5°,分子中既无角张力,又无扭转张力,所以都比较稳定。

2.7.3 环烷烃的物理性质

环丙烷及环丁烷在常温下为气体,环戊烷常温下为液体,高级同系物为固体。环烷烃的熔点较含同数碳原子的直链烷烃高,因为环烷烃在晶格中比直链烷烃排列得更紧密。环烷烃的相对密度在 0.688(环烷烃, −40 ℃)和 1.853(环十八烷,20 ℃)之间。环烷烃和烷烃一样,不溶于水。一些环烷烃的熔点和沸点见表 2.4。

表 2.4 环烷烃的熔点和沸点

名称	熔点/℃	沸点/℃
环丙烷	−127	−34.5
环丁烷	−90	−12.5
环戊烷	−93	49.5
环己烷	6.5	80.8
环庚烷	−8	118
环辛烷	4	148

2.8 单环烷烃的化学性质

2.8.1 小环烷烃的加成反应

1.加氢反应

小环烷烃的性质与烯烃类似,在催化剂存在下能发生加氢反应,生成烷烃。

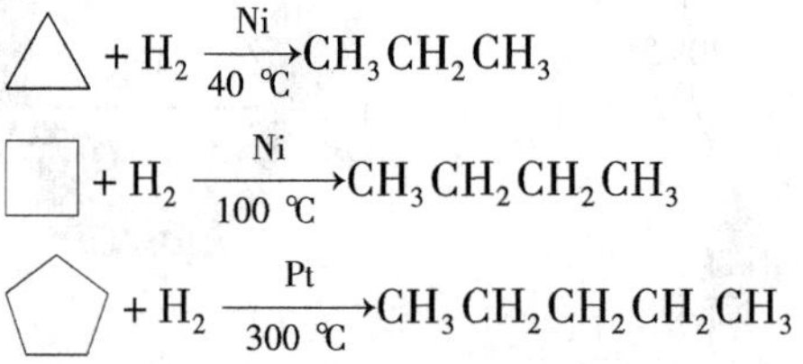

$$\triangle + H_2 \xrightarrow[40\ ℃]{Ni} CH_3CH_2CH_3$$

$$\square + H_2 \xrightarrow[100\ ℃]{Ni} CH_3CH_2CH_2CH_3$$

$$\pentagon + H_2 \xrightarrow[300\ ℃]{Pt} CH_3CH_2CH_2CH_2CH_3$$

由上面反应条件可以看出,小环发生加成反应的活性比较大。

2.加卤素反应

环丙烷在室温下与溴发生加成反应生成 1,3 − 二溴丙烷。在加热条件下环丁烷与溴发生加成反应,生成 1,4 − 二溴丁烷。如果高温则易发生自由基的取代反应。

$$\triangle + Br_2 \xrightarrow{\text{室温}} BrCH_2CH_2CH_2Br$$

$$\square + Br_2 \xrightarrow{\triangle} BrCH_2CH_2CH_2CH_2Br$$

3. 加卤化氢反应

环丙烷、环丁烷与卤化氢发生加成反应生成卤代烷。环戊烷、环己烷不易发生反应。

$$\triangle + HBr \longrightarrow CH_3CH_2CH_2Br$$

$$\square + HBr \longrightarrow CH_3CH_2CH_2CH_2Br$$

不对称环丙烷与 HX 进行加成时，开环的位置在含氢最多与含氢最少的两个碳之间，反应遵循不对称加成规律，氢加在含氢较多的碳原子上，卤素加到含氢较少的碳原子上。

$$\text{（结构式）} + HBr \longrightarrow \underset{\underset{CH_3}{|}}{CH_3}\overset{\underset{CH_3}{|}}{CH}\overset{Br}{CH}CH_3$$

2.8.2 自由基取代反应

在高温或紫外光的作用下，环烷烃与卤素发生取代反应，生成卤代环烷烃。

$$\bighexagon + Br_2 \xrightarrow{h\nu} \bighexagon\!\!-Br + HBr$$

取代反应一般在五、六元环上易发生。环烷烃取代反应的机理同链烷烃相同，按自由基型反应机理进行。

2.8.3 氧化反应

常温下环烷烃与一般氧化剂不起作用，即使环丙烷也不起反应，因此可用高锰酸钾鉴别环烷烃和烯烃。当加热或在催化剂作用下，用空气中的氧气或硝酸等强氧化剂氧化环己烷等，则发生环的破裂生成二元酸。

$$\bighexagon + O_2 \xrightarrow[90\sim120\ ℃]{60\%\ HNO_3} \begin{matrix}CH_2\!-\!CH_2\!-\!COOH \\ | \qquad\qquad\\ CH_2\!-\!CH_2\!-\!COOH\end{matrix}$$

己二酸是合成锦纶 - 66 的单体，还可用己二酸制备增塑剂等。

从上述反应可以看到，环戊烷和环己烷比较稳定，其性质像链烷烃，主要进行氧化和卤代反应；环丙烷和环丁烷，特别是环丙烷不稳定，像烯烃那样容易发生开环加成反应。即"小环似烯，其他环似烷"。

思 考 题

1. 链烃是怎样分类的，下列各碳氢化合物的分子式可能代表的化合物属于哪一类（此题只讨论链烃范围内的分类）？

(1) C_6H_{14}　　　　　(2) C_6H_{12}　　　　　(3) C_6H_{10}

2. 指出下列化合物中各碳原子属于哪一类型（伯、仲、叔、季碳）。

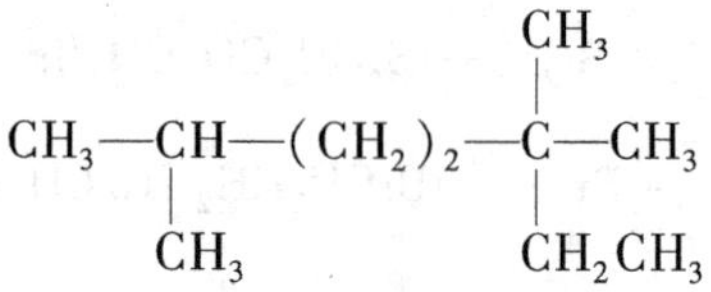

$$CH_3-CH-(CH_2)_2-\overset{\overset{\textstyle CH_3}{|}}{\underset{\underset{\textstyle CH_2CH_3}{|}}{C}}-CH_3$$
$$\underset{\underset{\textstyle CH_3}{|}}{}$$

3. 将甲烷先用光照射再在黑暗中与氯气混合,不能发生氯代反应的原因是什么?

4. 预测 2,3 – 二甲基丁烷在室温下进行氯代反应时,所得各种一氯代产物的得率之比。

5. 乙烷在光照下与氯气反应,除生成氯乙烷外,为什么还会有少量丁烷生成?

习　题

一、命名下列化合物

1. $(CH_3)_2CHCH_2CH_3$

2. 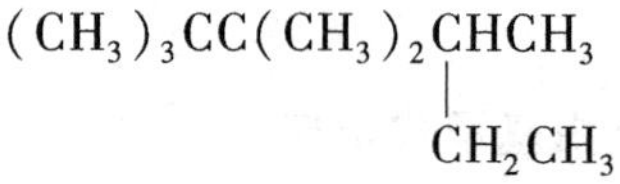 $(CH_3)_3CC(CH_3)_2CHCH_3$
$$\underset{\underset{\textstyle CH_2CH_3}{|}}{}$$

3. $CH_3CHCHCH_3$
CH_3 (上) CH_3 (下)

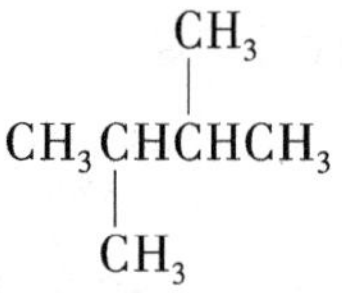

4. 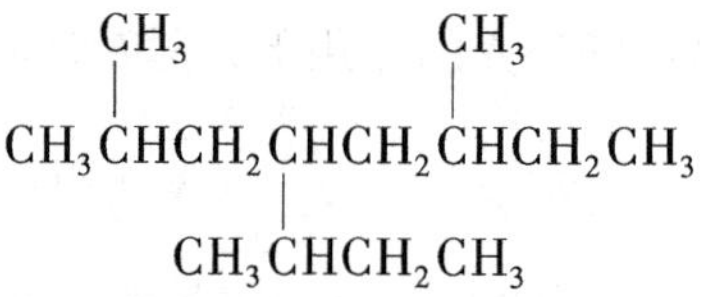 $CH_3CHCH_2CHCH_2CHCH_2CH_3$
上: CH_3 ... CH_3
下: $CH_3CHCH_2CH_3$

5.

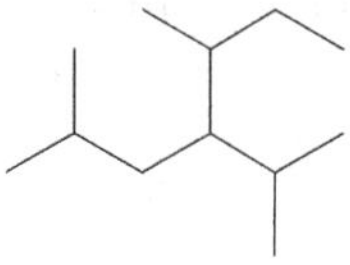

6.

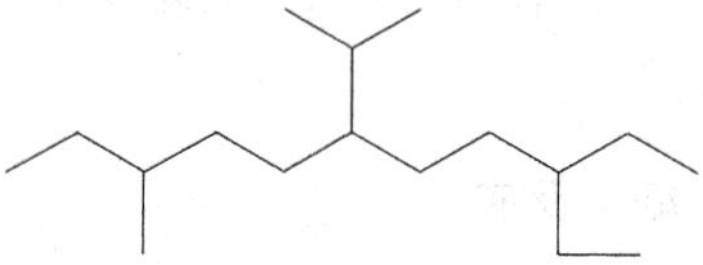

7.

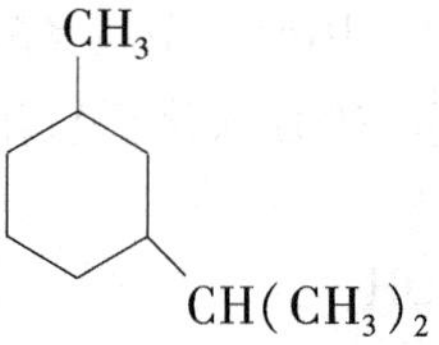

8.

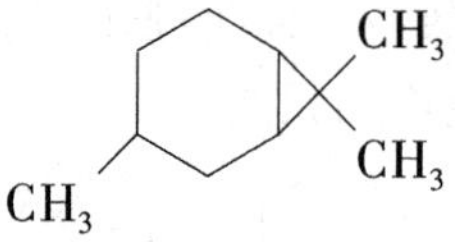

9. 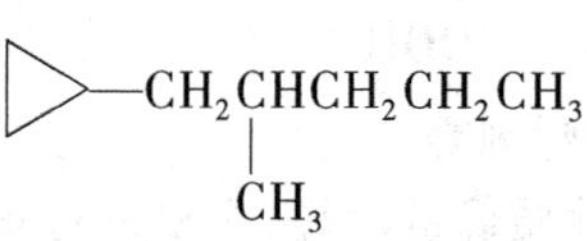 ▷—$CH_2CH_2CHCH_2CH_3$
CH_3

10.

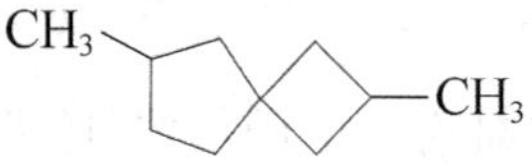

二、写出下列化合物的构造式

1. 2 – 甲基丁烷

2. 2,3 – 二甲基戊烷

3. 2 – 甲基 – 3 – 乙基戊烷

4. 2,3 – 二甲基 – 4 – 乙基己烷

三、选择题

1. 下列烷烃中沸点最高的是(　　　),沸点最低的是(　　　　)。

A. 新戊烷　　　　　B. 异戊烷　　　　　　C. 正己烷　　　　　　　D. 正辛烷

2. 下列化合物的沸点由高到低顺序是(　　　　)。

①2,2,3,3—四甲基丁烷　②辛烷　③2 - 甲基庚烷　④2,3—二甲基己烷

A. ② > ③ > ④ > ①　　　　　　　　B. ② > ③ > ① > ④

C. ② > ① > ③ > ④　　　　　　　　D. ① > ② > ③ > ④

3. 下列化合物的熔点由高到低的顺序是(　　　)。

①$CH_3(CH_2)_4CH_3$　　　　　　　②$CH_3(CH_2)_3CH_3$

③$CH_3C(CH_3)_2CH_3$　　　　　　　④$CH_3CH(CH_3)CH_2CH_3$

A. ① > ② > ③ > ④　　　　　　　　B. ① > ③ > ② > ④

C. ② > ① > ③ > ④　　　　　　　　D. ① > ④ > ② > ③

4. 环烷烃的稳定性可以从它们的角张力来推断,下列环烷烃哪个稳定性最差的是(　　　)。

A. 环丙烷　　　　B. 环丁烷　　　　C. 环己烷　　　　D. 环庚烷

5. 下列自由基中最稳定的是(　　　)。

A. $CH_3CH_2CH_2\overset{.}{C}HCH_3$　　　　　　　B. $CH_3CH_2CH_2CH_2\overset{.}{C}H_2$

C. $CH_3CH_2\overset{.}{C}(CH_3)_2$

6. 下列自由基中最稳定的是(　　　)。

A. $(CH_3)_2CHCH_2\overset{.}{C}H_2$　　　　　　　B. $(CH_3)_2CH\overset{.}{C}HCH_3$

C. $(CH_3)_2\overset{.}{C}CH_2CH_3$　　　　　　　D. $\cdot CH_2\!-\!\underset{CH_3}{CHCH_2CH_3}$

7. 某烃分子量为86,控制一氯取代时能生成3种一氯代烷,符合该烃题意的构造式有(　　　)。

A. 1 种　　　　B. 2 种　　　　C. 3 种　　　　D. 4 种

8. 2 - 甲基丁烷和氯气发生取代反应时,能生成一氯代物异构体的数目是(　　　)。

A. 2 种　　　　B. 3 种　　　　C. 4 种　　　　D. 5 种

9. 环烷烃的环上碳原子是以哪种轨道成键的?(　　　)

A. sp^2 杂化轨道　　　B. s 轨道　　　C. p 轨道　　　D. sp^3 杂化轨道

10. 环丙烷和环丁烷产生较大的环张力和不稳定性的主要因素是(　　　)。

A. 环上碳原子为 sp^2 杂化　　　　B. 环上碳原子为 sp 杂化

C. 碳碳键为弯曲键　　　　　　　　D. 不饱和脂肪烃

四、完成下列反应式

1. $CH_3CH_2CH_3 + Cl_2 \xrightarrow[\text{室温}]{\text{光}}$

2. $CH_4 + Cl_2 \xrightarrow{h\nu}$

3. $CH_4 + O_2 \xrightarrow{\text{燃烧}}$

4. + HCl ⟶

5. 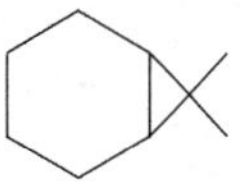 + HBr ⟶

6. 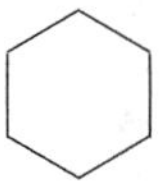 + O$_2$ $\xrightarrow[70\ ℃]{HNO_3}$

五、用纽曼式表示下列各化合物的优势构象

1.

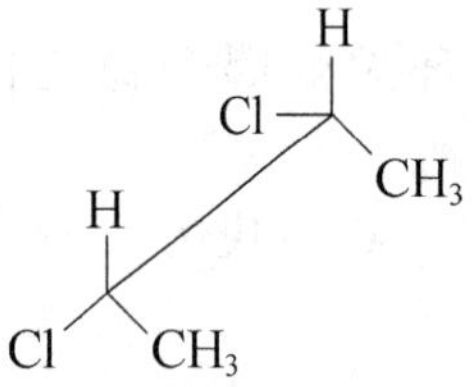

2.

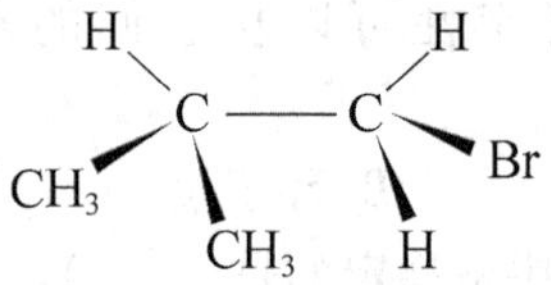

六、写出下列反应的产物和机理

1. 写出乙烷氯代(日光下)反应生成氯乙烷的历程。

2. 光照下烷烃与 SO$_2$ 和 Cl$_2$ 反应,烷烃分子中的氢原子被—SO$_2$Cl 取代,反应如下:

$$R—H + SO_2 + Cl_2 \xrightarrow{\text{光}} R—SO_2Cl$$

试按自由基取代机理写出烷烃(R—H)与 SO$_2$ 和 Cl$_2$ 反应的机理。

七、推测结构

1. 分子式为 C$_8$H$_{18}$ 的烷烃与氯在紫外光照射下反应,产物中的一氯代烷只有一种,试推断这个烷烃的结构。

2. A,B 两化合物,已知其分子式均为 C$_5$H$_{12}$,在发生一元氯代反应时,A 只生成一种氯代产物,B 则生成四种一元氯代产物。试推测 A,B 的构造式。

第3章 不饱和烃

（一）烯　　烃

烯烃是指分子中含有一个碳碳双键（C＝C）的开链不饱和烃,烯烃的通式为:C_nH_{2n},$n \geqslant 2$,碳碳双键是烯烃的官能团。

3.1　烯烃的结构

讨论烯烃的结构,主要是讨论碳碳双键的结构。碳碳双键是由两对共用电子构成,实验事实表明,它并不是由两个单键组成的。下面以最简单的烯烃——乙烯为例来讨论烯烃的结构。

3.1.1　碳原子轨道的 sp^2 杂化和碳碳双键的组成

现代物理方法证明:乙烯分子中的所有的原子都处在同一平面上,键角都近似120°,结构如下:

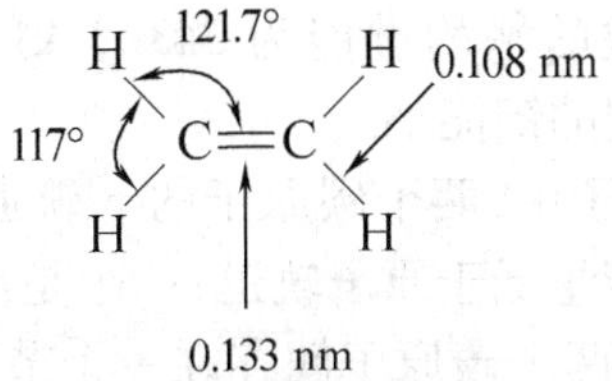

杂化轨道理论认为,碳原子在形成双键时,其价电子层的轨道进行了 sp^2 杂化,即其一个 2s 和两个 2p 轨道进行了杂化。杂化后,形成了三个相同的轨道,称为 sp^2 杂化轨道。如图 3.1 所示。

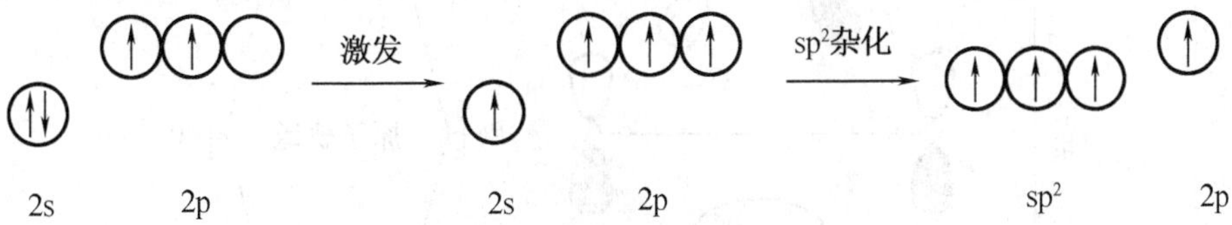

图 3.1　碳原子轨道的 sp^2 杂化原理图

三个 sp^2 杂化轨道同处于一个平面上,轨道对称轴之间互成120°的夹角,如图 3.2（b）所示,另外,碳原子还有一个未参与杂化的 2p 轨道,2p 轨道垂直于三个 sp^2 杂化轨道所处的平面,如图 3.2（c）所示。三个 sp^2 及一个 2p 轨道上各有一个价电子。

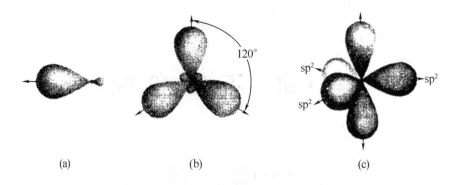

(a)　　　　　　　　(b)　　　　　　　　(c)

图 3.2　sp² 杂化轨道示意图

(a)一个 sp² 杂化轨道;(b)三个 sp² 杂化轨道的分布;(c)sp² 杂化轨道和 p 轨道的关系

在形成乙烯分子时,两个 sp² 杂化的碳原子分别利用一个 sp² 杂化轨道相互交盖形成一个碳碳 σ 键,其另外的两个 sp² 杂化轨道分别与两个氢原子的 1s 轨道交盖形成两个碳氢 σ 键,共形成的五个 σ 键处在同一平面上,如图 3.3 所示。此外,两个碳原子各自的未参与杂化的 2p 轨道,因垂直于同一平面,而互相平行,可从侧面相互交盖,形成 π 键,如图 3.4 所示。

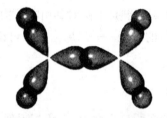
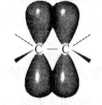
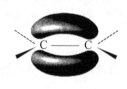

图 3.3　乙烯分子中的 σ 键示意图　　　**图 3.4　乙烯分子中的 π 键示意图**

因此,碳碳双键是由一个 C—C σ 键和一个 C—C π 键组成的。已测得 C=C 的平均键能为 610.9 kJ·mol⁻¹、C—C σ 键的平均键能为 343.3 kJ·mol⁻¹,因此,π 键的键能为 263.6 kJ·mol⁻¹,看出 π 键比 σ 键的键能小。

按照分子轨道理论,在乙烯分子中,两个碳原子的 p 轨道经线性组合形成两个 π 分子轨道,其中一个是成键轨道 π,其能量低于原子轨道;一个是反键轨道 π*,其能量高于原子轨道,如图 3.5 所示。反键轨道在两个碳原子间存在一个节面(即电子云密度为零的面),因此能量高。基态时,电子处于能量低的成键轨道中。

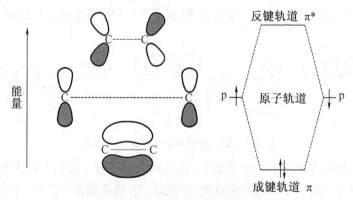

图 3.5　乙烯的 π 键分子轨道示意图

3.1.2　π 键的特征

π 键的特征如下：

(1)π 键的交盖程度较小，不牢固，易断裂。

π 键是由两个 p 轨道从侧面交盖形成的，交盖程度比 σ 键小，因而 π 键不如 σ 键牢固。从上面键能的估算已看出，π 键的键能比 σ 键小。

(2)流动性较大，易极化。

π 键电子云不是集中在两个成键原子之间，而是分布在成键原子所形成的 σ 键所处平面的上、下方，因而原子核对 π 电子的束缚较小，π 电子有较大的流动性。在外界试剂电场的诱导下，电子云易变形出现极化，从而导致 π 键被破坏而发生化学反应。

(3)形成双键的两个 C 原子不能自由旋转。

形成双键的两个碳原子不能以 C—C σ 键为轴自由旋转，否则 π 键将减弱或断裂。碳碳双键之间的相对旋转如图 3.6 所示。

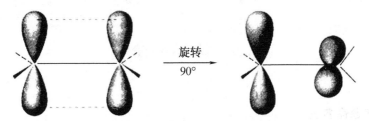

图 3.6　碳碳双键旋转示意图

(4)π 键不能独立存在，只能与 σ 键共存于双键、三键中。

3.2　烯烃的同分异构

烯烃的同分异构现象比烷烃要复杂，除构造异构之外，还存在由于原子或基团在空间的排布不同而产生的异构，这称为构型异构。现说明如下。

3.2.1　烯烃的构造异构

烯烃的构造异构比烷烃复杂，除了碳架异构之外，还存在由于双键的位置不同而引起的异构，这叫做位置异构，例如 C_4H_8 存在如下几种构造异构体：

$$CH_3—CH_2—CH=CH_2 \qquad CH_3—CH=CH—CH_3 \qquad CH_3—\underset{\underset{CH_3}{|}}{C}=CH_2$$

$$（Ⅰ） \qquad\qquad （Ⅱ） \qquad\qquad （Ⅲ）$$

其中（Ⅰ）与（Ⅱ）之间是位置异构；（Ⅰ）与（Ⅲ）或（Ⅱ）与（Ⅲ）之间是碳架异构。

3.2.2　烯烃的顺反异构

因双键不能自由旋转，当两个双键碳原子上各自连接的是两个不同的原子或原子团时，就会产生顺反异构体，例如 2－丁烯存在如下的顺反异构体：

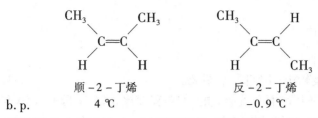

	顺 - 2 - 丁烯	反 - 2 - 丁烯
b. p.	4 ℃	-0.9 ℃

把两个相同的原子或基团处于双键同侧的构型称为顺式;处于不同侧的称为反式。顺反异构属于构型异构。

产生顺反异构体的必要条件是:两个双键碳原子分别连接了两个不同的原子或基团。例如,在下列各类型烯烃中,(Ⅰ)和(Ⅱ)有顺反异构体,(Ⅲ)和(Ⅳ)无顺反异构体。

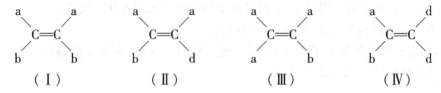

3.3 烯烃的命名

3.3.1 普通命名法

简单的烯烃可用普通命名法命名,例如:

$$CH_2{=}CHCH_2CH_3$$

正丁烯

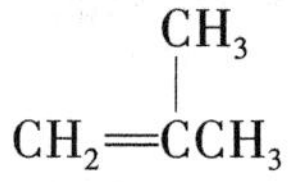

$$CH_2{=}CCH_3 \atop {\overset{|}{CH_3}}$$

异丁烯

3.3.2 系统命名法

(1)选择包含双键的最长碳链作为主链;把支链看做取代基。根据主链所含碳原子的数目,称为某烯。

(2)从近双键的一端开始将主链编号。

(3)命名时,要标明双键的位号,以两个双键碳原子中位号较小的数字表示,写于"某烯"之前。

其他要求同烷烃的系统命名原则。

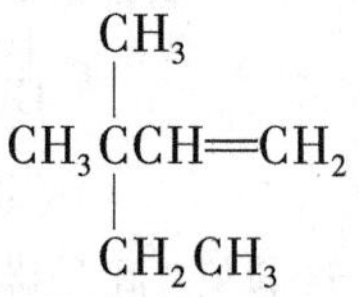

$$CH_3\overset{\overset{\displaystyle CH_3}{|}}{\underset{\underset{\displaystyle CH_2CH_3}{|}}{C}}CH{=}CH_2$$

3,3 - 二甲基 - 1 - 戊烯

$$(CH_3)_2C{=}CHCH_2\overset{}{\underset{\underset{\displaystyle CH_3}{|}}{C}}HCH_3$$

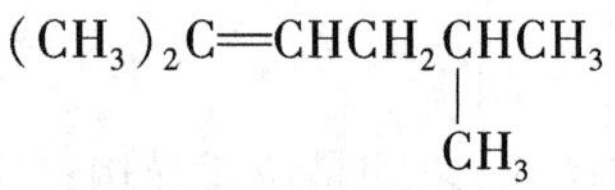

2,5 - 二甲基 - 2 - 己烯

烯基:烯烃中去掉一个氢原子后余下的烃基称为烯基。一些常见的烯基及命名如下:

$$CH_2{=}CH{-} \qquad CH_3CH{=}CH{-} \qquad CH_2{=}CHCH_2{-} \qquad CH_2{=}\underset{\underset{CH_3}{|}}{C}{-}$$

乙烯基 　　　　　丙烯基 　　　　　烯丙基 　　　　　异丙烯基

3.3.3　顺反异构体的 Z,E 命名法

烯烃顺反异构体的命名,通常可在其系统名称前加一"顺"或"反"字。
例如:

$$\underset{\text{顺}-2-\text{戊烯}}{\underset{H \qquad\quad H}{\overset{CH_3 \qquad\quad CH_2CH_3}{C{=}C}}} \qquad\qquad \underset{\text{反}-3-\text{甲基}-3-\text{己烯}}{\underset{H \qquad\quad CH_2CH_3}{\overset{CH_3CH_2 \qquad\quad CH_3}{C{=}C}}}$$

但有些无法用顺反标记,如:

$$\underset{CH_3 \qquad Cl}{\overset{Br \qquad H}{C{=}C}} \qquad \underset{CH_3 \qquad CH_2CH_2CH_3}{\overset{H \qquad CH_2CH_3}{C{=}C}} \qquad \underset{CH_3CH_2 \qquad CH{-}CH_3}{\overset{CH_3 \qquad CH_2CH_2CH_3}{C{=}C}}$$

为此 IUPAC 规定用 Z,E 命名法来标记顺反异构体的构型。

Z,E 命名法的内容如下:

按"次序规则"分别找出两个双键碳原子所连接的"较优先"基团,

如果两个双键碳连接的"较优先"基团处于双键的同侧,称为 Z 构型,反之为 E 构型。

Z 是德文 Zusammen 的字头,是"同一侧"的意思。E 是德文 Entgegen 的字头,是"相反"的意思。

次序规则的要点:

(1)将与双键碳原子直接相连的原子按原子序数大小进行比较,原子序数大的基团称为"较优先"基团;若为同位素,则质量数高者为"较优先"基团。常见原子按原子序数由大到小排列为

$$I > Br > Cl > S > P > F > O > N > C > D > H$$

例如,下列基团的优先顺序为

$$—Br > —OH > —NH_2 > —CH_3 > —H$$

(2)如果与双键碳原子直接相连的原子相同,要顺次往下比,直至比较出较优基团为止。
例如:

$$CH_3CH_2— > CH_3—$$

$$(CH_3)_3C— > CH_3CH(CH_3)CH— > (CH_3)_2CHCH_2— > CH_3CH_2CH_2CH_2—$$

(3)当取代基为不饱和基团时,则把双键、三键相连的原子看成是以单键与两个、三个原子相连。
例如:

$$CH_2{=}CH{-} \quad \text{相当于} \quad \underset{\underset{C}{|}}{\underset{\underset{C}{|}}{CH_2{-}CH{-}}} \qquad\qquad C{=}O \quad \text{相当于} \quad \underset{\underset{O}{|}}{\overset{\overset{O}{|}}{C}}$$

Z,E 命名法举例如下：

$$Br \backslash C=C / H$$
$$CH_3 / \qquad \backslash Cl$$

Br > CH₃
Cl > H

$Br > CH_3$
$Cl > H$

（E）－1－氯－2－溴丙烯

$$CH_3 \backslash C=C / CH_2CH_2CH_3$$
$$CH_3CH_2 / \qquad \backslash CHCH_3$$
$$\qquad \qquad | \qquad CH_3$$

$CH_3CH_2— > CH_3—$

$(CH_3)_2CH— > CH_3CH_2CH_2—$

（Z）－3－甲基－4－异丙基－3－庚烯

$$Br \backslash C=C / Cl$$
$$Cl / \qquad \backslash H$$

Br > Cl
Cl > H

$Br > Cl$
$Cl > H$

（Z）－1,2－二氯－1－溴乙烯

如果第 3 例按顺、反命名，为反－1,2－二氯－1－溴乙烯。可见，顺、反与 Z,E 无必然联系，不能认为 Z 一定为顺，或 E 一定为反。

3.4 烯烃的物理性质

在常温下，C_2 － C_4 的烯烃为气体，C_5 － C_{18} 的为液体，C_{19} 以上为固体。与烷烃相似，在同系列中，烯烃的沸点随着相对分子量的增加而增高。在同分异构体中，正构烯烃的沸点高于带支链的烯烃。烯烃的相对密度都小于 1，不溶于水，易溶于有机溶剂，如：苯、乙醚、氯仿和石油醚等中。一些常见烯烃的物理常数见表3.1。

表3.1 一些烯烃的物理常数

名称	结构式	熔点/℃	沸点/℃	相对密度（d_4^{20}）
乙烯	$CH_2=CH_2$	－169.5	－103.7	0.570
丙烯	$CH_2=CHCH_3$	－185.2	－47.7	0.610
1－丁烯	$CH_2=CHCH_2CH_3$	－130	－6.4	0.625
1－戊烯	$CH_2=CH(CH_2)_2CH_3$	－166.2	30	0.641
1－己烯	$CH_2=CH(CH_2)_3CH_3$	－139	63.5	0.673
1－庚烯	$CH_2=CH(CH_2)_4CH_3$	－119	93.6	0.697
顺－2－丁烯	顺—$CH_3CH=CHCH_3$	－139.3	3.5	0.621 3
反－2－丁烯	反—$CH_3CH=CHCH_3$	－105.5	0.9	0.604 2
2－甲基丙烯	$CH_2=C(CH_3)_2$	－140.8	－6.9	0.631（－10 ℃）
2－甲基－1－丁烯	$CH_2=CCH_2CH_3$ 下 CH_3	－137.6	31.2	0.650
3－甲基－1－丁烯	$CH_2=CHC(CH_3)_2$	－168.5	20	0.633（15 ℃）

顺、反异构体之间物理性质差别的原因是偶极矩，一般反式异构体的偶极矩较小，或等于零，而顺式的偶极矩相对较大，例如：

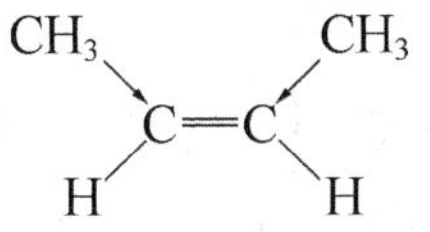

$$\mu\neq0 \qquad \mu=0$$

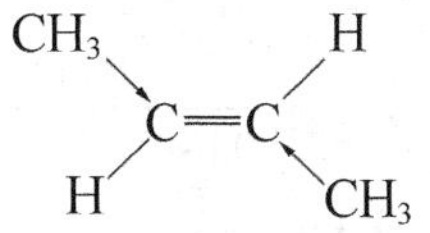

故顺式异构体的沸点较反式高。但因顺式异构体的对称性较低,较难填入晶格,故熔点较反式低。

3.5　烯烃的化学性质

烯烃的化学性质很活泼,主要因为分子中存在双键,双键中 π 键的重叠程度较小,键能较低,易产生极化,因此烯烃容易发生加成、氧化、聚合等反应。

受到双键的影响,与双键直接相连的碳原子上的氢($\alpha-H$)也表现出一定的活泼。

在化学反应中,π 键断开,两个双键碳原子与其他原子或基团结合形成两个较强的 σ 键的反应称为加成反应。

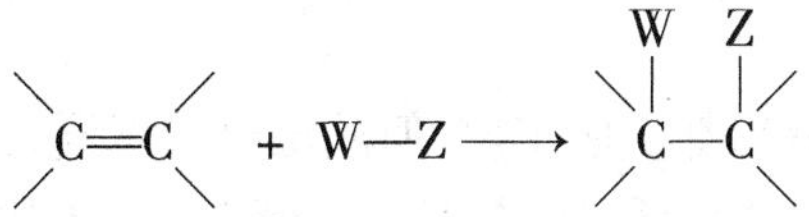

3.5.1　催化氢化

在常温常压下,烯烃与氢气很难发生加成反应,但是在催化剂(如铂、钯、镍等)的存在下,烯烃与氢可发生加成反应,生成相应的烷烃,因此将该反应称为催化氢化或催化加氢反应,属于还原反应的一种形式。

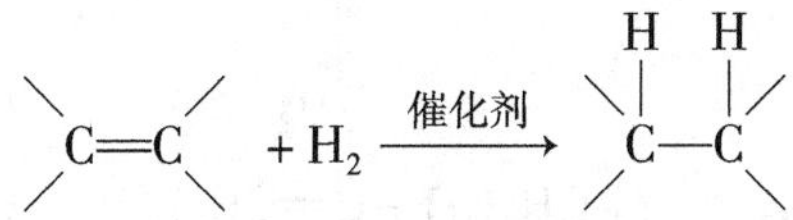

一般认为加氢反应是在催化剂的表面上进行的,经历吸附 - 活化 - 加成 - 脱附的过程,如下所示:

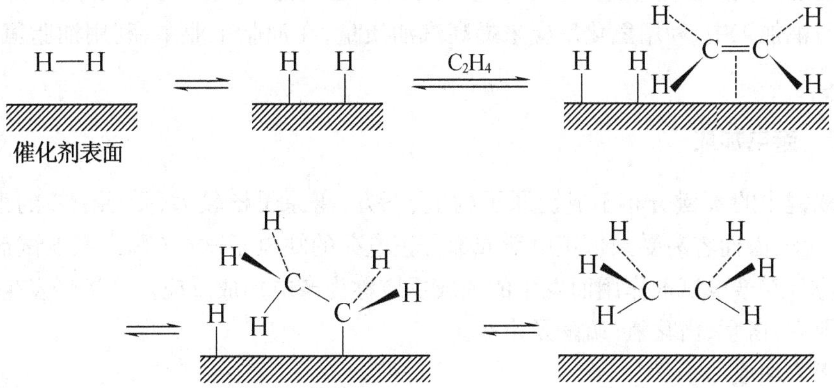

烯烃加氢主要为顺式加成,例如:

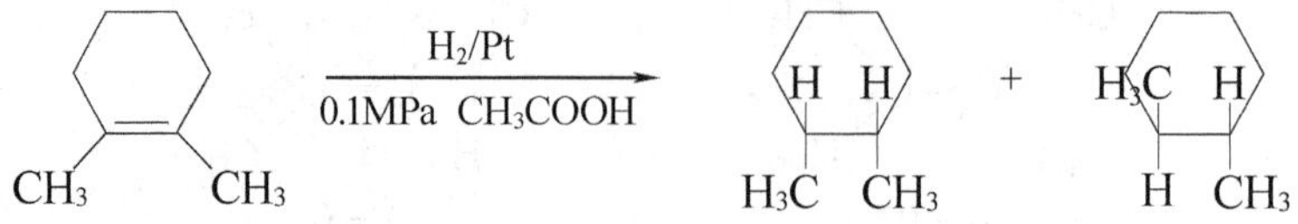

$$86\% \qquad 14\%$$

加氢反应是放热反应($\Delta H^\ominus < 0$),1 mol 烯烃加氢时所放出的热量称为氢化热。一个双键的氢化热大约为 125 kJ·mol^{-1}。可通过测定不同烯烃的氢化热,比较烯烃的相对稳定性,氢化热越小的烯烃越稳定。例如:

$$CH_3CH_2—CH{=}CH_2 + H_2 \longrightarrow CH_3CH_2CH_2CH_3 \qquad \Delta H^\ominus = -127 \text{ kJ/mol}$$

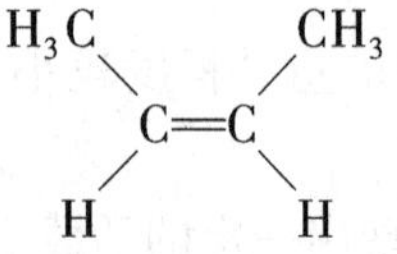

$$+ H_2 \longrightarrow CH_3CH_2CH_2CH_3 \qquad \Delta H^\ominus = -119.7 \text{ kJ/mol}$$

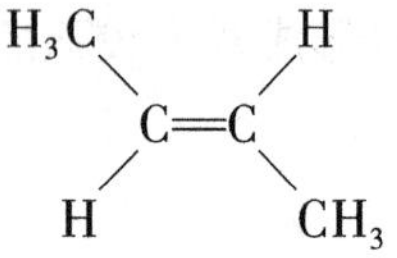

$$+ H_2 \longrightarrow CH_3CH_2CH_2CH_3 \qquad \Delta H^\ominus = -115.5 \text{ kJ/mol}$$

上述三种丁烯异构体加氢后都生成丁烷,但放出热量不同,这说明它们内能高低不同,反 -2 - 丁烯放热最少,说明其内能最低,稳定性最高;而1 - 丁烯放热最多,表明内能最高,稳定性最低。即上述三种丁烯异构体的相对稳定性的次序为:反 - 2 - 丁烯 > 顺 - 2 - 丁烯 > 1 - 丁烯。

一般来说,双键碳原子上连接烷基的数目越多,则烯烃越稳定。即烯烃的稳定性次序为

$$R_2C{=}CR_2 > R_2C{=}CHR > RCH{=}CHR > RCH{=}CH_2 > CH_2{=}CH_2$$

例如:

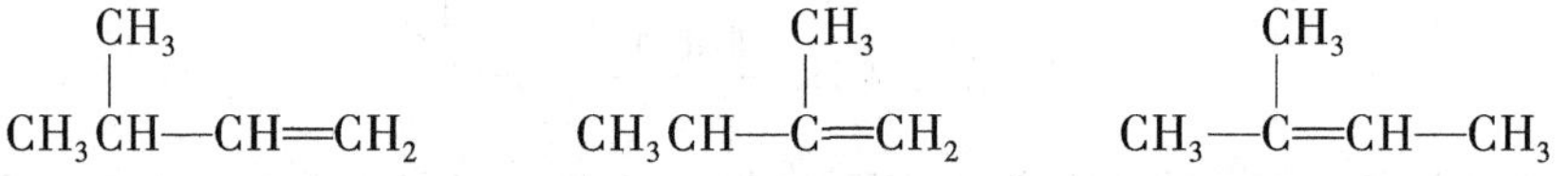

$$\Delta H^\ominus \qquad -126.8 \text{ kJ·mol}^{-1} \qquad -119.2 \text{ kJ·mol}^{-1} \qquad -112.5 \text{ kJ·mol}^{-1}$$

烯烃的加氢反应是定量进行的,因此可通过测定消耗 H_2 的体积来确定烯烃中双键的数目。在石油加工中,利用氢化反应来提高汽油质量,在油脂工业中,利用油脂氢化制人造奶油。

3.5.2 亲电加成

烯烃双键中的 π 键分布于成键原子的上、下方,离原子核较远,受原子核的束缚较小,容易给出电子,因而容易受到带正电荷或部分正电荷的缺电子试剂(称为亲电试剂)的攻击而发生反应。与亲电试剂作用而发生的加成反应称为亲电加成反应。与烯烃发生亲电加成的试剂主要有:卤素、卤化氢、硫酸及水等。

1. 与卤素加成

烯烃很容易与卤素发生加成反应,生成邻二卤化物。例如,将烯烃气体通入到溴的四氯化碳溶液中,溴的红棕色马上消失,表明发生了加成反应。在实验室中,常利用这个反应来检验烯烃。

$$C=C + X_2 \longrightarrow \underset{\underset{X}{|}}{C}-\underset{\underset{X}{|}}{C}$$

$$CH_3-CH=CH_2 + \underset{红棕色}{Br_2} \xrightarrow{CCl_4} CH_3-\underset{\underset{Br}{|}}{CH}-\underset{\underset{Br}{|}}{CH_2}$$

1,2-二溴丙烷　无色

烯烃与 X_2 发生加成反应时，X_2 的活性次序为：$F_2 > Cl_2 > Br_2 > I_2$。F_2 与烯烃的反应太剧烈，会使烯烃分解；I_2 与烯烃难起反应，因此 X_2 主要是用 Cl_2 和 Br_2。

烯烃与 X_2 加成的反应机理是在大量实验的基础上得到确定的。实验表明，烯烃与 X_2 在非极性条件下难发生加成，在极性条件下才可发生加成反应，且加成反应是分步进行的。

现以烯烃与 Br_2 加成为例说明如下。

第一步：溴分子与烯烃接近时，受到烯烃 π 键供电子的影响，溴分子中的 σ 键产生极化，靠近 π 键一端的溴原子带有部分正电荷，另一端带有部分负电荷。然后 $Br^{\delta+}$ 作为亲电试剂与双键反应，形成一个三元环溴鎓离子。由于 π 键断裂及 Br_2 分子中的 σ 键异裂都需要能量，因此这步的反应速率较慢，是决定整个加成反应的速率的一步。

$$\underset{\underset{C}{\|}}{C} + \overset{\delta+ \quad \delta-}{Br-Br} \longrightarrow \underset{\underset{C}{|}}{\overset{\overset{C}{|}}{}}{}^{+}Br + Br^{-}$$

溴鎓离子

第二步：Br^- 从溴鎓离子的背面进攻碳原子，三元环开环，生成加成产物。这一步的反应速率较快。

$$Br^- + \overset{-C-}{\underset{-C-}{}}{}^{+}Br \longrightarrow \begin{array}{c} Br-C- \\ \\ -C-Br \end{array}$$

上述加成反应是由亲电试剂 Br^+ 对 π 键的进攻而引起的，所以叫做亲电加成反应。由于两个溴原子是从双键的两侧加上去的，所以称为反式加成。例如，环戊烯与溴加成时，生成反 $-1,2-$ 二溴环戊烷：

$$\text{（环戊烯）} + Br_2 \xrightarrow{CCl_4} \text{（反-1,2-二溴环戊烷结构）}$$

反 $-1,2-$ 二溴环戊烷

Cl_2 与烯烃的加成与 Br_2 一样，也是经过环状氯鎓离子的反式加成。

当烯烃与 X_2 的加成有水存在时，产物中除了邻二卤代烷，还有 $\beta-$ 卤代醇，例如：

$$H_2C=CH_2 + Cl_2 \xrightarrow{H_2O} \underset{\underset{Cl \quad Cl}{|\quad|}}{H_2C-CH_2} + \underset{\underset{Cl \quad OH}{|\quad\,|}}{H_2C-CH_2}$$

这是因为第一步生成的氯鎓离子也可与水作用：

$$CH_2-CH_2 \xrightarrow[\text{H}_2\text{O}]{\text{Cl}^-} \begin{array}{c} H_2C-CH_2 \\ | \quad | \\ Cl \quad Cl \end{array} \quad \begin{array}{c} H_2C-CH_2 \\ | \quad | \\ Cl \quad \overset{+}{O}H_2 \end{array} \xrightarrow{-H^+} \begin{array}{c} H_2C-CH_2 \\ | \quad | \\ Cl \quad OH \end{array}$$

烯烃与 X_2 加成时的活性次序为

$(CH_3)_2C{=}C(CH_3)_2 > (CH_3)_2C{=}CHCH_3 > (CH_3)_2C{=}CH_2 > CH_3CH{=}CH_2 > CH_2{=}CH_2$

2. 与卤化氢加成

烯烃能与卤化氢气体或浓的氢卤酸溶液发生加成反应,生成相应的卤代烷,例如:

$$CH_2{=}CH_2 + HX \longrightarrow CH_3CH_2X$$

在加成中,HX 的活性次序是:$HI > HBr > HCl$

烯烃的活性次序为

$R_2C{=}CR_2 > R_2C{=}CHR > R_2C{=}CH_2 > RCH{=}CHR > RCH{=}CH_2 > CH_2{=}CH_2 >$

$CH_2{=}CHCl > CH_2{=}CHF$

烯烃与卤化氢的加成反应机理和与卤素加成相似,也是分两步进行的亲电加成反应,表示如下。

第一步: $\underset{\diagup}{\diagdown}C{=}C\diagdown^{\diagup} + H{-}X \xrightarrow{\text{慢}} \underset{|}{-}\overset{|}{C}{-}\overset{|}{\underset{+}{C}}{-} + X^-$ （H加下方C）

第二步: $-\overset{H}{\underset{|}{C}}{-}\overset{|}{\underset{+}{C}}{-} + X^- \xrightarrow{\text{快}} H{-}\overset{|}{C}{-}\overset{|}{\underset{X}{C}}{-}$

第一步,亲电试剂 H^+ 进攻双键,生成碳正离子。这步的反应速率较慢,是决定整个加成反应速率的步骤。

第二步,碳正离子与 X^- 结合生成卤代烷,这步反应速率较快。

（1）Markovnikov 规则（简称马氏规则）

乙烯是对称分子,不论氢质子和卤离子加到哪个碳原子上,得到的产物都是一样的,但丙烯及其他不对称烯烃与 HX 加成时,产物有两种可能,例如:丙烯与 HX 加成时,产物有如下两种可能:

$$CH_3{-}CH{=}CH_2 + HX \longrightarrow \begin{cases} CH_3{-}CH_2{-}CH_2{-}X \quad （Ⅰ） \\ CH_3{-}\underset{X}{CH}{-}CH_3 \quad （Ⅱ） \end{cases}$$

实验表明（Ⅱ）为主要产物,（Ⅰ）只占少数。

俄国化学家马尔科夫尼科夫（V. Markovnikov）在总结了大量实验事实的基础上,提出了一个重要的经验规则:不对称烯烃与卤化氢等极性试剂进行加成反应时,氢原子总是加到含氢较多的双键碳原子上,而卤原子或其他原子或基团则加到含氢较少的双键碳原子上,这个规则称为 Markovnikov 规则,简称马氏规则。利用马氏规则可以预测不对称烯烃与不对称试剂加成时的主要产物。例如:

$$CH_3CH_2CH=CH_2 + HBr \xrightarrow{\text{醋酸}} CH_3CH_2CHCH_3$$

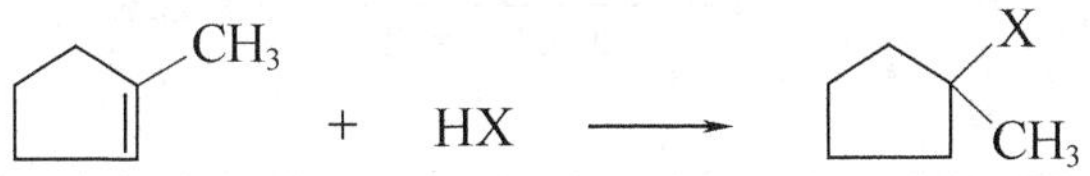

$$\underset{\underset{80\%}{Br}}{|}$$

（主）

(2)马氏规则的解释

马氏规则可以利用电子效应来解释。首先从诱导效应方面来解释:在丙烯分子中,$-CH_3$ 是一个供电子基团,其向双键供电子的作用,使双键上的 π 电子云产生极化,离甲基较远的双键 C 上具有较高的电子云密度,带部分负电荷(用 $\delta-$ 表示);另一双键 C 则带部分正电荷(用 $\delta+$ 表示):

$$CH_3 \longrightarrow \overset{\delta+}{CH} = \overset{\delta-}{CH_2}$$

因此,与 HX 加成时,H^+ 加到带负电荷的双键 C 上(含氢较多),X^- 加到带有正电荷的双键 C 上(含氢较少),产物服从马氏规则。

马氏规则还可以由反应过程中生成的活性中间体碳正离子的稳定性来解释。丙烯与 HX 加成时,第一步反应产生碳正离子中间体有两种可能:

$$CH_3-CH=CH_2 + H^+ \begin{cases} \longrightarrow CH_3-\overset{+}{C}H-CH_3 & （Ⅰ） \\ \longrightarrow CH_3-CH_2-\overset{+}{C}H_2 & （Ⅱ） \end{cases}$$

究竟生成哪一种碳正离子,这取决于碳正离子的相对稳定性。根据物理学上的规律,一个带电体系的稳定性取决于所带电荷的分散程度,电荷越分散,体系越稳定。甲基是一个供电子基,具有供电诱导效应,其供电子的作用可使碳正离子的正电荷得到分散,使体系趋于稳定。带正电荷的碳上连接的烷基越多,其正电荷的分散程度就越大,则碳正离子就越稳定。

因此,碳正离子的稳定性次序为:叔 C^+ > 仲 C^+ > 伯 C^+ > CH_3^+(即:$3°C^+$ > $2°C^+$ > $1°C^+$ > CH_3^+),例如:

$$CH_3-\underset{\underset{CH_3}{|}}{\overset{\overset{CH_3}{|}}{C^+}} > CH_3-\underset{\underset{H}{|}}{\overset{\overset{CH_3}{|}}{C^+}} > CH_3-\underset{\underset{H}{|}}{\overset{\overset{H}{|}}{C^+}} > H-\underset{\underset{H}{|}}{\overset{\overset{H}{|}}{C^+}}$$

根据碳正离子的稳定性次序,碳正离子(Ⅰ)比(Ⅱ)稳定,所以碳正离子(Ⅰ)比(Ⅱ)容易生成。(Ⅰ)一旦生成,很快与 X^- 结合,生成 $CH_3\underset{\underset{X}{|}}{CH}CH_3$,符合马氏规则。

二种碳正离子的生成如图 3.7 所示,图中表明,碳正离子越稳定,生成该碳正离子所需活化能越小,即该碳正离子越容易生成。

当三氟丙烯与 HX 加成时生成反马氏规则的产物:

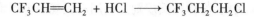

$$CF_3CH\!=\!CH_2 + HCl \longrightarrow CF_3CH_2CH_2Cl$$

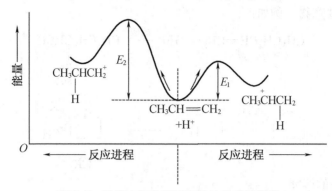

图 3.7　活性中间体碳正离子的生成示意图

这是因为三氟甲基－CF_3是一个强吸电子基团，反应中可能生成的两种碳正离子的稳定性是：$CF_3CH_2\overset{+}{C}H_2 > CF_3\overset{+}{C}HCH_3$，因此得到反马氏规则的产物。

碳正离子会发生重排，转变为更稳定的碳正离子，因此烯烃与 HX 的加成反应，可能出现重排产物，例如：

反应中首先生成的 2° 碳正离子通过甲基的迁移重排为更稳定的 3° 碳正离子，且重排产物为主要产物。负氢也可以发生迁移，例如：

3. 与硫酸加成

烯烃能与浓 H_2SO_4 加成生成硫酸氢酯,不对称烯烃与 H_2SO_4 加成时服从马氏规则。

$$CH_2{=}CH_2 \xrightarrow[80\ ℃]{98\%\ H_2SO_4} CH_3CH_2OSO_2OH \xrightarrow[\triangle]{H_2O} CH_3CH_2OH + H_2SO_4$$

硫酸氢乙酯

$$CH_3CH{=}CH_2 \xrightarrow[50\ ℃]{80\%\ H_2SO_4} \underset{\underset{OSO_2OH}{|}}{CH_3CHCH_3} \xrightarrow[\triangle]{H_2O} \underset{\underset{OH}{|}}{CH_3CHCH_3} + H_2SO_4$$

硫酸氢异丙酯

$$(CH_3)_2C{=}CH_2 \xrightarrow[10\sim30\ ℃]{63\%\ H_2SO_4} (CH_3)_3COSO_2OH \xrightarrow[\triangle]{H_2O} (CH_3)_3COH + H_2SO_4$$

硫酸氢叔丁酯

硫酸氢酯水解生成醇,这是工业上制备醇的一种方法,称为烯烃的间接水合法,但除了生成醇还产生 H_2SO_4,需除去。

从上述反应式中三种烯烃加成时对硫酸的浓度和反应温度的不同要求看出,该加成反应中,烯烃的活性次序是:$(CH_3)_2C{=}CH_2 > CH_3CH{=}CH_2 > CH_2{=}CH_2$,这与烯烃与 X_2、HX 加成的活性次序一致。

硫酸氢酯能溶于浓硫酸,因此该反应可用来提纯和分离某些有机物,例如,烷烃不与浓硫酸反应,也不溶于浓硫酸,用冷的浓硫酸洗涤烷烃和烯烃的混合物,可除去烷烃中混有的烯烃。

4. 与水加成

在强酸(常用 H_2SO_4 或 H_3PO_4)的催化下,烯烃与水直接加成生成醇。不对称烯烃与水的加成也符合马氏规则。

$$CH_2{=}CH_2 + HOH \xrightarrow[300\ ℃,7\ MPa]{H_3PO_4/硅藻土} CH_3CH_2OH$$

$$CH_3{-}CH{=}CH_2 + HOH \xrightarrow[200\ ℃,2\ MPa]{H_3PO_4/硅藻土} \underset{\underset{OH}{|}}{CH_3CHCH_3}$$

这也是工业上制备醇的常用方法,称为烯烃的直接水合法。此法的优点是不产生大量废酸,但对设备要求较高。

5. 与次卤酸的加成

烯烃与次卤酸加成生成 β – 卤代醇。不对称烯烃加成遵从马氏规则。

$$CH_2{=}CH_2 + HOCl \longrightarrow \underset{\underset{OH}{|}\ \underset{Cl}{|}}{CH_2{-}CH_2}$$

2 – 氯乙醇

$$CH_3CH{=}CH_2 + HOCl \longrightarrow \underset{\underset{OH}{|}\ \underset{Cl}{|}}{CH_3CH{-}CH_2}$$

1 – 氯 – 2 – 丙醇

由于 HOX 不稳定,通常用卤素的水溶液与烯烃反应,见 3.5.2 中 1。在工业上就是将乙烯和氯气通入水中来制备 β - 氯乙醇。

3.5.3 硼氢化反应

烯烃还可以与 B_2H_6(乙硼烷)发生加成反应,该反应称为硼氢化反应。乙硼烷是最简单的硼氢化合物(甲硼烷不能独立存在),它通常在乙醚、四氢呋喃(THF)等中保存及使用,在与烯烃加成时,其离解为甲硼烷与烯烃反应。例如,丙烯与乙硼烷加成生成三丙基硼。

$$3CH_3CH=CH_2 + BH_3 \xrightarrow{\text{THF}} (CH_3CH_2CH_2)_3B$$

反应分三步进行,但由于反应很快,通常只得到三烷基硼烷,得不到一烷基硼烷和二烷基硼烷,反应过程表示如下:

$$CH_3CH=CH_2 + H_2B-H \longrightarrow (CH_3CH_2CH_2)BH_2$$

$$CH_3CH=CH_2 + (CH_3CH_2CH_2)BH_2 \longrightarrow (CH_3CH_2CH_2)_2BH$$

$$CH_3CH=CH_2 + (CH_3CH_2CH_2)_2BH \longrightarrow (CH_3CH_2CH_2)_3B$$

该加成反应的取向是反马氏规则的,氢原子加到了含氢较少的双键碳上,硼加到含氢较多的碳上。出现这一结果的原因是:首先在 B_2H_6 中硼是缺电子中心(只有 6 个电子),再者从电负性来看,B(2.0) < H(2.1)。

一般认为烯烃与乙硼烷的加成是经过四元环过渡态一步完成的顺式加成:

$$R-CH=CH_2 + BH_3 \rightleftharpoons R-\underset{\delta+}{CH} \cdots \overset{H-BH_2}{\underset{\delta+}{CH_2}} \rightleftharpoons \left[\begin{matrix} H \cdots BH_2 \\ R-CH \cdots CH_2 \end{matrix} \right]^{\neq} \longrightarrow RCH_2CH_2BH_2$$

三烷基硼烷的一个主要用途是在碱性溶液中用过氧化氢氧化生成醇,例如:

$$(CH_3CH_2CH_2)_3B \xrightarrow{H_2O_2/HO^-, H_2O} 3CH_3CH_2CH_2OH + B(OH)_3$$

这一步与硼氢化合起来叫硼氢化 - 氧化反应,也是由烯烃制醇的一种常用方法。由该法制得的醇与硫酸间接水合法(或直接水合法)制得的醇不同,例如,由 α - 烯烃经硼氢化 - 氧化得到伯醇,而用硫酸间接水合法(或直接水合法)得到的是仲醇。

3.5.4 溴化氢自由基加成反应

在过氧化物存在下,不对称烯烃与 HBr 加成得到反马氏规则的产物,例如,在过氧化物存在下,丙烯与 HBr 的加成,生成的主要产物是 1 - 溴丙烷,而不是 2 - 溴丙烷。

$$CH_3CH=CH_2 + HBr \xrightarrow{\text{过氧化物}} CH_3CH_2CH_2Br$$
$$98\%$$

$$100\%$$

把这种由于过氧化物的存在而引起加成取向的改变,称为过氧化物效应。

出现这种现象的原因,是因为在过氧化物的存在下,反应历程是自由基加成反应历程,而不是亲电加成反应历程。

常用的过氧化物有:过氧化苯甲酰($C_6H_5OC—O—O—COC_6H_5$)、过氧化二异丙苯[$C_6H_5C(CH_3)_2—O—O—C(CH_3)_2C_6H_5$]、氢过氧化叔丁烷[$(CH_3)_3COOH$]等,过氧化物中的过氧链(—O—O—)很弱,容易均裂,生成自由基,故称为自由基的引发剂。

一般认为该反应机理如下。

链引发:

$$C_6H_5\overset{O}{\overset{\|}{C}}OO\overset{O}{\overset{\|}{C}}C_6H_5 \longrightarrow 2C_6H_5\overset{O}{\overset{\|}{C}}O\cdot$$

$$C_6H_5\overset{O}{\overset{\|}{C}}O\cdot + HBr \longrightarrow C_6H_5\overset{O}{\overset{\|}{C}}OH + Br\cdot$$

链增长:

$$R—CH=CH_2 + Br\cdot \begin{cases} \rightarrow R\overset{\cdot}{C}HCH_2Br & (\text{I}) \\ \rightarrow RCHBr\overset{\cdot}{C}H_2 & (\text{II}) \end{cases}$$

$$R\overset{\cdot}{C}HCH_2Br + HBr \longrightarrow RCH_2CH_2Br + Br\cdot \quad (\text{III})$$

链终止:

$$Br\cdot + Br\cdot \longrightarrow Br_2$$

$$R\overset{\cdot}{C}HCH_2Br + \cdot Br \longrightarrow RCHBrCH_2Br$$

在链增长阶段中,溴自由基对双键加成时,有两种自由基产生的可能,由于仲自由基(I)的稳定性大于伯自由基(II),所以这步主要生成自由基(I)。

在 HX 中,只有 HBr 存在过氧化物效应,HCl,HI 无过氧化物效应,即在过氧化物存在下,不对称烯烃与 HCl,HI 的加成取向不变。

3.5.5　氧化反应

碳碳双键的活泼性还表现在容易被氧化,随着氧化剂或氧化条件的不同,产物也不同。

1. 氧化剂氧化

常用的氧化剂是高锰酸钾和重铬酸钾。烯烃用 $KMnO_4$ 氧化时,氧化产物与反应条件有关。用稀的 $KMnO_4$(质量分数 <5%)碱性溶液或中性溶液,在较低温度下氧化时,生成顺式邻二醇。例如:

邻二元醇又称 α - 二醇。

这个反应很复杂,产率不高,一般情况下不作为制备方法。但反应过程中,$KMnO_4$ 溶液的紫色褪去,产生棕褐色的 MnO_2 沉淀,故可以用来检验烯烃的存在。若用四氧化锇（OsO_4）做氧化剂,邻二醇的产率会很高,但四氧化锇的毒性较大。

用酸性、碱性的 $KMnO_4$ 溶液或 $KMnO_4$ 溶液在加热条件下氧化烯烃,则碳碳双键完全断裂,同时双键上的氢原子也被氧化成羟基。例如:

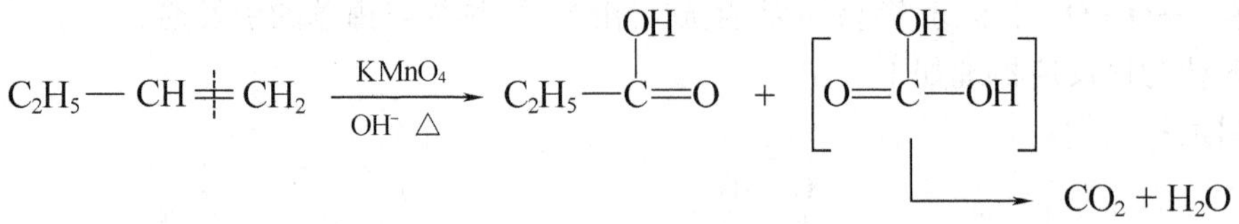

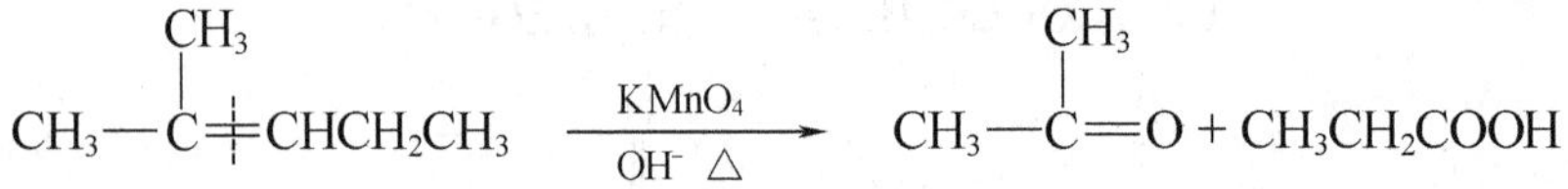

$$C_2H_5-CH\!\!=\!\!CH_2 \xrightarrow[OH^-\ \triangle]{KMnO_4} C_2H_5-\underset{\underset{}{}}{\overset{OH}{C}}\!\!=\!\!O + \left[O\!\!=\!\!\underset{}{\overset{OH}{C}}-OH\right] \longrightarrow CO_2 + H_2O$$

$$CH_3-\underset{CH_3}{\overset{}{C}}\!\!=\!\!CHCH_2CH_3 \xrightarrow[OH^-\ \triangle]{KMnO_4} CH_3-\underset{CH_3}{\overset{}{C}}\!\!=\!\!O + CH_3CH_2COOH$$

用重铬酸钾的 H_2SO_4 溶液氧化时,会得到同样的产物。

由于烯烃的结构不同,得到的氧化产物也不同,因此,通过分析氧化的产物,可以推断原烯烃的结构。

2. 臭氧氧化

在低温下将含有6% ~8% 臭氧的氧气或空气通入到烯烃的溶液（常用四氯化碳或石油醚）中,烯烃与臭氧迅速定量地发生反应,生成臭氧化物。

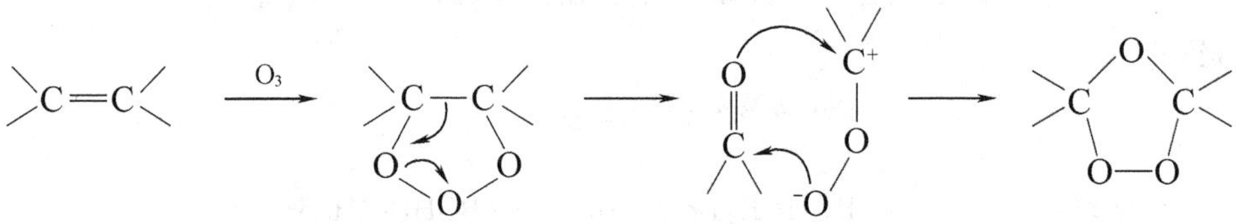

臭氧化物

臭氧化物在游离状态下不稳定,易分解发生爆炸,所以一般不分离出来,在溶液中直接进行下一步水解,生成醛、酮和过氧化氢。

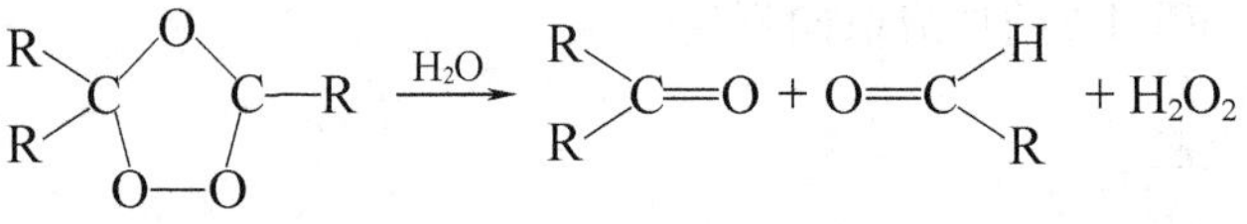

生成的 H_2O_2 可将醛进一步氧化成羧酸,为防止醛被氧化,水解时加入还原剂锌粉,H_2O_2 被 Zn 还原为 H_2O。例如:

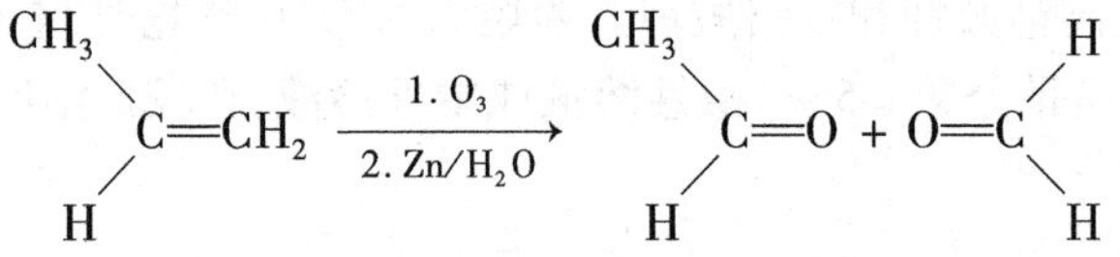

$$\underset{H}{\overset{CH_3}{C}}\!\!=\!\!CH_2 \xrightarrow[2.Zn/H_2O]{1.O_3} \underset{H}{\overset{CH_3}{C}}\!\!=\!\!O + O\!\!=\!\!\underset{H}{\overset{H}{C}}$$

乙醛　　甲醛

$$\underset{CH_3}{\overset{CH_3}{C}}\!\!=\!\!CHCH_3 \xrightarrow[2.Zn/H_2O]{1.O_3} \underset{CH_3}{\overset{CH_3}{C}}\!\!=\!\!O + CH_3CHO$$

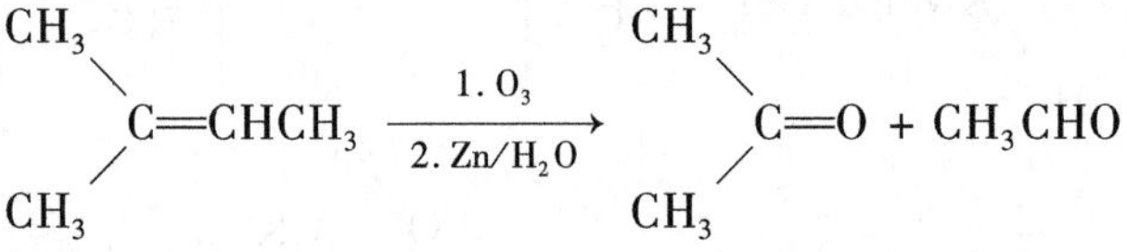

丙酮　　乙醛

烯烃的结构不同,臭氧化水解后的产物不同。双键碳上有两个氢时（$CH_2=$）生成甲醛;有一个氢时(RCH ═)生成醛;没有氢时(R₂C ═)生成酮,因此可通过分析氧化所得产物,来推断原烯烃的结构。

3. 催化氧化

催化氧化是工业上常用的氧化方法,产物大都是重要的化工原料。乙烯在银催化下,于250℃时用空气氧化得到环氧乙烷,这是工业上制备环氧乙烷的主要方法,环氧乙烷是重要的化工原料。

$$CH_2{=}CH_2 + O_2 \xrightarrow[250\ ℃]{Ag} CH_2\underset{O}{\overset{\diagdown\diagup}{}}CH_2$$

乙烯和丙烯在氯化钯和氯化铜水溶液中,用空气氧化分别得到乙醛和丙酮:

$$CH_2{=}CH_2 + O_2 \xrightarrow[100\sim125\ ℃]{PdCl_2/CuCl_2} CH_3CHO$$

$$CH_3{-}CH{=}CH_2 + O_2 \xrightarrow[100\sim125\ ℃]{PdCl_2/CuCl_2} CH_3COCH_3$$

3.5.6 聚合反应

聚合是烯烃重要的反应性能。在催化剂或引发剂的作用下,烯烃双键打开,按一定方式将相当数量的烯烃分子连接成一长链形大分子,这种反应称为聚合反应,生成的产物称为聚合物,亦称为高分子化合物,反应中的烯烃分子称为单体。

例如:乙烯在自由基引发剂存在下,在高温、高压下可以聚合生成聚乙烯(高压聚乙烯)。

$$n CH_2{=}CH_2 \xrightarrow[>100\ ℃,\ >100\ MPa]{自由基引发剂} {-}[CH_2{-}CH_2]_n{-}$$

乙烯 聚乙烯

聚乙烯具有优良的化学稳定性,广泛用于制薄膜、纤维和日用品等

由两种或两种以上不同单体进行的聚合反应称为共聚反应。例如:乙烯与丙烯共聚得到的共聚物是一种橡胶,称为乙丙橡胶。

$$n CH_2{=}CH_2 + n CH_2{=}\underset{CH_3}{\overset{|}{CH}} \xrightarrow{TiCl_4/C_2H_5AlCl_2} {-}[CH_2CH_2CH_2\underset{CH_3}{\overset{|}{CH}}]_n{-}$$

3.5.7 α-氢的反应

在烯烃中,与双键碳直接相连的碳原子称为α-碳原子,α-碳原子上连接的氢原子称为α-氢原子。受双键的影响,α-氢原子比较活泼,易发生卤化、氧化等反应。

含有α-H的烯烃与氯或溴在高温(500～600 ℃)下,主要发生α-H原子的卤化反应,而不是加成反应。例如:

$$CH_3{-}CH{=}CH_2 + Cl_2 \xrightarrow{>500\ ℃} \underset{Cl}{\overset{|}{CH_2}}{-}CH{=}CH_2 + HCl$$

3-氯丙烯

$$\text{环己烯} + Cl_2 \xrightarrow{>500\ ℃} \text{氯代环己烯}{-}Cl + HCl$$

卤化反应历程为自由基取代历程：

$$Cl_2 \xrightarrow{500\ ℃} 2Cl\cdot$$

$$CH_3CH=CH_2 + Cl\cdot \longrightarrow HCl + \cdot CH_2CH=CH_2$$

$$\cdot CH_2CH=CH_2 + Cl_2 \longrightarrow ClCH_2CH=CH_2 + Cl\cdot$$

烯烃中 $\alpha-H$ 容易被卤化的原因，是因为反应中生成的中间体 $CH_2=CH-\overset{\cdot}{C}H_2$ 是一个 $p-\pi$ 共轭的电子离域体系，比较稳定，容易生成。

一般烯烃与 Cl_2 在低于 200℃时主要是发生加成反应，在高于 300℃时主要是 $\alpha-H$ 的氯化反应。

如想在较低温度下进行 $\alpha-H$ 的卤化反应，可采用 N-溴代丁二酰亚胺（简称 NBS），在光或过氧化物的引发下进行反应。例如：

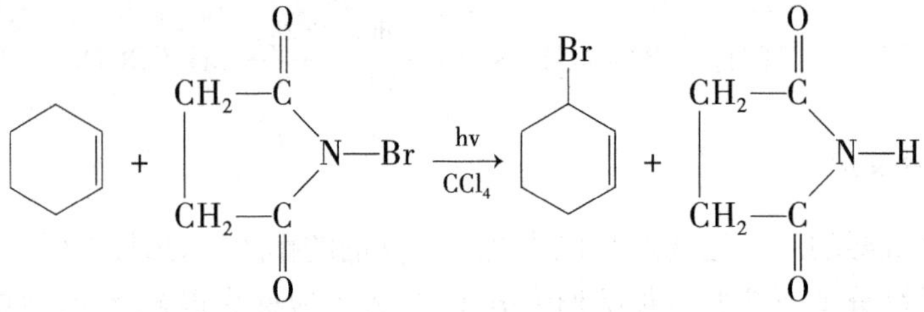

（NBS）

（二）炔　　烃

炔烃是指分子中含有一个碳碳三键（C≡C）的开链不饱和烃，通式为：C_nH_{2n-2}，$n \geqslant 2$，碳碳三键是炔烃的官能团。

3.6　炔烃的结构

讨论炔烃的结构，主要是讨论碳碳三键的结构，现以最简单的炔烃——乙炔为例来讨论。近代物理方法测定表明，乙炔是一个直线型分子，分子中 4 个原子处在一条直线上，

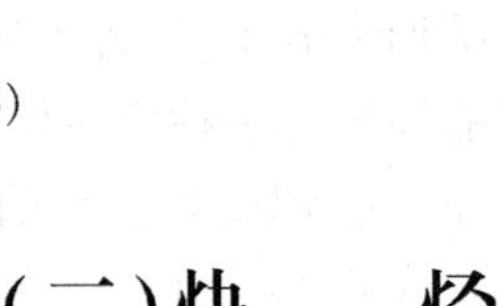

杂化轨道理论认为，碳原子在形成三键时，其轨道进行了 sp 杂化，即由一个 2s 和一个 2p 轨道进行杂化，如图 3.8 所示。

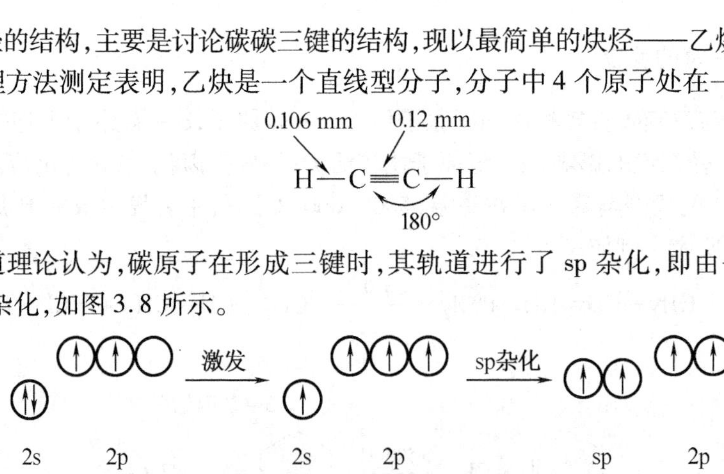

图 3.8　碳原子轨道的 sp 杂化示意图

杂化后形成两个相同的 sp 杂化轨道,有两个 2p 轨道未参与杂化。sp 杂化轨道的形状与 sp^2,sp^3 相似,如图 3.9(a)所示。两个 sp 杂化处于一条直线上,呈 180° 夹角,如图 3.9(b)所示,两个未杂化的 2p 轨道互相垂直,且分别垂直于 sp 杂化轨道的对称轴,如图 3.9(c)所示。两个 sp 及两个 2p 轨道上各有一个价电子。

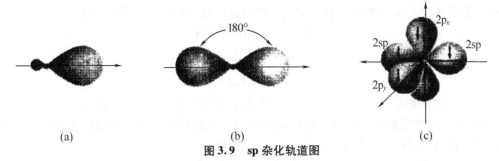

(a)　　　　　　　　　　(b)　　　　　　　　　　(c)

图 3.9　sp 杂化轨道图

(a)一个 sp 杂化轨道;(b)两个 sp 杂化轨道的分布;(c)两个 sp 和两个 p 轨道的分布

形成乙炔分子时,两个 sp 杂化碳原子各以一个 sp 杂化轨道相互交盖形成一个碳碳 σ 键,各自另外的一个 sp 杂化轨道与氢原子的 1s 轨道交盖形成碳氢 σ 键,三个 σ 键处在一条直线上,如图 3.10 所示。两个碳原子利用各自未杂化的 2p 轨道,从侧面两、两相互交盖,形成了两个互相垂直的 π 键,如图 3.11(a)所示,两个互相垂直的 π 键中的四块电子云,在 C—C σ 键轴的周围呈筒状分布,如图 3.11(b)所示。

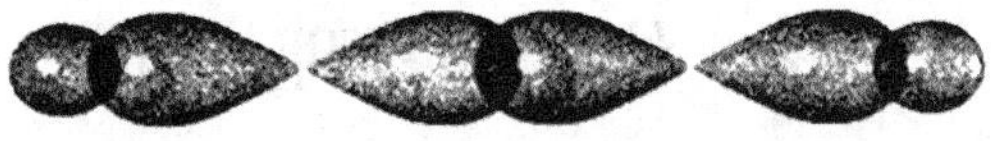

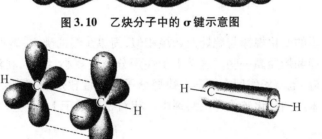

图 3.10　乙炔分子中的 σ 键示意图

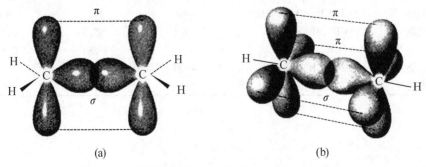

(a)　　　　　　　　　　　　　　(b)

图 3.11　乙炔分子中的 π 键示意图

通过以上讨论可知,碳碳三键是由一个 σ 键和两个 π 键组成的,如图 3.12(b)。

在炔烃分子中,两个三键碳原子所形成的 σ 键处在一条直线上,如图 3.10 所示,因此炔烃无顺反异构体。

(a)　　　　　　　　　　　　　　(b)

图 3.12　乙烯和乙炔分子中的碳碳 σ 键和 π 键示意图

3.7　炔烃的命名

炔烃的系统命名法与烯烃相似,只需将母体名称"烯"改为"炔"即可,例如:

$$CH_3CH_2C{\equiv}CCHCH_2CH_3$$
$$\underset{|}{\phantom{CH_3CH_2C{\equiv}CC}}CH_3$$

5 - 甲基 - 3 - 庚炔

分子中同时含有 C═C 和 C≡C 时,在系统命名法中以烯炔命名。命名方法:选择包括 C═C 和 C≡C 在内的最长碳链为主链,称为某稀炔;主链的编号应遵循官能团位次最低系列原则,当有不同选择时,应使 C═C 的位次最小,例如:

$$CH_3{-}CH{=}CH{-}C{\equiv}CH \qquad CH{\equiv}C{-}CH_2{-}CH{=}CH_2$$

3 - 戊烯 - 1 - 炔　　　　　　1 - 戊烯 - 4 - 炔

$$CH_3C{\equiv}C{-}CHCH_2CH{=}CH{-}CH_3$$
$$\underset{CH{=}CH_2}{\phantom{CH_3C{\equiv}C{-}C}}$$

5 - 乙烯基 - 2 - 辛烯 - 6 - 炔

3.8　炔烃的物理性质

炔烃物理性质的变化规律与烷烃及烯烃相似,简单炔烃的沸点、熔点以及相对密度比碳原子数相同的烷烃和烯烃高一些。这是由于炔烃分子较短小、细长,在液态和固态中,分子之间可以靠得很近,范德华作用力较强。炔烃分子的极性比烯烃稍强,不易溶于水,而易溶于石油醚、乙醚、苯和四氯化碳等有机溶剂中。相对密度小于1。一些常见炔烃的物理常数见表3.2。

表3.2　一些炔烃的物理常数

名称	结构式	熔点/℃	沸点/℃	相对密度(d_4^{20})
乙炔	$HC{\equiv}CH$	- 81.8	- 83.4	0.618
丙炔	$CH_3C{\equiv}CH$	- 101.5	- 23.3	0.671
1 - 丁炔	$CH_3CH_2C{\equiv}CH$	- 122.5	8.5	0.668
1 - 戊炔	$CH_3CH_2CH_2C{\equiv}CH$	- 98	39.7	0.695
2 - 戊炔	$CH_3CH_2C{\equiv}CCH_3$	- 101	55.5	0.712 7
3 - 甲基 - 1 - 丁炔	$(CH_3)_2CHC{\equiv}CH$	—	28	0.685 4
1 - 己炔	$CH_3(CH_2)_3C{\equiv}CH$	- 124	71.4	0.719
1 - 庚炔	$CH_3(CH_2)_4C{\equiv}CH$	- 80.9	99.8	0.733

3.9　炔烃的化学性质

炔烃的化学性质与烯烃相似,也能进行加成、氧化、聚合等反应。但由于三键碳原子与双键碳原子的杂化状态不同,π 键的强度有差异,造成二者在化学性质上有差别,如炔烃的亲电加成活泼性不如烯烃,炔烃三键碳上的氢有酸性等。

3.9.1　催化加氢

在常用的催化剂 Pt,Pd,Ni 等的催化下,炔烃加氢生成烷烃,反应难以停止在烯烃阶段。但当选用适当的催化剂时,炔烃加氢可停止在烯烃阶段,常见的这类催化剂有:Pd – CaCO₃/醋酸铅、Pd – BaSO₄/喹啉等,这称为 Lindlar 催化剂,它是将 Pd 附着于 CaCO₃ 等载体上,加入一些喹啉、醋酸铅使其部分毒化,从而降低其催化活性,使炔烃加氢停留在烯烃阶段。这也表明催化剂的活性对催化加氢的产物有决定性的影响。炔烃使用 Lindlar 催化剂加氢,主要生成顺式烯烃。

$$R—C≡C—R' \xrightarrow{\frac{H_2}{Pd}} R—CH=CH—R' \xrightarrow{\frac{H_2}{Pd}} RCH_2CH_2R'$$

$$C_2H_5C≡CC_2H_5 + H_2 \xrightarrow[\text{喹啉}]{Pd-CaCO_3} \underset{\substack{| \\ H}}{\overset{\substack{C_2H_5 \\ |}}{C}}=\underset{\substack{| \\ H}}{\overset{\substack{C_2H_5 \\ |}}{C}}$$

$$CH≡C—\underset{\substack{|\\CH_3}}{C}=CHCH_2CH_2OH + H_2 \xrightarrow[\text{喹啉}]{Pd-BaSO_4} CH_2=CH—\underset{\substack{|\\CH_3}}{C}=CHCH_2CH_2OH$$

当内炔烃在液氨中用碱金属钠、锂等还原时得到反式烯烃。

$$CH_3CH_2C≡CCH_2CH_2CH_3 \xrightarrow[\text{液 NH}_3]{Na} \underset{\substack{|\\H}}{\overset{\substack{CH_3CH_2\\|}}{C}}=\underset{\substack{|\\CH_2CH_2CH_3}}{\overset{\substack{H\\|}}{C}}$$

$$98\%$$

3.9.2　亲电加成

1. 与 X₂,HX 加成

炔烃也能与 X₂(主要是 Cl₂,Br₂),HX 加成。反应是分步进行的。与 X₂ 加成时,先加一分子,生成二卤代烯烃,继续加成生成四卤代烷,控制 X₂ 的用量,可停留在一分子加成产物的阶段。与烯烃一样,可用溴的四氯化碳溶液或溴水褪色检验炔烃。

$$CH_3—C≡CH \xrightarrow{Br_2/CCl_4} CH_3—\underset{\substack{|\\Br}}{\overset{\substack{Br\\|}}{C}}=CH \xrightarrow{Br_2/CCl_4} CH_3—\underset{\substack{|\\Br}}{\overset{\substack{Br\\|}}{C}}—\underset{\substack{|\\Br}}{\overset{\substack{Br\\|}}{C}}H$$

$$\text{1,2 – 二溴丙烯} \qquad \text{1,1,2,2 – 四溴丙烷}$$

$$CH_2=CH-CH_2C\equiv CH \xrightarrow[-20\ ℃,CCl_4]{Br_2} CH_2-CHCH_2C\equiv CH$$

$$\underset{Br}{|}\quad \underset{Br}{|}$$

（90%）

炔烃与 X_2 进行亲电加成反应的活性比烯烃小。例如，分子中同时存在双键和三键时，在低温下，控制 Br_2 的用量，双键首先进行加成（见上面反应式）。炔烃的亲电加成活性不如烯烃的原因，是因为 sp 杂化碳的电负性大于 sp^2 杂化碳原子，$C\equiv C$ 中的 π 电子受到的束缚力较大，不易提供电子与亲电试剂作用，因此炔烃的亲电加成反应比烯烃慢。

不同杂化碳原子的电负性大小顺序是：$C_{sp} > C_{sp^2} > C_{sp^3}$。

炔烃与 HX 加成时，先加一分子生成卤代烯烃，继续加成生成同碳二卤代烷，控制试剂的用量可以停留在卤代烯烃阶段。炔烃与 HX 加成的活性不如烯烃，例如，乙炔和氯化氢的加成需要有催化剂才能顺利进行：

$$CH\equiv CH \xrightarrow{\underset{HgCl_2}{HCl}} CH_2=CHCl \xrightarrow{\underset{HgCl_2}{HCl}} CH_3CHCl_2$$

氯乙烯　　　　　1,1-二氯乙烷

不对称炔烃与 HX 加成服从马氏规则。与 HBr 加成有过氧化物存在时，也得反马氏规则的产物。

$$CH_3CH_2C\equiv CH \xrightarrow{HBr} \underset{\underset{Br}{|}}{CH_3CH_2C}=CH_2 \xrightarrow{HBr} CH_3CH_2\underset{\underset{Br}{|}}{\overset{\overset{Br}{|}}{C}}-CH_3$$

$$CH_3C\equiv CH \xrightarrow[过氧化物]{HBr} CH_3CH=CHBr$$

88%

2. 与水加成

炔烃与水在酸催化下不发生加成，在稀硫酸溶液中，用汞盐催化时，可发生加成。生成的加成产物烯醇不稳定，经重排转变为醛或酮。例如，乙炔在 10% 硫酸和 5% 硫酸汞的水溶液中发生加成反应，生成乙醛，这是工业合成乙醛的方法之一。

$$CH\equiv CH + H_2O \xrightarrow{HgSO_4-H_2SO_4} \left[\underset{\underset{OH}{|}}{CH_2=CH}\right] \xrightarrow{重排} \underset{\overset{||}{O}}{CH_3CH}$$

乙醛

不对称炔烃与 H_2O 加成服从马氏规则，因此除乙炔之外，其他炔烃与水加成均得到酮，端位炔烃得到甲基酮。

$$CH_3CH_2C\equiv CH + H_2O \xrightarrow{Hg^{2+},H^+} \left[\underset{\underset{OH}{|}}{CH_3CH_2C}=CH_2\right] \xrightarrow{重排} \underset{\overset{||}{O}}{CH_3CH_2CCH_3}$$

甲基酮

把羟基直接与双键碳相连的化合物称为烯醇式化合物，含有这种结构的化合物很不稳定，往往重排成为稳定的羰基化合物（也称为酮式），这种变化称为酮式–烯醇式互变异构，表示如下：

$$-C = C- \rightleftharpoons -\overset{|}{\underset{H}{C}} - \overset{|}{\underset{O}{C}} -$$

烯醇式　　　　　　　酮式

炔烃水合用的汞盐毒性很大,现已逐步改成非汞催化剂。

3. 硼氢化 – 氧化反应

与烯烃相似,炔烃也容易进行硼氢化 – 氧化反应,经烯醇式重排生成羰基化合物。

$$RC \equiv CH + B_2H_6 \longrightarrow \left(\begin{array}{c} R \\ C=C \\ H \end{array} \begin{array}{c} H \\ \\ H \end{array} \right)_3 B \xrightarrow[OH^-]{H_2O_2} \left[\begin{array}{c} R \\ C=C \\ H \end{array} \begin{array}{c} H \\ \\ OH \end{array} \right] \xrightarrow{重排} RCH_2CHO$$

3.9.3　亲核加成

炔烃进行亲电加成反应的活性小于烯烃,但其亲核加成反应的活性比烯烃大,烯烃一般不能进行亲核加成反应。炔烃可与醇、酸等亲核试剂进行亲核加成反应。例如:

$$CH \equiv CH + CH_3OH \xrightarrow[60\ ℃]{20\%\ KOH} CH_2 = CH - OCH_3$$

$$CH \equiv CH + CH_3COOH \xrightarrow{Zn(O_2CCH_3)_2/C} CH_2 = CH - O - \overset{\quad}{\underset{O}{C}}CH_3$$

反应机理:

$$CH_3OH + OH^- \rightleftharpoons CH_3O^- + H_2O$$

$$CH \equiv CH \xrightarrow[慢]{CH_3O^-} CH = \overset{-}{C}H \xrightarrow[快]{CH_3OH} CH = CH_2 + CH_3O^-$$
$$\qquad\qquad\quad OCH_3 \qquad\qquad OCH_3$$

3.9.4　氧化反应

炔烃可被 $KMnO_4$,O_3 等氧化,用 $KMnO_4$ 氧化时 $C \equiv C$ 断裂,产生羧酸、CO_2 和 H_2O。通过所得氧化产物可推知原炔烃的结构,并可用于检验 $C \equiv C$ 的存在。

$$CH_3CH_2CH_2CH_2C \equiv CH \xrightarrow[OH^-]{KMnO_4,\ H_2O} CH_3CH_2CH_2CH_2COOH + CO_2$$

$$CH_3CH_2CH_2C \equiv CCH_3 \xrightarrow[OH^-]{KMnO_4,\ H_2O} CH_3CH_2CH_2COOH + CH_3COOH$$

炔烃用 O_3 氧化时,得到的臭氧化物水解生成 α – 二酮和 H_2O_2,H_2O_2 很快将 α – 二酮氧化成羧酸。

$$-C \equiv C- \xrightarrow{O_3} \left[-\overset{}{C} \underset{O-O}{\overset{O}{\diamond}} \overset{}{C}- \right] \xrightarrow{H_2O} -\overset{}{\underset{O}{C}} - \overset{}{\underset{O}{C}} - + H_2O_2 \longrightarrow -COOH + HOOC-$$

$$CH_3CH_2C\equiv CH \xrightarrow[H_2O]{O_3} CH_3CH_2COOH + HCOOH$$
$$\quad\quad\quad\quad\quad\quad\quad\quad\quad\quad\quad\quad \longrightarrow CO_2 + H_2O$$

3.9.5 炔氢的反应

炔烃三键碳上连接的氢叫炔氢,具有弱酸性。炔氢与其他化合物中氢的酸性比较如下:

	$CH\equiv CH$	$CH_2=CH_2$	CH_3CH_3	C_2H_5OH	H_2O	NH_3
pK_a	25	44	50	16	15.7	38

可以看出炔氢比双键碳上连的氢以及饱和碳上连的氢的酸性大得多,这是因为 sp 杂化碳原子的电负性较大,使 C_{sp}—H σ 键电子偏向碳原子一端,所以炔氢有酸性。

不同杂化碳原子的电负性如下。

碳原子的杂化状态: sp^3 sp^2 sp

碳原子的电负性: 2.48 2.72 3.29

1. 碱金属炔化物的生成

含炔氢的炔烃(即端位炔烃)能与强碱如 Li,Na,K 的氨基化物反应,生成碱金属炔化物:

$$RC\equiv CH + NaNH_2 \xrightarrow{NH_3(L)} RC\equiv C\overset{-}{N}\overset{+}{a} + NH_3$$

$$HC\equiv CH + NaNH_2 \xrightarrow{NH_3(L)} HC\equiv C\overset{-}{N}\overset{+}{a} + NH_3$$

碱金属炔化物是亲核试剂,其与伯卤烷反应可合成高级炔烃,例如:

$$HC\equiv CNa + C_2H_5Br \longrightarrow HC\equiv CC_2H_5 + NaBr$$

$$C_2H_5C\equiv CH + NaNH_2 \xrightarrow{-NH_3} C_2H_5C\equiv CNa \xrightarrow[-NaBr]{C_2H_5Br} C_2H_5C\equiv CC_2H_5$$

2. 过渡金属炔化物的生成

炔氢还能被一些过渡金属取代,例如乙炔、端炔烃能与硝酸银或氯化亚铜的氨溶液反应,生成白色炔化银或砖红色炔化铜沉淀,此反应可用来检验乙炔和端炔的存在:

$$CH\equiv CH + 2[Ag(NH_3)_2]^+ \longrightarrow AgC\equiv CAg\downarrow + 2NH_4^+ + 2NH_3$$
$$\text{(白色)}$$

$$CH\equiv CH + 2[Cu(NH_3)_2]^+ \longrightarrow CuC\equiv CCu\downarrow + 2NH_4^+ + 2NH_3$$
$$\text{(砖红色)}$$

$$RC\equiv CH + 2[Ag(NH_3)_2]^+ \longrightarrow RC\equiv CAg\downarrow + 2NH_4^+ + 2NH_3$$
$$\text{(白色)}$$

炔银和炔亚铜在潮湿时较稳定,但干燥时受热或震动易发生爆炸,所以实验完毕后,应立即加酸将其分解,以免发生危险。

$$AgC\equiv CAg + 2HCl \longrightarrow CH\equiv CH + 2AgCl\downarrow$$

（三）二　烯　烃

分子中含有两个碳碳双键的开链不饱和烃称为二烯烃,二烯烃的通式:C_nH_{2n-2},二烯烃与炔烃是同分异构体。

3.10　二烯烃的分类和命名

3.10.1　二烯烃的分类

根据分子中两个双键的相对位置,分为三类。

1. 累积二烯烃

两个双键共用一个碳原子,这种二烯烃称为累积二烯烃,如:

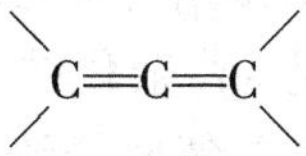

$$C{=}C{=}C$$

2. 隔离二烯烃

两个双键之间间隔两个以上单键的二烯烃称为隔离二烯烃。

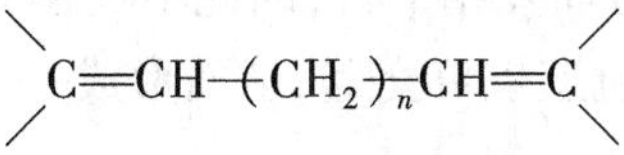

$$C{=}CH{-}(CH_2)_n{-}CH{=}C \qquad n \geqslant 1$$

3. 共轭二烯烃

两个双键之间间隔一个单键的二烯烃称为共轭二烯烃,如:

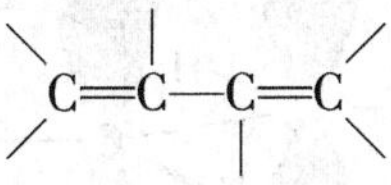

$$C{=}C{-}C{=}C$$

累积二烯烃的用途不多,有待于开发;隔离二烯烃与单烯烃的性质相似;共轭二烯烃具有特殊的结构及性质,是本章讨论的重点。

3.10.2　二烯烃的命名

二烯烃的命名方法与烯烃相似,不同之处是:选主链要包含两个双键在内,命名时称为"某二烯",并要标明两个双键的位次,如存在顺反异构体,要用 Z,E 标记构型,例如:

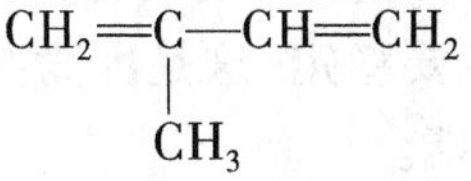

$$CH_2{=}\underset{\underset{CH_3}{|}}{C}{-}CH{=}CH_2 \qquad\qquad CH_2{=}CH{-}CH{=}CH{-}CH{=}CH_2$$

2-甲基-1,3-丁二烯　　　　　　　　　　　1,3,5-己三烯

(2Z,4Z)-2,4-己二烯　　　　　(2Z,4E)-2,4-己二烯

3.11　共轭二烯烃的结构

现以 1,3-丁二烯为例来讨论共轭二烯烃的结构。近代实验方法测定结果表明,1,3-丁二烯是个平面型的分子,分子中所有原子都处在一个平面上,键角都近似 120°,碳碳双键的键长为 0.137 nm,比一般的碳碳双键键长(0.134 nm)要长;碳碳单键键长为 0.147 nm,比一般的碳碳单键键长(0.154 nm)要短,因此单、双键键长趋向于平均化。

在 1,3-丁二烯中,四个碳原子都是 sp^2 杂化的,碳原子之间利用 sp^2 杂化轨道交盖形成碳碳 σ 键,碳原子其余的 sp^2 杂化轨道与氢原子轨道形成碳氢 σ 键,所有 σ 键都处在一个平面上,键角约为 120°。此外,每个碳原子上还有一个未参与杂化的 p 轨道,这些 p 轨道因垂直于同一平面(即 σ 键所处的平面)而互相平行,因此不仅在 C_1 与 C_2,C_3 与 C_4 之间 p 轨道可从侧面交盖,在 C_2 与 C_3 之间 p 轨道也可交盖,从而形成一个包含了四个碳原子的大 π 键,如图 3.13 所示。

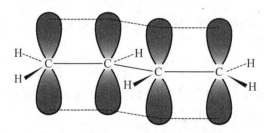

图 3.13　1,3-丁二烯的结构图

因而,在 1,3-丁二烯中,四个成键 π 电子可以运动于四个碳原子的周围,把这种 π 电子运动范围扩展的现象称为 π 电子的离域。由于 π 电子的离域,使 1,3-丁二烯中的键长出现平均化。π 电子的离域还可使体系的能量降低,例如,对戊二烯的两种异构体的氢化热的比较可看出(见下面反应式),共轭二烯烃比隔离二烯烃要稳定,这是因为共轭二烯烃中存在 π 电子离域的缘故,把降低的能量称为离域能或共轭能。

$$CH_2=CH-CH_2-CH=CH_2 + 2H_2 \longrightarrow CH_3CH_2CH_2CH_3CH_3 \quad \Delta H^\ominus = 254 \text{ kJ/mol}$$

1,4-戊二烯(隔离二烯)

$$CH_3CH=CH-CH=CH_2 + 2H_2 \longrightarrow CH_3CH_2CH_2CH_2CH_3 \quad \Delta H^\ominus = 226 \text{ kJ/mol}$$

1,3-戊二烯(共轭二烯)

离域能(共轭能)= 254 - 226 = 28 kJ/mol

像 1,3-丁二烯等共轭体系中,由于 π 电子的离域而导致键长平均化、体系的能量降低

等,这些称为共轭效应。

按分子轨道理论,在 1,3 - 丁二烯分子中,四个 p 轨道经线性组合形成四个 π 分子轨道,其中两个是成键轨道,两个是反键轨道,如图 3.14 所示。分子轨道按照节面数越多,能量越高依次排列。基态时,四个 π 电子位于能量低的成键轨道 Ψ_1 和 Ψ 中。

从分子轨道图形可以看出,在 Ψ_1 轨道中 π 电子云的分布不是局限在 C_1—C_2,C_3—C_4 之间,而是分布在包括四个碳原子的分子轨道中。Ψ_1 和 Ψ 的叠加,使 C_1—C_2,C_3—C_4 之间 π 键加强,而 C_2—C_3 间也具有部分 π 键的性质。

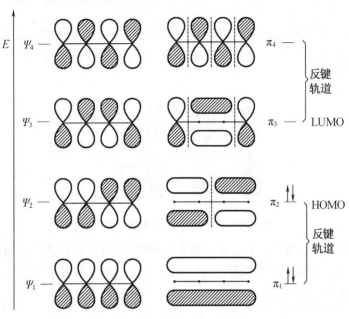

图 3.14 丁二烯的 π 分子轨道图形

3.12 共轭二烯烃的化学性质

3.12.1 1,4 - 加成反应

共轭二烯烃与 X_2,HX 等加成时,得到两种产物:

$$\underset{4\quad3\quad2\quad1}{CH_2\!=\!CH\!-\!CH\!=\!CH_2} \begin{cases} \xrightarrow{Br_2} CH_2\!=\!CHCH\!-\!CH_2 + CH_2CH\!=\!CHCH_2 \\ \qquad\qquad\qquad | \quad\; | \qquad\quad | \qquad\qquad\quad | \\ \qquad\qquad\quad Br \; Br \qquad Br \qquad\qquad Br \\ \xrightarrow{HCl} CH_2\!=\!CHCH\!-\!CH_2 + CH_2CH\!=\!CHCH_2 \\ \qquad\qquad\qquad | \quad\; | \qquad\quad | \qquad\qquad\quad | \\ \qquad\qquad\quad Cl \; H \qquad Cl \qquad\qquad H \end{cases}$$

一种是试剂在一个双键上加成(即 C_1 和 C_2 上),这称为 1,2 - 加成;另一种是试剂加到 1,3 - 丁二烯的两端(即 C_1 和 C_4 上),使原来的两个双键消失,在 C_2 和 C_3 之间形成一个新的双键,这称为 1,4 - 加成。共轭二烯烃加成反应的特点是能进行 1,4 - 加成。

3.12.2 1,4-加成反应的解释

下面以1,3-丁二烯与HX的加成为例来解释。

1,3-丁二烯与HX的加成机理和烯烃与HX的加成机理相似,第一步也是先与H^+加成产生碳正离子活性中间体。在这步中,与烯烃相似,H^+主要加到含氢较多的双键碳上。

第一步:

$$\underset{4}{CH_2}=\underset{3}{CH}-\underset{2}{CH}=\underset{1}{CH_2} + H^+ \longrightarrow CH_2=CH-\overset{+}{CH}-CH_3$$

这步生成一个烯丙型碳正离子,其中心C原子(即带正电荷的C原子)上的未杂化的p轨道(为空轨道)与相邻π键的p轨道互相平行,可从侧面互相交盖,从而产生π电子的离域,如图3.15所示。

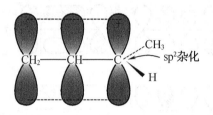

图3.15 p轨道与π轨道的离域示意图

π电子离域的结果,使中心C上的正电荷得到分散,使该碳正离子的稳定性增强。在该碳正离子中不仅C_2上带部分正电荷,C_4上也带了部分正电荷,常用如下方式表示:

$$\overset{\delta+}{CH_2}=CH\overset{\delta+}{\longrightarrow}CH-CH_3 \qquad 或 \qquad \overset{\delta+}{CH_2}\cdots CH\cdots\overset{\delta+}{CH}-CH_3$$

在第二步中,该碳正离子与X^-结合时,X^-既可以与C_2结合,也可以与C_4结合,与C_2结合得到1,2-加成产物,与C_4结合得1,4-加成产物。

第二步:

$$\overset{\delta+}{CH_2}\cdots CH\cdots\overset{\delta+}{CH}-CH_3 \xrightarrow{Br^-}
\begin{cases}
\xrightarrow{1,2-加成} CH_2=CHCHCH_3 \\ \qquad\qquad\qquad\quad | \\ \qquad\qquad\qquad\ Br \\
\xrightarrow{1,4-加成} CH_2CH=CHCH_3 \\ \qquad\quad | \\ \qquad\ Br
\end{cases}$$

共轭二烯烃加成生成的1,2-和1,4-加成产物的比例受反应物的结构、溶剂性质和温度等因素的影响。例如,1,3-丁二烯与Br_2在-15℃进行加成时,1,4-加成产物的比例随溶剂极性的增加而增多:

$$CH_2=CH-CH=CH_2 + Br_2 \xrightarrow{-15\ ℃}$$

正己烷 → $CH_2=CHCH\underset{|}{-}CH_2 + CH_2CH=CHCH_2$

$\quad\quad\quad\quad\quad \overset{|}{Br}\ \overset{|}{Br}\quad\quad \overset{|}{Br}\quad\quad\quad \overset{|}{Br}$

$\quad\quad\quad\quad\quad 62\%\quad\quad\quad\quad\quad\quad 38\%$

氯仿 → $CH_2=CHCH\underset{|}{-}CH_2 + CH_2CH=CHCH_2$

$\quad\quad\quad\quad\quad \overset{|}{Br}\ \overset{|}{Br}\quad\quad \overset{|}{Br}\quad\quad\quad \overset{|}{Br}$

$\quad\quad\quad\quad\quad 37\%\quad\quad\quad\quad\quad\quad 63\%$

一般反应温度高有利于 1,4 - 加成反应,温度低有利于 1,2 - 加成反应,例如:

$$CH_2=CH-CH=CH_2 + HBr$$

$\xrightarrow{-80\ ℃}$ $CH_2=CHCHCH_3 + CH_2CH=CHCH_3$

$\quad\quad\quad\quad\quad\quad \overset{|}{Br}\quad\quad\quad \overset{|}{Br}$

$\quad\quad\quad\quad\quad\quad 81\%\quad\quad\quad 19\%$

$\xrightarrow{40\ ℃}$ $CH_2=CHCHCH_3 + CH_2CH=CHCH_3$

$\quad\quad\quad\quad\quad\quad \overset{|}{Br}\quad\quad\quad \overset{|}{Br}$

$\quad\quad\quad\quad\quad\quad 20\%\quad\quad\quad 80\%$

因为温度低时,产物的比例由反应速率决定,1,2 - 加成反应的活化能较小,反应速率快,所以温度低时,1,2 - 加成为主要产物。当反应温度较高时,1,4 - 加成反应的速率也加快,决定最终产物比例的主要因素是稳定性,由于 1,4 - 加成产物的稳定性比 1,2 - 加成产物大,所以成为主要产物。1,2 - 与 1,4 - 加成反应中的能量变化如图 3.16 所示。

一般称低温时是动力学控制的反应,产物的比例由反应速率决定;高温时是热力学控制的反应,产物的比例由产物的稳定性决定。

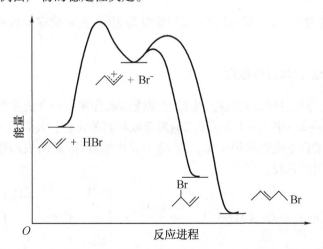

图 3.16 1,3 - 丁二烯与 HBr 进行 1,2 - 与 1,4 - 加成反应的能量图

3.12.3 双烯合成

在加热条件下,共轭二烯烃与含 C=C,C≡C 的化合物进行 1,4 - 加成生成六元环烯烃的反应,称为双烯合成反应,亦称 Diels - Alder 反应。一般认为反应是经由一个六元环状的过渡态,一步完成的。例如 1,3 - 丁二烯与乙烯的反应过程如下:

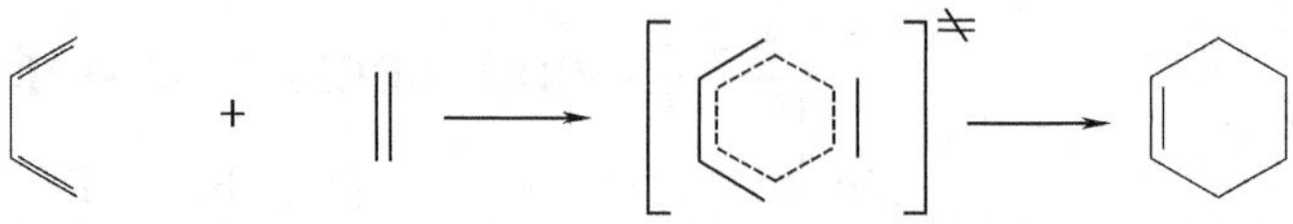

环状过渡态

1,3 - 丁二烯与乙烯的反应需要在比较高的温度(>150 ℃)和压力(>90 MPa)下长时间反应才能完成。当双烯体(即共轭二烯烃)带有给电子基团、亲双烯体(即含不饱和键的化合物)带有吸电子基团时,反应很容易进行。双烯合成反应是合成六元环化合物的重要方法。例如:

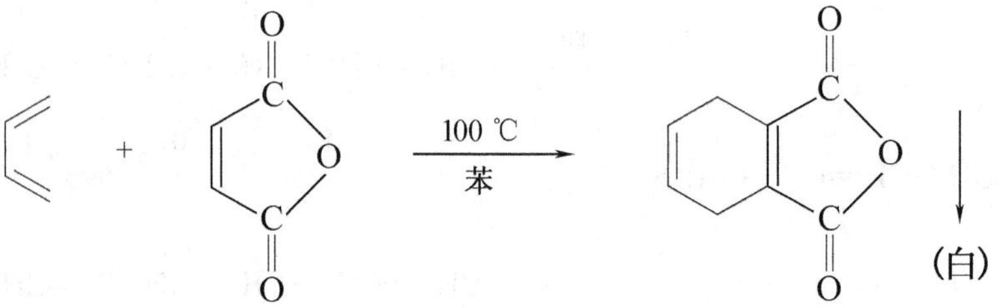

顺丁烯二酸酐   4-环己烯-1,2-二甲酸酐

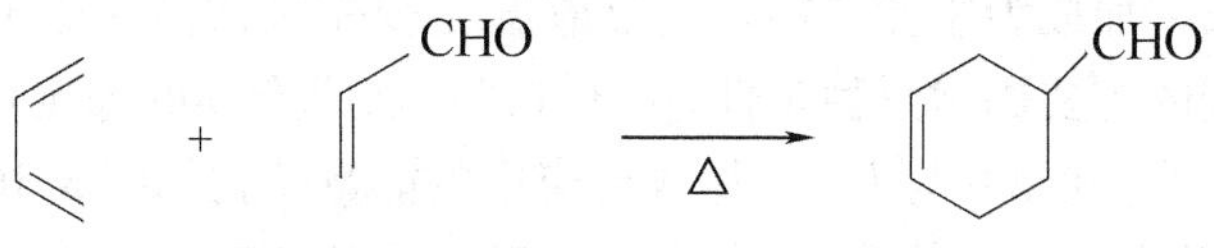

丙烯醛

前一反应得到的4 - 环己烯 - 1,2 - 二甲酸酐是固体,在实验室中可利用这一反应来鉴别共轭二烯烃。

3.12.4 聚合反应和合成橡胶

共轭二烯烃也容易进行聚合反应,生成有弹性的聚合物——合成橡胶。很多合成橡胶是由1,3 - 丁二烯或2 - 甲基 - 1,3 - 丁二烯聚合或与其他化合物共聚生成的。例如,2 - 甲基 - 1,3 - 丁二烯聚合生成顺式聚异戊二烯,称为异戊橡胶,因其组成和性质与天然橡胶相同,故又称为合成天然橡胶。

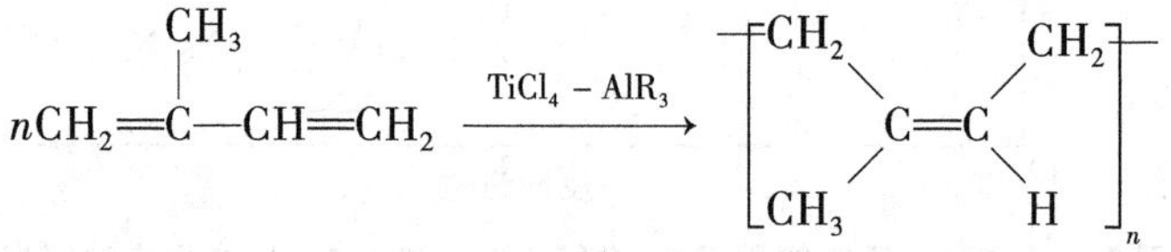

异戊橡胶

1,3 - 丁二烯在催化剂作用下聚合生成顺丁橡胶,因其低温弹性和耐磨性能好,可作轮胎。

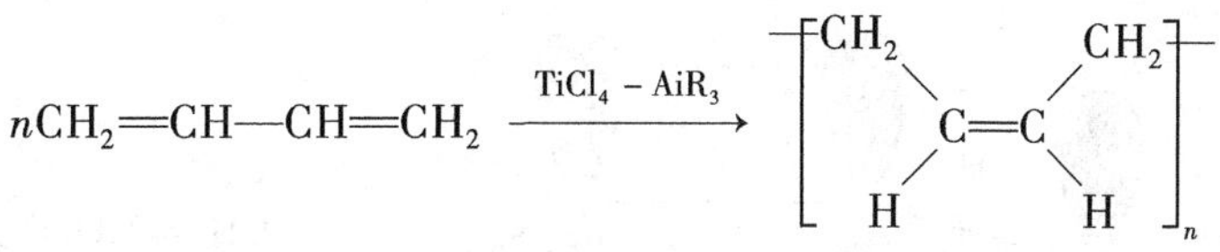

$$n CH_2 = CH - CH = CH_2 \xrightarrow{TiCl_4 - AiR_3} \left[\begin{array}{c} CH_2 \quad\quad CH_2 \\ \diagdown \quad\quad \diagup \\ C = C \\ \diagup \quad\quad \diagdown \\ H \quad\quad\quad H \end{array} \right]_n$$

顺丁橡胶

1,3 - 丁二烯与苯乙烯进行共聚反应,生成丁苯橡胶,其具有良好的耐老化、耐油、耐热和耐磨性,主要用于制造轮胎,是目前产量最大的合成橡胶。

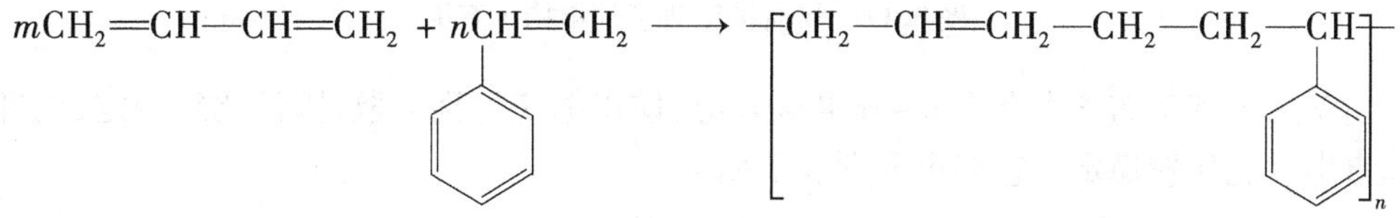

$$m CH_2 = CH - CH = CH_2 + n CH = CH_2 \longrightarrow \left[CH_2 - CH = CH_2 - CH_2 - CH_2 - CH \right]_n$$

丁苯橡胶

3.13　共轭体系及共轭效应

在分子(或离子、自由基)中,如果具有三个或三个以上互相平行的 p 轨道形成大 π 键,这种体系即为共轭体系。在共轭体系中,π 电子的运动范围扩展到整个体系的现象称为电子的离域。由于电子离域,使体系的能量降低、键长平均化等现象称为共轭效应(Conjugation Effect,简称 C 效应)。

共轭体系的结构特点是:组成共轭体系的原子处在一个平面上。因为只有这样,p 轨道才能相互平行,从而交盖产生电子离域。

3.13.1　共轭体系的分类

1. π - π 共轭体系

单、双键交替排列的共轭体系为 π - π 共轭体系,例如:

$$CH_2 = CH - CH = CH - CH = CH_2 \quad\quad CH_2 = CH - CH = CH - CH = O$$

$$CH_2 = CH - C \equiv N$$

1,3 - 丁二烯是最简单的 π - π 共轭体系。

2. p - π 共轭体系

当与双键碳相连的原子有 p 轨道时,这个 p 轨道可与 π 键轨道交盖,形成 p - π 共轭体系,例如下列均为 p - π 共轭体系:

$$CH_2 = CH - \overset{..}{\underset{..}{Cl}} \quad\quad\quad CH_2 = CH - \overset{..}{O}CH_3 \quad\quad\quad CH_2 = CH - \overset{+}{C}H_2$$

$$CH_2 = CH - \overset{.}{C}H_2 \quad\quad\quad CH_2 = CH - \overset{-}{C}H_2$$

p - π 共轭体系的结构以烯丙基正离子为例,如图 3.17 所示。

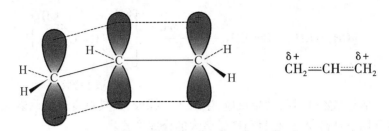

图 3.17　烯丙基正离子的结构示意图

　　由于烯丙基正离子中存在 p–π 共轭效应,使正电荷得到分散,因而比较稳定;同理,烯丙基自由基也比较稳定。它们可分别表示如下:

$$CH_2{=}CH{-}\overset{+}{CH_2} \longrightarrow \overset{\delta+}{CH_2}{=}CH{-}\overset{\delta+}{CH_2} {=\!=\!=} \overset{+}{\overline{CH_2{=\!=\!=}CH{=\!=\!=}CH_2}}$$

$$CH_2{=}CH{-}\overset{\cdot}{CH_2} \longrightarrow \overset{\delta\cdot}{CH_2}{=}CH{-}\overset{\delta\cdot}{CH_2} {=\!=\!=} \overset{\cdot}{\overline{CH_2{=\!=\!=}CH{=\!=\!=}CH_2}}$$

3. 超共轭体系

(1) σ–π 超共轭体系

　　丙烯分子中 α—C 与双键碳形成的碳碳 σ 键可以自由旋转,当甲基上的一个 C—H 键的 σ 轨道与 C＝C 的 p 轨道接近平行时,π 键与 C—H σ 键可互相交盖,产生电子的离域,这称为 σ–π 超共轭体系,如图 3.18 所示:

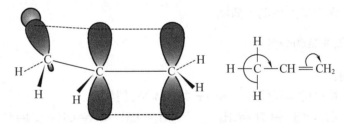

图 3.18　丙烯分子中的 σ–π 超共轭体系示意图

　　因 σ–π 共轭效应比 π–π 或 p–π 共轭效应弱得多,所以称为超共轭体系。利用超共轭效应可解释 2 – 丁烯比 1 – 丁烯稳定:

$$CH_2{=}CH{-}CH_2{-}CH_3 + H_2 \longrightarrow CH_3CH_2CH_2CH_3 \quad \Delta H^{\ominus} = -126.8 \text{ kJ/mol}$$

$$CH_3{-}CH{=}CH{-}CH_3 + H_2 \longrightarrow CH_3CH_2CH_2CH_3 \quad \Delta H^{\ominus} = -119.6 \text{ kJ/mol}$$

1-丁烯	2-丁烯

　　因为 C＝C 上连接的 CH₃ 越多,C—H σ 键与 π 键共平面的概率越大(σ 键是旋转的),所以 σ–π 超共轭效应就越大。2 – 丁烯有 6 个 C—H σ 键可与 C＝C 产生超共轭,而 1 – 丁烯只有两个。因此,2 – 丁烯中的超共轭效应比 1 – 丁烯强,因此 2 – 丁烯比 1 – 丁烯稳定。

（2）σ-p 超共轭体系

C—H σ 轨道与 p 轨道形成的共轭体系，称为 σ-p 超共轭体系。碳正离子、碳自由基等属于 σ-p 超共轭体系，如图 3.19 所示。

图 3.19　碳自由基、正碳离子的 σ-p 超共轭体系示意图

利用 σ-p 超共轭效应可以解释烷基自由基和碳正离子的稳定性次序。前面已知烷基自由基的稳定性次序为：$3° R·>2° R·>1° R·>·CH_3$，即

这是因为 $3°R·$ 中可以产生 σ-p 超共轭效应的 C-H σ 最多，超共轭效应最大，因此最稳定；其次是 $2°R·$，依此类推。同理可解释烷基碳正离子的稳定性次序：$3°C^+>2°C^+>1°C^+>{}^+CH_3$，即

因为 $3°C^+$ 中的 σ-p 超共轭效应最强，正电荷分散程度最大，所以最稳定。

3.13.2　共轭效应

在共轭体系中，由于原子的电负性不同或共轭体系的形成方式不同，会使共轭体系中的电子离域有方向性。共轭效应有吸电子共轭效应（用 -C 表示）和供电子共轭效应（用 +C 表示）。共轭效应在共轭链上传递，会出现正、负电荷交替现象。共轭效应在共轭链上的传递，不因共轭链的增长而减弱。

1. 吸电子的共轭效应（-C 效应）

电负性大的原子以双键的形式连接到共轭体系上，π 电子向电负性大的原子方向偏移，产生吸电子共轭效应。例如,在丙烯醛分子中,O 原子有 $-C$ 效应,O 原子吸电子效应沿共轭链传递的结果,使共轭链上出现 $\delta+$ 和 $\delta-$ 的交替分布,电负性大的原子上有较高的电子密度。

$$\overset{\delta+}{CH_2}\!\!=\!\!CH\!\!-\!\!\overset{\delta+}{C}\!\!=\!\!\overset{\delta-}{O}$$
$$\overset{|}{H}$$

显然有 $C\!\!=\!\!O$, $C\!\!=\!\!N$, $C\!\!\equiv\!\!N$ 等存在的共轭体系都有 $-C$ 效应。

含有孤电子对的原子(如:O,N,X 等)与双键形成的 $p-\pi$ 共轭体系,电子向双键偏移,产生供电子共轭效应。例如,在氯乙烯和乙烯基醚中,Cl,O 具有 $+C$ 效应:

$$\overset{\delta-}{CH_2}\!\!=\!\!\overset{\delta+}{CH}\!\!-\!\!\overset{..}{Cl} \qquad \overset{\delta-}{CH_2}\!\!=\!\!\overset{\delta+}{CH}\!\!-\!\!\overset{..}{O}CH_3$$

以上称为静态共轭效应。1,3 - 丁二烯与 Br_2 加成时受到极化,出现 π 电子偏移,属于动态共轭效应:

$$\overset{\delta+}{CH_2}\!\!=\!\!\overset{\delta-}{CH}\!\!-\!\!\overset{\delta+}{CH}\!\!=\!\!\overset{\delta-}{CH_2} \qquad + \qquad \overset{\delta+}{Br}\!\!-\!\!\overset{\delta-}{Br}$$

3.14 共振论简介

1,3 - 丁二烯是电子离域的体系,分子中并无单、双键之分,用经典的结构式:$CH_2 = CH - CH = CH_2$ 不能表示其实际结构。在 1933 年美国化学家鲍林(Pauling L C)在价键理论的基础上提出了共振论,以经典结构式为基础提出了共振杂化体的概念,用来描述、解释共轭体系中的电子离域、电荷分布、体系能量、键长变化以及反应特性等事实和现象,取得了较满意的效果,这是对价键理论的发展。

共振论认为:一个共轭体系(分子、离子、自由基)不能用一个经典结构式表示,需要用若干个"可能的"经典结构式的"融合"来描述。各个"可能的"经典结构式称为极限结构式。不能把"融合"看做简单的混合或加合,可理解为"叠加"或"共振";各极限结构的融合(即共振),构成共振杂化体。只有共振杂化体才能较全面地反映共轭体系的真实结构,任何一个极限结构都不能完全代表共轭体系的真正结构。例如,1,3 - 丁二烯是下面所列各个极限结构的共振杂化体:

$$CH_2\!\!=\!\!CH\!\!-\!\!CH\!\!=\!\!CH_2 \leftrightarrow \overset{-}{CH_2}\!\!-\!\!CH\!\!=\!\!CH\!\!-\!\!\overset{+}{CH_2} \leftrightarrow \overset{+}{CH_2}\!\!-\!\!CH\!\!=\!\!CH\!\!-\!\!\overset{-}{CH_2}$$

$$CH_2\!\!=\!\!CH\!\!-\!\!\overset{+}{CH}\!\!-\!\!\overset{-}{CH_2} \leftrightarrow CH_2\!\!=\!\!CH\!\!-\!\!\overset{-}{CH}\!\!-\!\!\overset{+}{CH_2}$$

每一个极限结构代表着电子离域的一种限度,因此,一个分子能够写出的极限结构式越多,说明共轭体系中电子的离域程度越大,体系越稳定。每个极限结构对共振杂化体的贡献不是均等的,越稳定的极限结构对共振杂化体的贡献越大,相同的极限结构对共振杂化体的贡献相同。共振杂化体的能量低于任何一个极限结构的能量。最稳定的极限结构的能量与共振杂化体的能量差称为共振能,与离域能或共轭能数值相同。

3.14.1　书写极限结构式遵循规则

1. 在各极限结构式之间,原子核的相对位置保持不变,只是电子(一般是 π 电子和未共用电子对)排列不同,例如,烯丙基碳正离子、苯等用共振结构表示如下:

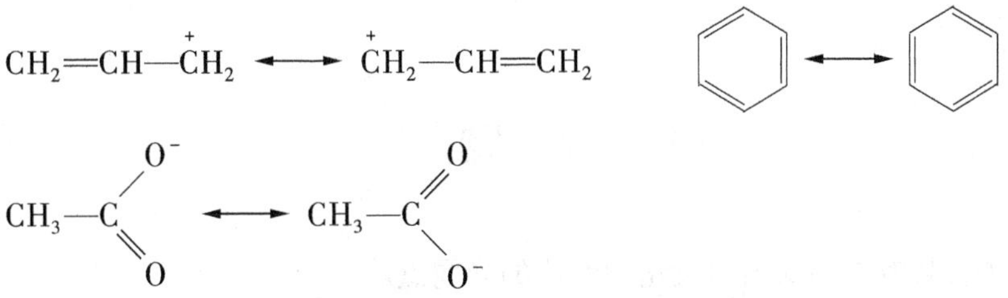

$$CH_2{=}CH{-}\overset{+}{C}H_2 \longleftrightarrow \overset{+}{C}H_2{-}CH{=}CH_2$$

下列不是共振结构,而是不同化合物之间的动态平衡:

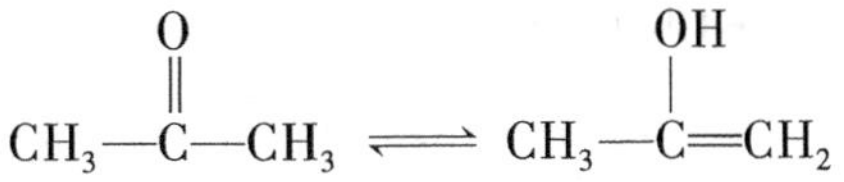

2. 极限结构式要符合价键结构理论和 Lewis 结构理论的要求,如:碳原子不能高于 4 价;在元素周期表中第二、三周期元素的价电子层容纳的电子数不能超过 8 个。例如:

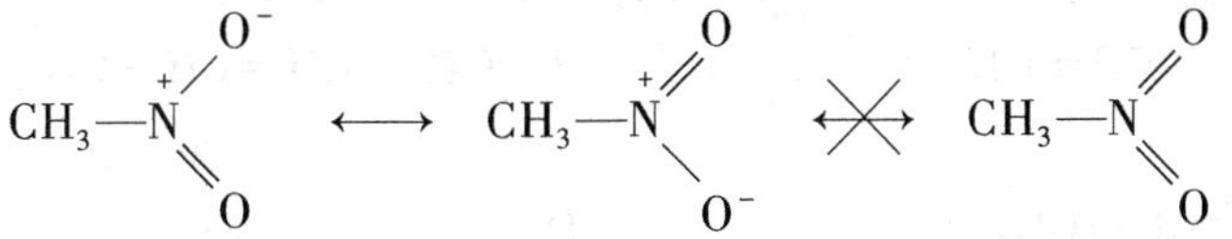

3. 同一分子的各极限结构式必须具有相同的单电子数目,例如:

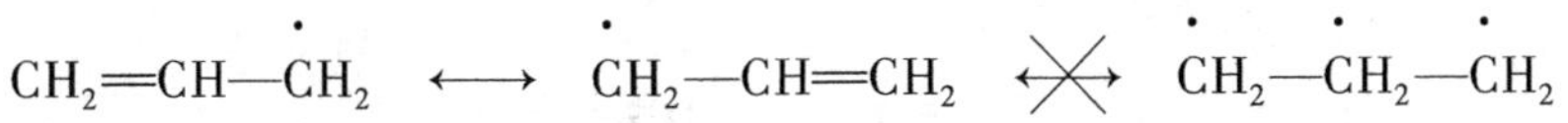

3.14.2　极限结构稳定性的估计

不同的极限结构对共振杂化体的贡献不同,能量越低的极限结构对共振杂化体的贡献越大。可从以下三个方面估计极限结构的稳定性。

1. 共价键数目多的极限结构稳定。例如,在 1,3 - 丁二烯中,(Ⅰ)稳定,对共振杂化体的贡献大。

（Ⅰ）　　　　　　　　（Ⅱ）　　　　　　　　（Ⅲ）

（Ⅳ）　　　　　　　　（Ⅴ）　　　　　　　　（Ⅵ）

（Ⅶ）

2. 所有原子都具有完整的价电子层(惰性气体电子层结构)的极限结构稳定。

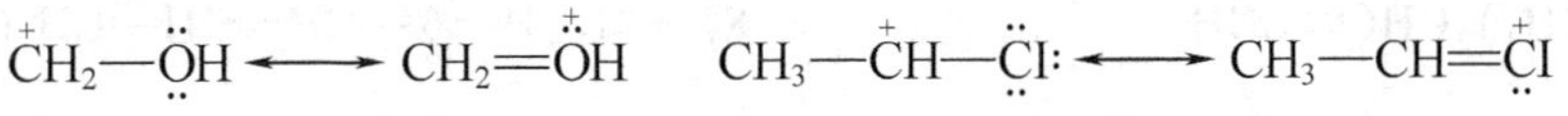

较稳定
(贡献大)　　　　　　　　　　　　　　　较稳定
(贡献大)

3.电荷分离的极限结构不如没有电荷分离的极限结构稳定。例如：

$$CH_2=CH-\ddot{\underset{..}{Cl}}: \longleftrightarrow :\overset{-}{C}H_2-CH=\overset{+}{\underset{..}{Cl}}:$$

较稳定
（贡献大）

思 考 题

1.试比较烯、炔、共轭二烯的结构及化学性质的异同点。

2.试判断下列反应的结果：

$(1) CH_2=\underset{\underset{CH_3}{|}}{C}-CH=CH_2 + HCl(1\ mol) \longrightarrow$

$(2) CH_3-CH=CH-CH=CH_2 + HCl \xrightarrow{1,2-加成}$

3.下列化合物或离子中是否存在 $\pi-\pi, p-\pi, \sigma-\pi$ 等共轭？

A. $CH_2=CH-CH=CH-CH_3$　　　　B. $CH_3-\overset{-}{C}H-CH-CH_3$

C. $Cl-CH=CH-CH_3$　　　　D. 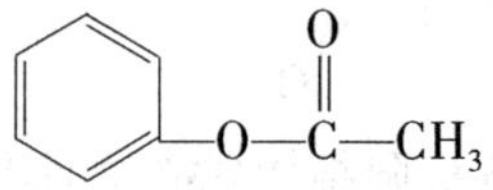 苯环$-O-\underset{\underset{||}{O}}{C}-CH_3$

习 题

一、用系统命名法命名下列不饱和烃

1. $(CH_3)_2CHCH_2-\underset{\underset{CH_3}{|}}{\overset{\overset{CH_3}{|}}{C}}=CH_2$

2. 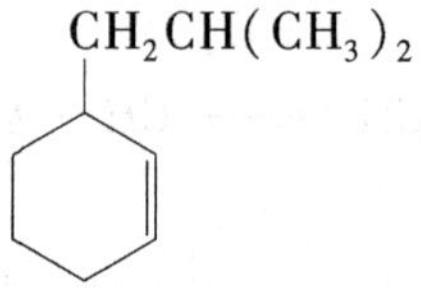 环己烯$-CH_2CH(CH_3)_2$

3. 甲基环己烷$-CH_2\underset{\underset{CH_3}{|}}{CH}CH=CH_2$

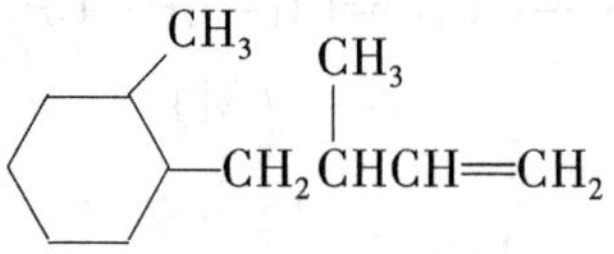

4. 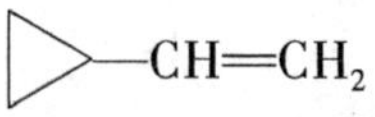 环丙基$-CH=CH_2$

5. 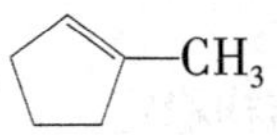 甲基环戊烯$-CH_3$

6. 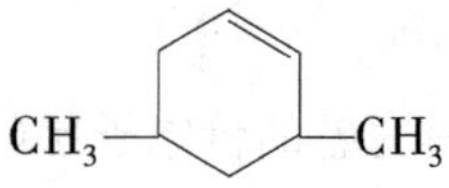 CH_3-二甲基环己烯$-CH_3$

7. $(CH_3)_2CHC\equiv CCH_3$

8. $CH_3CH=\underset{\underset{CH_3}{|}}{C}-CH=CH-CH_2CH_3$

9. $CH_3CH_2CH=C=CHCH_3$

10. $CH_3CH=CH-CH=CHCH=C(CH_3)_2$

11. $CH \equiv C - \underset{\underset{CH_3}{|}}{CH} - \underset{\underset{CH_3}{|}}{C} = CH_2$

12. $CH \equiv CCH_2CH_2CH = CH_2$

13. $CH \equiv C - \underset{\underset{CH_3}{|}}{CH}CH_2CH = CH_2$

14. $(CH_3)_2CHCH_2\underset{\underset{CH=CHCH_3}{|}}{CH}C \equiv CH$

15. $\underset{H}{\overset{CH_3}{>}}C = C\underset{CH(CH_3)_2}{\overset{CH_3CH_2}{<}}$

16. $\underset{CH_3}{\overset{H}{>}}C = C\underset{CH_3}{\overset{CH_2CH_2CH_3}{<}}$

17. $\underset{CH_3}{\overset{H}{>}}C = C\underset{H}{\overset{\overset{\overset{H}{|}}{C}=CH_2}{}}$

18. $\underset{H_5C_2}{\overset{H_3C}{>}}C = C\underset{C(CH_3)_3}{\overset{C \equiv CC_2H_5}{<}}$

二、完成下列反应,写出反应的主要产物

1. $H_3C - \underset{\underset{CH_3}{|}}{C} = CHCH_3 \ + HCl \longrightarrow$

2. $F_3CCH = CH_2 + HCl \longrightarrow$

3. $HC \equiv C - CH_3 + H_2O \xrightarrow{HgSO_4, H_2SO_4}$

4. $\underset{H_3C}{\overset{H_3C}{>}}C = CHCH_3 + KMnO_4 + H_2O \xrightarrow{H^+}$

5. $(CH_3)_2C = CH_2 \xrightarrow[2. H_2O/Zn]{1. O_3}$

6. $CH_3CH_2C \equiv CH \xrightarrow[2. H_2O_2, OH^-]{1. 1/2(BH_3)_2}$

7. $+ Br_2 \xrightarrow{高温}$

8. $CH_3 - \underset{\underset{CH_3}{|}}{CH} - CH = CH_2 \xrightarrow{稀冷 KMnO_4, OH^-}$

9. $H_3C - CH = CHCH_3 + H_2 \xrightarrow{Ni}$

10. $\begin{array}{l} \xrightarrow[CCl_4, \triangle]{NBS, (PhCOO)_2} \\ \\ \xrightarrow{Cl_2 - CCl_4} \end{array}$

11. $CH_2 = CH - CH = CH_2 + CH \equiv CH \longrightarrow$

12. $CH_2=\overset{\underset{\displaystyle H_3C}{|}}{C}-\overset{\underset{\displaystyle CH_3}{|}}{C}=CH_2 + CH_2=CH-CHO \longrightarrow$

三、选择题

1. 下列烯烃发生亲电加成反应最活泼的是（　　）。

A. $H_2C=CHCl_3$　　　　　　　　　　　B. $CH_3CH=CHCH_3$

C. $H_2C=CHCF_3$　　　　　　　　　　　D. $(CH_3)_2C=CHCH_3$

2. 将 1 - 己炔转化成 2 - 己酮的试剂是（　　）。

A. H_2/Ni　　　　　　B. Lindlar 催化剂　　　　C. $HgSO_4/H_2SO_4$　　　　D. H_2/Pd

3. 若正己烷中有杂质 1 - 己烯,用什么试剂洗涤除去杂质?（　　）

A. 水　　　　　　　　B. 汽油　　　　　　　　C. 溴水　　　　　　　　D. 浓硫酸

4. 下列化合物稳定性最大的是（　　）。

A. $H_3C\diagup\diagdown\diagup CH_2$　　　　　　　　　　B. $\overset{\displaystyle H_3C}{}\diagdown\diagup\diagdown CH_3$

C. $H_3C\diagup\diagdown\diagup CH_3$　　　　　　　　　　D. $\underset{\displaystyle H_3C}{}\diagup\diagdown\overset{\underset{\displaystyle CH_3}{}}{\underset{\displaystyle CH_3}{}}$

5. 下列化合物中氢原子最易离解的为（　　）。

A. 乙烯　　　　　　　B. 乙烷　　　　　　　　C. 乙炔　　　　　　　　D. 都不是

6. 下列物质能与 $Ag(NH_3)_2^+$ 反应生成白色沉淀的是（　　）。

A. 丙烯　　　　　　　B. 1 - 丁炔　　　　　　C. 2 - 丁炔　　　　　　D. 乙烯

7. 下列物质能与 CuCl 的氨溶液反应生成红色沉淀的是（　　）。

A. 丙烯　　　　　　　B. 乙烯　　　　　　　　C. 2 - 丁炔　　　　　　D. 1 - 丁炔

8. 丙烯与氯在 500 ℃反应产物为（　　）。

A. $CH_3CHClCH_2Cl$　　　　　　　　　B. $CH_2ClCH=CH_2$

C. $CH_3CHClCH_3$　　　　　　　　　　D. $CH_3CH_2CH_2Cl$

9. 将 3 - 己炔转化成顺式 3 - 己烯的反应条件是（　　）。

A. H_2/Ni　　　　　　　　　　　　　　B. $H_2/Lindlar$ 催化剂

C. Na/NH_3　　　　　　　　　　　　　D. H_2/Pd

10. 鉴别 1 - 丁炔与 2 - 丁炔的化学试剂为（　　）。

A. Br_2/CCl_4　　　　　B. $KMnO_4^-/OH^-$　　　C. $Ag(NH_3)_2NO_3$　　　D. 马来酸酐

11. 下列化合物热力学稳定性最小的是（　　）。

A. $(CH_3)_2C=CHCH_3$　　　　　　　　B. $(CH_3)_2C=C(CH_3)_2$

C. $CH_3CH=CH_2$　　　　　　　　　　D. $CH_2=CH_2$

12. 某烯烃臭氧化分解产物为 $(CH_3)_2C=O$ 和 CH_3CHO,该烯烃结构为（　　）。

A. $(CH_3)_2C=CHCH_3$　　　　　　　　B. $(CH_3)_3CCH=CH_2$

C. $(CH_3)_2CHCH=CH_2$　　　　　　　　D. $(CH_3)_2C=O$

13. 烯烃 $CH_3CH_2CH=CHCH_3$ 经臭氧化、水分解后产物为（　　）。

A. 丙酸和乙酸　　　　　　　　　　　　B. 丙酸和乙醛

C. 丙醛和乙酸　　　　　　　　　　　　D. 丙醛和乙醛

14.丙烯与氯气在高温下的反应为(　　)。

A. 自由基加成反应　　　　　　　　　B. 自由基取代反应

C. 亲电加成反应　　　　　　　　　　D. 亲核加成反应

15.下列化合物在酸催化下与水加成,反应速度最快的是(　　)。

A. 乙烯　　　　　　B. 丙烯　　　　　　C. 异丁烯　　　　　　D. 氯乙烯

16.将3-己炔转化成反式3-己烯的试剂是(　　)。

A. H_2/Ni　　　　　B. Lindlar 催化剂　　　C. Na/NH_3　　　　D. H_2/Pd

17.某烯烃 C_6H_{12} 经酸性高锰酸钾氧化后得等量丙酮和丙酸,该烯烃结构为(　　)。

A. $(CH_3)_2CH—CH=CHCH_3$　　　　　　B. $(CH_3)_2C=CHC_2H_5$

C. $(CH_3)_2C=C(CH_3)_2$　　　　　　　　D. $CH_3CH_2CH=CHCH_2CH_3$

18.烯烃与卤化氢加成,卤化氢的活性次序为(　　)。

A. HI > HBr > HCl　　　　　　　　　B. HCl > HBr > HI

C. HBr > HCl > HI　　　　　　　　　D. HCl > HI > HBr

19.烯烃与卤素加成,卤素的活性次序为(　　)。

A. 碘 > 溴 > 氯 > 氟　　　　　　　　B. 氟 > 氯 > 溴 > 碘

C. 碘 > 氟 > 氯 > 溴　　　　　　　　D. 氟 > 碘 > 溴 > 氯

20.下列烯烃和氯加成,活性最差的是(　　)。

A. $(CH_3)_2C=C(CH_3)_2$　　　　　　　　B. $(CH_3)_2C=CHCH_3$

C. $CH_3CH=CH_2$　　　　　　　　　　D. $CH_2=CH_2$

21.下列碳原子的电负性最大的是(　　)。

A. 饱和碳原子　　　B. 双键碳原子　　　C. 三键碳原子

22.$Cl—CH=CH—CH_3$ 中存在什么类型的共轭(　　)。

(1)$\pi-\pi$ 共轭　　　　(2)$p-\pi$ 共轭　　　　(3)$\sigma-\pi$ 共轭　　　　(4)$\sigma-p$ 共轭

A. (1)和(2)　　　B. (1)和(3)　　　C. (1)和(4)　　　D. (2)和(3)

23.下列自由基中最稳定的是(　　)。

A. $CH_3\cdot$　　　　　　B. $CH_3CH_2\cdot$　　　　　C. $CH_3\overset{\cdot}{C}HCH_2CH_3$　　　D. $(CH_3)_3C\cdot$

24.下列碳正离子最稳定的是(　　)。

A. $^+CH_2CH=CHCH=CH_2$　　　　　　B. $^+CH_2CH=CHCH_2CH_3$

C. $CH_3\overset{+}{C}HCH_2CH=CH_2$

25.用化学方法鉴别1,3-戊二烯和1,4-戊二烯,可用(　　)试剂。

A. $Ag(NH_3)_2NO_3$　　　B. $KMnO_4$ 溶液　　　C. 马来酸酐　　　　D. Na/NH_3

26.比较下列化合物加成 2 mol H_2 的氢化热大小:(　　)。

(1) $H_3C—$⟨环⟩$—CH(CH_3)_2$　　　　(2) $H_3C—$⟨环⟩$—CH(CH_3)_2$

(3) $H_3C—$⟨环⟩$—CH(CH_3)_2$

A. (1) > (2) > (3)　　B. (2) > (3) > (1)　　C. (3) > (2) > (1)　　D. (1) > (3) > (2)

四、完成下列反应并写出反应机理

1. $CH_2\!\!=\!\!CH_2 + Br_2 \xrightarrow{CCl_4}$

2. $CH_3CH\!\!=\!\!CH_2 + HCl \longrightarrow$

五、用化学方法鉴别下列各组化合物

1. A. 己烷   B. 1 – 己烯   C. 1 – 己炔

2. A. $CH\!\!\equiv\!\!C(CH_2)_2CH_3$ B.   C. —CH_2CH_3

3. A. 己烷   B. 1 – 己烯   C. 1 – 己炔   D. 2,4 – 己二烯

六、由指定的原料合成下列化合物（无机试剂任选）

1. $CH\!\!\equiv\!\!CH \longrightarrow$
$$\begin{array}{c} CH_3CH_2 \quad\quad CH_2CH_3 \\ \diagdown C\!\!=\!\!C \diagup \\ \diagup \quad\quad\quad \diagdown \\ H \quad\quad\quad\quad H \end{array}$$

2. $CH_3CH_2CH_2CH_2OH \longrightarrow CH_3CH_2\underset{\underset{\displaystyle Br}{|}}{C}ClCH_3$

3. $CH_3CH_2CHCl_2 \longrightarrow CH_3CCl_2CH_3$

4. $CH\!\!\equiv\!\!CH \longrightarrow CH_3\overset{\displaystyle O}{\overset{\|}{C}}\!\!-\!\!CH_2CH_3$

七、推测结构

1. 某化合物的分子式为 C_6H_{12}，能使溴水褪色，能溶于浓硫酸，加氢生成己烷，如用过量的酸性高锰酸钾溶液氧化可得到两种不同的羧酸。试写出该化合物的构造式和各步反应式。

2. 某化合物 A 的分子式为 C_7H_{14}，经酸性高锰酸钾溶液氧化后生成两个化合物 B 和 C。A 经臭氧化后还原水解也得到相同产物 B 和 C。试写出 A，B，C 的构造式。

3. 某化合物 A，分子式为 C_5H_8，在液氨中与金属钠作用后，再与 1 – 溴丙烷作用，生成分子式为 C_8H_{14} 的化合物 B。用高锰酸钾氧化 B 得到分子式为 $C_4H_8O_2$ 的两种不同的羧酸 C 和 D。A 在硫酸汞存在下与稀硫酸作用，可得到分子式为 $C_5H_{10}O$ 的酮 E。试写出 A ~ E 的构造式及各步反应式。

4. 分子式为 C_7H_{10} 的某开链烃 A，可发生下列反应：A 经催化加氢可生成 3 – 乙基戊烷；A 与硝酸银氨溶液反应可产生白色沉淀；A 在 Pd/$BaSO_4$ 催化下吸收 1 摩尔氢气生成化合物 B，B 能与顺丁烯二酸酐反应生成化合物 C。试写出 A，B，C 的构造式。

第4章 芳烃

在有机化学发展初期,将有机化合物分为脂肪族和芳香族两大类。脂肪族化合物是指开链化合物;芳香族化合物是指含有苯环结构的化合物。"芳香"二字的来由是因为,最初这类化合物是从天然树脂、香精油中提取到的,并都带有芳香气味。随着有机化学的进一步发展和研究的不断深入发现,芳香族化合物并不是都含苯环,还存在非苯芳烃,也并不都有香味。

芳香族的碳氢化合物称为芳香烃,简称芳烃。与脂环族不饱和烃相比,芳烃在化学性质方面表现出易进行取代反应而不易进行加成和氧化反应,把这一特性称为芳香性,可作为判断芳烃的标准。

4.1 芳烃的分类、构造异构和命名

4.1.1 芳烃的分类

芳烃按分子中含有苯环的数目分为单环芳烃、多环芳烃和稠环芳烃。

1. 单环芳烃

分子中含有一个苯环的芳烃,称为单环芳烃。例如:

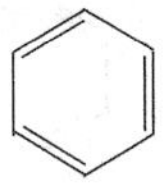

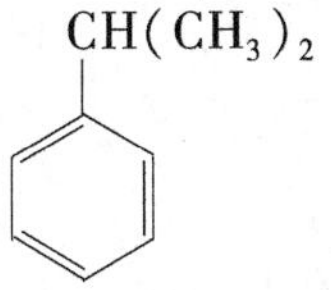

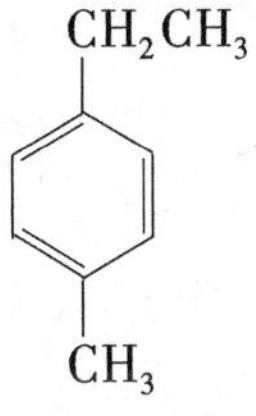

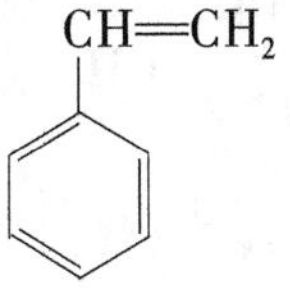

2. 多环芳烃

分子中含有两个或两个以上独立苯环的芳烃,称为多环芳烃。例如:

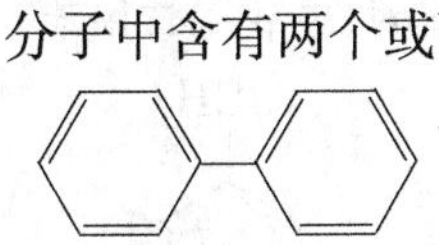

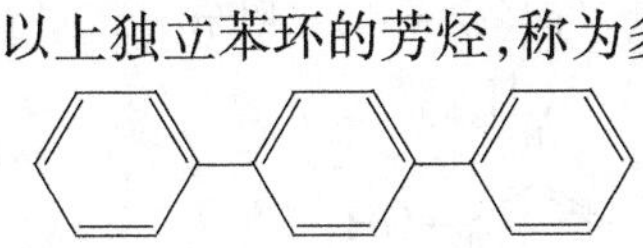

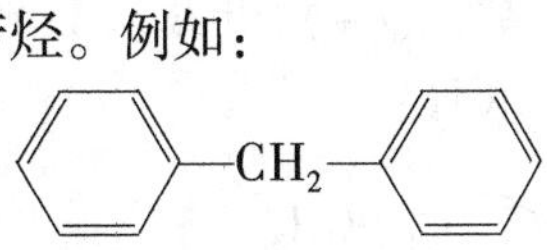

3. 稠环芳烃

分子中含有两个或两个以上彼此之间通过共用两个相邻碳原子而稠合的芳烃,称为稠环芳烃。例如:

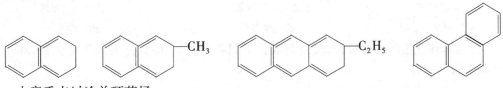

本章重点讨论单环芳烃。

4.1.2 构造异构

苯及其同系物的通式为：C_nH_{2n-6}，$n \geqslant 6$。

芳烃除了碳架异构，还存在由于取代基在苯环上的相对位置不同而产生的异构，例如，乙苯与二甲苯是同分异构体，而二甲苯因两个甲基在苯环上存在相邻、相间和相对三种位置关系，又而存在三种异构体。因此分子式为 C_8H_{10} 的芳烃存在下列四种同分异构体：

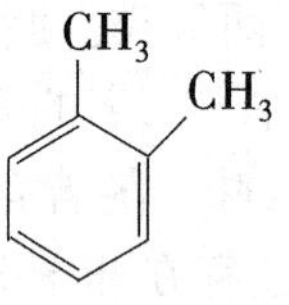

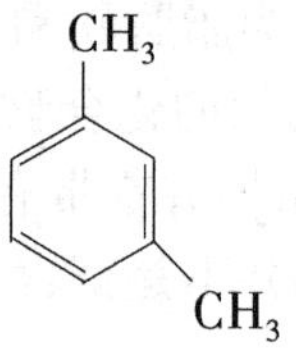

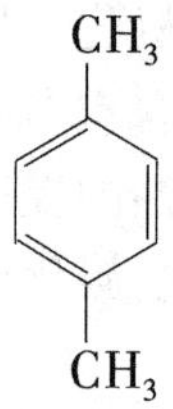

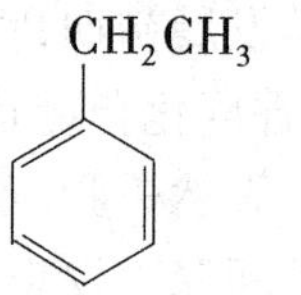

4.1.3 命名

(1)当苯环上连接的支链含碳原子数目不多，并且不复杂时，以苯环作为母体，支链为取代基来命名。

(2)当苯环上连接两个以上取代基时，需给苯环编号，编号时遵循最低系列原则，并使较小的烷基位号为“1”。连接两个取代基时也常用邻、间、对(或 o－，m－，p－)表示相对位置；连有三个相同取代基时也常用连、偏、均表示相对位置。例如：

甲苯

异丙苯

1－甲基－2－乙基苯

1－乙基－3－叔丁基苯

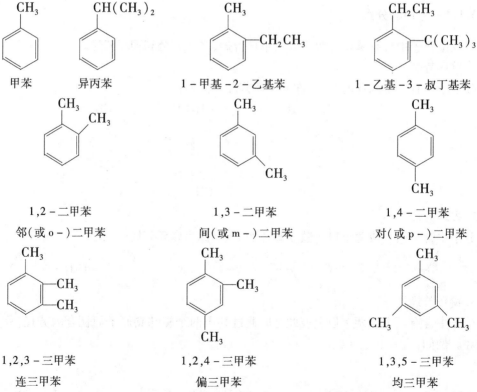

1,2－二甲苯
邻(或 o－)二甲苯

1,3－二甲苯
间(或 m－)二甲苯

1,4－二甲苯
对(或 p－)二甲苯

1,2,3－三甲苯
连三甲苯

1,2,4－三甲苯
偏三甲苯

1,3,5－三甲苯
均三甲苯

(3)当苯环连接的支链较长、较复杂或含不饱和键时，一般以脂肪烃为母体，苯环作为取代基来命名。

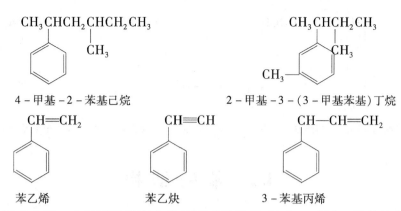

4 - 甲基 - 2 - 苯基己烷　　　　　2 - 甲基 - 3 - (3 - 甲基苯基)丁烷

苯乙烯　　　　　　　　苯乙炔　　　　　　　3 - 苯基丙烯

芳烃分子中去掉一个氢原子后剩余的基团叫做芳基,以 Ar - 表示。常见的芳基有:

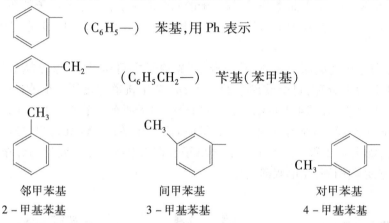

（C_6H_5—）　苯基,用 Ph 表示

（$C_6H_5CH_2$—）　苄基(苯甲基)

邻甲苯基　　　　　　　间甲苯基　　　　　　　　　对甲苯基

2 - 甲基苯基　　　　　3 - 甲基苯基　　　　　　　4 - 甲基苯基

4.1.4　芳烃衍生物的命名

(1)当苯环上连有—NO_2,—X 等基团时,以苯环为母体,叫做某基苯。例如:

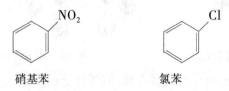

硝基苯　　　　　　　　氯苯

(2)当苯环上连有—COOH,—SO_3H,—NH_2,—OH,—CHO 等基团时,则把苯环作为取代基。例如:

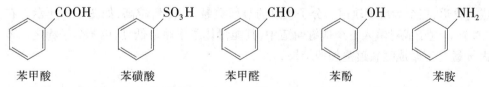

苯甲酸　　　　　苯磺酸　　　　　苯甲醛　　　　　苯酚　　　　　苯胺

(3)当苯环上连有多个官能团时,命名方法是:选择一个作为母体的官能团,而将其他的看成取代基。母体官能团的选择原则是:按照"官能团的排列次序",将排在后面的作为母体官能团,前面的作为取代基。官能团的排列次序如下:

—NO_2,—X,—OR,—R,—NH_2,—OH,—COR,—CHO,—CN,—$CONH_2$,—COX,

—COOR,—SO_3H,—COOH,—N^+R_3 等

例如:

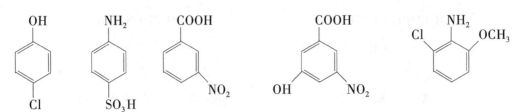

| 对氯苯酚 | 对氨基苯磺酸 | 间硝基苯甲酸 | 3－硝基－5－羟基苯甲酸 | 2－甲氧基－6－氯苯胺 |

4.2　苯 的 结 构

近代物理方法证明:苯是一个平面型分子,苯分子的六个碳原子和六个氢原子都在一个平面上,六个碳原子构成一个正六边形,碳碳键长均相同,为 0.140 nm,所有的键角都为 120°。

价键理论认为,苯分子中的碳原子都是 sp^2 杂化的,碳原子之间利用 sp^2 杂化轨道相互交盖,围成一个平面正六边形碳环,每个碳剩余的一个 sp^2 杂化轨道与氢原子形成C—H σ键,所有 σ 键都在一个平面上,如图 4.1 所示。另外,每个碳原子还有一个未杂化的 p 轨道,这些 p 轨道因垂直于同一平面(即所有 σ 键所在的平面)而互相平行,从侧面相互交盖,形成一个闭合的大 π 键,如图 4.2 所示。由于大 π 键电子云在六个碳原子之间均匀分布,所以苯分子中碳－碳键长完全相等,无单双键之分。

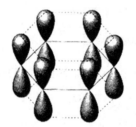

图 4.1　苯分子中的 σ 键示意图　　　　　图 4.2　苯分子中的大 π 键示意图

由于苯环共轭体系中 π 电子的高度离域,使苯分子的能量大大降低。苯环具有高度的稳定性,这表现在:苯环难于发生加成、氧化反应,而易于发生取代反应,即具有芳香性。

分子轨道理论认为,苯分子中的六个 p 轨道线形组合形成六个 π 分子轨道,其中三个为成键轨道,三个为反键轨道。分子轨道的节面数越多,能量越高,如图 4.3 所示。在基态时,六个 π 电子成对填入三个成键轨道中,其能量比原子轨道低,所以苯分子稳定。苯分子的大 π 键是三个成键轨道叠加的结果。

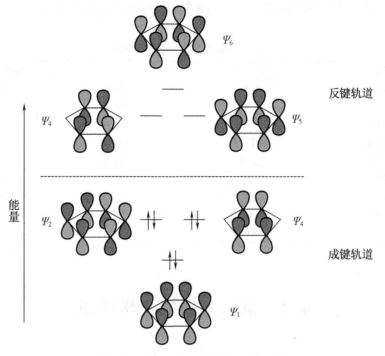

图 4.3　苯的 π 分子轨道和能级示意图

苯分子结构式的表示方法,常见的有两种:一个是凯库勒结构式,另一个是离域式。

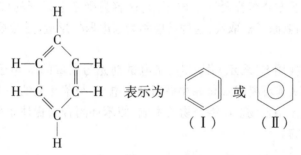

(Ⅰ)称为凯库勒结构式,(Ⅱ)为离域式。在离域式中,圆圈表示环状离域的大 π 键。这两种苯结构的表示方法在文献和书刊中都较常见。

4.3　单环芳烃的物理性质

单环芳烃一般为无色液体,有特殊气味,蒸气有毒,对呼吸道、中枢神经和造血器官有损害。有的稠环芳烃有致癌作用。

单环芳烃不溶于水,可溶于有机溶剂,如乙醚、四氯化碳、石油醚等;相对密度小于 1,但比同碳数的脂肪烃大,一般在 0.8 ~ 0.9。

单环芳烃的沸点随着相对分子质量的增加而增高,在苯的同系物中,每增加一个 CH_2,沸点平均增高约 25 ℃。同分异构体之间沸点差别不大;但熔点除与相对分子质量有关之外,还与结构有关,结构对称性好的异构体具有较高的熔点,例如二甲苯的三种异构体中,对位异构体的熔点比邻位、间位的高。一些单环芳烃的物理常数见表4.1。

表 4.1 一些单环芳烃的物理常数

名称	熔点/℃	沸点/℃	相对密度(d_4^{20})
苯	5.5	80.1	0.879
甲苯	−95	110.6	0.866
邻二甲苯	−25.2	144.4	0.881
间二甲苯	−47.9	139.1	0.884
对二甲苯	13.2	138.4	0.861
乙苯	−95	136.1	0.866 9
正丙苯	−99.6	159.3	0.862 1
异丙苯	−96	152.4	0.864
正丁苯	−81.2	182.1	0.86

4.4 单环芳烃的化学性质

4.4.1 亲电取代反应概述

苯环平面的上、下方分布着大量 π 电子云,这容易受亲电试剂的攻击。亲电试剂攻击的结果导致苯环上的氢原子被取代,这种反应称为亲电取代反应,是芳烃最典型而且重要的反应性能。

当苯与亲电试剂(用 E^+ 表示)作用时,亲电试剂先与离域的 π 电子结合,生成 π 络合物,紧接着亲电试剂从苯环离域 π 体系中获得两个电子,与苯环上的一个碳原子形成 σ 键,生成碳正离子,又叫 σ 络合物。σ 络合物的生成,使苯环闭合共轭体系破坏,其能量比苯环高,因此这步是较慢的。

第一步:

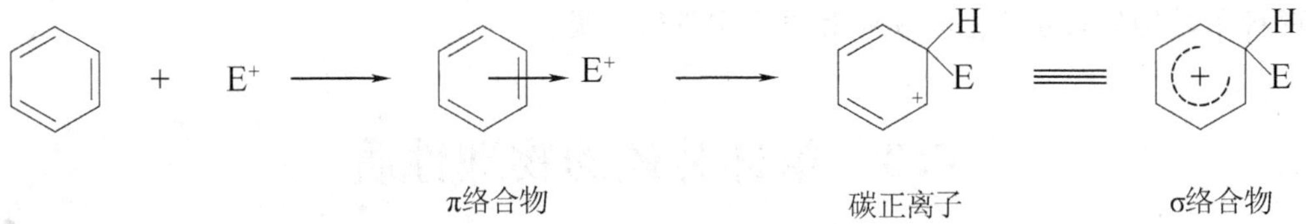

π络合物   碳正离子   σ络合物

第二步,σ 络合物中 sp³ 杂化碳原子上失去一个质子,该碳原子恢复 sp² 杂化,所以又恢复闭合共轭体系苯环,体系的能量降低,生成取代苯,这步反应较快。

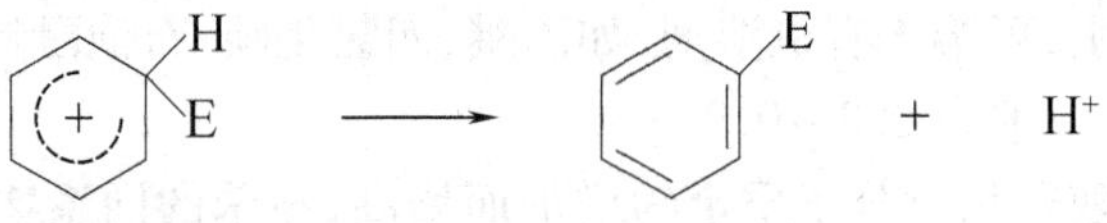

苯亲电取代反应过程中的能量变化如图 4.4 所示。

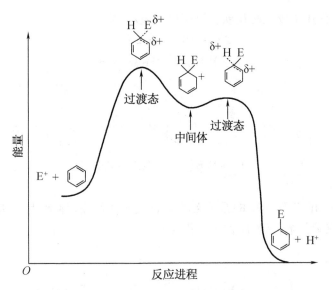

图 4.4　苯亲电取代反应的能量变化

4.4.2　亲电取代反应的类型

1.卤化反应

在三卤化铁等催化剂作用下,苯与卤素作用,苯环上的氢可被卤素取代,生成卤苯(或叫卤代苯),例如:

$$\text{（苯）} + Cl_2 \xrightarrow[25\ ℃]{FeCl_3} \text{（氯苯）} + HCl$$

卤素的活性次序为:$F_2 > Cl_2 > Br_2 > I_2$。其中,F_2 与苯的反应非常剧烈,很难控制;而 I_2 与苯的反应可逆,且平衡不利于生成碘苯。因此,卤素常用的是 Cl_2 和 Br_2。

在比较强烈的条件下,卤苯可继续进行卤化,得到的主要是邻和对位取代物:

$$\text{（氯苯）} \xrightarrow[FeCl_3]{Cl_2} \text{（邻）} + \text{（对）} + \text{（间）}$$

　　　　　　　　　　　39%　　　　　55%　　　　6%

烷基苯也能进行卤化反应,且比苯容易进行,主要得到邻和对位取代产物,例如:

$$\text{（甲苯）} \xrightarrow[25\ ℃]{Br_2\ FeCl_3} \text{（邻）} + \text{（对）} + \text{（间）}$$

　　　　　　　　　　32.9%　　　　65.8%　　　1.3%

卤化反应中催化剂 FeX_3 的作用是与 X_2 作用产生强亲电试剂 X^+,有时反应中加入铁

粉,因铁能与卤素作用生成三卤化铁。反应机理表示如下:

$$2Fe + 3Br_2 \longrightarrow 2FeBr_3$$

$$Br_2 + FeBr_3 \Longrightarrow FeBr_4^- + Br^+$$

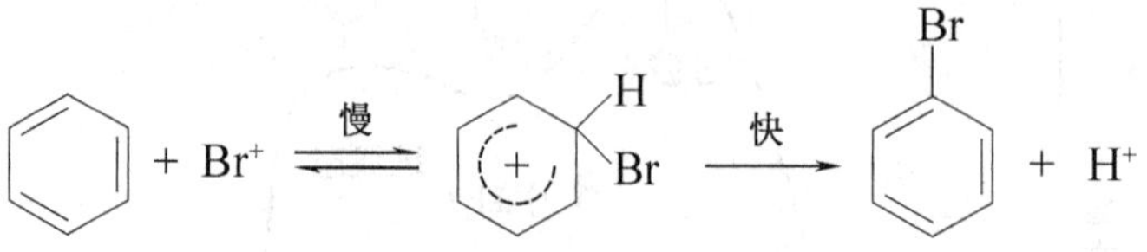

$$H^+ + FeBr_4^- \longrightarrow HBr + FeBr_3$$

2. 硝化反应

苯与浓 HNO_3 和浓 H_2SO_4 的混合物(又称混酸)作用,苯环上的 H 原子可被硝基(—NO_2)取代生成硝基苯,该反应称为硝化反应。

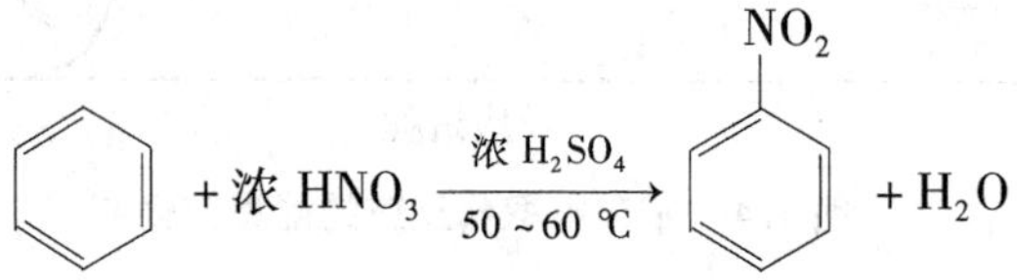

生成的硝基苯在较高的温度下能继续进行硝化,得到的主要产物是间位取代物:

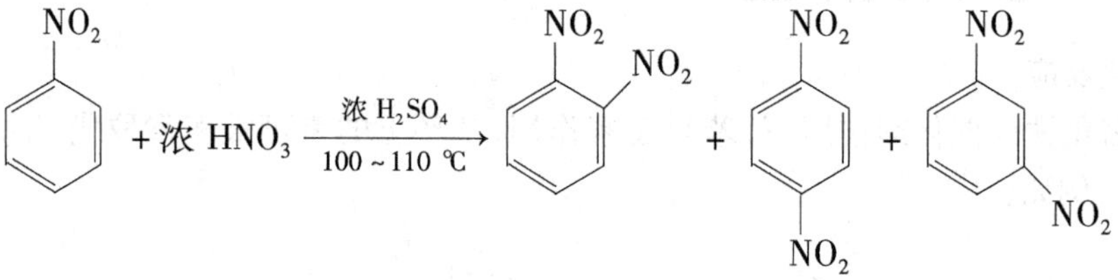

1%　　　　6%　　　　93%

烷基苯比苯容易进行硝化反应,主要生成邻和对位的取代产物,例如:

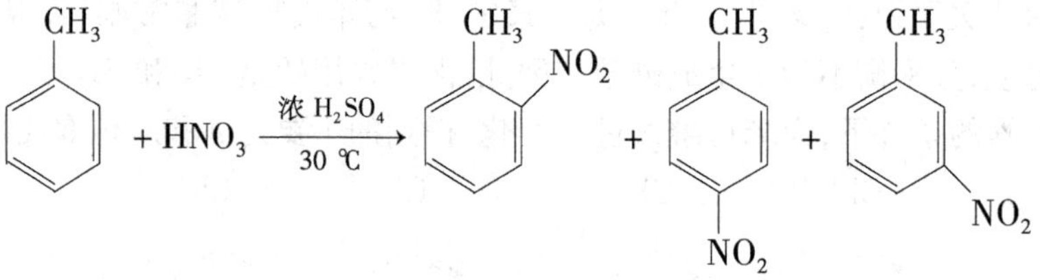

59%　　　　37%　　　　4%

生成的邻和对硝基甲苯如继续硝化,则得到 2,4 - 二硝基甲苯及 2,4,6 - 三硝基甲苯(TNT),TNT 是一种烈性炸药。

在硝化反应中,HNO_3 是硝化试剂,浓 H_2SO_4 是催化剂,它的作用是使 HNO_3 生成硝酰正离子(NO_2^+),增强试剂的亲电性。

$$HO—NO_2 + H_2SO_4 \Longrightarrow H_2\overset{+}{O}—NO_2 + HSO_4^-$$

$$H_2\overset{+}{O}—NO_2 \Longrightarrow H_2O + NO_2^+$$

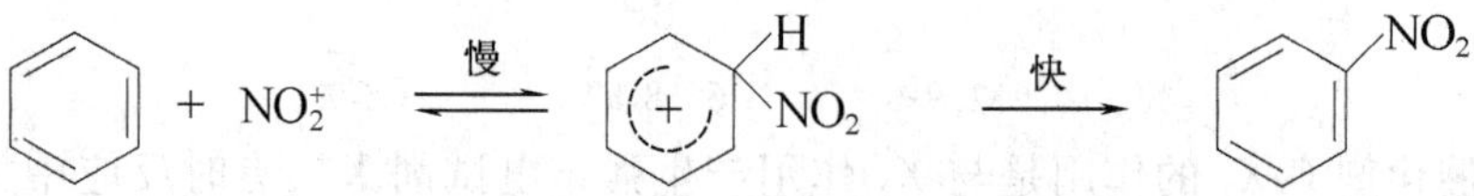

$$H^+ + HSO_4^- \longrightarrow H_2SO_4$$

3. 磺化反应

苯与浓 H_2SO_4 或发烟 H_2SO_4 作用,苯环上的氢原子被磺酸基($-SO_3H$)取代生成苯磺酸的反应称为磺化反应。若在较高温度下继续反应,则主要得间苯二磺酸。

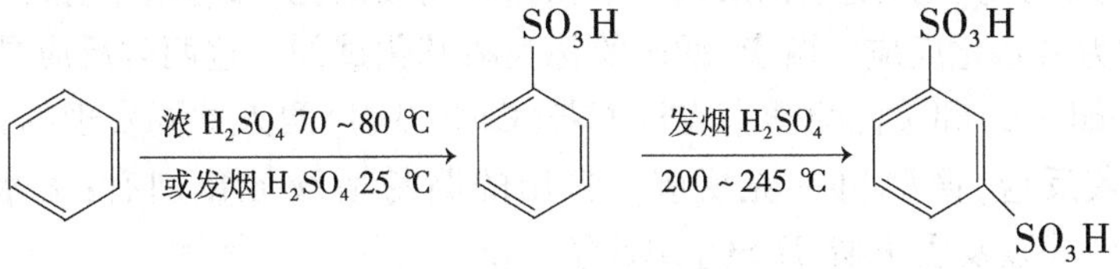

烷基苯比苯容易磺化,主要生成邻和对位取代物。但邻和对位取代物的比例,受反应温度控制,当温度较高时,对位取代物为主要产物。例如:

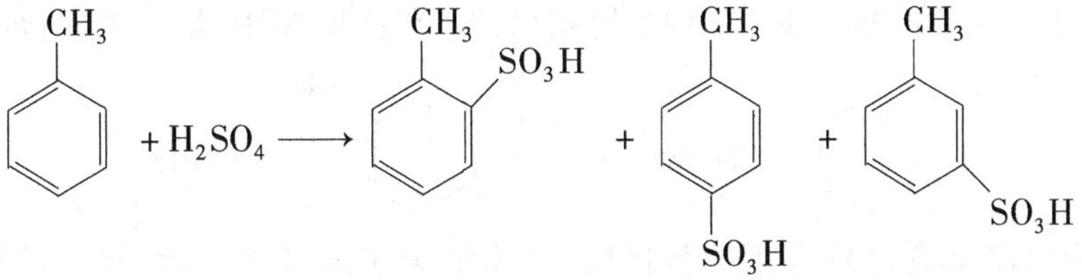

	邻甲苯磺酸	对甲苯磺酸	间甲苯磺酸
0 ℃	43%	53%	4%
25 ℃	32%	62%	6%
100 ℃	13%	79%	8%

这是因为磺化反应在低温时是动力学控制的反应;而高温时是热力学控制的反应,由于对甲基苯磺酸比较稳定,因而成为主要产物。

与卤化和硝化反应不同,磺化反应是一个可逆反应:

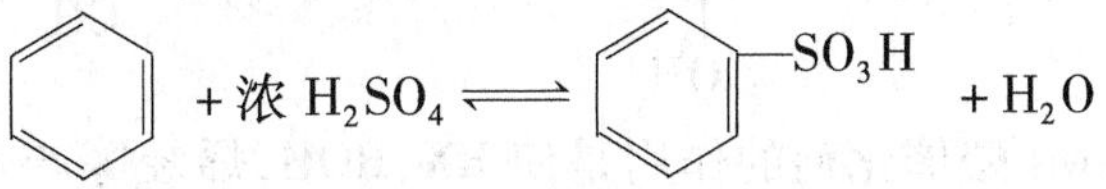

当采用浓 H_2SO_4 或发烟 H_2SO_4 时,有利于反应向右进行;当苯磺酸与稀酸共热时,有利于反应向左进行,脱去磺酸基。

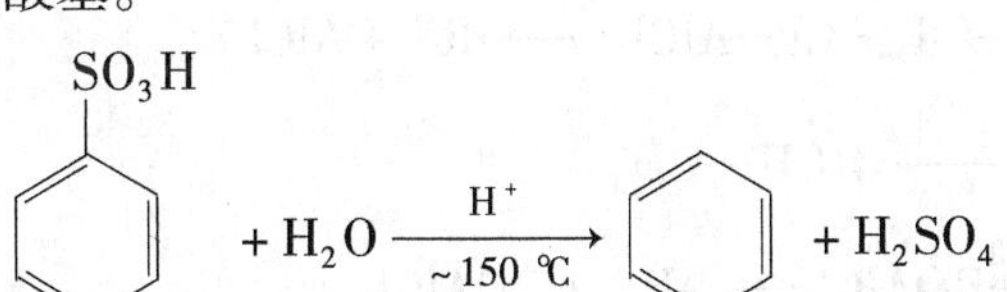

磺化反应的可逆性,在有机合成中得到应用。可利用磺酸基将芳环上某一位置先保护起来(不被其他基团取代),待其他反应完成后,再将磺酸基去掉,利用这种方法可以合成某些单一的异构体,例如,由甲苯制邻氯甲苯时,利用磺酸基保护对位:

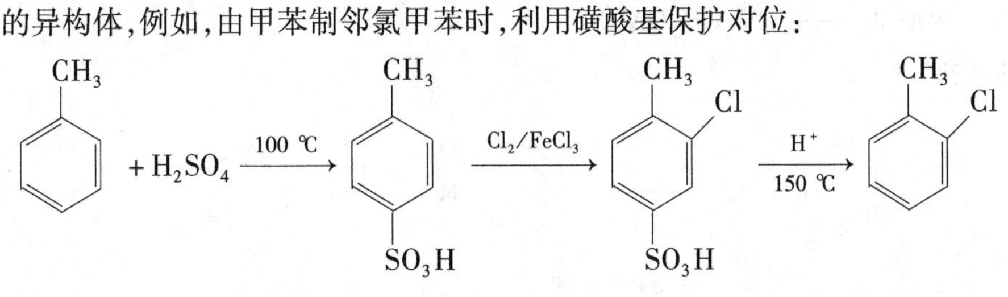

磺化时,使用的磺化试剂不同,反应机理也不同。用发烟硫酸为磺化剂时,是由 SO_3 进

攻芳环;用浓硫酸或稀硫酸为磺化剂时,可能是硫酸鎓离子 $H_2\overset{+}{O}SO_3H$ 进攻芳环。

4.烷基化与酰基化反应

在路易斯酸作用下,苯与卤代烃、醇、烯烃等反应生成烷基苯,这类反应称为烷基化反应。卤代烃、醇、烯烃等称为烷基化试剂。苯在路易斯酸催化下,与酰卤、酸酐等反应生成芳酮,这类反应称为酰基化反应。酰卤、酸酐等称为酰基化试剂。这两类反应是法国有机化学家傅瑞德尔(Friedel C)和美国化学家克拉夫茨(Crafts J M)两人共同发现的,因此称为傅瑞德尔－克拉夫茨反应,简称付－克反应。常用的路易斯酸催化剂有:无水 $AlCl_3$,$FeCl_3$,$SnCl_4$,$ZnCl_2$,BF_3 等以及质子酸:H_2SO_4,HF 等。

(1)烷基化反应

在无水 $AlCl_3$ 等的存在下,苯可与 RX 等反应,苯环上的氢原子被烷基取代,生成烷基苯,这是制备烷基苯的重要方法。常用的烷基化试剂有:RX,ROH,烯烃等,例如:

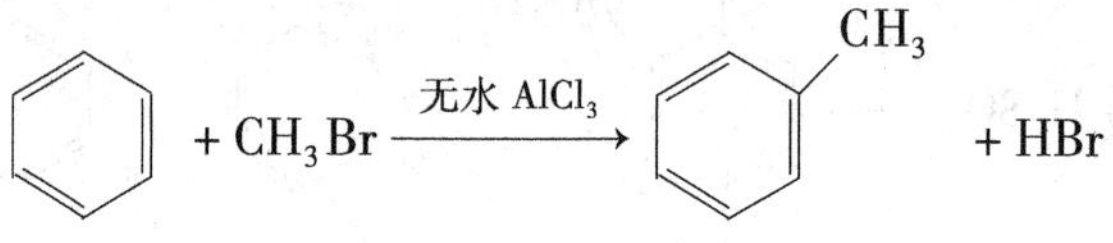

生成的甲苯比苯更容易进行烷基化反应,为避免生成多甲基苯,该反应中使用过量的苯。

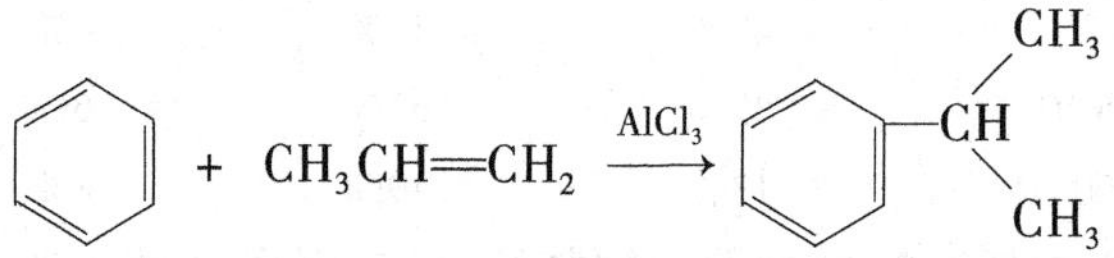

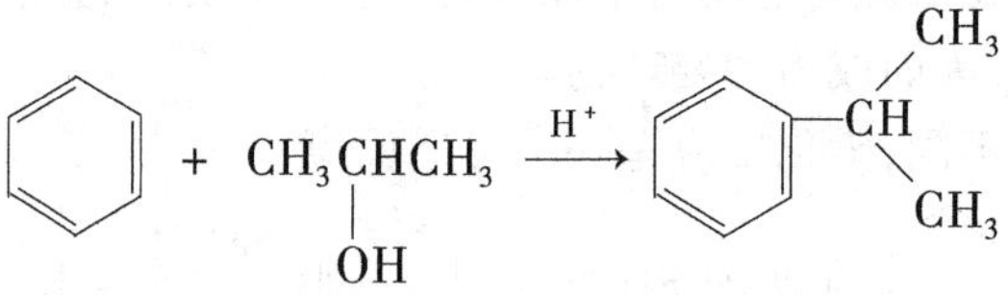

烷基化反应中,Lewis 酸催化剂的作用是使 RX,ROH,烯烃等产生烷基碳正离子,增加亲电性:

$$R\text{—}Cl + AlCl_3 \longrightarrow \overset{\delta+}{R}\text{----}\overset{\delta-}{Cl}\text{----}AlCl_3 \longrightarrow R^+ + AlCl_4^-$$

$$RCH\text{=}CH_2 + H^+ \longrightarrow R\overset{+}{C}H\text{—}CH_3$$

$$ROH + AlCl_3 \xrightarrow{-HCl} ROAlCl_2 \longrightarrow R^+ + {}^-OAlCl_2$$

$$ROH + H^+ \longrightarrow R\overset{+}{O}H_2 \longrightarrow R^+ + H_2O$$

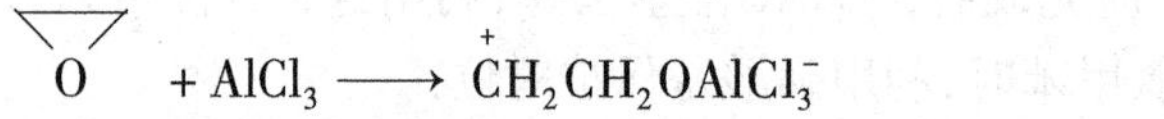

$$\underset{O}{\triangle} + AlCl_3 \longrightarrow \overset{+}{C}H_2CH_2OAlCl_3^-$$

反应机理:

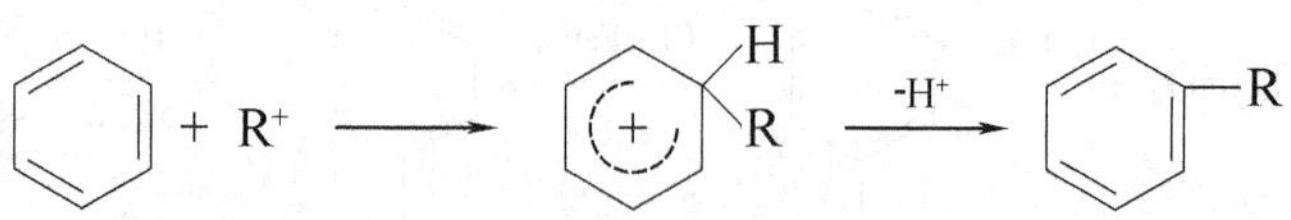

有的烷基化反应是以络合物 $\overset{\delta+}{R}\text{----}\overset{\delta-}{X}\text{----}AlCl_3$ 进攻芳环形成 σ 络合物。

当烷基化试剂中含有三个或三个以上碳原子时,烷基常发生异构化,例如:

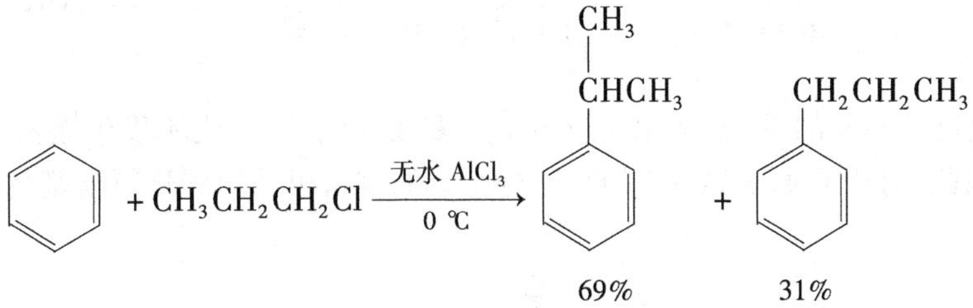

$$
\text{苯} + CH_3CH_2CH_2Cl \xrightarrow[0\ ℃]{\text{无水 } AlCl_3} \text{异丙苯}(69\%) + \text{正丙苯}(31\%)
$$

这是因为碳正离子重排的缘故,重排后产生一个更稳定的碳正离子。

$$
CH_3CH_2\overset{+}{C}H_2 \xrightarrow{\text{重排}} CH_3\overset{+}{C}HCH_3
$$

$$
1°\ C^+ \qquad\qquad 2°\ C^+(\text{较稳定})
$$

烷基化反应是可逆反应,故常伴随着歧化反应,即一分子烷基苯脱掉烷基,另一分子增加烷基:

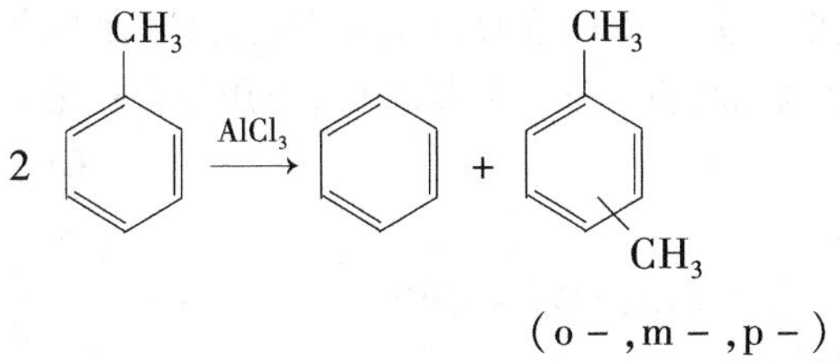

$$
2\ \text{甲苯} \xrightarrow{AlCl_3} \text{苯} + \text{二甲苯}
$$

$$
(o-,m-,p-)
$$

当芳环上有—NO₂,—SO₃H,—COOH,—COR 等吸电子基团时,烷基化反应不能发生。因为吸电基的存在,降低了苯环上的电子云密度,使烷基化反应不易发生。

(2)酰基化反应

在无水 AlCl₃ 等催化下,苯可与酰卤等反应,苯环上的氢原子被酰基取代,生成芳酮,这是制备芳酮的重要方法。常用的酰基化试剂有酰卤、酸酐、羧酸等,例如:

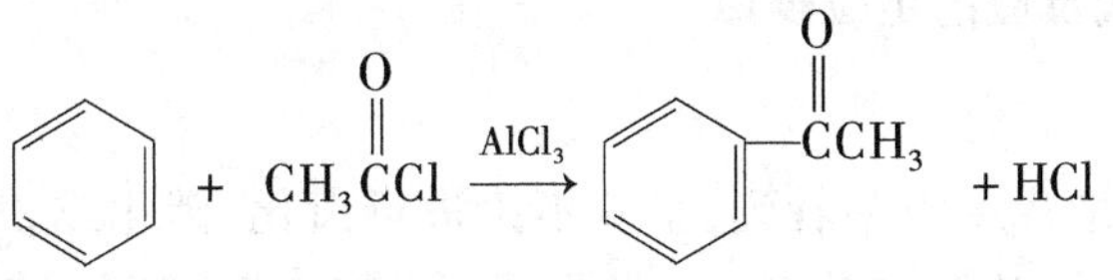

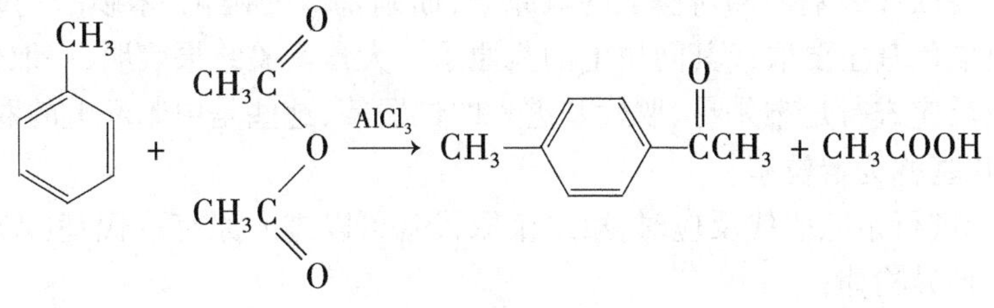

$$
\text{苯} + CH_3\overset{O}{\overset{\|}{C}}Cl \xrightarrow{AlCl_3} \text{苯乙酮} + HCl
$$

$$
\text{甲苯} + (CH_3CO)_2O \xrightarrow{AlCl_3} CH_3\text{—}C_6H_4\text{—}COCH_3 + CH_3COOH
$$

$$
C_6H_5CH_2CH_2CH_2COCl \xrightarrow{AlCl_3} \text{α-四氢萘酮} + HCl
$$

在酰基化反应中,催化剂与酰基化试剂作用生成酰基正离子,机理如下:

$$
RCOCl + AlCl_3 \longrightarrow \overset{\delta+}{R}COCl\cdots\overset{\delta-}{AlCl_3} \longrightarrow R\overset{+}{C}O + AlCl_4^-
$$

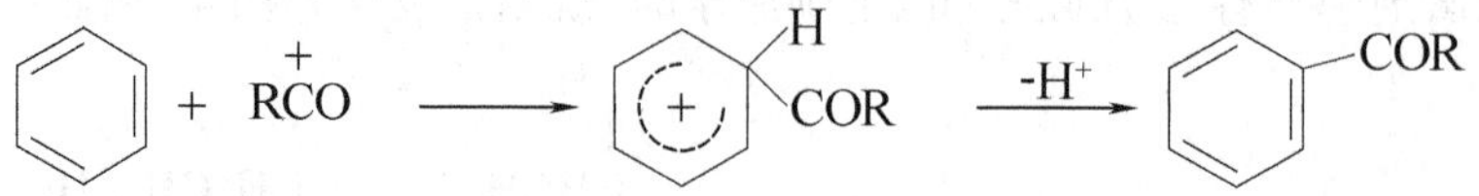

与烷基化反应不同的是,酰基化反应不生成多取代的产物,也不发生碳链的异构化(不发生重排),因此,对于 C 原子数 ≥3 的直链烷基苯的制备可采取先进行酰基化,然后还原的方法,例如:

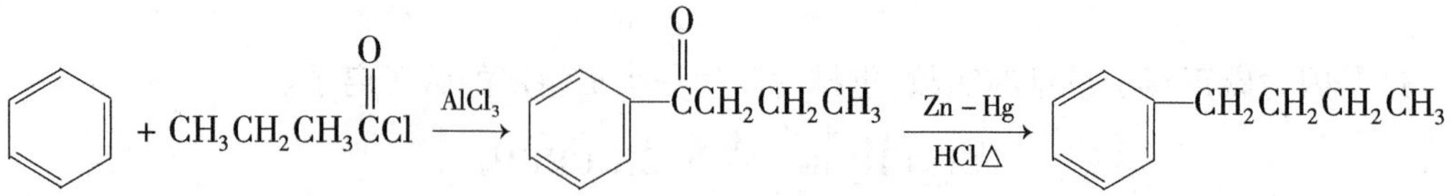

与烷基化反应相同的是,如果苯环上有吸电子基团,如:—NO_2,—SO_3H,—COOH,—COR等时,也不能发生酰基化反应。

5. 氯甲基化反应

在无水 $ZnCl_2$ 存在下,芳烃与甲醛及氯化氢作用,芳环上的氢原子被氯甲基(–CH_2Cl)取代,该反应称为氯甲基化反应。在实际操作中,可用三聚甲醛代替甲醛。

氯化苄

氯甲基化反应在有机合成中很有用,因为氯甲基—CH_2Cl 很容易转变为—CH_2OH,—CH_2CN,—CH_2COOH,—CH_2CHO,—CH_2NH_2 等。但当苯环上有强吸电基时,氯甲基化反应不能发生。

4.4.3 亲电取代反应的定位规律

1. 两类定位基

从前面各类亲电取代反应中看到,甲苯不论进行卤化、硝化或磺化反应均比苯容易进行,且取代基主要取代甲基邻和对位上的氢原子,而硝基苯的硝化、苯磺酸的磺化反应均比苯难于进行,且取代基主要取代其间位上的氢原子。大量实验结果表明,一取代苯再进行亲电取代反应时,反应进行是难是易、取代基进入的位置等,这些是由苯环上的取代基决定的,因而将原有取代基称为定位基。

当一取代苯进行亲电取代反应时,第二个取代基可以进入原有取代基(Z)的邻位、间位和对位,生成三种异构体:

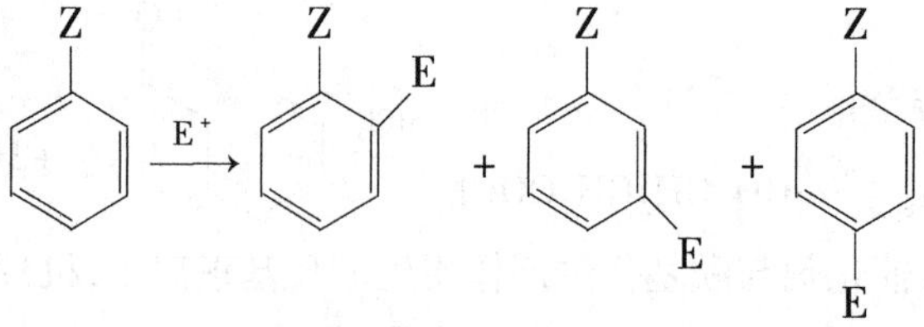

邻位取代　　　间位取代　　　对位取代

一取代苯的原有取代基有两个邻位、两个间位和一个对位,如果各位置上的氢被取代的机会是均等的,则生成的取代产物中,邻位取代产物占 40%,间位取代产物占 40%,对位产物占 20% 。但实际反应的产物均不按此比例,而是有的以邻和对位取代产物为主(即 o - + p - >60%),有的以间位取代产物为主(即 m - >40%)。一些一取代苯进行硝化反应时的相对速率与产物的组成见表 4.2。

表 4.2　一取代苯硝化反应的相对速率与产物的组成

取代基	相对速率	硝化产物分布/%			(邻 + 对)/间
		邻	间	对	
—OH	很快	55	—	45	100/0
—NHCOCH$_3$	快	19	1	80	99/1
—CH$_3$	25	63	3	34	97/3
—C(CH$_3$)$_3$	16	12	8	80	92/8
—F	0.03	12	—	88	100/0
—Cl	0.03	30	1	69	99/1
—Br	0.03	37	1	62	99/1
—I	0.1	38	2	60	98/2
—H	1.0				
—NO$_2$	6×10^{-8}	6	93	1	7/93
—N$^+$(CH$_3$)$_3$	1.2×10^{-8}	0	89	11	11/89
—COOH	慢	19	80	1	20/80
—SO$_3$H	慢	21	72	7	28/72
—CO$_2$C$_2$H$_5$	0.003 7	28	68	4	32/68
—CF$_3$	慢	0	100	0	0/100

表中位于 H 之前的一取代苯在发生硝化反应时,主要生成邻和对位取代产物,除卤素外,反应速率均比苯快;位于 H 之后的一取代苯,主要生成间位取代产物,且反应速率均比苯慢。总结大量实验结果,可将苯环上的取代基分为两类。

第一类定位基(又称邻对位定位基):使取代基主要进入其邻位和对位(o - + p - >60%)。第一类定位基大多数使苯环活化,即取代反应比苯容易进行(卤素等例外),常见的第一类定位基按照其定位作用由强至弱排列如下:

$$—O^-,—NR_2,—NHR,—NH_2,—OH,—NHCR,—OR,—OCR,—R, \quad \text{(苯基)},$$

—F,—Cl,—Br,—I 等

第二类定位基(又称间位定位基):使取代基主要进入其间位(m - > 40%)。间位定位基均为钝化基团,取代反应比苯难进行。常见的第二类定位基按其定位作用由强至弱排列如下:

$$—NR_3^+,—NO_2,—CN,—SO_3H,—CHO,—CR,—COOH,—COR,—CNH_2 \text{ 等}$$

第一类定位基的结构特点是:与苯环直接相连的原子只有单键(苯环除外),或有孤电子对,或带负电荷。

第二类定位基的结构特点是:与苯环直接相连的原子以重键与一个电负性大的原子相连,或带正电荷。

2.定位规律的理论解释

定位基的定位效应可从其电子效应(诱导效应、共轭效应)的影响,以及反应中生成的活性中间体 σ 络合物的稳定性来解释。

(1)第一类定位基的定位效应

以甲基、羟基和卤素为例来讨论。

①甲基

—CH_3 为供电诱导效应基团(+I),并且—CH_3 中的 C—H σ 键可与苯环大 π 键形成供电子的 σ - π 超共轭效应(+C),两种效应方向一致,均使苯环上的电子云密度增大,因此甲苯进行亲电取代反应比苯容易。甲基的供电效应在苯环共轭体系中的传递,使环上出现电子密度较大和较小的交替分布,而甲基的邻和对位上的电子密度较大,因此甲苯亲电取代反应主要发生在邻和对位上。

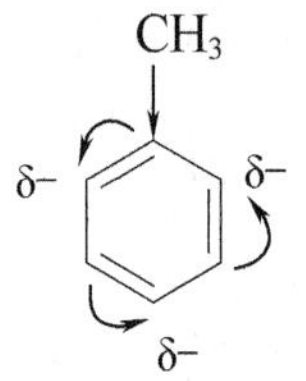

诱导效应(+I) 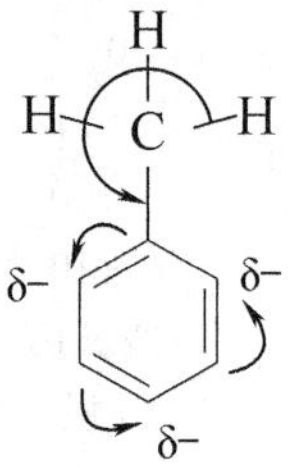　　　　　　超共轭效应(+C)

亲电试剂 E^+ 进攻甲基的邻、间、对位时,生成三种 σ 络合物中间体,三种 σ 络合物用共振结构表示如下:

进攻邻位　　(I)　　　(Ⅰa)　　　(Ⅰb)　　　(Ⅰc)

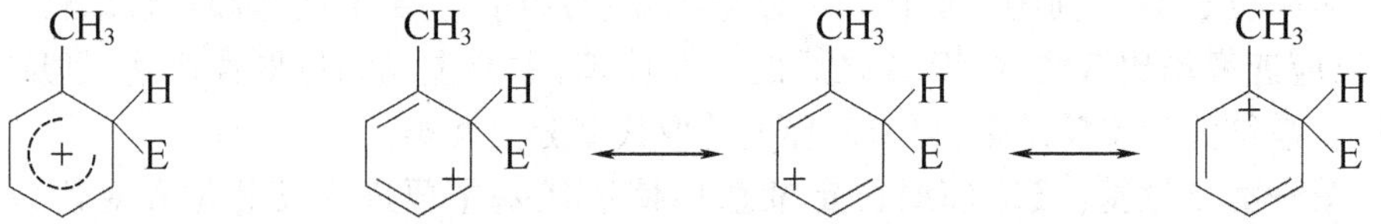

进攻对位　　(Ⅱ)　　　(Ⅱa)　　　(Ⅱb)　　　(Ⅱc)

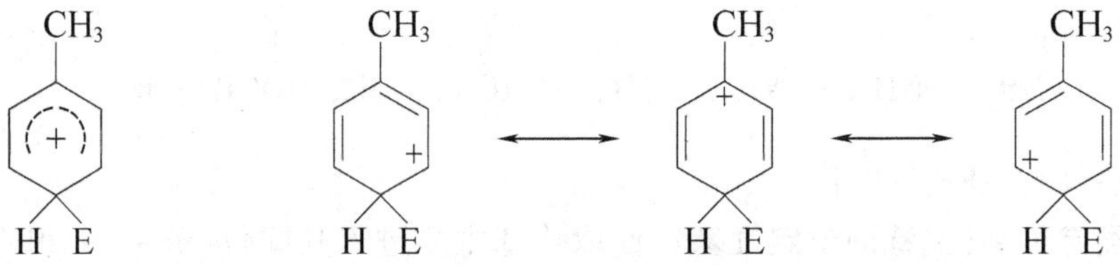

进攻间位　　(Ⅲ)　　　(Ⅲa)　　　(Ⅲb)　　　(Ⅲc)

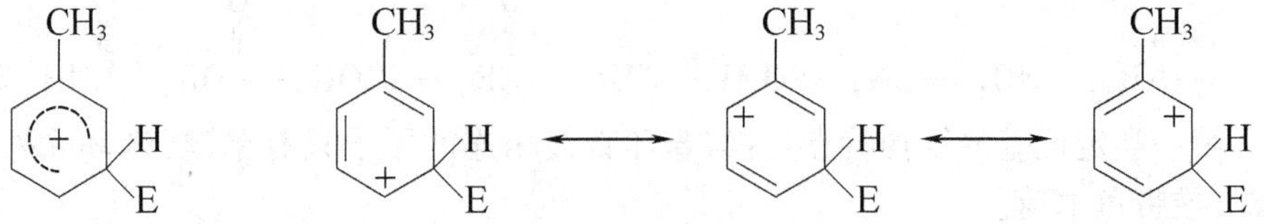

显然,共振杂化体(Ⅰ)和(Ⅱ)比(Ⅲ)稳定,因为(Ⅰc)和(Ⅱb)的正电荷在叔碳上,较稳定。而在(Ⅲ)中,正电荷都分布在仲碳上,较不稳定。所以甲基是邻对位定位基。

②羟基

在苯酚中羟基的 O 与苯环的 C 相连,由于电负性 O > C,所以—OH 表现为吸电子诱导效应(-I)。羟基的 O 上具有孤电子对,能与苯环的大 π 键形成供电子的 p - π 共轭效应(+C)。诱导与共轭效应不一致。因 +C 效应占主导,所以总效应表现为供电子,使苯环上的电子密度增大,而—OH 的邻和对位上电子密度增大得更多,因此苯酚进行亲电取代反应比苯容易,且主要发生在邻和对位上。

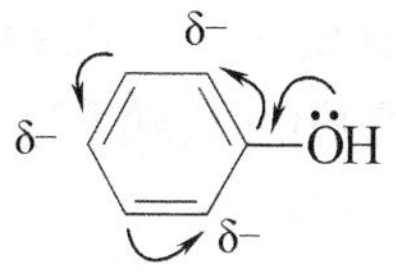

考查 σ 络合物中间体的稳定性可得到同样的结论。

③氯原子

在氯苯中,Cl 的电负性大于 C,因此 Cl 原子表现出吸电子诱导效应(-I),Cl 原子上的孤电子对能和苯环的大 π 键形成供电子的 p - π 共轭效应(+C),诱导效应与共轭效应不一致。由于 -I 占主导,所以总效应表现为吸电子,使苯环上的电子密度降低,而邻和对位上的电子密度降低得比间位要少,因此氯苯进行亲电取代反应比苯难,但仍主要发生在邻和对位上。Cl 原子的 +C 效应较弱的原因是:Cl 原子的孤电子对所处的是 3p 轨道,而 C 原子是 2p 轨道,重叠得不好。

(2)第二类定位基的定位效应

以硝基为例讨论:

在硝基苯中,—NO_2 具有吸电子诱导效应和吸电子的 π - π 共轭效应,使苯环上的电子密度降低,因此亲电取代反应比苯难进行。—NO_2 的间位上的电子密度降低得比邻、对位要少,因此亲电取代反应主要发生在间位。

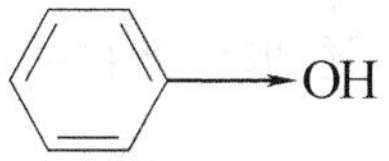

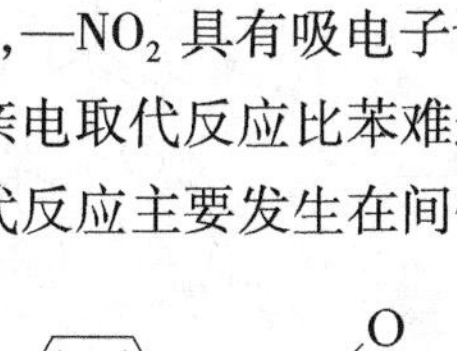

诱导效应(-I 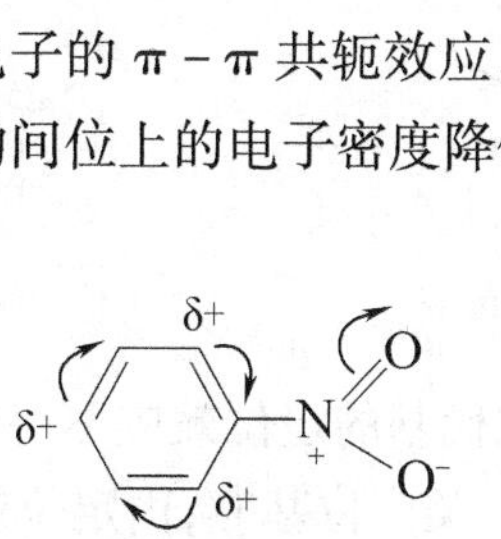)　　　　　　　　　　共轭效应(+C)

(3)空间效应对邻、对位取代产物分布的影响

苯环上具有一个邻对位定位基,进行亲电取代反应生成的邻位和对位取代产物的比例受空间因素的影响较大,当定位基的体积增大或进入取代基的体积增大时,邻位取代产物的比例将减少,例如,不同的烷基苯进行硝化反应时,随着 R 体积的增大,邻位产物的比例逐渐减少,相应地对位产物的比例逐渐增多。

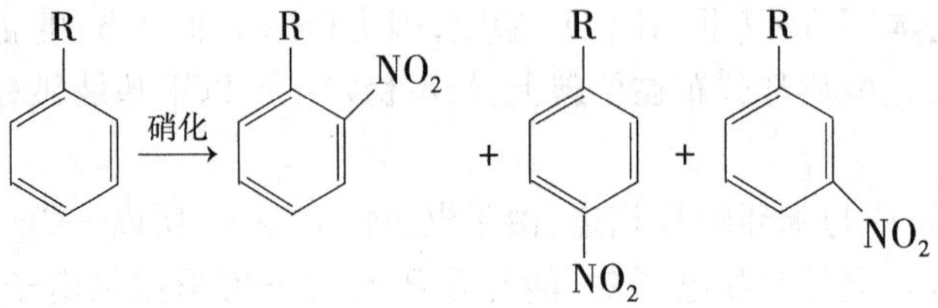

R = —CH$_3$	58.5%	37.1%	4.4%
—CH$_2$CH$_3$	45.0%	48.5%	6.5%
—CH(CH$_3$)$_2$	30.0%	62.3%	7.7%
—C(CH$_3$)$_3$	15.8%	72.7%	11.5%

再例如,当甲苯烷基化时,随着进入 R 的体积增大,邻位取代产物的比例也逐渐减少。

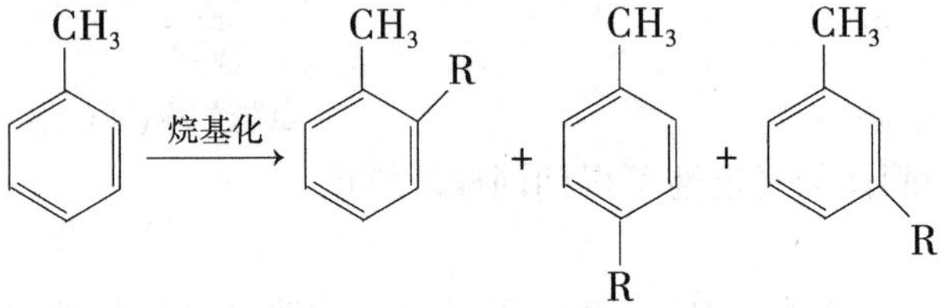

R = —CH$_3$	53.8%	28.8%	17.4%
—CH$_2$CH$_3$	45.0%	25.0%	30.0%
—CH(CH$_3$)$_2$	37.5%	32.7%	29.8%
—C(CH$_3$)$_3$	0%	93.0%	7.0%

如果定位基和进入取代基的体积都很大,则几乎都生成对位产物,例如,氯苯、溴苯、叔丁苯磺化时,几乎生成 100% 的对位产物。

除空间因素外,反应温度和催化剂等也影响邻对位产物的比例,例如甲苯的磺化。

3. 二元取代苯的定位规律

苯环上有两个取代基时,第三个取代基进入的位置主要由这两个取代基决定,分以下三种情况。

(1)这两个取代基的定位效应一致,第三个取代基进入的位置由定位效应决定,例如:

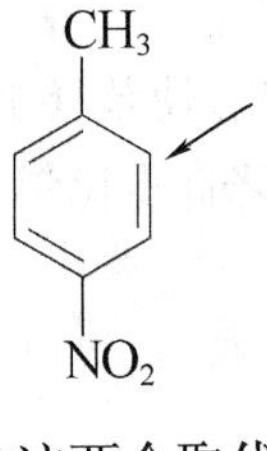

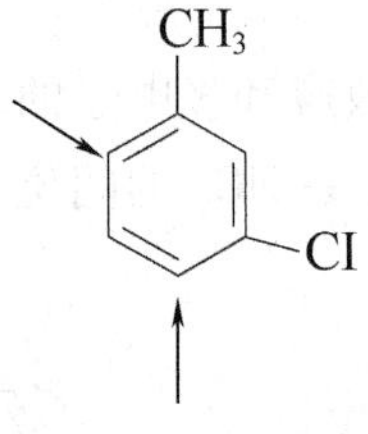

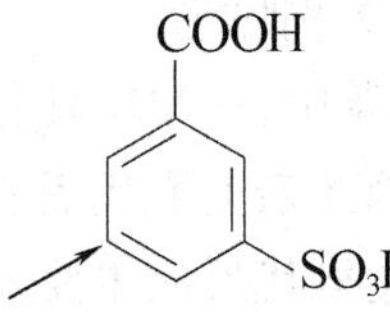

(2)这两个取代基的定位效应不一致,分两种情况。

①它们是同一类定位基时,由定位效应强的决定,例如:

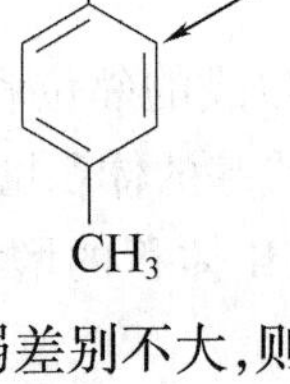

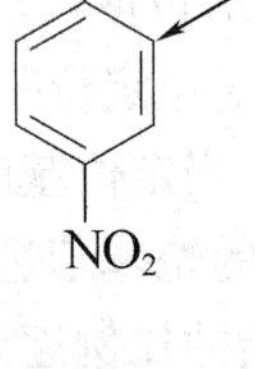

如果定位作用强弱差别不大,则得混合物:

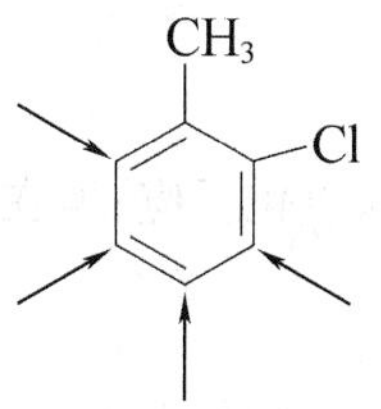

②它们是不同类定位基时,由第一类定位基决定 ,例如:

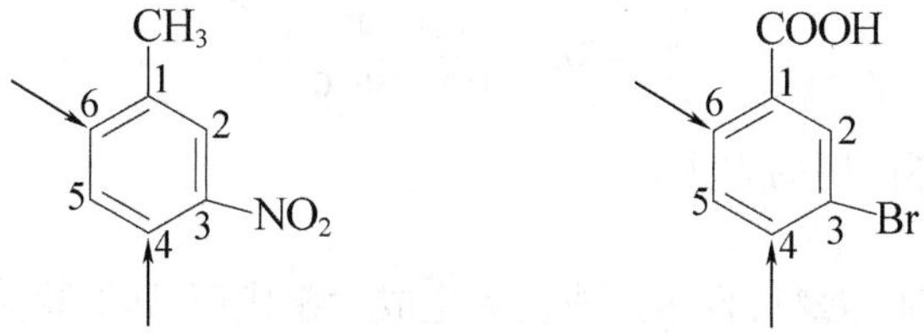

处于两个取代基之间的位置(如上面的 2 位),由于空间位阻很大,取代产物很少,可忽略不计。

4.定位规则的应用

在有机合成中,利用定位规律可预测化学反应的主要产物,以及设计合理的有机合成路线。例如:

(1)由苯合成间溴硝基苯

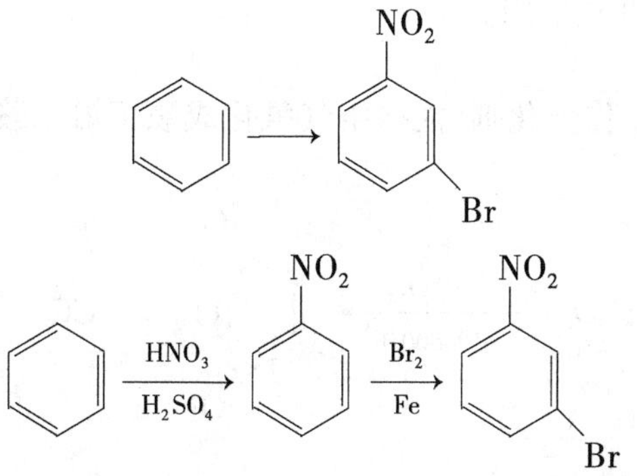

(2)由甲苯合成间溴苯甲酸

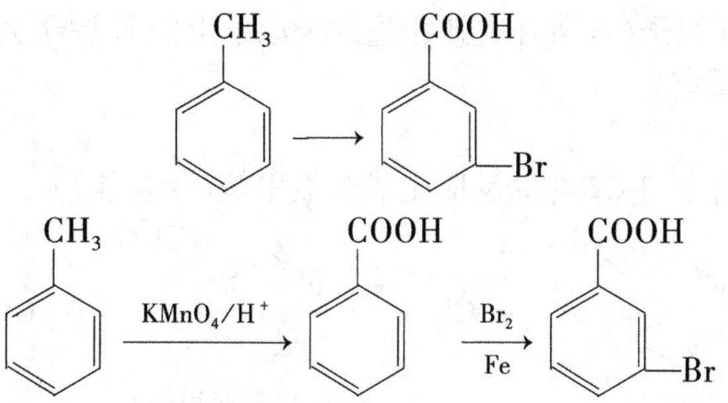

(3)由苯合成 3 - 硝基 - 4 - 氯苯磺酸

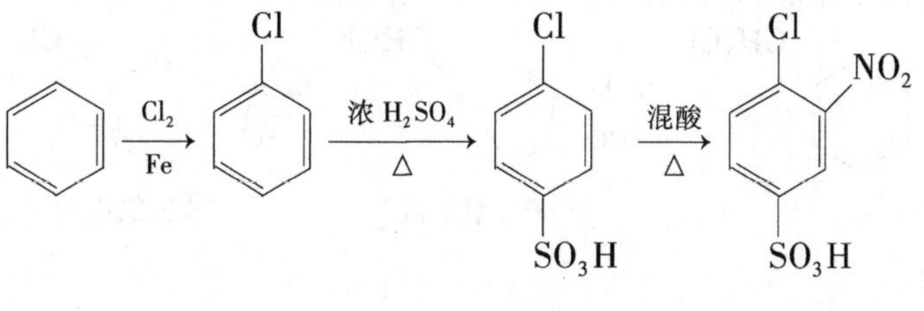

4.4.4 加成及氧化反应

苯环具有芳香性,不易发生加成和氧化反应,但在一定条件下,也能起加成和氧化反应。

1. 加成反应

(1)加氢

在一定的温度和压力下,苯环可催化加氢生成环己烷:

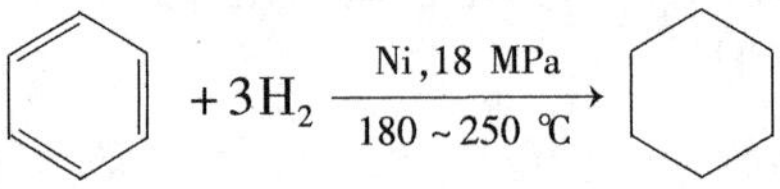

$$+3H_2 \xrightarrow[180\sim250\ ℃]{Ni,18\ MPa}$$

这是工业上制备环己烷的方法。

(2)加氯

在紫外光照射下,苯与氯可发生加成反应生成六氯代环己烷,这是个自由基加成反应。

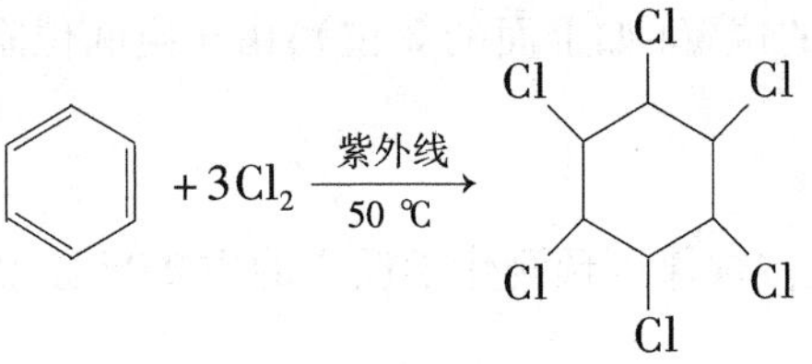

$$+3Cl_2 \xrightarrow[50\ ℃]{紫外线}$$

六氯代环己烷的分子式为 $C_6H_6Cl_6$,俗称六六六,它是一种曾广泛使用的杀虫剂,但由于其残留不易降解,而被禁止使用。

2. 氧化反应

苯在高温下,用 V_2O_5 作催化剂,能被空气氧化成顺丁烯二酸酐,顺丁烯二酸酐是重要的有机合成原料。

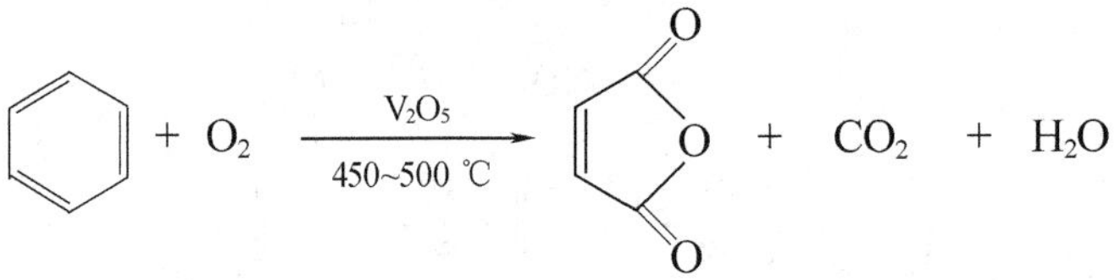

$$+ O_2 \xrightarrow[450\sim500\ ℃]{V_2O_5} + CO_2 + H_2O$$

4.4.5 芳烃侧链上的反应

芳烃侧链的 $\alpha - H$ 原子(与芳环直接相连的碳原子上的 H 原子)受苯环影响比较活泼,容易发生取代和氧化反应。

1. 卤化反应

在光照或高温条件下,甲苯与氯反应生成苯氯甲烷(苄基氯):

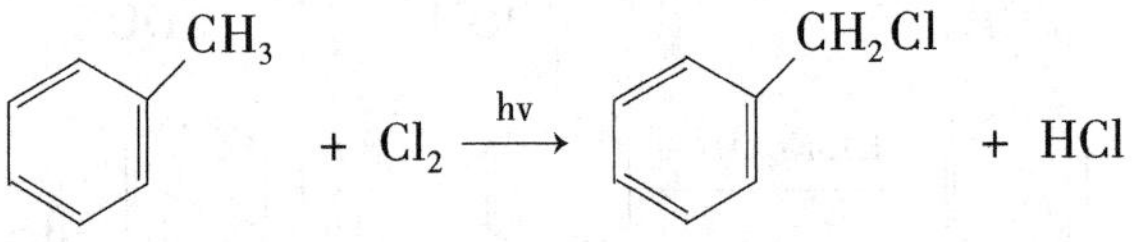

$$CH_3 + Cl_2 \xrightarrow{hv} CH_2Cl + HCl$$

苄基氯(苯氯甲烷)

当 Cl_2 过量时,苄基氯可继续卤化:

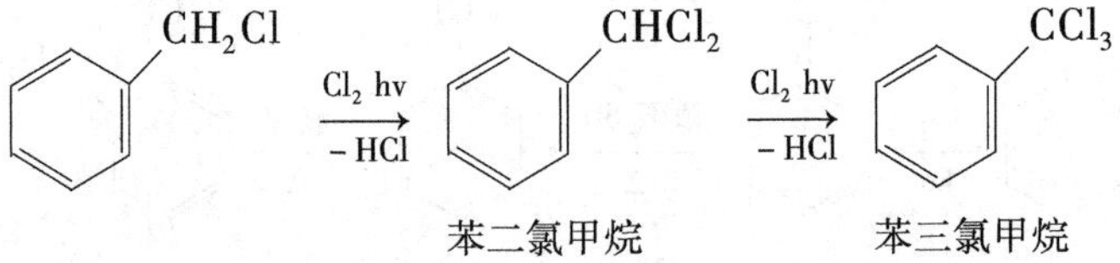

$$CH_2Cl \xrightarrow[-HCl]{Cl_2\ hv} CHCl_2 \xrightarrow[-HCl]{Cl_2\ hv} CCl_3$$

苯二氯甲烷　　　　　苯三氯甲烷

芳烃侧链的卤化与烯烃 α - H 的卤化相似,也是自由基取代反应。当侧链多于一个碳时,主要得到 α - 卤化产物,这是因为苄基型自由基(phCH₂·)比较稳定,容易生成。芳烃侧链溴化,也可以用 N - 溴代丁二酰亚胺(NBS)作溴化剂:

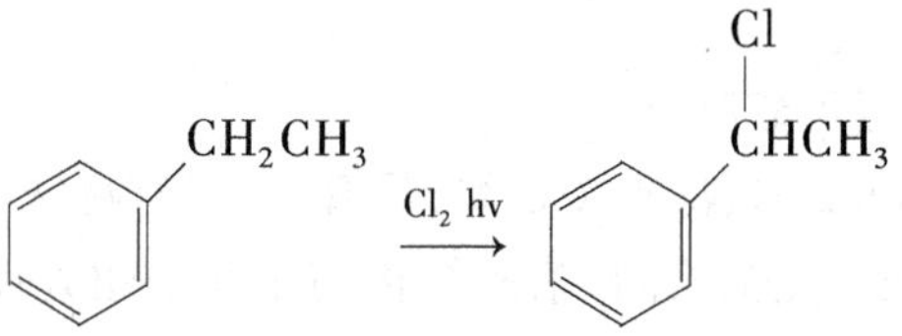

（主）

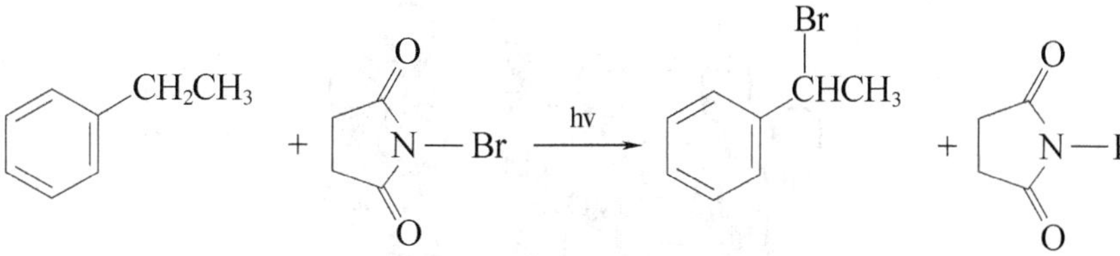

2. 氧化反应

苯环稳定不易被氧化,但苯环的侧链却容易被氧化,当侧链上有 α - H 原子时,则不论侧链多长,均氧化为羧基。常用的氧化剂有:$KMnO_4$,$K_2Cr_2O_7$,稀 HNO_3 等。如无 α - H 原子,则不易氧化。

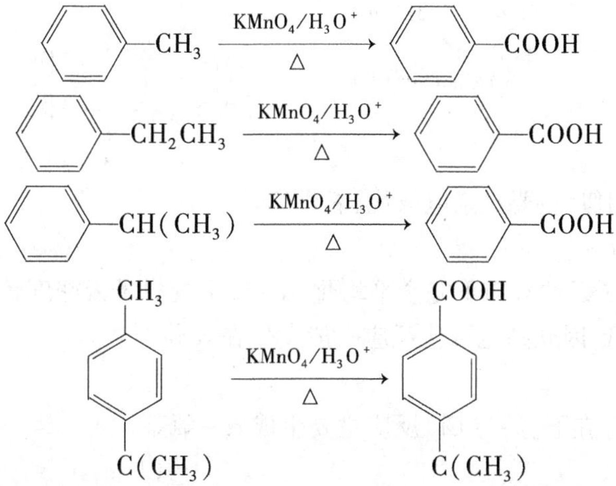

工业上用催化氧化方法制备苯甲酸、对苯二甲酸、邻苯二甲酸酐等:

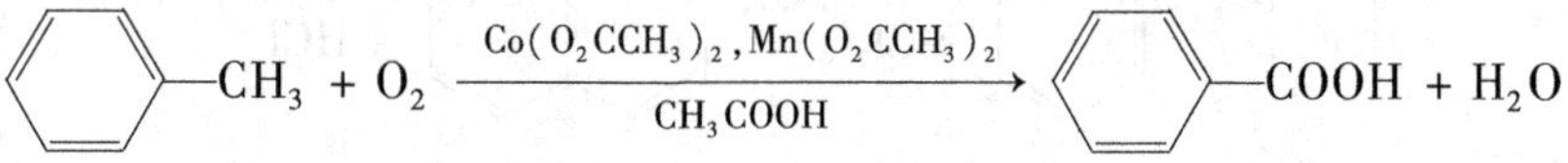

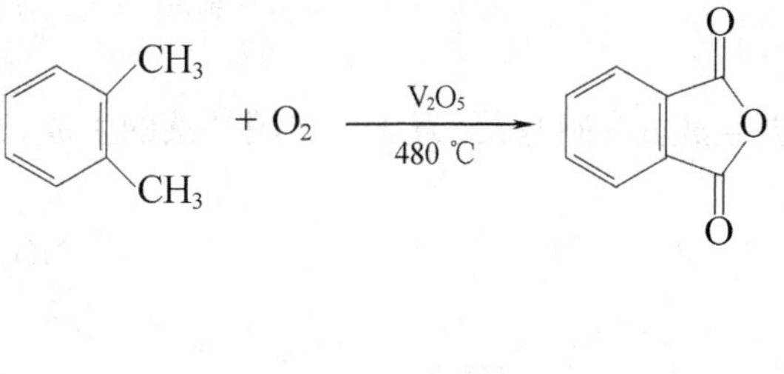

4.5 稠环芳烃

常见的稠环芳烃有萘、蒽、菲等。

萘为片状晶体,熔点80.2 ℃,沸点218 ℃,易升华,具有特殊气味。现代物理方法测得,萘具有平面结构,碳碳键长不完全相同,萘的结构与苯相似也是闭合 π - π 共轭体系,如图4.5所示。

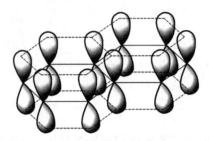

图4.5 萘的结构示意图

在萘中1,4,5,8位置相同,称为 α - 位;2,3,6,7位置相同,称为 β - 位。

```
0.142 nm    0.137 nm
        0.139 nm   0.141 nm
```

```
        α     α
      8   9   1
  β7           2 β
  β6           3 β
      5   10  4
        α     α
```

萘的性质与苯相似,主要是亲电取代、氧化等。

1.亲电取代反应

在萘环上,π电子云的分布不完全平均化,α - C上的电子云密度较高,β - C上次之,中间共用的两个C最低,因此亲电取代反应一般发生在 α 位。

(1)卤化反应

在 Fe 或 $FeCl_3$ 存在下,萘与 Cl_2 反应主要生成 α - 氯萘。

$$\text{萘} + Cl_2 \xrightarrow{FeCl_3} \text{α - 氯萘} + HCl$$

α - 氯萘

(2)硝化反应

萘用混酸硝化,主要生成α - 硝基萘,为防止二硝基萘的生成,所用混酸的浓度比苯硝化时低。

$$\text{萘} + HNO_3 \xrightarrow[30 \sim 60\,℃]{H_2SO_4} \text{α - 硝基萘}$$

α - 硝基萘

（3）磺化反应

萘与浓 H_2SO 在较低温度（60 ℃）磺化时，主要生成 α - 萘磺酸；在较高温度（165 ℃）磺化，主要生成 β - 萘磺酸，α - 萘磺酸与浓 H_2SO_4 共热至 165 ℃时，也转变成 β - 萘磺酸。

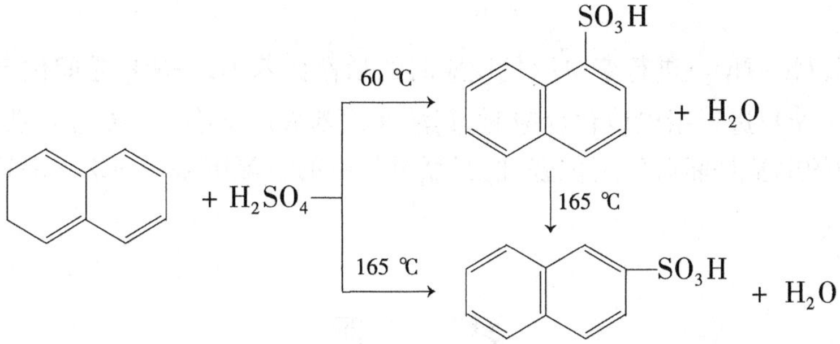

（4）酰基化反应

萘酰基化反应的产物也与反应条件有关，例如：

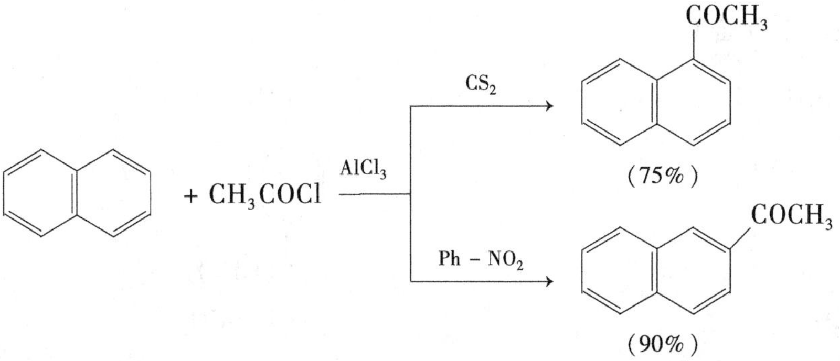

2. 氧化反应

萘环比苯环容易被氧化。

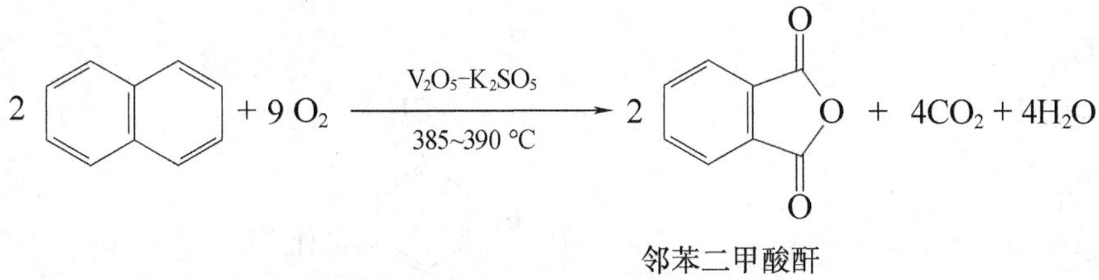

邻苯二甲酸酐

在乙酸溶液中，用三氧化铬氧化生成 1,4 - 萘醌。

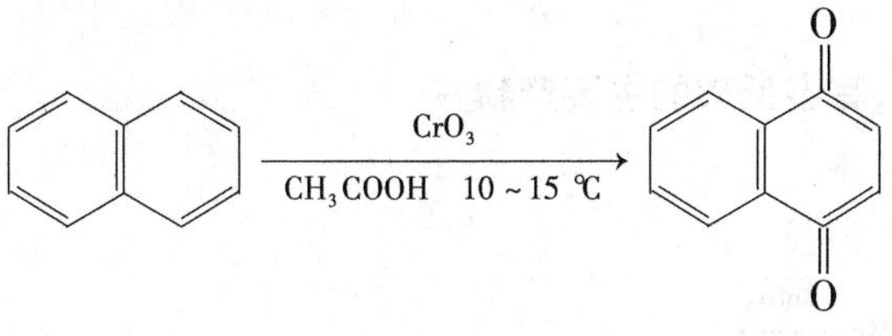

1,4 - 萘醌

3. 还原反应

萘催化氢化生成十氢化萘：

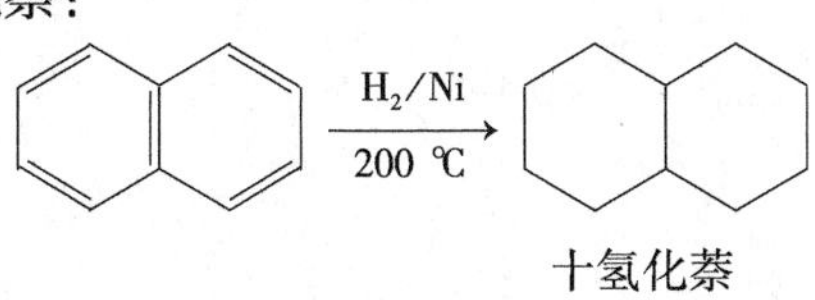

十氢化萘

思 考 题

1. 硝基苯($Ph-NO_2$)进行亲电取代反应时的活性比苯小，—NO_2 是间位定位基，试分析亚硝基苯($Ph-NO$)进行亲电取代反应时，其活性比苯大还是小，—NO 是哪类定位基？

2. 甲苯中的甲基是邻对位定位基，但三氟甲苯中的三氟甲基(—CF_3)是间位定位基，试解释之。

习 题

一、命名下列化合物

1.

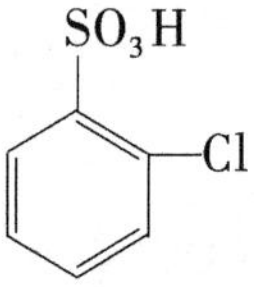

2.

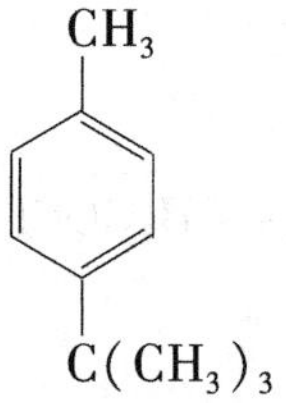

3.

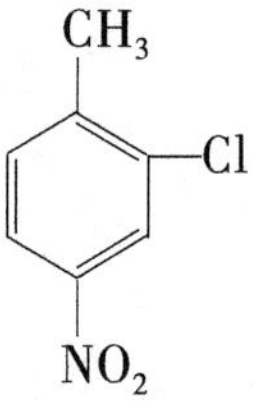

4.

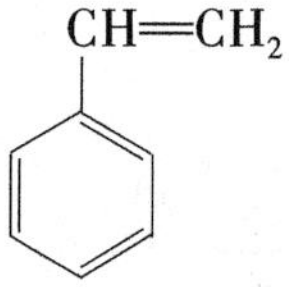

5.

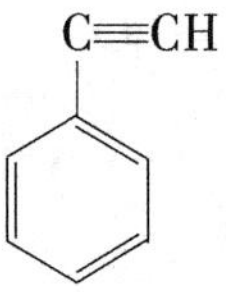

6.

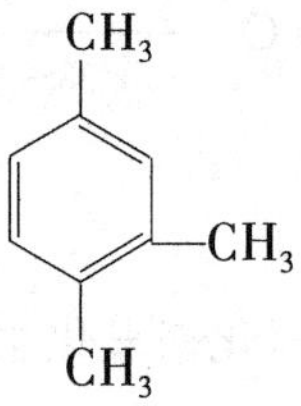

二、完成下列反应，写出反应的主要产物

1. 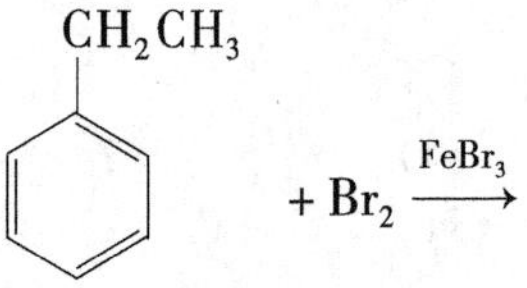 $+Br_2 \xrightarrow{FeBr_3}$

2. $+Cl_2 \xrightarrow{\triangle}$

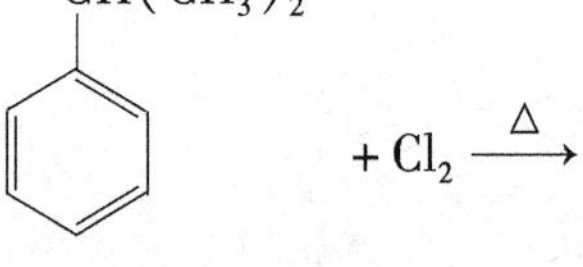

3.
$$\underset{\text{CH}_3}{\text{（萘）}} \xrightarrow[\text{H}_2\text{SO}_4]{\text{HNO}_3}$$

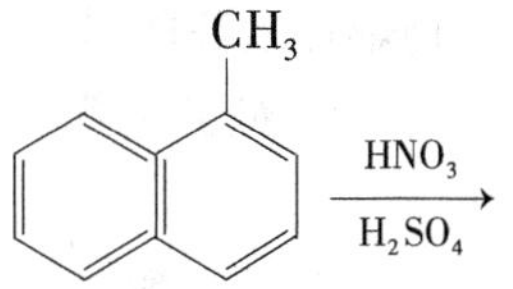

4. 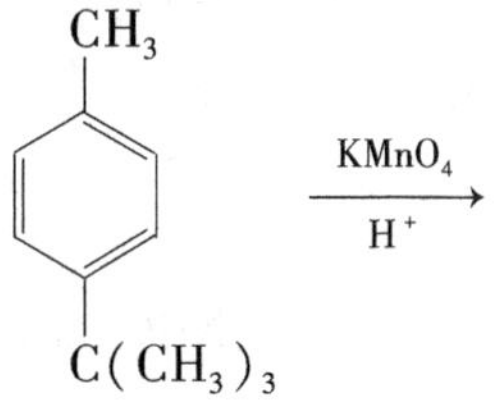
$$\underset{\text{C（CH}_3\text{）}_3}{\overset{\text{CH}_3}{\text{（苯）}}} \xrightarrow[\text{H}^+]{\text{KMnO}_4}$$

5. 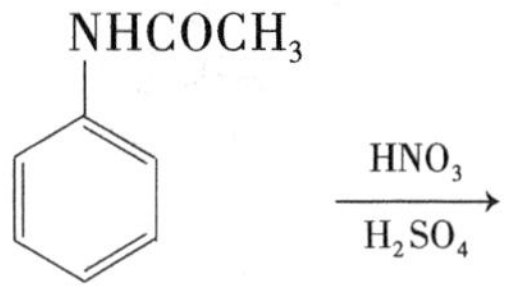
$$\underset{}{\overset{\text{NHCOCH}_3}{\text{（苯）}}} \xrightarrow[\text{H}_2\text{SO}_4]{\text{HNO}_3}$$

6. 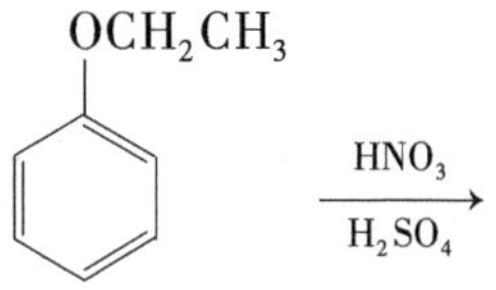
$$\underset{}{\overset{\text{OCH}_2\text{CH}_3}{\text{（苯）}}} \xrightarrow[\text{H}_2\text{SO}_4]{\text{HNO}_3}$$

7. 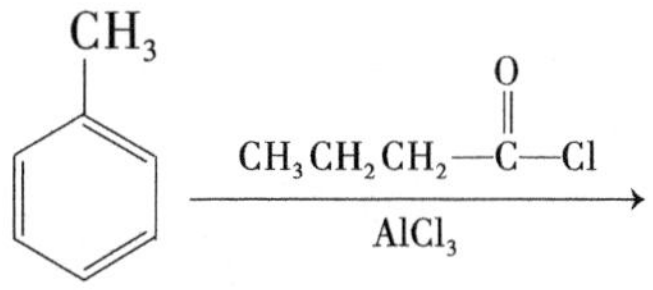
$$\underset{}{\overset{\text{CH}_3}{\text{（苯）}}} \xrightarrow[\text{AlCl}_3]{\text{CH}_3\text{CH}_2\text{CH}_2\text{—C（=O）—Cl}}$$

8. 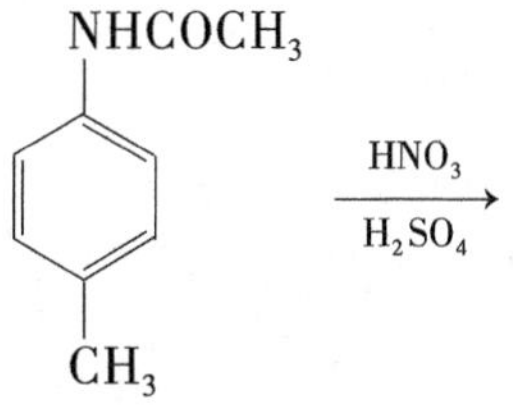
$$\underset{\text{CH}_3}{\overset{\text{NHCOCH}_3}{\text{（苯）}}} \xrightarrow[\text{H}_2\text{SO}_4]{\text{HNO}_3}$$

9. 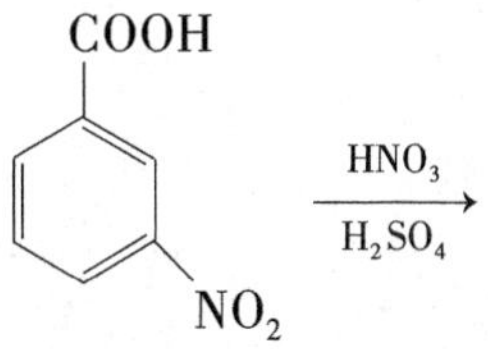
$$\underset{\text{NO}_2}{\overset{\text{COOH}}{\text{（苯）}}} \xrightarrow[\text{H}_2\text{SO}_4]{\text{HNO}_3}$$

三、选择题

1. 下列化合物进行硝化反应最容易的是(　　　)。

A. 苯　　　　　　　B. 苯乙酮　　　　　　C. 氯苯　　　　　　D. 甲苯

2. 比较下列化合物进行一元溴化反应的相对速率,最快的是(　　　)。

A. 甲苯　　　　　　B. 苯甲酸　　　　　　C. 苯　　　　　　　D. 硝基苯

3. 下列化合物发生亲电取代反应活性最高的是(　　　)。

A. 甲苯　　　　　　B. 氯苯　　　　　　　C. 硝基苯　　　　　D. 苯酚

4. 区别苯与环己烯的试剂为(　　　)。

A. 硝酸银的氨溶液　　　　　　　　B. 溴的四氯化碳溶液

C. 马来酸酐　　　　　　　　　　　D. 三氯化铁

5. 有机化合物的熔点取决于其分子量和分子形状,下列化合物熔点最高的是(　　)。

A. 甲苯　　　　　　B. 邻二甲苯　　　　　C. 间二甲苯　　　　　D. 对二甲苯

6. 乙苯被高锰酸钾氧化得到的主要产物为(　　)。

A. 苯乙酸　　　　　B. 苯甲酸　　　　　　C. 苯甲醇　　　　　　D. 苯乙醇

7. 能使苯环活化的定位基是(　　)。

A. —COOH　　　　 B. —OR　　　　　　　C. —NO$_2$　　　　　　D. —CN

8. 使苯环钝化且属于邻、对位定位基的是(　　)。

A. —COOH　　　　 B. —Cl　　　　　　　C. —NH$_2$　　　　　　D. —NHCOCH$_3$

9. 下列化合物中不能发生 Friedel – Crafts 烷基化反应的是(　　)。

A. 对二甲苯　　　　B. 苯磺酸　　　　　　C. 苯甲醚　　　　　　D. 异丙苯

四、完成反应并写出反应历程

1. 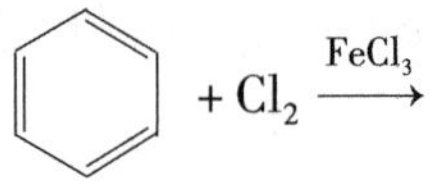 + Cl$_2$ $\xrightarrow{\text{FeCl}_3}$

2. $\xrightarrow[\text{H}_2\text{SO}_4]{\text{HNO}_3}$

3. $\xrightarrow[\text{AlCl}_3]{\text{CH}_3\text{CH}_2\text{CH}_2\text{Cl}}$

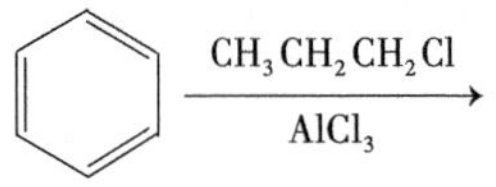

五、用化学方法鉴别下列各组化合物

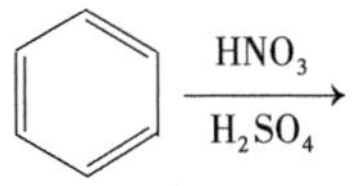

1.

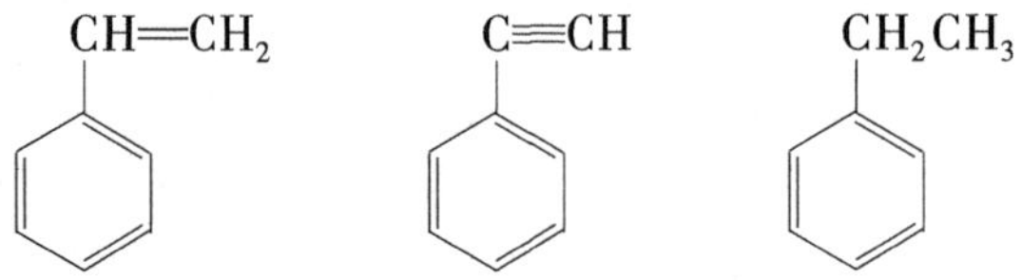

2.

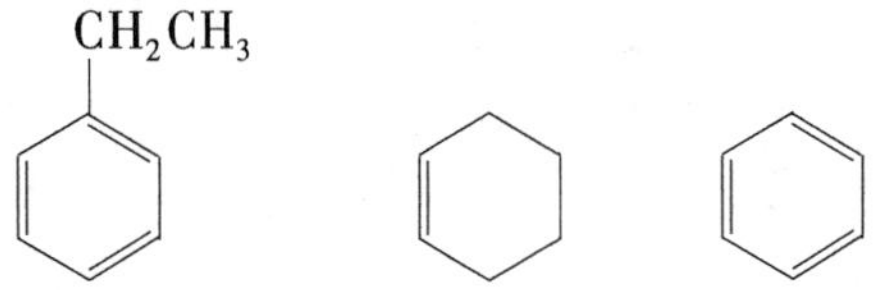

六、由指定的原料合成下列化合物(无机试剂任选)

1.

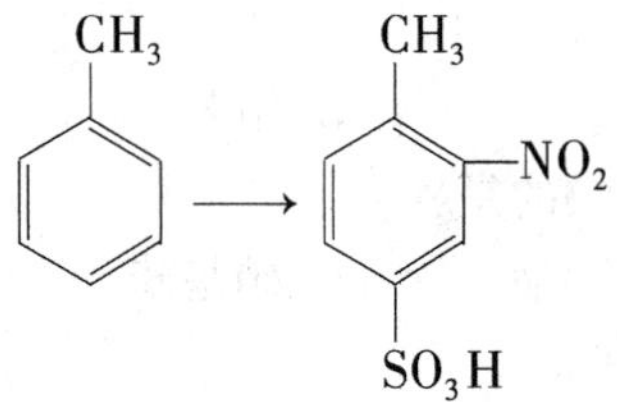

2. 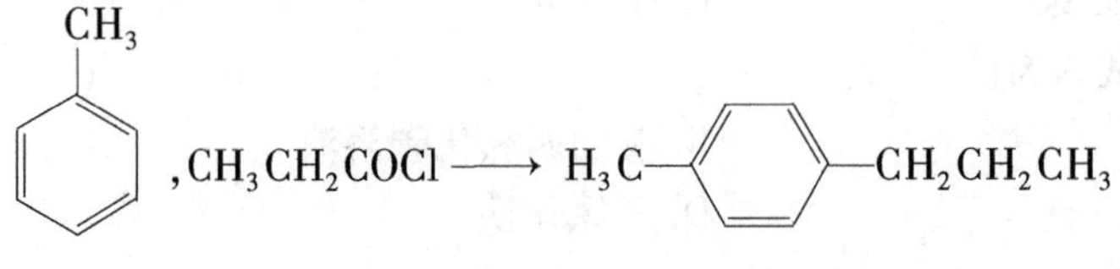 ,CH$_3$CH$_2$COCl ⟶

3.

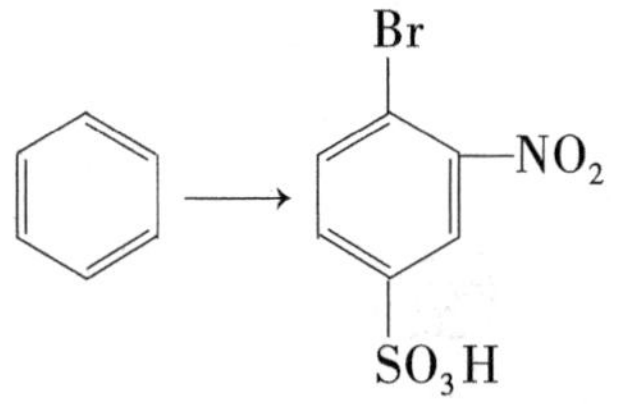

4.

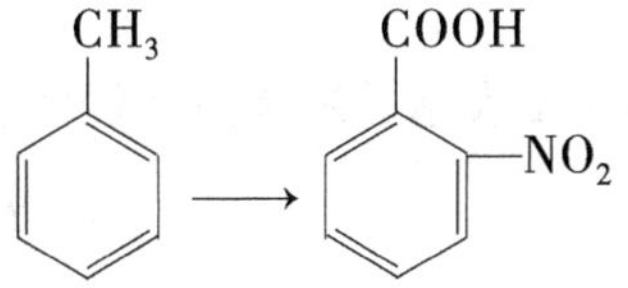

5.

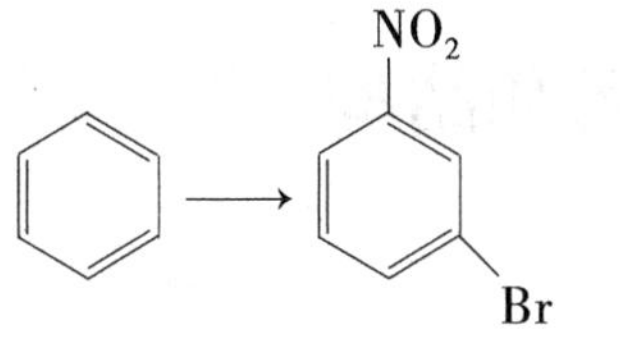

七、推测结构

1. 某芳烃分子式为 $C_{16}H_{16}$，臭氧化还原水解只得到一种分子，分子式为 $C_6H_5CH_2CHO$，强烈氧化得到苯甲酸。试推测该芳烃的结构式并写出各步反应式。

2. 分子式为 C_9H_{12} 的芳烃 A，以高锰酸钾氧化后得二元羧酸。将 A 进行硝化，得到两种一硝基产物。推测 A 的结构并写出各步反应式。

第 5 章　卤　代　烃

烃分子中的氢被卤素取代后的化合物称为卤代烃,用 RX 表示。X 是卤代烃的官能团,X 包括 F,Cl,Br,I。

5.1　卤代烃的分类、命名和结构

5.1.1　卤代烃的分类

卤代烃按卤素所连接烃基的类型分为卤代烷烃、卤代烯(炔)烃和卤代芳烃;按分子中所含卤原子的数目,分为一元、二元、三元等卤代烃,二元以上的卤代烃统称为多元卤代烃。

在卤代烷烃中,按与卤原子相连的碳原子的类型,分为伯(1°)、仲(2°)及叔(3°)卤代烷。卤原子相连的碳为伯碳的称为伯 RX(1°RX);卤原子相连的碳为仲碳的称为仲 RX(2°RX);卤原子相连的碳为叔碳的称为叔 RX(3°RX)。

卤代烷烃

$$CH_3CH_2CH_2CH_2Br \qquad CH_3CH_2\overset{\displaystyle Br}{\underset{\displaystyle |}{C}}HCH_3 \qquad (CH_3)_3Br$$

　　　　（伯卤代烷）　　　　　　　（仲卤代烷）　　　　　　（叔卤代烷）

卤代烯(炔)烃

$$CH_2{=}CHCl \qquad CH_2{=}CHCH_2Br \qquad CH{\equiv}C(CH_2)_3Cl$$

　　　　氯乙烯　　　　　　　　烯丙基溴　　　　　　　5 - 氯戊炔

卤代芳烃

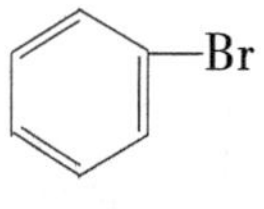

$$\text{（苯环）}{-}Br \qquad \text{（苯环）}{-}CH_2Cl \qquad \text{（萘环）}{-}Cl$$

　　　溴苯 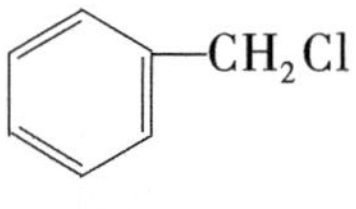　　　　　　　　苯氯甲烷 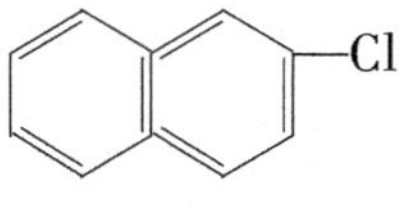　　　　　　　β - 氯萘

多卤代烃

$$ClCH_2CH_2Cl \qquad CHI_3 \qquad F_2C{=}CF_2$$

　　1,2 - 二氯乙烷　　　　三碘甲烷　　　　四氟乙烯

本章重点讨论一元卤代烷烃。

5.1.2　卤代烃的命名

结构简单的卤代烃可按与卤原子相连的烃基来命名,称为某基卤。例如:

$$CH_3Cl \qquad (CH_3)_2CHBr \qquad (CH_3)_3CCl \qquad CH_2{=}CHCH_2Br \qquad \text{苯基}{-}CH_2Cl$$

甲基氯　　　　　异丙基溴　　　　　叔丁基氯　　　　　烯丙基溴　　　　　苯基氯

复杂的卤代烃需按系统命名法命名。卤代烃系统命名法的原则是:将卤素看成取代基,烃看成母体。例如:

$$CH_3CH_2CH_2CHCH_2CH_3 \qquad\qquad CH_3CHCH_2CHCH_3 \qquad\qquad ClCH_2CH{=}CH_2$$
$$\quad\quad\ \overset{|}{Cl}\quad\ \overset{|}{CH_3} \qquad\qquad\qquad\quad \overset{|}{CH_3}\ \ \overset{|}{Cl}$$

4 - 甲基 - 2 - 氯己烷　　　　　　2 - 甲基 - 4 - 氯戊烷　　　　　　3 - 氯丙烯

$$CH_3C{\equiv}CBr \qquad\qquad Br{-}\text{环己基}{-}Cl \qquad\qquad CH_3{-}\text{苯基}{-}Br$$

1 - 溴丙炔　　　　　　1 - 氯 - 4 - 溴环己烷　　　　　4 - 溴甲苯(或对溴甲苯)

在卤代烷分子中,把与 X 直接相连的 C 原子称为 α - C 原子;与 α - C 相连的 C 原子称为 β - C 原子,以此类推。

5.1.3 卤代烷的结构

卤代烷的结构特点是存在 C—X 键。由于 X 的电负性大于 C,所以 C—X 键有极性。C—X 键的电子云偏向 X 原子一方,因而使 X 原子带有部分负电荷,而 C 原子带有部分正电荷,表示如下:

$$\overset{\delta+}{C}\longrightarrow\overset{\delta-}{X}$$
$$sp^3$$

各种 C—X 键的极性大小次序为:C—Cl > C—Br > C—I

根据卤原子变形性的大小(可极化度),可以推知不同 C—X 键的可极化度大小次序,其与极性大小次序正好相反(可极化度次序:C—I > C—Br > C—Cl)。

不同 C—X 键的键长、键能及键的偶极矩见表5.1。

表 5.1 不同碳卤键的键长、键能和偶极矩

C—X	H_3C—F	H_3C—Cl	H_3C—Br	H_3C—I
键能/$(kJ \cdot mol^{-1})$	452	351	293	234
键长/nm	0.138	0.178	0.194	0.214
偶极矩/$(C \cdot m)$	6.07×10^{-30}	6.24×10^{-30}	5.97×10^{-30}	5.47×10^{-30}

在 RX 键中,与 X 相连的 C 原子(α - C 原子)带有部分正电荷,具有缺电子的性质,因而容易受到亲核试剂的攻击而发生反应。

5.2 卤代烃的物理性质

在常温常压下,氯甲烷、氯乙烷、溴甲烷、氯乙烯是气态,其余为液态或固态。卤代烃是

无色的,但是碘代烃因容易分解产生碘而具有颜色。卤代烃不溶于水,而溶于醇、醚、烃类等有机溶剂。有些卤代烷本身可做溶剂,如氯仿、四氯化碳等。一卤代烷有不愉快的气味,其蒸气有毒。

1. 沸点和熔点

由于 X 原子相对原子质量较高,且 C—X 键有极性,故卤代烃的沸点比相应的烃高。

烃基相同的一卤代烃,其沸点为:碘代烃 > 溴代烃 > 氯代烃。在二卤代苯各异构体中,因对位异构体的对称性好,故熔点较高,而邻位异构体的沸点较高。

2. 相对密度

一氯代烷的相对密度小于1,一溴代烷和一碘代烷的相对密度大于1。多卤代烷及卤代芳烃的相对密度都大于1。一些卤代烃的物理常数见表5.2和表5.3。

表5.2　一些卤代烃的物理常数

卤代烃	Cl		Br		I	
	b. p. /℃	相对密度(d_4^{20})	b. p. /℃	相对密度(d_4^{20})	b. p. /℃	相对密度(d_4^{20})
CH_3X	−24	0.915 9	4	1.675 5	42	2.279
CH_3CH_2X	12	0.897 8	38	1.460 4	72	1.935 8
$CH_3CH_2CH_2X$	47	0.890 9	71	1.353 7	103	1.748 9
CH_2X_2	40	1.326 6	97	2.497 0	182	3.325 4
CHX_3	62	1.483 2	150	2.889 9	218	4.008
CX_4	77	1.594 0	189	3.273	升华	4.23
XCH_2CH_2X	84	1.235 1	131	2.179 2	200	3.325
$CH_2{=}CHX$	−13	0.910 6	16	1.493 3	56	2.037
$CH_2{=}CHCH_2X$	45	0.937 6	70	1.398	102	1.849 4
⬡—X	132	1.105 8	156	1.495 0	188	1.830 8
⬡—X	143	1.000	116	1.335 9	180	1.624 4

表5.3　一些二取代苯的熔点和沸点

化合物	b. p. /℃			m. p. /℃		
	邻	间	对	邻	间	对
二氟苯	92	83	89	−34	−59	−13
二氯苯	180	173	175	−17	−24	52
二溴苯	221	217	219	6	−7	87
二碘苯	287	285	285	27	35	131
硝基氯苯	245	236	239	32	48	82

5.3 卤代烷的化学性质

5.3.1 亲核取代反应

在卤代烷分子中,C—X 键有极性,C—X 键电子云偏向电负性大的 X 原子一方,使 α – C 原子带有部分正电荷,因而具有亲电(子)性,其容易受到带有负电荷或未共用电子对的试剂攻击。攻击的结果导致 X⁻ 被取代。把这种带有负电荷或未共用电子对的试剂,称为亲核试剂(Nucleophile,常用 Nu 表示),与亲核试剂发生的取代反应称为亲核取代反应(Nucleophilic Substitution Reaction), 常用 S_N 表示。卤代烷的亲核取代反应,可表示如下:

$$R—X + Nu\ddot{\ }\ \longrightarrow R—Nu + X\ddot{\ }$$

底物　亲核试剂 取代产物 离去基团

把 RX 称为反应的底物;X⁻ 称为离去基团。

常见的亲核试剂有:CN^-,$RC\equiv C^-$,OH^-,RO^-,X^-,NO_3^-,RCO_2^- 等负离子,以及 H_2O,ROH,NH_3,RNH_2,R_2NH,R_3N,Ph_3P 等分子。

亲核取代反应是 RX 典型且重要的化学性质,利用 RX 的亲核取代反应可以制得许多其他类型的有机物,在有机合成中很有用。

1. 亲核取代反应类型

(1)水解反应

卤代烷与水作用可发生水解反应,生成醇和氢卤酸,但反应是可逆的。为使水解反应进行得完全,可采取在强碱的水溶液中进行水解。这是因为 OH^- 的亲核性比 H_2O 强,反应是不可逆的。

$$R—X + H—\ddot{O}H \rightleftharpoons_{\triangle} R—OH + HX$$

$$R—X + NaOH \xrightarrow[\triangle]{H_2O} R—OH + NaX$$

卤代烃进行碱水解时,要用 1°RX,而不能用 3°RX,因为 3°RX 在碱性条件下主要发生消除 HX 的反应,主要产物是烯烃。

不同卤代烷水解反应的活性是:R—I > R—Br > R—Cl > R—F

(2)醇解反应

RX 与醇作用时生成醚,该反应称为醇解反应。与水解反应相似,也是可逆反应,所以,常采用醇钠或醇钾与 RX 作用。RO^- 的亲核性强于 ROH,反应进行得很顺利。

$$R—X + H—\ddot{O}R' \rightleftharpoons_{\triangle} R—OR' + HX$$

$$CH_3CH_2CH_2CH_2Br + Na\ddot{O}C_2H_5 \xrightarrow{醇} CH_3CH_2CH_2CH_2OC_2H_5 + NaBr$$

与水解反应相似, 也要用 1°RX,不能用 3°RX。RX 与醇钠作用是合成醚的常用方法,称为威廉森(Williamson)合成法。

（3）氰解反应

RX 与氰化钠（NaCN）或氰化钾（KCN）作用时，—X 被—CN 取代生成腈，该反应称为腈解反应。产物腈比底物 RX 多一个碳原子，因此该反应是增长碳链的方法之一。反应时，要用 1°或 2°RX 。例如：

$$n—C_4H_9Br + NaCN \xrightarrow[\triangle]{C_2H_5OH} n—C_4H_9CN + NaBr$$

氰基（— CN）可进一步转变为羧基（— COOH）、氨甲基（— CH_2NH_2）等，因此，RX 经腈可制取羧酸、胺等化合物。

氰化物是剧毒物质，使用时应做好安全防护和环境保护。

（4）氨解反应

RX 与氨反应时，—X 被—NH_2 取代生成伯胺。伯胺有弱碱性，其与生成的卤化氢结合形成盐。当加入强碱时，得到游离的伯胺。

$$R—Cl + \overset{..}{N}H_3 \longrightarrow R—NH_2 + HCl \longrightarrow RNH_2 \cdot HCl$$

$$RNH_2 \cdot HCl + NaOH \longrightarrow RNH_2 + NaCl + H_2O$$

伯胺 RNH_2 与 NH_3 相似，它可继续与 RX 作用，生成仲胺（R_2NH）；仲胺继续反应生成叔胺（R_3N）：

$$RNH_2 \xrightarrow[-HX]{RX} R_2NH \xrightarrow[-HX]{RX} R_2N$$

（5）含氧酸根与 RX 的反应

羧酸根离子有一定的亲核活性，它可与活泼的卤代烃发生亲核取代反应，生成羧酸酯。例如：

$$C_6H_5CH_2Cl + NaOOCCH_3 \longrightarrow C_6H_5CH_2OOCCH_3 + NaCl$$

硝酸根离子（NO_3^-）的碱性和亲核性都很小，NaNO_3 与 RX 的反应较难进行。但当使用 AgNO_3 时，由于可生成 AgX 沉淀，使反应能顺利进行。

$$R—X + AgNO_3 \xrightarrow{醇} R—ONO_2 + AgX \downarrow$$
$$\text{硝酸酯}$$

卤代烷与硝酸银的反应主要用于鉴别卤代烷。不同卤代烷与硝酸银反应的活性不同。在室温下，叔卤代烷、烯丙位卤代烃或苄卤会立即生成 AgX 沉淀；仲卤代烷生成 AgX 沉淀较慢；伯卤代烷需要加热才能生成 AgX 沉淀。即卤代烷与 AgNO_3 反应的活性为

$$3°RX > 2°RX > 1°RX$$

烷基相同，X 不同的卤代烷，生成 AgX 沉淀的速率也不同，其活性次序为

$$RI > RBr > RCl$$

亚硝酸根和亚硫酸氢根也具有亲核性，能与 RX 进行取代反应，例如：

$$n - C_8H_{17}Cl + NaHSO_3 \longrightarrow n - C_8H_{17}SO_3Na + HCl$$

$$n - C_4H_9Br + AgNO_2 \longrightarrow n - C_4H_9NO_2 + AgBr \downarrow$$

（6）卤原子置换反应

在丙酮或丁酮溶液中，氯代烷或溴代烷与碘化钠作用，生成碘代烷和氯化钠或溴化钠。生成的 NaBr 或 NaCl 因不溶于丙酮或丁酮而呈沉淀析出，有利于反应的进行。

$$R—X + NaI \xrightarrow{丙酮} R—I + NaX \downarrow \ (X = Cl, Br)$$

反应中,卤代烷的反应活性是:$1°RX > 2°RX > 3°RX$

此反应可用于从氯代烷和溴代烷制备碘代烷。

5.3.2　亲核取代反应机理及影响因素

通过研究发现,RX 的亲核取代反应按两种反应机理进行:双分子亲核取代反应机理(S_N2 机理)和单分子亲核取代反应机理(S_N1 机理)。

1. 双分子亲核取代反应机理——S_N2 机理

(1)双分子亲核取代反应的动力学与机理

溴甲烷在碱性水溶液中水解,生成甲醇。实验表明,该水解反应的速率与溴甲烷及碱的浓度都成正比,反应速率方程如下:

$$CH_3Br + OH^- \xrightarrow{\quad 醇 \quad} CH_3OH + Br^-$$

$$反应速率方程:v = k[CH_3Br][OH^-]$$

反应速率与两种反应物分子的浓度有关的,称为双分子亲核取代反应,用 S_N2 表示。

溴甲烷碱性水解反应的 S_N2 机理表示如下:

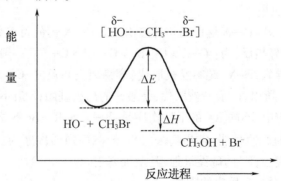

亲核试剂 OH^- 从 C—Br 键的背后攻击缺电子的 $\alpha - C$ 原子,OH^- 氧原子上的一对电子与 $\alpha - C$ 逐渐成键,与此同时,C - Br 键的电子对逐渐偏向 Br 原子一方,形成过渡态。在过渡态中,碳氧键部分生成而未完全生成,碳溴键逐渐异裂而又未完全异裂,$\alpha - C$ 原子变为 sp^2 杂化状态,三条 C—H 键处在一个平面上。过渡态的内能高,不稳定。反应继续进行,最后 C—Br 键完全断裂,同时 C—O 键完全形成,体系的能量得以降低,生成产物。S_N2 反应过程中的能量变化如图 5.1 所示。

（图 5.1 能量-反应进程示意图，含过渡态 $[HO\text{-----}CH_3\text{-----}Br]^{\delta-\,\delta-}$，初态 $HO^- + CH_3Br$，终态 $CH_3OH + Br^-$，标注 ΔE 与 ΔH）

图 5.1　S_N2 反应过程中的能量变化

在 S_N2 反应中,亲核试剂 Nu^- 是从 X 的背面进攻中心 C 原子,逐渐成键的。Nu 进攻过程中,中心 C 原子上的三条 C—H 键逐渐向右侧(离去基团 X 的方向)偏转,经过渡态在一个平面上,最终偏转到右侧(见产物)。因此,反应后,中心 C 原子的构型发生了改变。把这个过程称为构型转化,或称为瓦尔登转化(Walden Inversion)。中心 C 原子的构型发生转化是 S_N2 反应的标志。

总之,S_N2 反应的特征是:反应一步完成;反应速率与卤代烷和亲核试剂两者有关;中心碳原子的构型发生转化。

(2)S_N2 反应的影响因素

S_N2 反应的影响因素有:卤代烷的结构、亲核试剂及离去基团的性质等。

①烷基的结构对 S_N2 反应的影响

一些溴代烷与 KI 在丙酮中进行 S_N2 反应时的相对速率如下:

$$R—Br + KI \xrightarrow[S_N2]{丙酮} R—I + KBr \downarrow$$

RBr	CH_3Br	CH_3CH_2Br	$(CH_3)_2CHBr$	$(CH_3)_3CBr$
相对速率:	150	1.0	0.01	0.001

看出随着 $\alpha-C$ 原子上连接的甲基增多,S_N2 反应的速率依次下降。这是因为 $\alpha-C$ 上的烷基支链增多时,Nu⁻ 从 X 的背面攻击 $\alpha-C$ 受到的阻碍增大,因此使反应速率下降,反应的活性降低。从过渡态的角度来看,$\alpha-C$ 上的烷基支链越多,过渡态的拥挤程度就越大,则过渡态不易形成,反应速率下降。

当 RX 的 $\beta-C$ 上支链增多时,也会阻碍 Nu⁻ 的进攻,使反应速率下降。例如,在乙醇中 RBr 与 $NaOC_2H_5$ 发生 S_N2 反应的相对速率如下:

$$RBr + NaOC_2H_5 \xrightarrow[S_N2]{C_2H_5OH} ROC_2H_5 + NaBr$$

RBr	CH_3CH_2Br	$CH_3CH_2CH_2Br$	$(CH_3)_2CHCH_2Br$	$(CH_3)_3CCH_2Br$
相对速率:	100	28	3.0	4.2×10^{-4}

看出随着 $\beta-C$ 原子上烷基支链的增多,S_N2 反应的速率依次下降。可见,影响 S_N2 反应速率的主要因素是空间效应。

总之,在 S_N2 反应中,不同结构卤代烷的活性次序为:$CH_3X > 1°RX > 2°RX > 3°RX$

②离去基团(X⁻)对 S_N2 反应的影响

在 S_N2 反应中,Nu⁻ 的进入和 X⁻ 的离去是同时进行的,如果 X⁻ 容易离去,则对 S_N2 反应有利,使反应速率加快。

X⁻ 是否容易离去,与 C—X 键的可极化度有关。C—X 键的可极化度大小次序与 C—X 键的极性大小次序恰好相反,为:C—I > C—Br > C—Cl > C—F。一般来说,C—X 键的可极化度越大,其越容易异裂,即 X⁻ 越容易被取代(容易离去);反之,C—X 键的可极化度越小,X⁻ 越不容易被取代。所以,I⁻ 最易被取代,是最好的离去基团;F 最不易被取代。

因此,在 S_N2 反应中,不同 RX 的活性次序是:R—I > R—Br > R—Cl > R—F

通常,离去基团的碱性越弱,越易离去。X⁻ 的碱性强弱次序为:F⁻ > Cl⁻ > Br⁻ > I⁻。I⁻ 碱性最弱,其最易离去;F⁻ 的碱性最强,其最难离去。

③试剂的亲核性对 S_N2 反应的影响

亲核试剂的亲核性是指亲核试剂与 RX 中缺电子中心 C 原子成键的能力。亲核试剂的亲核性越强,S_N2 反应的活性越大。

亲核性的强弱主要由两个因素决定:一个是给电子能力,即碱性;另一个是可极化度。

亲核性强弱可归纳如下。

a. 亲核原子相同的亲核试剂,在质子型溶剂(如水、醇、酸等)中,亲核性与碱性强弱次序一致,碱性越强,其亲核性也越强。例如,亲核性及碱性由强到弱排列:

$$RO^- > OH^- > ArO^- > RCOO^- > ROH > H_2O$$

b. 亲核试剂的亲核原子是元素周期表中同周期原子时,亲核性与碱性次序也一致。例如,下列亲核性及碱性强弱的比较:

$$NH_2^- > OH^- > F^- \qquad NH_3 > H_2O \qquad R_3P > R_2S$$

c. 亲核原子为元素周期表中同族原子时,在质子型溶剂中,可极化度大的,亲核性强。例如,下列亲核性的比较:

$$I^- > Br^- > Cl^- > F^- \qquad SH^- > OH^- \qquad RS^- > SO^- \qquad Ph_3P > Ph_3N$$

d. 负离子的亲核性大于它的共轭酸。例如:

$$OH^- > H_2O \qquad RO^- > ROH$$

同类型的亲核试剂,体积大的反应中的位阻大,则亲核性减小。例如:

$$CH_3CH_2NH_2 > (CH_3CH_2)_2NH > (CH_3CH_2)_3N$$

$$NaOCH_3 > NaOCH_2CH_3 > NaOCH(CH_3)_2 > NaOC(CH_3)_3$$

在质子型溶剂(如 H_2O、C_2H_5OH 等)中,卤负离子的亲核性由强到弱的次序是:$I^- > Br^- > Cl^- > F^-$。然而在极性非质子型溶剂中,其亲核性由强到弱的次序则是:$F^- > Cl^- > Br^- > I^-$。这是因为在质子型溶剂中,X^- 与溶剂分子可产生氢键,使 X^- 被溶剂分子包围(溶剂化作用)而降低亲核性。X^- 的体积越小,负电荷越集中,其溶剂化作用程度也越大,则其亲核性越弱,所以,F^- 的溶剂化作用最大,故其亲核性最弱;反之,I^- 的溶剂化作用最小,其亲核性最强。而在极性非质子型溶剂(如二甲基甲酰胺、二甲基亚砜、丙酮等)中进行反应时,由于 X^- 与溶剂分子不发生溶剂化作用,X^- 的负电荷是裸露的,因 F^- 的负电荷最集中,所以其亲核性最强。

2. 单分子亲核取代反应机理——S_N1 机理

(1)单分子亲核取代反应的动力学和机理

叔丁基溴在稀碱溶液中水解生成叔丁醇,实验表明该水解反应的速率只与叔丁基溴的浓度成正比,而与亲核试剂的浓度无关,反应速率方程如下:

$$(CH_3)_3C\!-\!Br + H_2O \xrightarrow{HO^-} (CH_3)_3C\!-\!OH$$

$$反应速率方程:v = k[(CH_3)_3CBr]$$

反应速率只与 RX 一种分子的浓度有关的,称为单分子亲核取代反应,用 S_N1 表示。

S_N1 机理是分步进行的,表示如下。

第一步:

$$CH_3\!-\!\underset{\underset{CH_3}{|}}{\overset{\overset{CH_3}{|}}{C}}\!-\!Br \xrightarrow{慢} CH_3\!-\!\underset{\underset{CH_3}{|}}{\overset{\overset{CH_3}{|}}{C^+}} + Br^-$$

第二步:

$$CH_3\!-\!\underset{\underset{CH_3}{|}}{\overset{\overset{CH_3}{|}}{C^+}} + OH^- \xrightarrow{快} CH_3\!-\!\underset{\underset{CH_3}{|}}{\overset{\overset{CH_3}{|}}{C}}\!-\!OH$$

$$CH_3-\overset{\overset{\textstyle CH_3}{|}}{\underset{\underset{\textstyle CH_3}{|}}{C}}{}^+ \;+\; H_2O \;\xrightarrow{\text{快}}\; CH_3-\overset{\overset{\textstyle CH_3}{|}}{\underset{\underset{\textstyle CH_3}{|}}{C}}-\overset{+}{O}H_2 \;\xrightarrow{\;-H^+\;}\; CH_3-\overset{\overset{\textstyle CH_3}{|}}{\underset{\underset{\textstyle CH_3}{|}}{C}}-OH$$

叔丁基溴首先解离生成叔丁基正离子和溴负离子,由于共价键异裂需要能量,所以这步较慢。叔丁基正离子是一个活泼的中间体,其很容易与 OH⁻ 或 H₂O 结合,所以第二步进行得很快。整个取代反应的速率主要由较慢的第一步决定,所以第一步是控制反应速率的步骤,在这步中只有 RX 一种分子,所以这种取代反应称为单分子亲核取代反应(S_N1)。

S_N1 反应过程中的能量变化如图 5.2 所示。

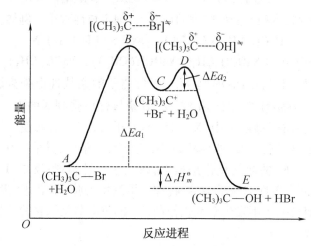

图5.2 S_N1 反应过程中的能量变化

碳正离子为平面构型,第二步中 Nu⁻ 可从平面的两侧与中心 C 结合,得到构型保持和构型转化的产物大约各占一半。

所以 S_N1 反应中,中心 C 原子的构型部分转化。

总之,S_N1 反应的特征是:反应分步进行,有活性中间体产生;反应速率只与卤代烷有关,与亲核试剂无关;中心碳原子的构型部分转化。

(2)S_N1 反应的影响因素

S_N1 反应的速率主要取决于第一步碳正离子生成的快慢,而与 Nu⁻ 无关。S_N1 反应的影响因素如下:

①烷基结构的影响

溴代烷在甲酸溶液中进行水解是按 S_N1 机理进行的,一些溴代烷水解时的相对速率如下:

$$RBr + H_2O \xrightarrow[S_N1]{\text{甲酸}} ROH + HBr$$

RBr	CH_3Br	CH_3CH_2Br	$(CH_3)_2CHBr$	$(CH_3)_3CBr$
相对速率:	1.0	1.7	45	$>10^6$

S_N1 反应的速率取决于第一步碳正离子生成的速率,而越稳定的碳正离子越容易生成,一般碳正离子的稳定性次序为

$$\overset{+}{R_3C} > \overset{+}{R_2CH} > \overset{+}{RCH_2} > \overset{+}{CH_3} \quad (即 3℃^+ > 2℃^+ > 1℃^+)$$

所以,进行 S_N1 反应时,卤代烷的活性次序是:$3°RX > 2°RX > 1°RX > CH_3X$

由于 S_N1 反应中产生的碳正离子活性中间体有重排的特性,所以,S_N1 反应会出现重排的产物,例如:

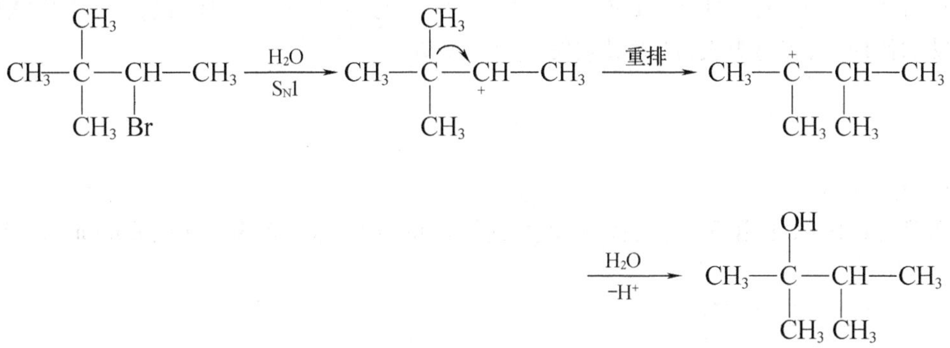

有重排产物出现是 S_N1 反应的特征,S_N2 反应不发生重排。

②离去基团的影响

离去基团对 S_N1 反应的影响,与其对 S_N2 反应的影响相似,即 X^- 容易离去,对 S_N1 反应有利。X^- 的离去活性为:$I^- > Br^- > Cl^- > F^-$,所以,在 S_N1 反应中,RX 的活性次序为:$R—I > R—Br > R—Cl > R—F$

③溶剂的影响

溶剂的极性大对 S_N1 反应有利,因为极性溶剂能促进 $C-X$ 键解离成碳正离子,使 S_N1 反应的速率加快。

3. S_N1 与 S_N2 反应的竞争

RX 进行 S_N1 反应时的活性次序为:$3°RX > 2°RX > 1°RX > CH_3X$;进行 S_N2 反应时的活性次序为:$CH_3X > 1°RX > 2°RX > 3°RX$。通常 $1°RX$ 主要按 S_N2 机理反应;$3°RX$ 主要按 S_N1 机理反应;$2°RX$ 两种机理都有,以哪一种为主取决反应条件,但无论以哪种机理为主进行反应,$2°RX$ 的反应速率比 $1°RX,3°RX$ 要小得多。

并不是所有 $1°RX$ 都按 S_N2 机理反应,例如,新戊基氯在乙醇溶液中的溶剂解反应是按 S_N1 机理进行的。这是因为 $α-C$ 上连一体积很大的叔丁基,其阻碍亲核试剂从背后攻击$α-C$,使 S_N2 反应难以进行,因而按 S_N1 机理进行。但反应速率非常慢,得到重排产物为主要产物。

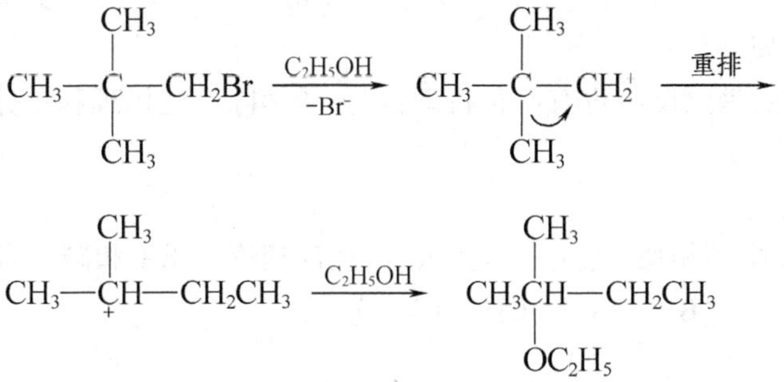

溶剂的极性对 S_N1 反应影响很大,溶剂的极性大,有利于 S_N1 反应。但溶剂的极性对 S_N2 反应影响不明显,但在极性很强的质子型溶剂(如甲酸)中,亲核试剂由于溶剂化作用而使亲核性降低,并且强极性溶剂对 S_N2 反应中的过渡态(电荷分散的状态)的形成不利,因而对 S_N2 反应不利。

离去基团的离去活性越大,对 S_N1,S_N2 反应均越有利。试剂的亲核性强、浓度大对 S_N2 反应有利,对 S_N1 影响不大。

5.3.3 卤代烷的消除反应

在卤代烷分子中,X 具有 $-I$ 效应,由于 $-I$ 效应的传递,使 $\beta-H$ 具有一定的"酸性"。在强碱的作用下,容易失去,从而导致发生消除反应。

$$
\begin{array}{c}
H \\
\downarrow{\scriptstyle\delta\delta+} \quad {\scriptstyle\delta+} \quad {\scriptstyle\delta-} \\
-C\!\!\longrightarrow\!\!C\!\!\longrightarrow\!\!X
\end{array}
$$

1. 消除反应

卤代烷在碱的作用下,消去卤化氢生成烯烃的反应称为消除反应(Elimination Reaction),用 E 表示。

消除反应可表示如下:

$$
\begin{array}{c}
| \quad | \\
-C\!-\!C\!- + B^- \longrightarrow -C\!=\!C\!- + BH + X^- \\
| \quad | \\
H \quad X
\end{array}
$$

$$(B^- \text{代表 } OR^-,OH^- \text{等碱})$$

由于消去的是 $\beta-H$ 原子,故又叫 $\beta-$ 消除反应。

由于 B^-(碱)往往也是亲核试剂,所以 E 与 S_N 常同时发生。例如:

$$(CH_3)_2CHCH_2Br \xrightarrow{\text{NaOC}_2\text{H}_5-\text{C}_2\text{H}_5\text{OH}} (CH_3)_2\!=\!CH_2 + (CH_3)_2CHCH_2OC_2H_5$$

$$\qquad\qquad\qquad\qquad\qquad\qquad (E) \qquad\qquad\qquad\quad (S_N)$$

不同 RX 发生消除反应时的活性不同,RX 消除 HX 的活性次序为:$3°RX > 2°RX > 1°RX$。当 RX 中含有不止一种 $\beta-H$ 原子时,脱去 $\beta-H$ 原子就存在选择性。实验证明,卤代烷消除 HX 时,主要是从含氢较少的 $\beta-C$ 上脱去 $\beta-H$,即主要生成双键碳上连有较多支链的烯烃。这是一条经验规则,称为查依采夫(Saytzeff)规则。例如:

$$
\begin{array}{c}
\quad\ \beta \quad\ \ \alpha \quad\ \ \beta \\
CH_3CH\!-\!CH\!-\!CH_2 \xrightarrow[\triangle]{\text{NaOH}-\text{C}_2\text{H}_5\text{OH}} CH_3CH\!=\!CHCH_3 + CH_3CH_2CH\!=\!CH_2 \\
| \qquad | \qquad | \\
H \qquad Br \qquad H
\end{array}
$$

$$\qquad\qquad\qquad\qquad\qquad\qquad\qquad\qquad\quad 81\% \qquad\qquad\qquad 19\%$$

2. 消除反应机理

与 S_N 反应相似,消除反应也有两种机理:双分子消除反应机理和单分子消除反应机理,分别用 E2 和 E1 表示。

(1)E2 反应机理

E2 机理与 S_N2 机理相似,也是一步完成的,反应速率与 RX 和碱二者都有关,反应速率方程表示为:$v = k[RX][B^-]$ $B^- = OH^-$,OR^- 等

E2 机理表示如下:

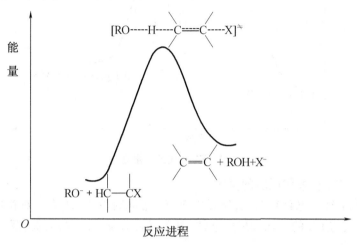

E2 反应的能量变化如图 5.3 所示。

图 5.3 E2 反应的能量变化

（2）E1 反应机理

E1 机理与 S_N1 机理相似,分两步进行,反应速率只与 RX 有关,和碱无关,反应速率方程为:$v = k[RX]$

E1 机理如下。

第一步:

$$CH_3-\underset{\underset{CH_3}{|}}{\overset{\overset{CH_3}{|}}{C}}-Br \xrightarrow{慢} CH_3-\underset{\underset{CH_3}{|}}{\overset{\overset{CH_3}{|}}{C}}^+ + Br^-$$

第二步:

$$CH_3-\underset{\underset{CH_3}{|}}{\overset{\overset{CH_3}{|}}{C}}^+ \xrightarrow[(B^-)]{快} (CH_3)_2C=CH_2 + HB$$

第一步 RX 解离生成碳正离子是反应速率的控制步骤。E1 反应的能量变化如图 5.4 所示。E1 反应中产生碳正离子,所以会出现重排。

E1 与 S_N1 常同时发生,例如叔丁基溴在乙醇中进行的溶剂解反应:

$$(CH_3)_3C-Br + C_2H_5OH \xrightarrow{25\ ℃} (CH_3)_3C-OC_2H_5 + (CH_3)_2C=CH_2$$

$$81\%(S_N1) \qquad\qquad 19\%(E1)$$

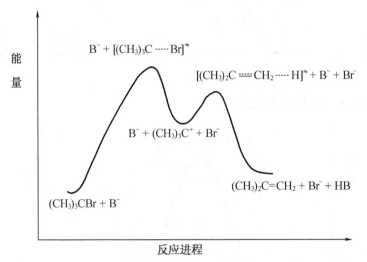

图 5.4　E1 反应的能量变化

3. 消除反应与亲核取代反应的竞争

由于亲核试剂往往也具有碱性,所以 E 和 S_N 常同时发生,成为一对竞争反应,究竟以哪一个反应为主,与 RX 的结构和反应条件(试剂、溶剂、反应温度)有关,现讨论如下。

(1)烷基结构

烷基结构对 S_N 和 E 的影响大体上如下:

$$S_N2\text{增加} \longrightarrow$$

$$3°RX \qquad 2°RX \qquad 1°RX \qquad CH_3X$$

$$\longleftarrow S_N1,\ E1,\ E2\ \text{增加}$$

例如:

$$\underset{}{} \qquad\qquad S_N2 \qquad\qquad E2$$

$$CH_3CH_2ONa + CH_3CH_2Br \xrightarrow[55\ ℃]{C_2H_5OH} CH_3CH_2OCH_2CH_3 + CH_2{=}CH_2$$

$$\qquad\qquad\qquad\qquad\qquad\qquad\qquad 90\% \qquad\qquad 10\%$$

$$CH_3CH_2ONa + \underset{\underset{Br}{|}}{CH_3CHCH_3} \xrightarrow[55\ ℃]{C_2H_5OH} CH_3CH_2O\underset{\underset{CH_3}{|}}{\overset{\overset{CH_3}{|}}{CH}} + CH_2{=}CHCH_3$$

$$\qquad\qquad\qquad\qquad\qquad\qquad\qquad 21\% \qquad\qquad 79\%$$

$$CH_3CH_2ONa + \underset{\underset{Br}{|}}{\overset{\overset{CH_3}{|}}{CH_3{-}C{-}CH_3}} \xrightarrow[55\ ℃]{C_2H_5OH} \underset{\underset{OCH_2CH_3}{|}}{\overset{\overset{CH_3}{|}}{CH_3{-}C{-}CH_3}} + CH{=}\underset{\underset{CH_3}{}}{\overset{\overset{CH_3}{}}{C}}$$

$$\qquad\qquad\qquad\qquad\qquad\qquad\qquad 9\% \qquad\qquad 91\%$$

(2)试剂的性质

强碱有利于 E2 反应;试剂的碱性弱,但亲核性强有利于 S_N2 反应,例如:I^-,CN^-,SH^-等属于这类试剂。

（3）溶剂的极性

溶剂的极性对 E2 反应的影响比 S_N2 反应更明显。因为 E2 反应中的过渡态涉及 5 个原子，负电荷的分散程度比 S_N2 大，所以溶剂的极性强对 E2 反应更不利。反之，极性弱的溶剂对 E2 反应更有利。常见的 E2 反应溶剂为醇类，而 S_N2 反应常用醇水混合溶剂。非质子型极性溶剂对 S_N2 反应更为有利，如二甲基亚砜（DMSO）、N,N-二甲基甲酰胺（DMF）、丙酮等。

（4）反应温度

提高反应温度对取代和消除反应都有利，但二者相比，对消除反应更有利，因为消除反应的活化能较大。

5.3.4 与金属的反应

RX 可以和许多金属（如 Li,Na,K,Cu,Mg,Zn,Cd,Hg,Al,Pb 等）作用，生成金属有机化合物，金属有机化合物分子中存在碳金属键（C—M,M 代表金属）。在各种金属有机化合物中，有机镁、有机锂、有机铝化合物最重要。下面主要介绍有机镁化合物。

卤代烷与金属镁在无水乙醚中反应，生成烷基卤化镁，例如：

$$CH_3CH_2Br + Mg \xrightarrow{\text{乙醚}} CH_3CH_2MgBr$$

$$(CH_3)_3CCl + Mg \xrightarrow{\text{乙醚}} (CH_3)_3CMgCl$$

烷基卤化镁称为格利雅试剂，简称格氏试剂。法国化学家格利雅（Grignard）于 1901 年在里昂大学的博士论文研究中发现了金属镁可与卤代烃反应生成有机镁化合物。由于有机镁化合物的应用对有机化学的发展起到了极其重要的推动作用，他本人获得 1912 年诺贝尔化学奖。

卤代烃与镁反应的活性是：R—I > R—Br > R—Cl ≫ R—F, RX > ArX

制备格氏试剂的溶剂主要为醚类，如无水乙醚、丁醚、四氢呋喃（THF）等，格氏试剂可与醚络合，增加其稳定性：

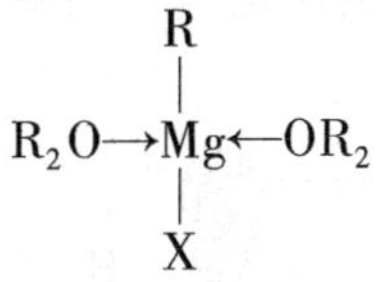

$$\begin{array}{c} R \\ | \\ R_2O \rightarrow Mg \leftarrow OR_2 \\ | \\ X \end{array}$$

在制备和使用格氏试剂时，要注意以下问题：

（1）应尽量避免与空气接触，因为格氏试剂能被空气中的氧气氧化。氧化产物经水解生成醇。

$$RMgX + O_2 \longrightarrow ROMgX \xrightarrow{H_2O} ROH + Mg(OH)X$$

（2）应避免与含有活泼氢的化合物接触，因为会使格氏试剂分解。

$$RMgX \begin{cases} \xrightarrow{H_2O} RH + Mg(OH)X \\ \xrightarrow{R'OH} RH + Mg(OR')X \\ \xrightarrow{NH_3} RH + Mg(NH_2)X \\ \xrightarrow{HX} RH + MgX_2 \\ \xrightarrow{R'C\equiv CH} RH + R'C\equiv CMgX \end{cases}$$

格氏试剂是一个强亲核试剂,它可以发生一系列亲核取代及亲核加成反应,在有机合成中有广泛的应用。

(1)与环氧乙烷作用制取增加两个碳原子的伯醇:

$$RMgX + CH_2 \overset{}{\underset{O}{\diagdown}} CH_2 \longrightarrow RCH_2CH_2OMgX \xrightarrow{H_2O^+} RCH_2CH_2OH$$

(2)与 CO_2 作用制取羧酸:

$$RMgX + O{=}C{=}O \longrightarrow O{=}\underset{R}{\overset{|}{C}}{-}OMgX \xrightarrow{H_2O^+} RCOOH$$

(3)与醛、酮、羧酸衍生物等发生亲核加成反应,制备有机化合物。这些反应将在后面相应章节中作介绍。

5.4 不饱和卤代烃

不饱和卤代烃包括卤代烯烃、卤代炔烃和卤代芳烃。下面主要介绍两种典型的卤代烯烃。

5.4.1 烯丙位卤代烯烃

烯丙基氯 $CH_2 = CH - CH_2 - Cl$ 是烯丙位卤代烯烃的代表, 烯丙位卤代烯烃很易进行亲核取代反应,例如在室温下即能与硝酸银的醇溶液作用生成卤化银沉淀。这是因为,烯丙位卤代烯烃的 X^- 容易解离下来。X^- 解离后生成的烯丙基正离子 $CH_2 = CH - CH_2^+$ 是个 $p - \pi$ 共轭体系,如图 5.5 所示,电子的离域使正电荷得到分散,碳正离子稳定,所以,烯丙位卤代烯烃容易进行 S_N1 反应。

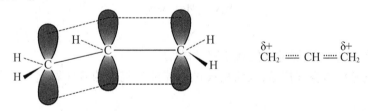

图 5.5 烯丙基正离子中的 p 轨道交盖和电子的离域示意图

烯丙位卤代烯烃也容易进行 S_N2 反应。因为进行 S_N2 反应时,过渡态中心 C 原子与相邻的 π 键有一定程度的共轭(如图 5.6 所示),使过渡态的稳定性增大,反应的活化能降低,所以 S_N2 反应容易进行。

$$CH_2{=}CHCH_2Cl \xrightarrow[150℃]{NaOH} CH_2{=}CHCH_2OH$$

$$CH_2{=}CHCH_2Cl \xrightarrow{CN^-} CH_2{=}CHCH_2CN$$

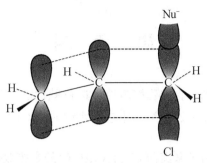

图 5.6　烯丙基氯 S_N2 反应的过渡态示意图

苄基卤也可以看做是烯丙位卤代烃,也容易发生 S_N 反应,例如:

$$\text{——CH}_2\text{Cl} + \text{OH}^- \longrightarrow \text{——CH}_2\text{OH} + \text{Cl}^-$$

$$\text{——CH}_2\text{Cl} + \text{CN}^- \longrightarrow \text{——CH}_2\text{CN} + \text{Cl}^-$$

烯丙位卤代烃消除 HX 的反应以生成稳定的共轭二烯为主。例如:

$$\underset{\overset{|}{\text{Br}}}{\text{CH}=\text{CH}-\text{CH}}-\text{C}(\text{CH}_3)_3 \xrightarrow[\text{C}_2\text{H}_5\text{OH}\triangle]{\text{NaOH}} \text{CH}_2=\text{CH}-\underset{\overset{|}{\text{CH}_3}}{\text{C}}=\text{C}(\text{CH}_3)_2$$

5.4.2　卤乙烯型卤代烃

氯乙烯 $CH_2=CHCl$ 是卤乙烯型卤代烃的代表。在卤乙烯分子中,X 原子的 p 轨道与相邻的 π 键形成 $p-\pi$ 共轭,X 原子表现为供电子的 $p-\pi$ 共轭效应(+C),如图 5.7 所示。

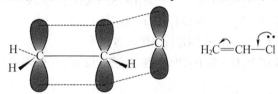

图 5.7　氯乙烯分子中的 p 轨道交盖和电子的离域示意图

X 供电子 $p-\pi$ 共轭的结果,使电子云的分布趋向平均化,C—X 键偶极矩变小,键长缩短,键的解离能增大,见表 5.4。因此,C—X 键的反应活性降低,卤素不易被亲核试剂取代,例如卤乙烯与硝酸银的醇溶液在加热时也不发生反应。其消除 HX 的反应也较难进行,要在很强烈的条件下才能消除 HX。例如:

$$\text{C}_2\text{H}_5\text{CH}=\text{CHBr} \xrightarrow[\text{液 NH}_3]{\text{NaNH}_2} \text{C}_2\text{H}_5\text{C}\equiv\text{CH}$$

卤苯和卤乙烯相似,卤素也难进行亲核取代反应。

表 5.4　不同化合物分子中碳卤键的键长、解离能和偶极矩

C—Cl 键	键长/nm	解离能/$(kJ \cdot mol^{-1})$	偶极矩/$(C \cdot m)$
CH_3CH_2—Cl	0.178	335	6.60×10^{-30}
$CH_2=CH$—Cl	0.172	354	4.80×10^{-30}
C_6H_5—Cl	0.169	363	5.67×10^{-30}

思 考 题

1. CH_3Br 和 C_2H_5Br 分别在含水乙醇溶液中进行碱性水解时,若增加水的含量,则反应速率明显下降,而 $(CH_3)_3CCl$ 在乙醇溶液中进行水解时,如增加水的含量,则反应速率明显上升,为什么?

2. 无论实验条件如何,新戊基卤$[(CH_3)_3CCH_2X]$的亲核取代反应速率都慢,为什么?

3. 比较下列每对亲核取代反应,哪一个更快,为什么?

(1) $CH_3CH_2Br + C_2H_5OH \longrightarrow CH_3CH_2OCH_2CH_3 + HBr$

$CH_3CH_2Br + C_2H_5ONa \longrightarrow CH_3CH_2OCH_2CH_3 + NaBr$

(2) $CH_3CH = CHCH_2Cl + H_2O \xrightarrow{\triangle} CH_3CH = CHCH_2OH + HCl$

$CH_2 = CHCH_2CH_2Cl + H_2O \xrightarrow{\triangle} CH_2 = CHCH_2CH_2OH + HCl$

(3) $CH_3CH_2Br + I^- \xrightarrow{H_2O} CH_3CH_2I + Br^-$

$CH_3CH_2Br + I^- \xrightarrow{(CH_3)_2SO} CH_3CH_2I + Br^-$

(4) $CH_3CH_2CH_2Br + NaSH \longrightarrow CH_3CH_2CH_2SH$

$CH_3CH_2CH_2Br + NaOH \longrightarrow CH_3CH_2CH_2OH$

(5) $CH_3CH_2\overset{\displaystyle CH_3}{\underset{\displaystyle |}{C}}HCH_2Br + CN^- \longrightarrow CH_3CH_2\overset{\displaystyle CH_3}{\underset{\displaystyle |}{C}}HCH_2CN + Br^-$

$CH_3CH_2CH_2CH_2CH_2Br + CN^- \longrightarrow CH_3CH_2CH_2CH_2CH_2CN + Br^-$

(6) $(CH_3)_2CHCH_2Cl + N_3^- \longrightarrow (CH_3)_2CHCH_2N_3 + Cl^-$

$(CH_3)_2CHCH_2I + N_3^- \longrightarrow (CH_3)_2CHCH_2N_3 + I^-$

4. 卤代烷与 NaOH 在 $H_2O - C_2H_5OH$ 溶液中进行反应,下列现象中哪些是 S_N2 机理,哪些是 S_N1 机理。

(1) 产物发生瓦尔登转化;

(2) 增加溶剂的含水量反应明显加快;

(3) 有重排产物生成;

(4) 增加 NaOH 的浓度对反应有利;

(5) 反应速率与离去基团的活性有关;

(6) 叔卤代烷反应速率大于仲卤代烷。

习 题

一、按系统命名法命名下列化合物

1. $CH_3\overset{\displaystyle }{\underset{\displaystyle Br}{C}}HCH_2\overset{\displaystyle }{\underset{\displaystyle CH_3}{C}}HCH_3$

2. $CH_3\overset{\displaystyle }{\underset{\displaystyle Br}{C}}HCH = CHCH_3$

3. $CH_3CH_2CH_2CH_2Cl$

4. （苄基氯，苯环上连 CH_2Cl）

5. $H_3C-\underset{\underset{C_2H_5}{|}}{\overset{\overset{CH_3}{|}}{C}}-\underset{\underset{Cl}{|}}{\overset{\overset{Cl}{|}}{C}}-CH_3$

6. （环己烯基溴）

7. $BrCH_2C\!=\!CHCl$
　　　$\underset{Br}{|}$

8. $F_2C\!=\!CF_2$

9. $CH_2\!=\!CHBr$

10. $CH_2\!=\!\overset{\overset{Cl}{|}}{C}-CH\!=\!CH_2$

二、完成下列反应,写出反应的主要产物

1. $C_6H_5CH_2Cl \xrightarrow{\text{Mg}} \quad \xrightarrow{CO_2} \quad \xrightarrow[H_2O]{H^+}$

2. $CH_3CH\!=\!CH_2 + HBr \longrightarrow \quad \xrightarrow{\text{NaCN}}$

3. $CH_2\!=\!CHCH_2Br + NaOC_2H_5 \longrightarrow$

4. $(CH_3)_3CBr + KCN \xrightarrow{\text{乙醇}}$

5. （环己烯）$+ Br_2 \xrightarrow{\triangle} \quad \xrightarrow{\text{KOH}-\text{乙醇}} \quad \xrightarrow{CH_2\!=\!CHCHO}$

6. （苯环连 CH_2Cl 和 Cl）$\xrightarrow[H_2O\triangle]{\text{NaOH}}$

7. $CH_3CH_2CH_2CH_2Br \xrightarrow{\text{Mg}} \quad \xrightarrow{C_2H_5OH}$

8. $(CH_3)_2CHCHCH_3 + OH^- \xrightarrow{C_2H_5OH}$
　　　　　　$\underset{Br}{|}$

9. （环己烷连 CH_3 和 Cl）$+ H_2O \xrightarrow[S_N2\text{ 历程}]{OH^-}$

10. （环己烯连 CH_2I）$+ NaCN \longrightarrow$

三、选择题

1. 下列化合物按 S_N1 的反应速度最大的是（　　　）。

A. $CH_3CH_2CH_2CH_2Br$ 　　　　　　B. $(CH_3)_3CBr$

C. $CH_3CH_2\overset{\overset{CH_3}{|}}{CHBr}$

2. 下列化合物按 S_N2 反应的活性次序是( )。

a. $CH_3CH_2CH_2CH_2CH_2Br$ b. $CH_3CHCH_2CH_2CH_3$ c. $CH_3CH_2CCH_3$
$\qquad\qquad\qquad\qquad\qquad\qquad\qquad\quad |$ $\overset{CH_3}{\underset{Br}{|}}$
$\qquad\qquad\qquad\qquad\qquad\qquad\qquad Br$

A. a > b > c   B. c > b > a   C. b > c > a

3. 下列化合物消去 HBr 最容易的是( )。

$\qquad\qquad\quad \overset{Br}{\underset{|}{}}$ $\overset{CH_3}{\underset{|}{}}$
A. $CH_3CH_2CH_2CH_3$ B. $CH_3CHCH_2CH_2Br$

$\qquad \overset{CH_3}{\underset{|}{}}$
C. CH_3CBr
$\qquad \underset{|}{}$
$\qquad CH_2CH_3$

4. 下列试剂亲核性最强的是( )。
A. H_2O B. OH^- C. CH_3O^- D. CH_3COO^-

5. 下列化合物与 $AgNO_3$ 的乙醇溶液作用,产生沉淀最快的是 ( )。
A. $(CH_3)_3CCl$ B. $CH_3CHClCH_3$ C. $CH_3CH_2CH_2Cl$ D. CH_3Cl

6. 试判断在下列情况下卤代烷的水解,哪些是属于 S_N2 机理( )。
A. 产物的构型完全转化   B. 反应分两步进行
C. 碱的浓度增大反应速率加快   D. 生成正碳离子中间体

7. 2,3 - 二甲基 - 3 - 溴戊烷在碱的乙醇溶液中消除 HBr 时生成下列三种烯烃,请问主要产物是哪一种烯烃( )。

A. $(CH_3)_2CHC=CH_2$ B. $(CH_3)_2C=CCH_2CH_3$
$\qquad\qquad\quad \underset{|}{}$ $\underset{|}{}$
$\qquad\qquad CH_2CH_3$ CH_3

C. $CH_3—CH=C—CH(CH_3)_2$
$\qquad\qquad\qquad \underset{|}{}$
$\qquad\qquad\quad CH_3$

8. 在 NaI 丙酮溶液中下列化合物的反应活性次序是( )。
a. 3 - 溴丙烯   b. 溴乙烯   c. 1 - 溴丁烷   d. 2 - 溴丁烷
A. a > b > c > d   B. b > c > d > a   C. a > c > d > b   D. d > c > a > b

四、完成下列反应并写出反应机理

1. $CH_3CH_2CH_2Cl + NaI \xrightarrow{\text{丙酮}}$

2. $CH_3CH_2Br \xrightarrow{OH^-}$

五、用化学方法鉴别下列各组化合物

1. A. $CH_2=CHCl$ B. $CH_3C≡CH$ C. $CH_3CH_2CH_2Br$

2. A. $CH_3CHCH=CHCl$ B. $CH_3C=CHCH_2Cl$
$\qquad \underset{|}{}$ $\underset{|}{}$
$\qquad CH_3$ CH_3

C. $CH_3CHCH_2CH_3$
       |
       Cl

六、由指定的原料合成下列化合物（无机试剂任选）

1. 由 1 - 溴丙烷制备 2 - 已炔

2. 由 2 - 甲基 - 1 - 溴丙烷制备 2 - 甲基 - 2 - 丙醇

3. $(CH_3)_2C{=\!=}CH_2 \longrightarrow (CH_3)_3C{-\!-}O{-\!-}CH_2CH(CH_3)_2$

4.

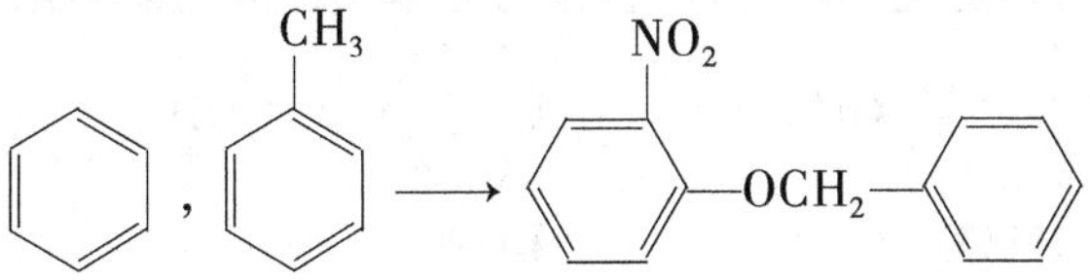

七、推测结构

1. 分子式为 C_3H_7Br 的（A），与 KOH - 乙醇溶液共热得（B），分子式为 C_3H_6，如使（B）与 HBr 作用，则得到（A）的异构体 C，推断（A）和（C）的结构，用反应式表明推断过程。

2. 某烃 C_4H_8（A），在较低温度下与氯作用生成 $C_4H_8Cl_2$（B），在较高温度下作用则生成 C_4H_7Cl（C）。（C）与 NaOH 水溶液作用生成 C_4H_7OH（D）；（C）与 NaOH 醇溶液作用生成 C_4H_6（E）。（E）能与顺丁烯二酸酐反应，生成 $C_8H_8O_3$（F）。试推测（A）～（F）的构造。

3. 化合物（A）与 Br_2 - CCl_4 溶液作用生成一个三溴化物（B）。（A）很容易与 NaOH 水溶液作用，生成两种同分异构的醇（C）和（D）。（A）与 KOH - H_5C_2OH 溶液作用，生成一种共轭二烯烃（E）。将（E）臭氧化、锌粉水解后生成乙二醛（OHC—CHO）和 4 - 氧代戊醛（OHCCH₂CH₂COCH₃）。试推导（A）～（E）的构造。

第6章 醇、酚和醚

醇、酚和醚是烃的含氧衍生物之一。醇和酚的分子中均含有相同的官能团羟基（—OH）。羟基直接与脂肪烃基相连的是醇类化合物，而直接与芳基相连的是酚类化合物。

$$CH_3CH_2OH$$

乙醇

环己醇—OH

苯甲醇—CH_2OH

OH 苯酚

OH ... CH_3 间甲苯酚

OH α-萘酚

醚是氧原子直接与两个烃基相连的化合物（R—O—R，Ar—O—Ar 或 R—O—Ar），通常是由醇或酚制得，是醇或酚的官能团异构体。

$$CH_3OCH_3$$

甲醚

$$CH_3O—\text{苯基}$$

苯甲醚

$$CH_3OCH_2CH_3$$

甲乙醚

6.1 醇的结构、分类及命名

6.1.1 醇的结构

醇是脂肪烃分子中的氢原子被羟基（—OH）取代的衍生物，也可看做是水中的氢原子被脂肪烃基取代的产物。在醇分子中，O—H 键是氧原子以一个 sp^3 杂化轨道与氢原子的 1s 轨道相互交盖而形成的；C—O 键是碳原子的一个 sp^3 杂化轨道与氧原子的一个 sp^3 杂化轨道交盖而形成的。此外，氧原子还有两对未共用电子分别占据其他两个 sp^3 杂化轨道。如图 6.1 所示。

图 6.1 甲醇分子结构示意图

由于氧原子的电负性比碳原子和氢原子大，因此氧原子上的电子云密度偏高，易于接受质子,或作为亲核试剂发生某些化学反应。醇分子中的碳氧键和氧氢键均为较强的极性键,在一定条件下易发生键的断裂。

6.1.2　醇的分类

根据羟基所连烃基的结构,可把醇分为脂肪醇、脂环醇、芳香醇(羟基连在芳烃侧链上的醇)等。例如:

$$CH_3CH_2OH \qquad \bigcirc\!\!-OH \qquad \bigcirc\!\!-CH_2CH_2OH$$

脂肪醇　　　　　　脂环醇　　　　　　　　芳香醇

根据羟基所连烃基的饱和程度,可把醇分为饱和醇和不饱和醇。例如:

$$CH_3CH_2CH_2OH \qquad\qquad CH_2\!\!=\!\!CHCH_2OH$$

饱和醇　　　　　　　　　　　不饱和醇

根据分子中羟基的数目,可把醇分为一元醇、二元醇和多元醇。

$$\underset{\underset{OH}{|}}{CH_3CHCH_3} \qquad \underset{\underset{OH\ OH}{|\ \ |}}{CH_2CHCH_3} \qquad \underset{\underset{OH\ OHOH}{|\ \ |\ |}}{CH_2CHCH_2}$$

一元醇　　　　　　　二元醇　　　　　　　三元醇

根据羟基所连碳原子的类型,可把醇分为伯醇(1°醇)——羟基与伯碳原子相连;仲醇(2°醇)——羟基与仲碳原子相连;叔醇(3°醇)——羟基与叔碳原子相连。

$$\underset{\underset{CH_3}{|}}{CH_3CHCH_2OH} \qquad\quad \bigcirc\!\!-OH \qquad\quad \underset{\underset{CH_3}{|}}{\overset{\overset{CH_3}{|}}{CH_3-C-OH}}$$

伯醇　　　　　　　　仲醇　　　　　　　　叔醇

饱和一元醇的通式为 $C_nH_{2n+2}O$,本章重点讨论这类化合物。

6.1.3　醇的命名

结构简单的醇可用普通命名法命名,即在"醇"字前加上烃基的名称,"基"字一般可以省去。

$$\underset{\underset{CH_3}{|}}{CH_3CHCH_2OH} \qquad \underset{\underset{OH}{|}}{CH_3CH_2CHCH_3} \qquad CH_2\!\!=\!\!CH-CH_2OH \qquad \bigcirc\!\!-CH_2OH$$

异丁醇　　　　　　　仲丁醇　　　　　　　烯丙醇　　　　　　　　苄醇

结构复杂的醇则采用系统命名法命名,其命名方法如下:(1)选择连有羟基的最长碳链为主链;(2)支链作为取代基从距羟基最近的一端给主链编号;(3)按主链所含碳原子的数目称为"某醇",取代基的位次、数目、名称以及羟基的位次分别写在母体名称前。例如:

$$\underset{\underset{CH_3}{|}}{CH_3CH_2CHCH_2OH} \qquad \underset{\underset{C_2H_5}{|}}{CH_3CHCHCH_3}\!\!\overset{\overset{OH}{|}}{} \qquad \underset{\underset{OH}{|}}{\overset{\overset{CH_3}{|}}{CH_3C-CH_2}}\!\!\underset{\underset{CH_3}{|}}{\overset{\overset{CH_3}{|}}{C-CH_3}}$$

2-甲基-1-丁醇　　　3-甲基-2-戊醇　　　2,4,4-三甲基-2-戊醇命名不饱和醇时,主链应包含羟基和不饱和键,从距羟基最近的一端给主链编号,按主链所含碳原子的数目称为"某烯醇"或"某炔醇",羟基的位次注于"醇"字前。例如:

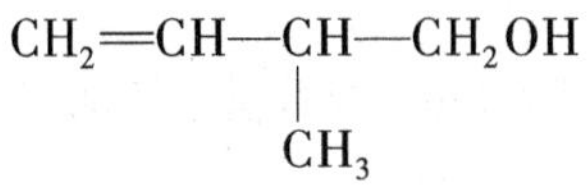

$$CH_2{=}CH{-}CH{-}CH_2OH$$
$$|$$
$$CH_3$$

2 - 甲基 - 3 - 丁烯 - 1 - 醇

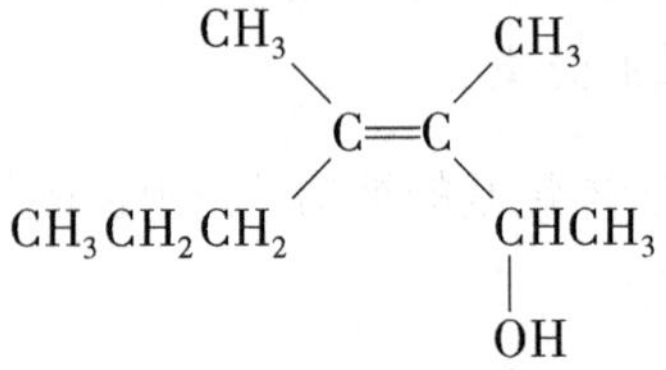

(Z) - 3,4 - 二甲基 - 3 - 庚烯 - 2 - 醇

命名脂环醇时,当羟基与脂环上的碳原子直接相连时,从羟基所连的碳原子开始编号,其他原则与饱和醇相同;当羟基与脂环支链的碳原子相连时,是以含有羟基的最长碳链作为母体,脂环作为取代基,其他原则与饱和醇相同。例如:

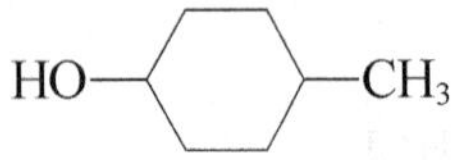

4 - 甲基环己醇

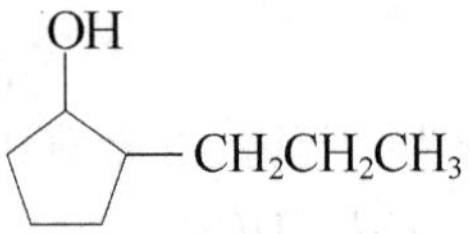

2 - 丙基环戊醇

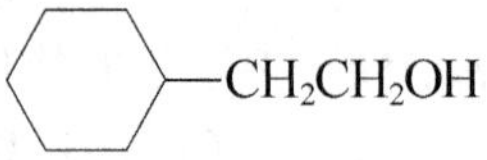

2 - 环己基乙醇

命名芳香醇时,将芳环看做取代基,然后按脂环醇来命名。例如:

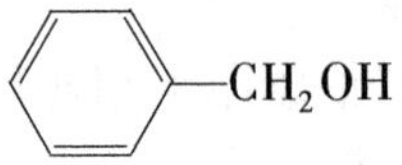

苯甲醇

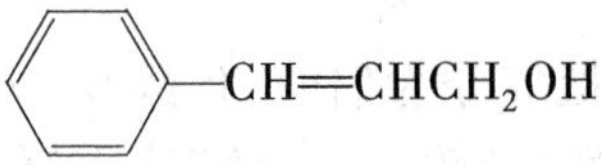

3 - 苯基 - 2 - 丙烯醇

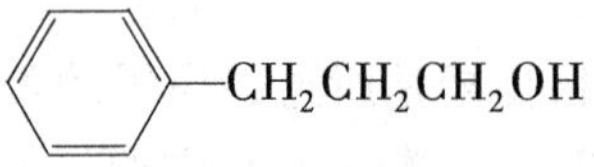

3 - 苯基 - 1 - 丙醇

命名多元醇时,基本与一元醇相同,主链应包含尽可能多的羟基,按主链所含碳原子和羟基的数目称为"某二醇""某三醇"等。

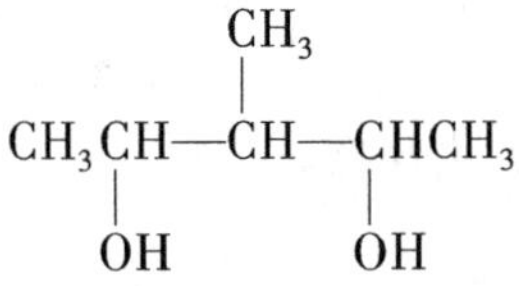

3 - 甲基 - 2,4 - 戊二醇

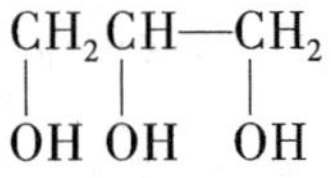

1,2,3 - 丙三醇

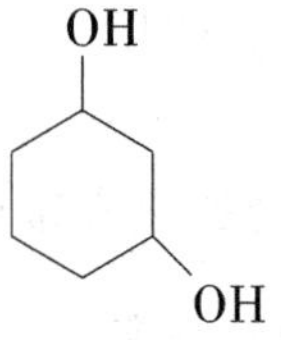

1,3 - 环己二醇

6.2 醇的物理性质

低级饱和一元醇是无色液体,具有特殊的气味,高级醇是蜡状固体。四个碳原子以下的醇具有香味,四到十一个碳原子的醇有不愉快的气味。许多香精油中含有特殊香气的醇,如叶醇有极强的清香气味,苯乙醇有玫瑰香气,可用于配制香精。

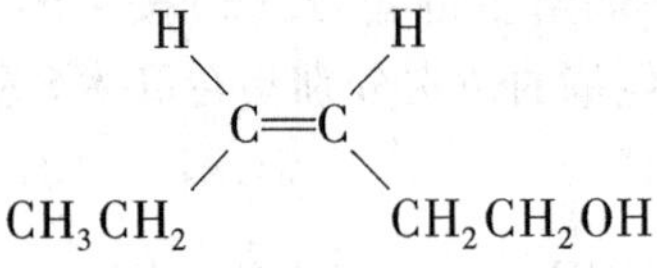

叶醇

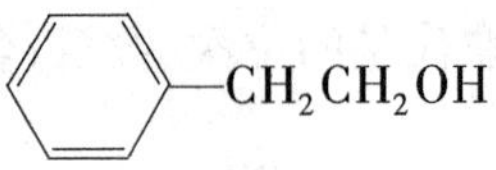

苯乙醇

低级直链饱和一元伯醇的沸点比相对分子质量相近的烷烃的沸点高得多。例如,甲醇(相对分子质量32)的沸点为 64.7 ℃,而乙烷(相对分子质量30)的沸点为 - 88.2 ℃,这是

由于醇分子间能通过氢键而缔合起来的缘故。甲醇、乙醇分子中的氢键键能为 25.9 kJ/mol。当醇从液态变为气态时氢键完全破裂,这就必须供给破裂氢键的能量,因此醇的沸点比相应烃的沸点高得多。

直链饱和一元醇的沸点随相对分子质量的增加而有规律的升高,每增加一个 CH_2 系差,沸点约升高 18 ~ 20 ℃。在醇的异构体中,直链伯醇的沸点最高,带支链的醇沸点要低一些;支链愈多,沸点愈低。例如正丁醇、异丁醇、仲丁醇和叔丁醇的沸点分别是 117.7 ℃,108 ℃,99.5 ℃和 82.5 ℃。

直链饱和一元醇的熔点和相对密度,除甲醇、乙醇、丙醇外,其余的醇均随相对分子质量的增加而升高,多元醇和芳醇的相对密度大于 1。

因为醇分子与水分子间生成氢键,醇分子与水分子之间的引力可以克服醇分子间的引力以及水分子间的引力,因此,低级醇易溶于水;但自正丁醇开始,随着烃基的增大,醇在水中的溶解度减低,癸醇以上的醇几乎不溶于水。由于随着烃基的增大,烃基部分的范德华力增加,同时烃基对羟基有遮蔽作用,阻碍了醇羟基与水形成氢键。故高级醇的溶解性质与烃类相似,不溶于水而溶于有机溶剂。芳醇由于芳环的存在,溶解度都很小。某些醇的物理常数见表 6.1。

表 6.1　醇的物理常数

造式	名称	熔点/℃	沸点/℃	相对密度(20 ℃)	在水中溶解度 g/100 g H$_2$O
CH$_3$OH	甲醇	− 97	64.7	0.792	∞
CH$_3$CH$_2$OH	乙醇	− 114	78.3	0.789	∞
CH$_3$CH$_2$CH$_2$OH	丙醇	− 126	97.2	0.804	∞
CH$_3$CHCH$_3$ | OH	异丙醇	− 88	82.3	0.786	∞
CH$_3$CH$_2$CH$_2$CH$_2$OH	丁醇	− 90	117.7	0.810	7.9
CH$_3$CH(CH$_3$)CH$_2$OH	异丁醇	− 108	108	0.802	10.0
CH$_3$CH$_2$CH(OH)CH$_3$	仲丁醇	− 114	99.5	0.808	12.5
(CH$_3$)$_3$COH	叔丁醇	+ 25	82.5	0.789	∞
CH$_3$(CH$_2$)$_3$CH$_2$OH	正戊醇	− 78.5	138.0	0.817	2.4
CH$_3$(CH$_2$)$_4$CH$_2$OH	正己醇	− 52	156.5	0.819	0.6
CH$_3$(CH$_2$)$_5$CH$_2$OH	正庚醇	− 34	176	0.822	0.2
CH$_3$(CH$_2$)$_6$CH$_2$OH	正辛醇	− 15	195	0.825	0.05
CH$_3$(CH$_2$)$_7$CH$_2$OH	正壬醇		212	0.827	—
CH$_3$(CH$_2$)$_8$CH$_2$OH	正癸醇	6	228	0.829	—
CH$_3$(CH$_2$)$_{10}$CH$_2$OH	正十二醇	24	259	0.813(熔点时)	—
CH$_2$=CHCH$_2$OH	烯丙醇	− 129	97	0.855	∞

表 6.1(续)

造式	名称	熔点/℃	沸点/℃	相对密度(20 ℃)	在水中溶解度 g/100 g H₂O
⬡—OH	环己醇	24	161.5	0.962	3.6
⬡—CH₂OH	苯甲醇	−15	205	1.046	4
CH₂OHCH₂OH	1,2-乙二醇	−16	197	1.113	∞
CH₃CHOHCH₂OH	1,2-丙二醇		187	1.040	∞
CH₂OHCH₂CH₂OH	1,3-丙二醇		215	1.060	∞
CH₂OHCHOHCH₂OH	丙三醇	18	290	1.261	∞
C(CH₂OH)₄	季戊四醇	260	276 (3 999.6 Pa)	1.050(15 ℃)	

6.3 醇的化学性质

醇类化合物的化学性质,主要由它所含的羟基(—OH)官能团决定。在醇的化学反应中,根据键的断裂方式,主要有氢氧键断裂和碳氧键断裂两种不同类型的反应。由于羟基吸电子诱导效应的影响,增强了 α – H 原子和 β – H 原子的活性,易于发生 α – H 的氧化和 β – H 的消除反应。在醇参与的反应中,醇的反应部位取决于所用的试剂和反应的条件,反应活性则取决于烃基的结构。

6.3.1 酸性和碱性

1. 弱酸性

醇中羟基上氧原子的电负性大于氢原子,氧原子带有部分负电荷,氢原子带有部分正电荷而显酸性,能被活泼金属(如 Na,K,Mg,Al 等)所取代,生成氢气和醇金属,因此醇具有酸性。例如,醇分别和钠、镁、铝等作用放出氢气生成醇钠、醇镁、醇铝等,表现出一定的酸性,但比水要缓和得多。

$$2CH_3CH_2OH + 2Na \longrightarrow 2CH_3CH_2ONa + H_2 \uparrow$$

$$2CH_3CH_2OH + Mg \longrightarrow (CH_3CH_2O)_2Mg + H_2 \uparrow$$

$$6CH_3CH_2OH + 2Al \xrightarrow{HgCl_2} (CH_3CH_2O)_3Al + 3H_2 \uparrow$$

醇的酸性比水弱,反应比水慢。这是因为,醇可以看做是水分子中的一个氢被羟基取代的产物,由于烷基的推电子能力比氢大,氧氢之间电子云密度大,同水相比,O – H 键难于断裂。与羟基相连的烷基增大时,烷基的推电子能力增强,氧氢之间电子云密度更大,氧氢键更难于断键;同时烷基的增大,空间位阻增大,使得解离后的烷氧基负离子难于溶剂化。一些醇的 pK_a 值列于表 6.2。

表 6.2　醇的酸性

醇	pK_a	醇	pK_a
H_2O	15.7	F_3CCH_3OH	12.4
CH_3OH	15.5	$F_3CCH_2CH_2OH$	14.6
CH_3CH_2OH	15.9	$F_3CCH_2CH_2CH_2OH$	15.4
$(CH_3)_2CHOH$	~18	Cl_3CCH_2OH	12.24
$(CH_3)_3COH$	19.2		

从表 6.2 可以看出,不同烃基结构的醇的酸性强弱次序为

$$甲醇 > 伯醇 > 仲醇 > 叔醇$$

由于醇的酸性比水弱,其共轭碱烷氧基(RO^-)的碱性就比 OH^- 强,所以醇盐遇水会分解为醇和金属氢氧化物:

$$RCH_2ONa + H_2O \longrightarrow RCH_2OH + NaOH$$

在有机反应中,醇金属是一类很重要性的有机化合物,例如醇钠可以用来制醚,异丙醇铝$[(CH_3)_2CHO]_3Al$ 和叔丁醇铝$[(CH_3)_3CO]_3Al$ 也是一个很好的催化剂和还原剂,在有机合成上都有重要的用途。烷氧基既可作为碱性催化剂,也可作为亲核试剂进行亲核加成反应或亲核取代反应。

醇是比水还弱的酸,所以醇和金属钠的作用没有水那样强烈,故现在工厂里和实验室里都是用乙醇来破坏反应中多余的金属钠,它要比用水安全得多。乙醇和金属镁的作用更加缓慢,往往需要加入少量的碘作为催化剂。这个反应实验室中也有好处,例如在做无水乙醇时,最后微量的水分是用这个反应来除去。乙醇先和镁作用生成乙醇镁,乙醇镁再和水作用于生成乙醇和氧化镁。

$$(C_2H_5O)_2Mg + H_2O \rightleftharpoons 2C_2H_5OH + MgO$$

2. 弱碱性

醇羟基氧原子上有未共用的电子对,它可以与强酸或 Lewis 酸结合形成锌盐。例如:

$$C_2H_5\overset{..}{\underset{..}{O}}H + H_2SO_4 \rightleftharpoons C_2H_5\overset{+}{\underset{..}{O}}H_2 \overset{-}{S}O_4H$$

$$C_2H_5\overset{..}{\underset{..}{O}}H + AlCl_3 \rightleftharpoons \begin{matrix} \overset{\delta+}{} \\ C_2H_5\overset{..}{\underset{..}{O}} \xrightarrow{\delta-} AlCl_3 \\ | \\ H \end{matrix}$$

一些低级醇如甲醇、乙醇等,能和某些无机盐($MgCl_2$,$CaCl_2$,$CuSO_4$ 等)形成配合物,如 $MgCl_2 \cdot 6CH_3OH$,$CaCl_2 \cdot 4CH_3OH$,$CaCl_2 \cdot 4C_2H_5OH$ 等。所以不能用这些盐来除去低级醇中的水分。但利用这一性质,可将醇与其他有机物分离开来。

6.3.2　与氢卤酸的反应

醇与氢卤酸作用,羟基被卤素取代而生成卤代烃和水,反应历程为亲核取代反应。这是制备卤烃的重要方法之一。

$$R-OH + HX \rightleftharpoons R-X + H_2O$$

这个反应是可逆的,如果反应物之一过量或使生成物之一从平衡混合物中移去,都可使反应向有利于生成卤烃的方向进行,以提高产量。

不同的氢卤酸与相同的醇反应,其活性次序为

$$HF \ll HCl < HBr < HI$$

$$CH_3CH_2CH_2OH \xrightarrow[\triangle]{NaBr,\ H_2SO_4} CH_3CH_2CH_2Br$$

$$CH_3CH_2CH_2OH \xrightarrow{KI,\ H_3PO_4} CH_3CH_2CH_2I$$

不同的醇与相同的氢卤酸反应,其活性次序为

$$烯丙型醇 > 叔醇 > 仲醇 > 伯醇$$

例如:

$$(CH_3)_3C{-}OH + HCl \xrightarrow{25℃} (CH_3)_3C{-}Cl + H_2O$$

$$CH_3(CH_2)_3CH_2OH + HCl \xrightarrow[回流4h]{ZnCl_2} CH_3(CH_2)_3CH_2Cl + H_2O$$

醇与氢卤酸反应主要有两种反应机理,即 S_N1 和 S_N2 机理。醇的结构不同,反应机理也不相同。

a. 一般烯丙型醇、苄醇、叔醇按 S_N1 机理

$$H_3C{-}\underset{\underset{CH_3}{|}}{\overset{\overset{CH_3}{|}}{C}}{-}OH + HX \xrightarrow{快} H_3C{-}\underset{\underset{CH_3}{|}}{\overset{\overset{CH_3}{|}}{C}}{-}\overset{+}{O}H_2 \xrightarrow{慢} H_3C{-}\underset{\underset{CH_3}{|}}{\overset{\overset{CH_3}{|}}{C}}{}^{+} \xrightarrow{快} H_3C{-}\underset{\underset{CH_3}{|}}{\overset{\overset{CH_3}{|}}{C}}{-}X$$

b. 一般伯醇按 S_N2 机理

$$RCH_2OH + H^+ \underset{快}{\rightleftharpoons} RCH_2{-}\overset{+}{O}H_2$$

$$X^- + RCH_2{-}\overset{+}{O}H_2 \xrightarrow{慢} \left[\underset{\underset{R}{|}\ \underset{H}{}}{\overset{\overset{H}{|}}{\underset{}{X}^{\delta-}{\cdots}C{\cdots}\overset{\delta+}{O}H_2}} \right] \longrightarrow X{-}CH_2R + H_2O$$

c. 仲醇既有 S_N2 也有 S_N1 机理

注意: S_N1 机理有碳正离子重排产物。

$$\underset{\underset{CH_3}{|}}{\overset{\overset{OH}{|}}{CH_3CHCHCH_3}} + HBr \longrightarrow (CH_3)_2CCH_2CH_3 + \underset{\underset{CH_3}{|}}{\overset{\overset{Br}{|}}{CH_3CHCHCH_3}}$$
$$\overset{Br}{|}$$
$$\qquad\qquad\qquad\qquad\qquad\qquad\qquad 64\% \qquad\qquad 36\%$$

浓盐酸与无水氯化锌配成的溶液称为卢卡斯(H. J. Lucas)试剂。实验室常用卢卡斯试剂来鉴别六个碳原子以下的一元醇的结构。由于六个碳原子以下的一元醇可溶于卢卡斯试剂,生成的卤代烃不溶而出现浑浊或分层现象,根据出现浑浊或分层现象的快慢便可鉴别出该醇的结构。烯丙型醇或叔醇立即出现浑浊,仲醇要数分钟后才出现浑浊,而伯醇须加热才出现浑浊。六个碳以上的一元醇由于不溶于卢卡斯试剂,因此无法进行鉴别。卢卡斯试剂与醇反应主要按照 S_N1 机理进行的。

$$CH_3CH_2CH_2OH + HCl(浓) \xrightarrow[\triangle]{ZnCl_2} CH_3CH_2CH_2Cl + H_2O$$

6.3.3 与无机含氧酸的反应

醇除与氢卤酸作用外，与硫酸、硝酸、磷酸等无机酸也可作用，得到的产物总称为无机酸脂。伯醇主要是按 S_N2 机理进行；叔醇则主要是按 S_N1 机理进行；对仲醇而言，两种机理都可以发生，何者为主，应看其他的反应条件（如酸的浓度及强度、反应温度、酸根负离子的亲核性，等等）。例如：

$$CH_3\boxed{-OH + HO}-SO_2OH \rightleftharpoons CH_3OSO_2OH + H_2O$$

硫酸氢甲酯（酸性硫酸甲酯）

如将硫酸氢甲酯加热减压蒸馏，即得硫酸二甲酯（中性酯）。

$$CH_3OSO_2OH + HOSO_2OCH_3 \rightleftharpoons CH_3OSO_2OCH_3 + H_2SO_4$$

硫酸和乙醇作用，也可得硫酸氢乙酯和硫酸二乙酯。硫酸二甲酯和硫酸二乙酯都是常用的烷基化试剂，因有剧毒，使用时应注意安全！高级醇的酸性硫酸酯钠盐，如 $C_{12}H_{25}OSO_2Na$ 是一种表面活性剂。

甘油三硝酸酯是一种炸药，也可用作药物，用于血管扩张，治疗心绞痛和胆绞痛；磷酸三丁酯用作萃取剂和增塑剂。

$$\begin{array}{l} CH_2OH \\ | \\ CHOH \\ | \\ CH_2OH \end{array} + 3HNO_3 \xrightarrow[100\ ℃]{H_2SO_4} \begin{array}{l} CH_2ONO_2 \\ | \\ CHONO_2 \\ | \\ CH_2OHO_2 \end{array} + 3H_2O$$

一般的磷酸酯是在吡啶存在下，醇和三氯氧磷（$POCl_3$）作用制得。例如：

$$3n-C_8H_{17}OH + POCl_3 \xrightarrow{吡啶} (n-C_8H_{17}O)_3PO + 3HCl$$

磷酸三辛酯

甘油与磷酸反应可得到磷酸甘油，它和钙离子形成的甘油磷酸钙，可在人体内调节钙磷比例，用来防治佝偻病。

6.3.4 与卤化磷、氯化亚砜的反应

醇与三卤化磷、五卤化磷反应生成相应的卤代烃。与三卤化磷的反应常用于制备溴代烃或碘代烃，与五氯化磷或亚硫酰氯的反应常用于制备氯代烃。这些反应具有速度快，条件温和，不易发生重排，产率较高的特点。此法是将伯醇仲醇转变为卤代烷的非常好的方法。三卤化磷和五卤化磷与醇反应是 S_N2 机理。

$$3CH_3CH_2OH + PBr_3(红\ P + Br_2) \longrightarrow 3CH_3CH_2Br + H_3PO_3$$

$$6CH_3OH + 2P + 3I_2 \longrightarrow CH_3I + 2H_3PO_3$$

$$n-C_{12}H_{35}OH + PCl_5 \longrightarrow n-C_{12}H_{35}Cl + POCl_3$$

醇与亚硫酰氯（$SOCl_2$）作用生成氯烷，碳架不发生重排，且产率较高，产品较纯，副产物 SO_2 与 HCl 均为气体，易于分离。可用碱吸收以避免造成环境污染。

$$ROH + SOCl_2 \longrightarrow RCl + SO_2\uparrow + HCl\uparrow$$

由于这一反应体系对金属设备有很强的腐蚀，一般多用于实验室中制取卤代烷。

醇和氯化亚砜（即亚硫酰氯 $SOCl_2$）反应的机理与醇和氢卤酸反应的机理不同。醇与氯

化亚砜作用首先生成氯代亚硫酸酯和氯化氢,接着氯代亚硫酸酯发生分解,在碳氧键发生异裂的同时,带有部分负电荷的氯原子恰好位于缺电子碳的前方并与之发生分子内的亲核取代反应。当碳氯键形成时,分解反应完成并放出 SO_2。由于发生亲核攻击的氯原子所处方位与将要离去的 SO_2 是同侧,所以在反应过程中醇的 α - 碳原子是构型保持的。这种取代反应机理称为分子内亲核取代,记作 S_Ni:

$$\begin{array}{c} R \\ | \\ R'\text{----}C\text{---OH} \\ | \\ H \end{array} + \begin{array}{c} Cl \\ | \\ S=O \\ | \\ Cl \end{array} \xrightarrow{-HCl} \begin{array}{c} \overset{\delta+}{R'}\text{----}\overset{O}{C}\text{---}S=O \\ | \quad | \\ H \quad \underset{\delta-}{Cl} \end{array} \longrightarrow \begin{array}{c} R \\ | \\ R'\text{----}C\text{---Cl} \\ | \\ H \end{array} + SO_2$$

上述反应一般在以乙醚为溶剂的体系中进行。

6.3.5 脱水反应

醇在质子酸(H_2SO_4,H_3PO_4 等)或 Lewis 酸(如 Al_2O_3)等的催化作用下,加热可发生分子内脱水而生成烯烃,也可以发生分子间脱水而生成醚。

1. 分子内脱水成烯烃

醇分子内脱水属于消除反应,其取向同卤烃消除卤化氢相似,也符合扎依采夫规则,脱去羟基和含氢较少的 β - 碳上的氢,即生成的烯烃总是连有较多烃基的取代乙烯。例如:

$$CH_3CH_2\underset{\underset{OH}{|}}{CH}CH_3 \xrightarrow[87\,℃]{60\%\ H_2SO_4} CH_3CH=CHCH_3 + H_2O$$

$$80\%$$

$$CH_3CH_2\underset{\underset{OH}{|}}{C}(CH_3)_2 \xrightarrow[87\,℃]{47\%\ H_2SO_4} CH_3CH=C(CH_3)_2 + H_2O$$

$$84\%$$

仲醇和叔醇在质子酸催化下,加热进行分子内脱水成烯,主要按 E1 机理反应,可用通式表示如下:

$$\begin{array}{c} | \quad | \\ -C-C- \\ | \quad | \\ H \quad OH \end{array} \underset{(快)}{\overset{H^+}{\rightleftharpoons}} \begin{array}{c} | \quad | \\ -C-C- \\ | \quad | \\ H \quad {}^+OH_2 \end{array} \underset{(慢)}{\overset{E_1}{\rightleftharpoons}} \begin{array}{c} | \quad | \\ -C-C- \\ | \quad + \\ H \end{array} \underset{(快)}{\overset{-H^+}{\rightleftharpoons}} \begin{array}{c} \diagdown \quad \diagup \\ C=C \\ \diagup \quad \diagdown \end{array}$$

由于中间体是碳正离子,所以某些醇会发生重排,主要得到重排的烯烃。如:

$$\begin{array}{c} H_3C \quad H \\ | \quad | \\ CH_3-C-C-CH_3 \\ | \quad | \\ H_3C \quad OH \end{array} \xrightarrow{H^+} \begin{array}{c} CH_3 \\ | \\ CH_3-C-\overset{+}{C}HCH_3 \\ | \\ CH_3 \end{array} \xrightarrow{重排} \begin{array}{c} H_3C \quad CH_3 \\ | \quad | \\ CH_3-C-CH-CH_3 \\ + \end{array}$$

$$\downarrow {\scriptstyle -H^+} \qquad\qquad\qquad \downarrow {\scriptstyle -H^+}$$

$$\begin{array}{c} CH_3 \\ | \\ CH_3-C-CH=CH_2 \\ | \\ CH_3 \end{array} \qquad\qquad \begin{array}{c} H_3C \quad CH_3 \\ | \quad | \\ CH_3-C=C-CH_3 \end{array}$$

$$(30\%) \qquad\qquad\qquad (70\%)$$

为避免醇脱水生成烯烃时发生重排,通常先将醇制成卤代烃,再消除 H－X 来制备烯烃。

伯醇在浓 H_2SO_4 作用下发生分子内脱水主要按 E2 机理进行。

$$\underset{\underset{H}{|}}{\overset{\overset{H}{|}}{-C-}}\underset{\underset{OH}{|}}{\overset{\overset{H}{|}}{C-}}H + H_2SO_4 \overset{(快)}{\rightleftharpoons} \underset{\underset{H}{|}}{\overset{\overset{H}{|}}{-C-}}\underset{\underset{+OH_2}{|}}{\overset{\overset{H}{|}}{C-}}H + HSO_4^- \overset{E2}{\underset{(慢)}{\longrightarrow}} \underset{}{C=C} + H_2SO_4 + H_2O$$

2. 分子间脱水成醚

在催化剂作用下,两分子醇发生分子间脱水生成醚,常用的催化剂可以是硫酸、磷酸、对甲苯磺酸等无机、有机酸,也可以使用三氟化硼和无水氯化锌等路易斯酸及硅胶、氧化铝等脱水剂。

$$2CH_3CH_2OH \xrightarrow[140℃]{浓 H_2SO_4} CH_3CH_2OCH_2CH_3 + H_2O$$

这种方法主要用于伯醇制备单醚(对称的醚),因为利用仲醇或叔醇进行反应时,它们倾向于发生分子内脱水生成烯烃,尤其是叔醇。在酸催化下,伯醇分子间脱水成醚的反应,是按 S_N2 机理进行的。例如:

$$CH_3CH_2OH \xrightarrow{H^+} CH_3CH_2-\overset{+}{O}H_2 \xrightarrow{CH_3CH_2\ddot{O}H} \left[CH_3CH_2-\overset{\delta+}{\underset{\underset{H\ H}{|}}{O}}\cdots\overset{CH_3}{\underset{\underset{H}{|}}{C}}\cdots\overset{\delta+}{\underset{\underset{H}{|}}{O}}H_2 \right] \xrightarrow{-H_2O}$$

$$CH_3CH_2\overset{+}{\underset{\underset{H}{|}}{O}}CH_2CH_3 \xrightarrow{H^+} CH_3CH_2OCH_2CH_3$$

这个方法一般不用于制备低级的混合醚,因为利用两种不同的醇进行反应,一般情况下得到三种醚的化合物,而很少具有制备价值。

$$ROH + R'-OH \xrightarrow[\triangle]{H^+} R-O-R' + R-O-R + R'-O-R'$$

但可用于制备叔(仲)烷基伯烷基混合醚。如用甲醇及叔丁醇来制备甲基叔丁基醚,可以得到较高的收率,这是因为叔丁基正离子容易形成,使反应按如下 S_N1 机理进行:

$$(CH_3)_3COH + H^+ \longrightarrow (CH_3)_3C\overset{+}{O}H_2 \longrightarrow (CH_3)_3C^+ + H_2O$$

$$(CH_3)_3C^+ + HOCH_3 \longrightarrow (CH_3)_3C-\overset{+}{\underset{\underset{H}{|}}{O}}-CH_3 \longrightarrow (CH_3)_3C-O-CH_3 + H^+$$

分子内脱水和分子间脱水相互竞争,低温有利于生成醚,高温有利于生成烯。叔醇在酸催化下,主要生成烯烃。

6.3.6 氧化和脱氢

1. 醇的氧化

伯、仲、叔三种醇对于氧化剂的作用是不同的。伯醇、仲醇易被氧化,伯醇氧化后的产物是醛或者酸,仲醇氧化后的产物是酮。这是由于伯醇和仲醇分子中,与醇羟基直接相连接的碳原子(即 α－碳原子)上连有氢原子,这些氢原子受羟基的影响,比较活泼,易被氧化。

（1）伯醇被氧化生成醛、羧酸

伯醇可以在酸性条件下被重铬酸钾氧化生成醛,醛可以进一步被氧化成为酸。由于醛的沸点比醇低,反应中可以蒸出醛,从而防止其被氧化成为酸。此反应可以用于制低沸点的醛。仲醇可以被氧化为酮,叔醇则不被氧化。

$$CH_3CH_2OH \xrightarrow[H_2SO_4]{K_2Cr_2O_7} CH_3\overset{\overset{O}{\|}}{C}H \xrightarrow[H_2SO_4]{K_2Cr_2O_7} CH_3\overset{\overset{O}{\|}}{C}OH$$

新制二氧化锰(用高锰酸钾和硫酸锰在碱性条件下制得)和沙瑞特试剂(铬酐的吡啶溶液,PCC)可以把伯醇氧化为醛,把仲醇氧化为酮,而不进一步氧化成酸,并且不氧化双键或三键。利用此种方法可以制备不饱和醛、酮。

$$\text{吡啶} + CrO_3 + HCl \longrightarrow \overset{+}{N}\overset{\cdot}{H}\ Cl^-\ CrO_3 \qquad PCC$$

例如：

$$CH_3CH=CHCH_2CH_2CH_2OH \xrightarrow[CH_2Cl_2]{PCC} CH_3CH=CHCH_2CH_2CHO$$
$$90\%$$

（2）仲醇被氧化生成酮

$$\overset{R}{\underset{R}{>}}CH-OH \xrightarrow[H_2SO_4]{K_2Cr_2O_7} \overset{R}{\underset{R}{>}}C=O$$

$$\overset{\bigcirc}{}-OH \xrightarrow[H_2SO_4]{K_2Cr_2O_7} \overset{\bigcirc}{}=O$$

（3）叔醇不被氧化

叔醇分子中,和羟基相连的碳原子上没有氢原子,因此很难被氧化,如在剧烈条件下氧化,则碳链断裂,生成含碳原子数较少的产物(低级酮和酸的混合物)而无实用价值。例如,酸性条件下高锰酸钾可以氧化叔醇,因为在酸性条件下醇可以脱水成烯,烯再被氧化。

（4）邻位二醇的氧化

多元醇也容易被氧化,但产物比较复杂。最简单的多元醇是乙二醇。高碘酸是一个对邻位二醇有专属性的氧化剂,能够使与羟基相连的两个碳原子之间的碳碳键断裂并生成两个相应的羰基化合物,而且反应是定量进行的。这个反应应用于邻位二醇的结构鉴定和定量分析。

$$\overset{R\quad H}{\underset{R^1\ OH\ OH\ R^2}{C-C}} + HIO_4 \longrightarrow \overset{R}{\underset{R^1}{>}}C=O + O=C\overset{H}{\underset{R^2}{<}} + HIO_3 + H_2O$$

$$AgNO_3 + HIO_3 \longrightarrow AgIO_3 \downarrow$$

反应过程中,HIO_4 被还原为 HIO_3,后者可以与 $AgNO_3$ 作用生成 $AgIO_3$ 沉淀,而有助于氧化反应的发生。β - 二醇、γ - 二醇不发生上述反应,具有 $\overset{\quad OH\ \ O}{\underset{}{-C-C-}}$ 结构也能被 HIO_4

氧化。

2. 醇的脱氢

伯醇和仲醇也可以通过脱氢反应而得到相应的醛、酮等产物。一般是把它们的蒸气在 300～325 ℃下通过铜或铬氧化物催化剂,使脱氢生成醛或酮。

$$RCH_2OH \xrightarrow[325\ ℃]{Cu} RCHO + H_2$$

该反应的优点是产品较纯,但脱氢过程是吸热的可逆反应,反应中要消耗热量。若将醇与适量的空气或氧气通过催化剂进行氧化脱氢,则氧和氢结合生成水,反应可以进行到底。例如:

$$CH_3CH_2OH + 1/2O_2 \xrightarrow[325\ ℃]{Cu} CH_3CHO + H_2O$$

氧化脱氢时,氧与氢结合放出大量的热,把脱氢的吸热过程转变为放热过程,这样可以节省热量。该反应的缺点是产品复杂、分离困难。

6.4　酚的结构、分类和命名

6.4.1　酚的结构

酚和醇具有相同的官能团,但酚羟基直接与苯环相连,羟基氧原子是 sp^2 杂化,它以两个 sp^2 杂化轨道分别与一个 C 原子和 H 原子构成一个 C—O 和一个 H—O σ 键。剩余的一个 sp^2 杂化轨道和未参与杂化的一个 p 轨道分别被一对未共用电子对占据。氧原子的 p 轨道与芳环的 π 轨道形成 p – π 共轭体系(如图 6.2 所示),导致氧原子的电子云密度降低,因此,苯酚中的 C—O 键长(0.136 nm)比甲醇中的 C—O 键长(0.142 nm)短,使得碳氧键不易断裂。同时,酚羟基中氧原子的电子云密度降低致使氧氢键的极性增加,与醇相比,酚的酸性明显增强。另外,由于酚羟基的给电子效应,苯环上的电子云密度增加,芳环上的亲电取代反应更容易进行。

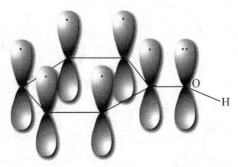

图 6.2　苯酚中 p – π 共轭示意图

苯酚的结构可用下列共振式来表示:

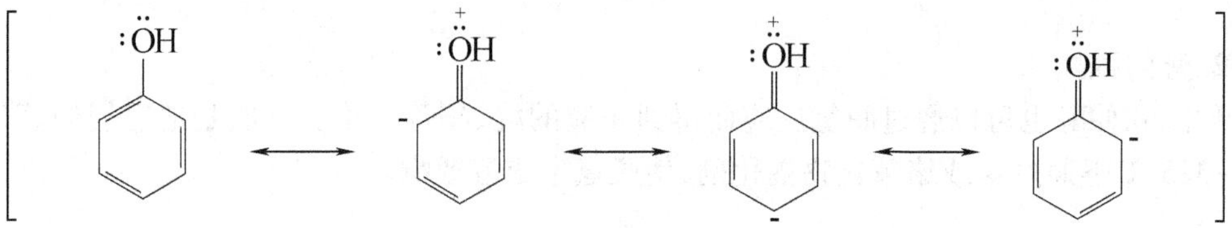

从共振式可以看出,羟基氧原子上的电子向苯环分散,且羟基上的氢具有明显的酸性。

6.4.2　酚的分类

根据羟基所连芳环的不同,酚类可分为苯酚、萘酚、蒽酚等。

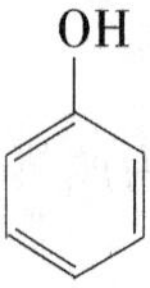

苯酚 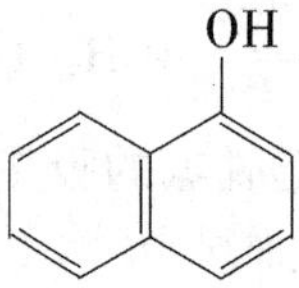　　　　　　　　α－萘酚 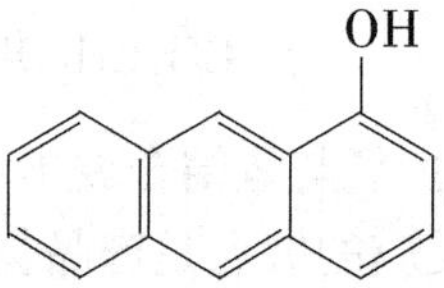　　　　　　　　α－蒽酚

根据羟基的数目,酚类又可分为一元酚、二元酚和多元酚等。

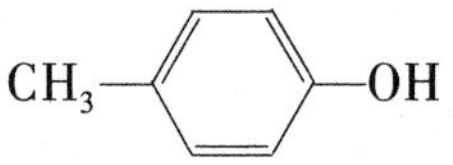

对甲酚(一元酚) 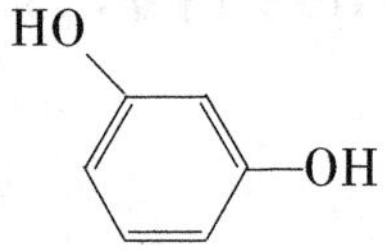　　　　间苯二酚(二元酚) 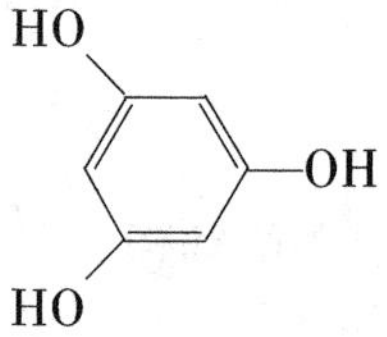　　　　均苯三酚(三元酚)

6.4.3　酚的命名

酚的命名是根据羟基所连芳环的名称叫做"某酚",芳环上的烷基、烷氧基、卤原子、氨基、硝基等作为取代基,若芳环上连有羧基、磺酸基、羰基、氰基等,则酚羟基作为取代基。在母体前按"次序规则"冠以取代基的位次、数目和名称。例如:

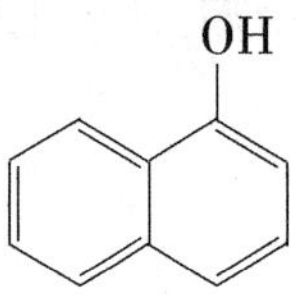

α－萘酚 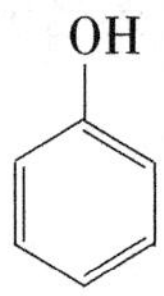　　　　　苯酚 　　　　　4－乙基苯酚 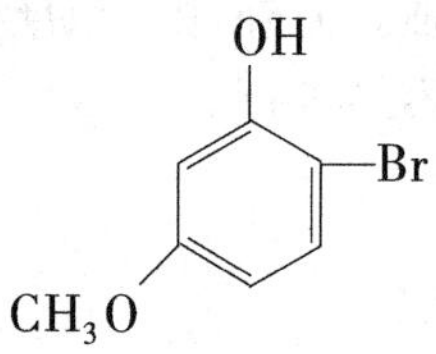　　　　5－甲氧基－2－溴苯酚

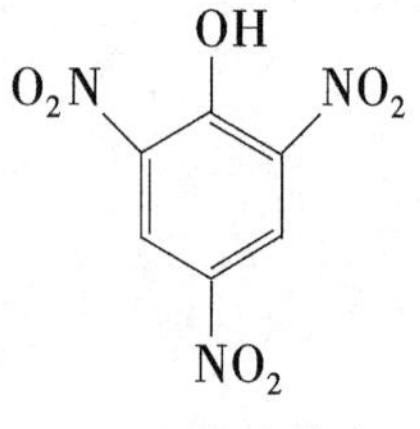

2,4,6－三硝基苯酚 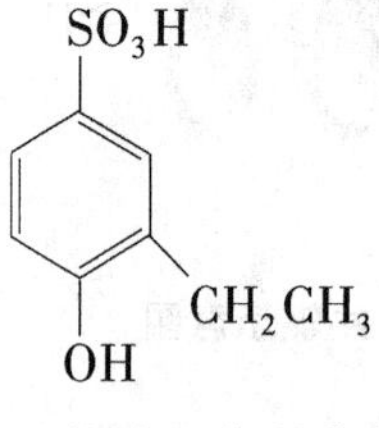　　　3－乙基－4－羟基苯磺酸 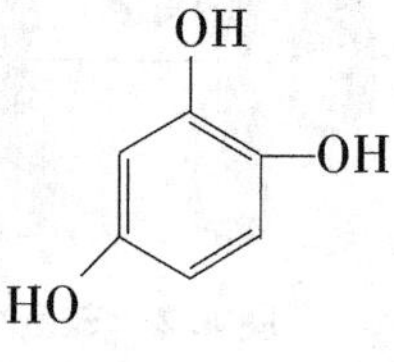　　　1,2,4－苯三酚 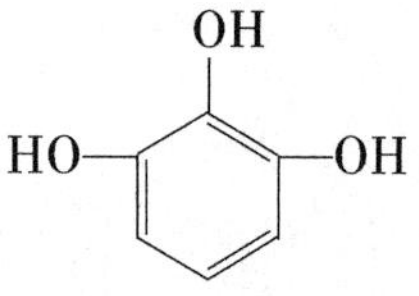　　　1,2,3－苯三酚

6.5 酚的物理性质

常温下,除了少数烷基酚为液体外,大多数酚为固体。某些酚的物理常数列于表6.3。由于分子间可以形成氢键,因此酚的沸点都很高。邻位上有氯、羟基或硝基的酚,分子内可形成氢键,但分子间不能发生缔合,它们的沸点低于其间位和对位异构体。

纯净的酚是无色固体,但因容易被空气中的氧氧化,常含有有色杂质。酚在常温下微溶于水,加热则溶解度增加。随着羟基数目增多,酚在水中的溶解度增大。酚能溶于乙醇、乙醚、苯等有机溶剂。常见酚的物理常数见表6.3。

表6.3 酚的物理常数

名称	构造式	熔点/℃	沸点/℃	溶解度 g/100 g H₂O	pKₐ
苯酚	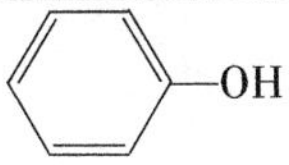	43	181	9.3	9.98
邻甲苯酚	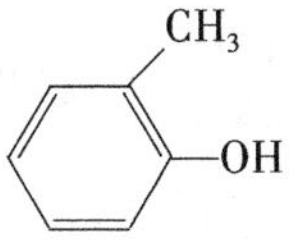	30	191	2.5	10.28
间甲苯酚	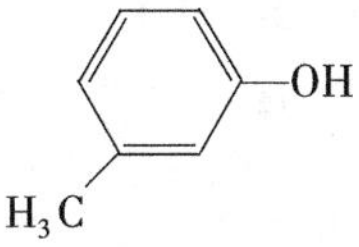	11	201	2.6	10.08
对甲苯酚		35.5	202	2.3	10.14
4-甲基-2,6-二叔丁基苯酚	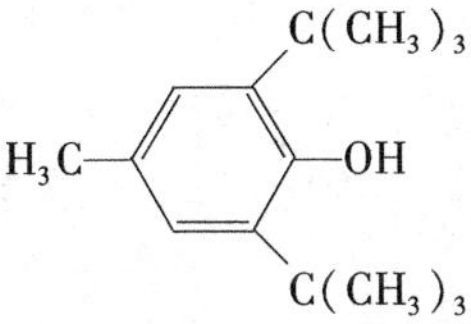	70.0	147 (2 666 Pa)	难	
邻氯苯酚	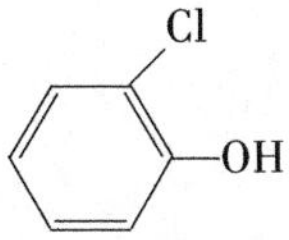	8	176	2.8	8.48
间氯苯酚	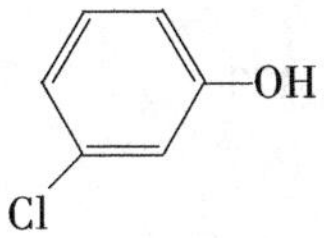	33	214	2.6	9.02
对氯苯酚	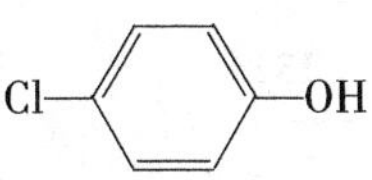	43	220	2.7	9.38

表 6.3(续)

名称	构造式	熔点/℃	沸点/℃	溶解度 g/100 g H₂O	pKₐ
邻硝基苯酚	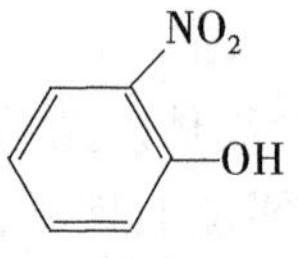	45	217	0.2	7.23
间硝基苯酚	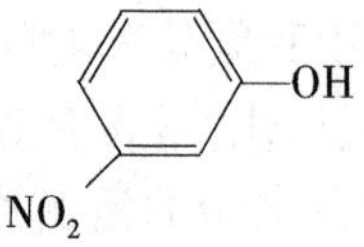	96	分解	1.4	8.40
对硝基苯酚		114	分解	1.7	7.15
2,4 - 二硝基苯酚	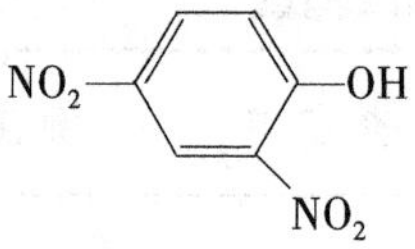	113	分解	0.6	4.00
2,4,6—三硝基苯酚	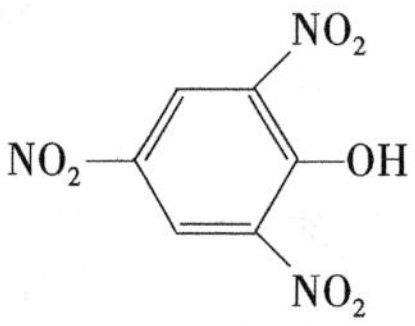	122	分解 (330 ℃爆炸)	1.4	0.71
α - 萘酚	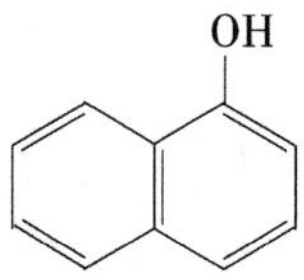	94	279	难	9.31
β - 萘酚	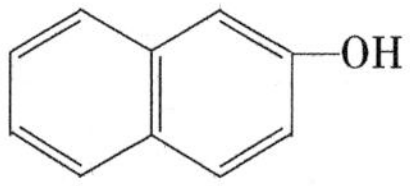	123	286	0.1	9.55
邻苯二酚	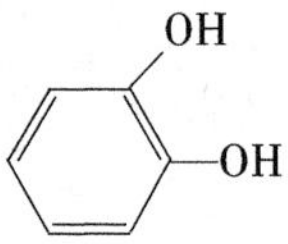	105	245	45.1	9.48
间苯二酚	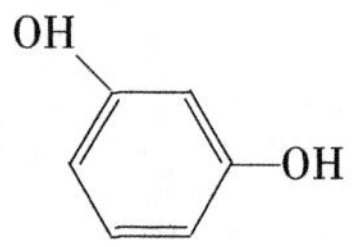	110	281	111	9.44
对苯二酚	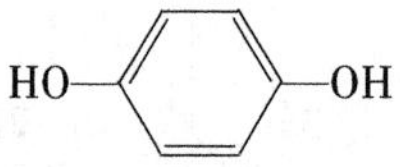	170	286	8	9.96
1,2,3 - 苯三酚	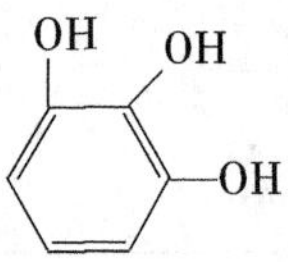	133	309	62	7.0
1,2,4 - 苯三酚	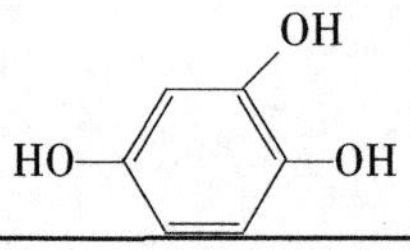	140		易	

表 6.3(续)

名称	构造式	熔点/℃	沸点/℃	溶解度 g/100 g H₂O	pKₐ
1,3,5 – 苯三酚	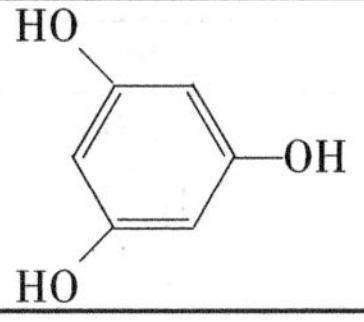	218	升华	1	

6.6　酚的化学性质

酚中羟基与苯环形成大的 p – π 共轭体系,由于氧的给电子共轭作用,与氧相连的碳原子上电子云密度增高,所以酚不像醇那样易发生亲核取代反应;相反,由于氧的给电子共轭作用使苯环上的电子云密度增高,使得苯环上易发生亲电取代反应。

6.6.1　羟基上的反应

1.酸性

酚比醇的酸性大,这是因为酚中的氧的给电子作用,使得电子向苯环转移,氧氢之间的电子云密度降低,氢氧键减弱,易于断裂,显示出比水、醇酸性强,但比羧酸、碳酸酸性弱。

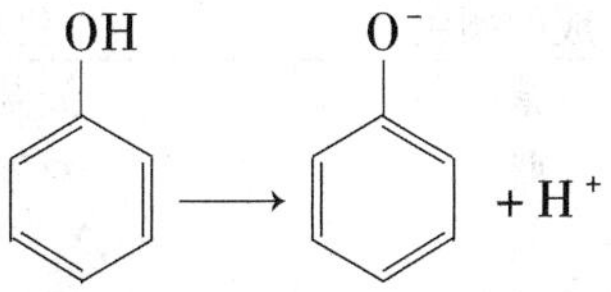

苯酚能溶于 $NaOH$,Na_2CO_3,而醇只能和 Na 反应。苯酚的酸性比碳酸弱,能溶于碳酸钠溶液,但不能溶于碳酸氢钠溶液,在苯酚钠的溶液中通入二氧化碳能使苯酚游离出来。利用此性质可进行苯酚的分离和提纯。

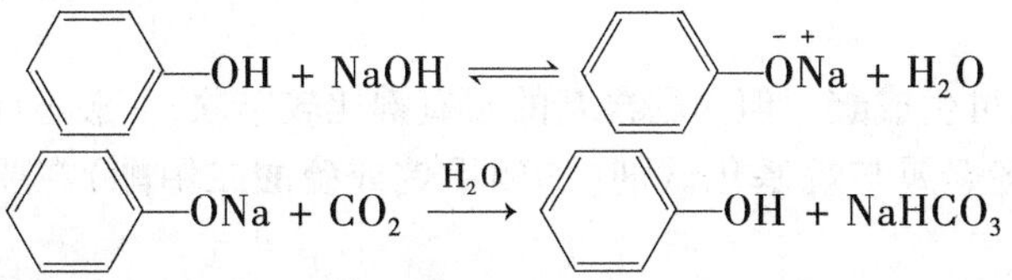

芳环上取代基的性质对酚的酸性影响很大。当芳环上连有吸电子基团时,由于共轭效应和诱导效应的影响,使得氧氢之间的电子云向芳环上移动,氧氢之间的电子云密度减小,更易解离出氢离子,从而显示出更强的酸性。相反,当芳环上连有给电子基团时,由于共轭效应和诱导效应的影响,使得氧氢之间的电子云增大,氧氢之间的共价键增强,难解离出氢离子,表现为酸性降低。

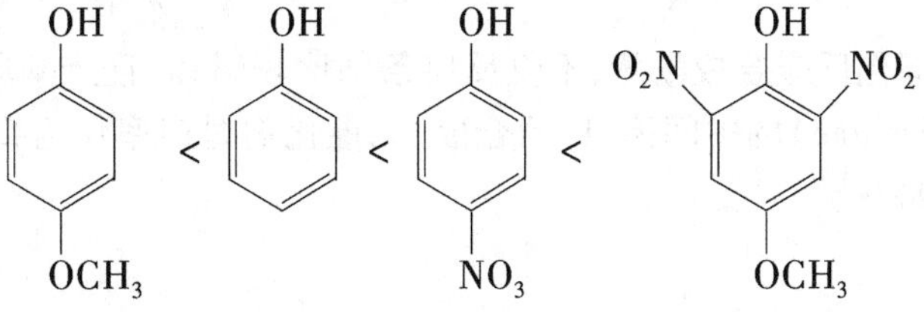

$$pK_a \quad 10.21 \qquad 9.84 \qquad 7.15 \qquad 0.8$$

一些取代苯酚的 pK_a 值见表 6.4。

表 6.4 取代酚的 pK_a(25 ℃)

取代基	邻	间	对
H	10.00	10.00	10.00
CH_3	10.29	10.09	10.26
F	8.81	9.28	9.81
Cl	8.48	9.02	9.38
Br	8.42	8.87	9.26
I	8.46	8.88	9.20
CH_3O	9.98	9.65	10.21
NO_2	7.22	8.39	7.15

2. 与 $FeCl_3$ 的显色反应

具有烯醇式结构的化合物大多数能与三氯化铁的水溶液反应,显出不同的颜色,称之为显色反应,酚中具有烯醇式结构,也可以与三氯化铁起显色反应。结构不同的酚所显颜色不同,见表 6.5。因此可利用此反应鉴别含有烯醇式结构的化合物。

$$6C_6H_5OH + FeCl_3 \longrightarrow H_3[Fe(C_6H_5O)_6] + 6HCl$$

表 6.5 酚和三氯化铁产生的颜色

化合物	生成的颜色	化合物	生成的颜色
苯酚	紫	间苯二酚	紫
邻甲苯酚	蓝	对苯二酚	暗绿色结晶
间甲苯酚	蓝	1,2,3 - 苯三酚	淡棕红色
对甲苯酚	蓝	1,3,5 - 苯三酚	紫色沉淀
邻苯二酚	绿	α - 萘酚	紫色沉淀

3. 酚醚的生成

酚与醇相似,也可生成醚。但因酚羟基的碳氧键比较牢固,一般不能通过酚分子间脱水来制备。通常是由酚金属与烷基化试剂(如碘甲烷或硫酸二甲酯)在弱碱性溶液中经 S_N2 反应而得。

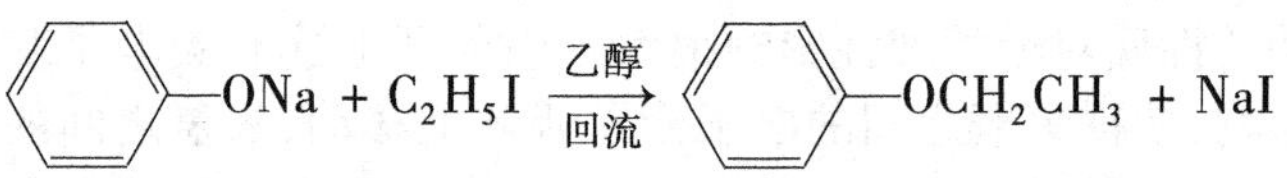

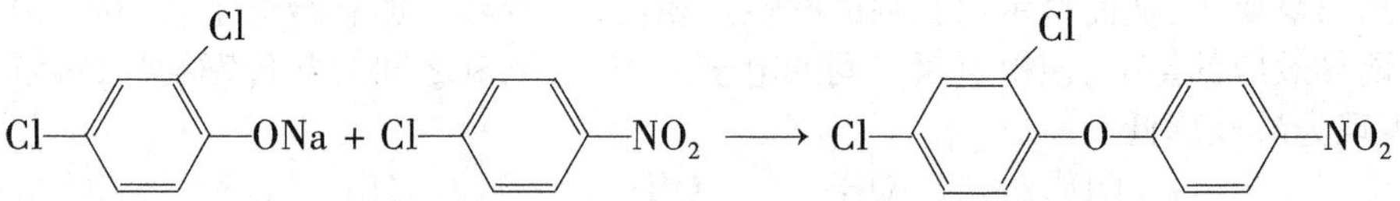

若采用相转移催化反应合成酚醚,不仅反应条件比较温和,且产率通常较高。例如,杀虫剂"虫满威"(Carbofuran)的中间体(I)的合成,无催化剂时产率仅为 28%,若加入相转移催化剂则产率可达 82%。

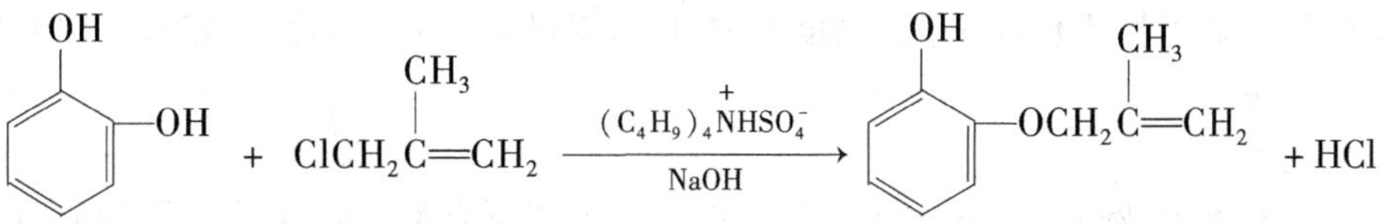

（Ⅰ）

苯基烯丙基醚及其类似物在加热的条件下,发生分子内重排生成邻烯丙基苯酚(或其他取代苯酚),此反应称为 Claisen 重排。

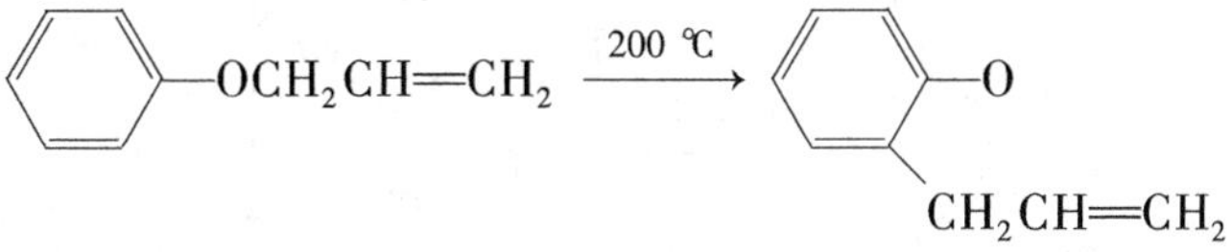

该反应与 Diels－Alder 反应类似,是一个周环反应,反应中不形成活性中间体,旧键的断裂与新键的形成是同步进行的。反应过程中,通过电子迁移形成环状过渡态,烯丙基不仅发生重排,同时也进行了异构化。

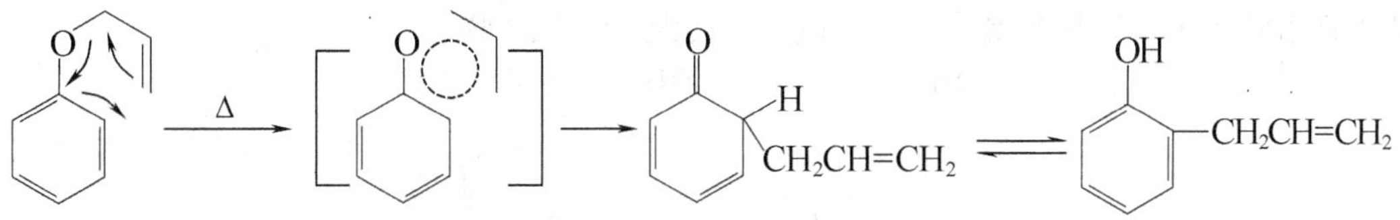

环状过渡态　　　不稳定重排产物

若苯基烯丙烯基醚的两个邻位已有取代基,则重排发生在对位。

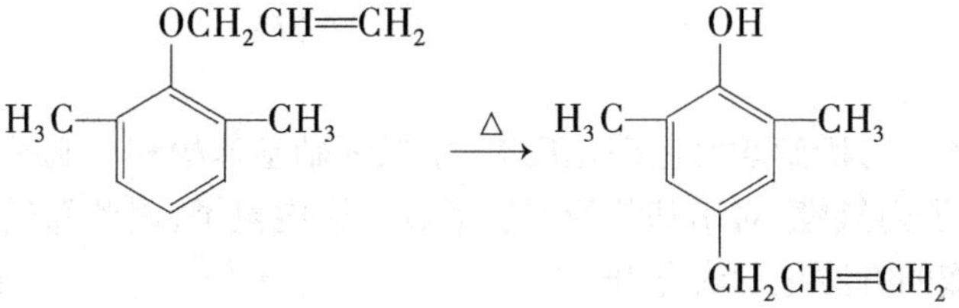

4. 酚酯的生成

酚与羧酸直接酯化比较难,一般须与酸酐或酰氯作用,才能生成酯。

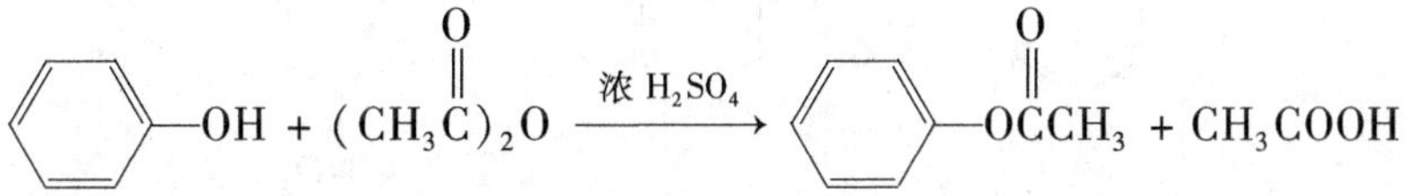

酚酯与氯化铝或氯化锌等 Lewis 酸共热,重排生成邻或对羟基酮,此反应称为 Fries 重排。该反应常用于制备酚酮,在较低的温度下,主要得到对位异构体;而较高的温度下,主要得到邻位异构体。

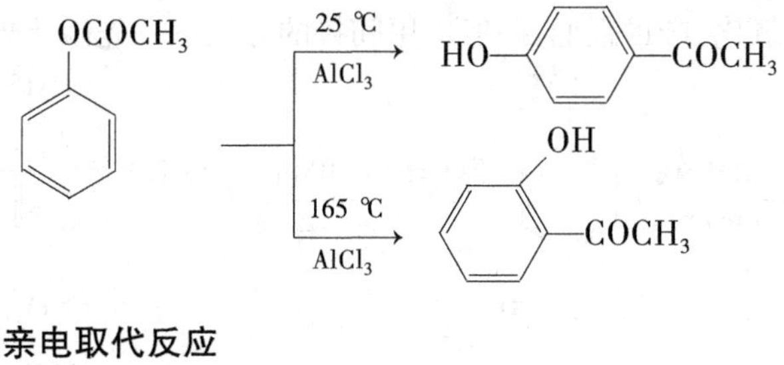

6.6.2　环上的亲电取代反应

酚羟基对苯环既产生吸电子的诱导效应(－Ⅰ),又产生给电子的共轭效应(＋C),两者综合作用的结果使苯环上的电子云密度增加,使羟基的邻、对位活化,更容易发生芳环上的亲电取代反应。

1.卤化反应

酚很容易卤化,例如,苯酚与溴水反应非常快,室温下立刻反应得到三溴苯酚白色沉淀,反应非常灵敏,现象明显,一般溶液中苯酚含量达 10 mg/kg 即可检出,且反应是定量的,所以常用于苯酚的定性和定量分析及饮用水的监测。

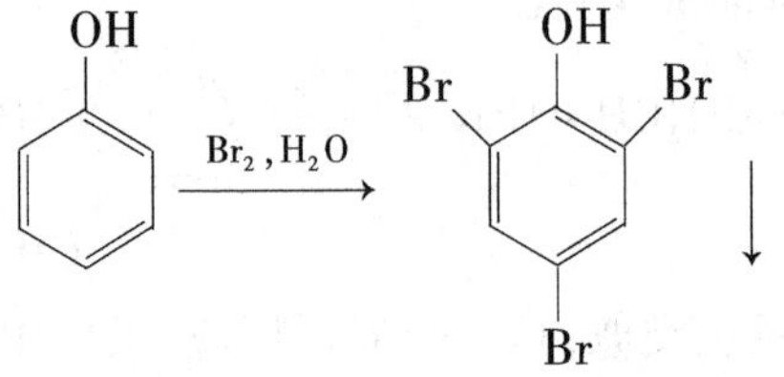

2,4,6-三溴苯酚

酚在中性或碱性溶液中卤化,得三卤(溴、氯)代物。酚在酸性条件下或在 CS$_2$,CCl$_4$ 等非极性溶液中进行氯化或溴化,一般得到一卤(溴、氯)代产物。

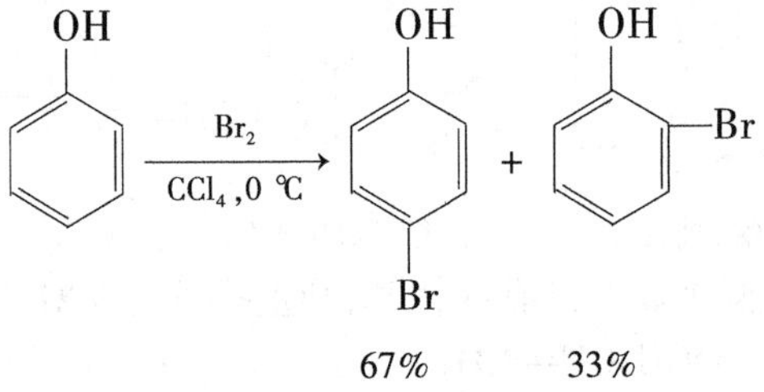

67%   33%

2.硝化

室温下,苯酚即可与稀硝酸发生硝化反应,生成邻硝基苯酚和对硝基苯酚的混合物。邻硝基苯酚可形成分子内氢键,对硝基苯酚不能形成分子内氢键,因此邻硝基苯酚比对硝基苯酚沸点低,可用蒸馏的方法把二者分开。

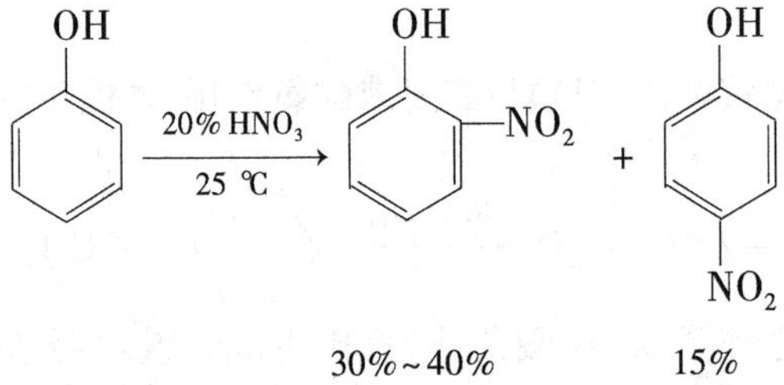

30%~40%   15%

酚很容易硝化,与稀硝酸在室温下作用,即生成邻硝基苯酚和对硝基苯酚的混合物。如用浓硝酸进行硝化,则生成 2,4-二硝基苯酚和 2,4,6-三硝基苯酚(苦味酸)。但因酚羟基和苯环易被浓硝酸氧化,产量很低,一般均用间接的方法——先磺化再硝化。例如:

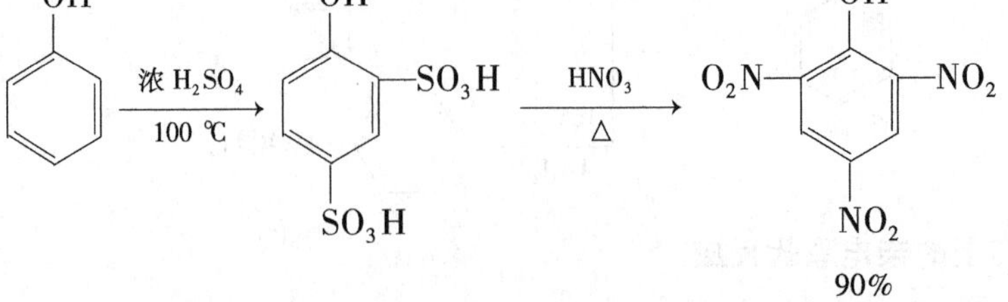

90%

3. 磺化

室温下苯酚与浓硫酸作用,发生磺化反应。酚的磺化反应主要受平衡控制,随着磺化温度的升高,稳定的对位异构体增多。

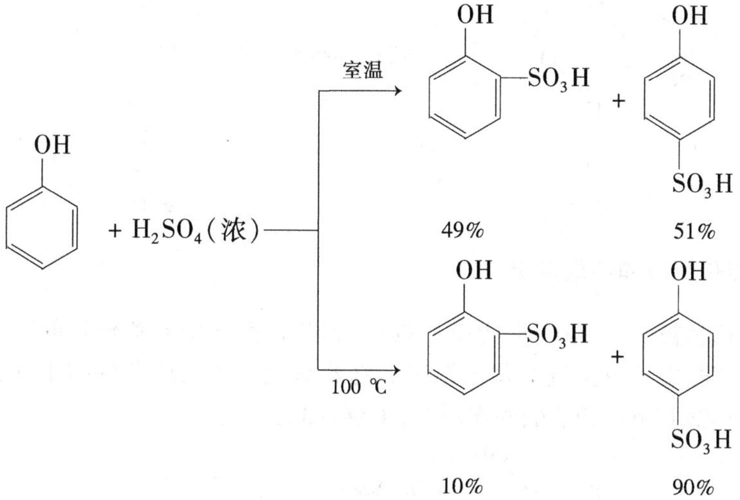

4. Friedel – Crafts 反应

由于酚羟基的影响,酚比芳烃容易进行付 – 克反应。一般酚的烷基化反应是用醇、卤代烃或烯烃为烷基化剂,以浓硫酸或酸性阳离子交换树脂为催化剂。

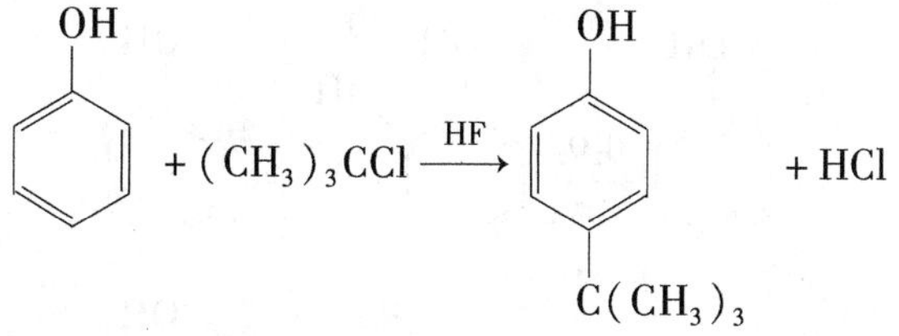

酚的酰基化反应也比较容易进行。例如:

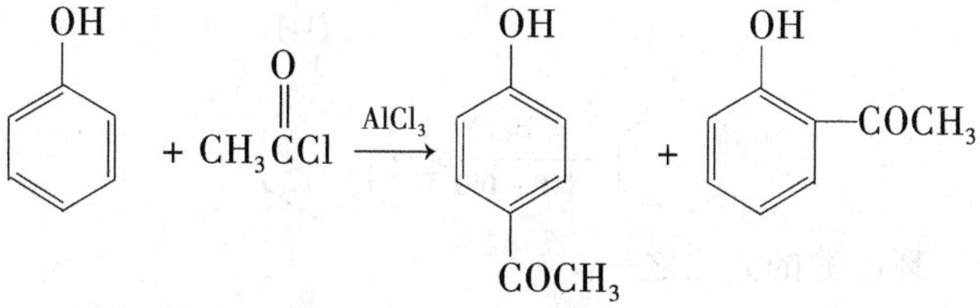

苯酚与邻苯二甲酸酐在浓硫酸催化下生成酚酞:

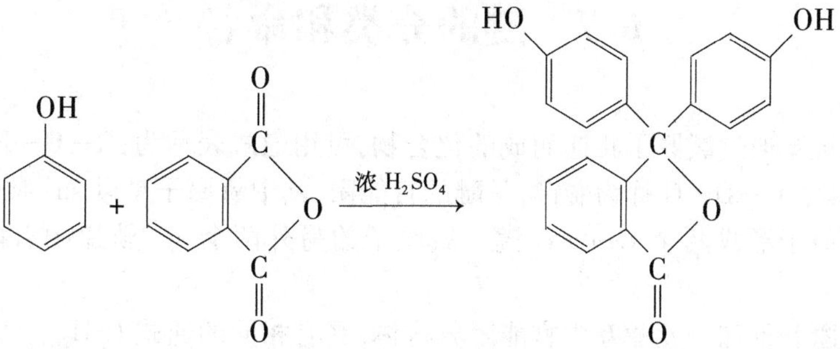

酚酞

酚酞溶液在 pH 小于 8.5 时没有颜色,在 pH 大于 9 时显红色,因此,可用作指示剂。

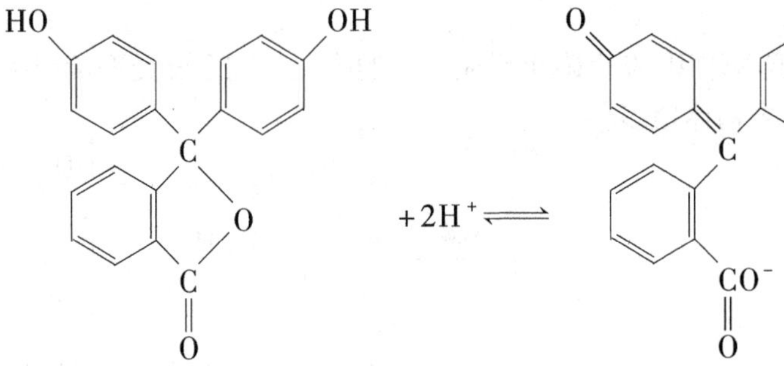

无色   红色

6.6.3　氧化反应和还原反应

酚的活性高易被氧化,空气也能使之氧化,如酚在空气中放置较长的时间或在光照射下,颜色逐渐变深,即是被空气氧化的结果。随着氧化剂和反应条件的不同,产物也不同。例如,苯酚在氧化剂 CrO_3 和醋酸的作用下,生成苯醌。

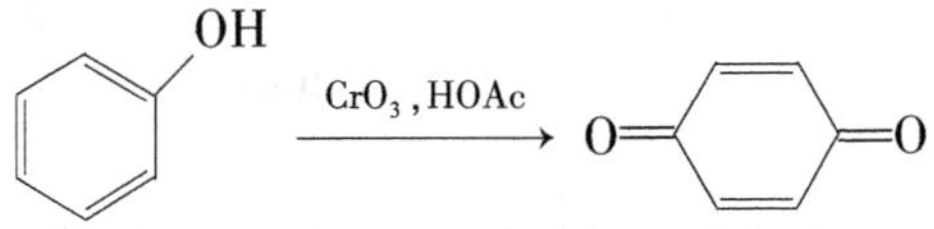

如果使用 H_2O_2 为氧化剂,可以把一元酚氧化成二元酚,不生成其他的有机产物,属于环境友好的绿色合成反应。

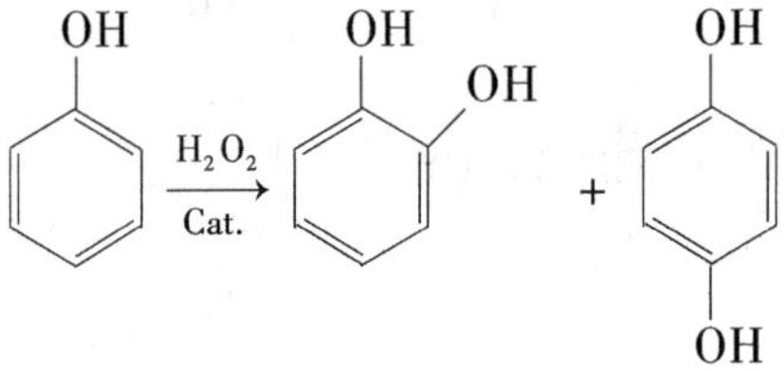

酚通过催化加氢,苯环被还原生成环己烷衍生物。例如:

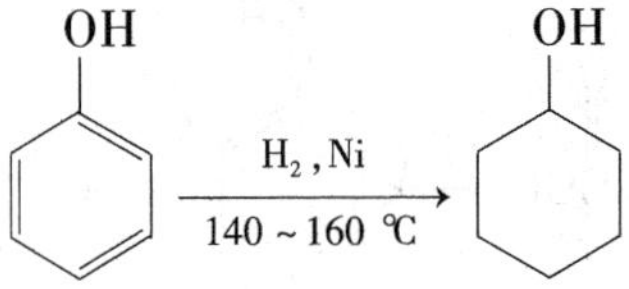

这是工业上生产环己醇的方法之一。

6.7　醚的分类和命名

醚是两个烃基通过氧原子相连而成的化合物,可用通式表示为:R—O—R′,R—O—Ar,Ar—O—Ar′,其中 C—O—C 称为醚键,是醚的官能团,其中氧原子是以 sp^3 杂化状态分别与两个烃基的碳原子形成两个 C—O σ 键。氧原子的另外两个 sp^3 轨道中有两对未成键电子对。

饱和一元醚和饱和一元醇互为官能团异构体,具有相同的通式 $C_nH_{2n+2}O$。根据分子中烃基的结构,醚可分为脂肪醚和芳香醚。在脂肪醚中,根据烃基的结构又分为饱和醚、不饱和醚、环醚(脂环烃的环上碳原子被一个或多个氧原子取代后所形成的化合物)等。还可根据两个烃基是否相同分为简单醚(两个烃基相同)和混合醚(两个烃基不相同)。

脂肪醚：

$CH_3OCH_2CH_3$　　　$CH_3CH_2OCH_2CH_3$ 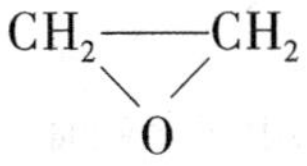　　　　　　$C_2H_5—O—CH=CH_2$

饱和醚(混合醚)　　　饱和醚(简单醚)　　　环醚(环氧化合物)　　　不饱和醚

芳醚：

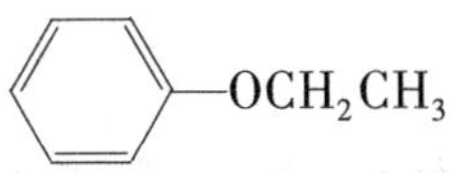

混合醚 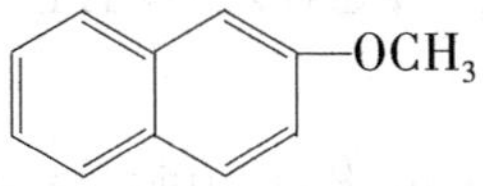　　　　　　　混合醚 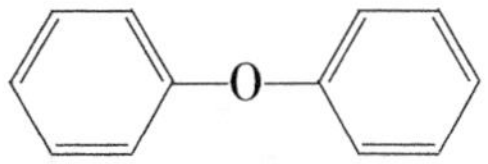　　　　　　　简单醚

结构简单的醚一般采用普通命名法命名,即在烃基的名称后面加上"醚"字。两个烃基相同时,"二"字和烃基的"基"字可以省略,例如：

CH_3OCH_3　　　　　$CH_3CH_2OCH_2CH_3$　　　　

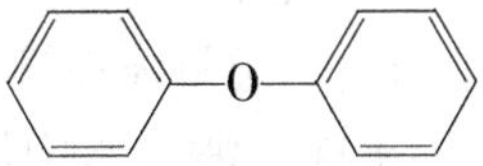

(二)甲(基)醚　　　　(二)乙(基)醚　　　　(二)苯(基)醚

两个烃基不相同时,脂肪醚将小的烃基放在前面,芳香醚则把芳基放在前面,例如：

$CH_3OCH_2CH_3$　　　　$C_2H_5—O—CH=CH_2$

甲基乙基醚　　　　　　乙基乙烯基醚

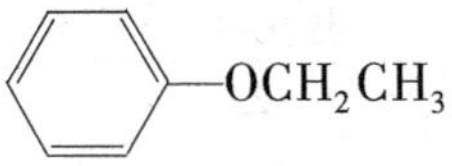

苯乙醚 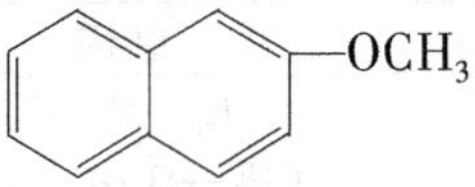　　　　　　　　β-萘甲醚

结构复杂的醚可采用系统命名法命名,即选择较长的烃基为母体,有不饱和烃基时,选择不饱和度较大的烃基为母体,将较小的烃基与氧原子一起看做取代基,叫做烷氧基(RO—)。例如：

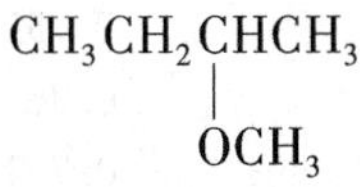

$CH_3CH_2\underset{|}{CH}CH_3$　　　$CH_3\underset{|}{CH}CH_2OCH_2CH_3$　　　CH_3O—◯—OH
　　　　OCH_3　　　　　　　OH

2-甲氧基丁烷 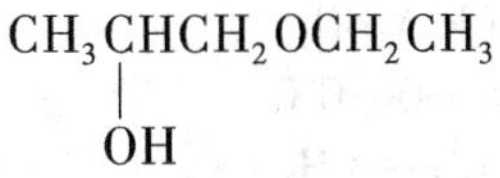　　　　1-乙氧基2-丙醇 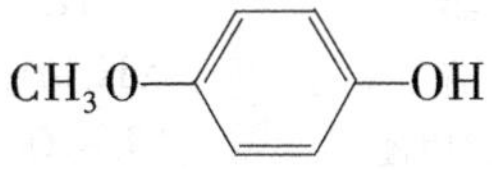　　　　4-甲氧基苯酚

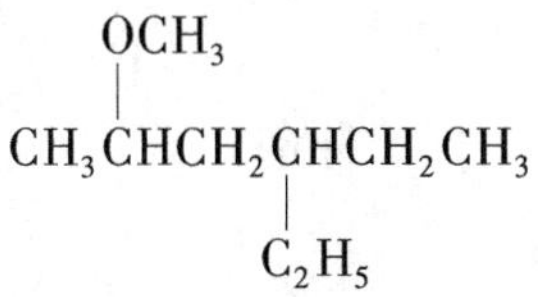

$CH_3\underset{|}{CH}CH\underset{|}{CH}CH_2CH_3$
　　　OCH_3　　C_2H_5

4-乙基-2-甲氧基己烷　　　　　　　$CH_3OCH_2CH_2OCH_3$

　　　　　　　　　　　　　　　　1,2-二甲氧基乙烷

命名三、四元环的环醚时,标出氧原子所在母体的序号,以"环氧某烷"来命名。例如：

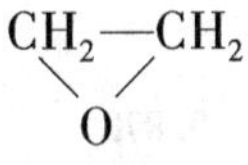

环氧乙烷 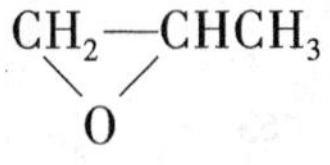　　　　1,2-环氧丙烷 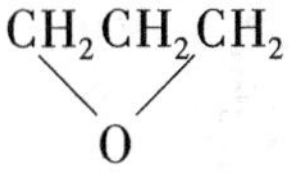　　　　1,3-环氧丙烷 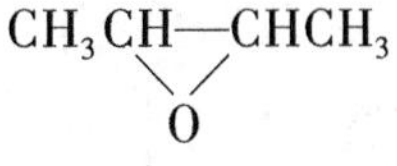　　　　2,3-环氧丁烷

更大的环醚一般按杂环化合物来命名。

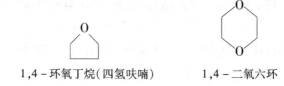

1,4 - 环氧丁烷(四氢呋喃)　　　　1,4 - 二氧六环

6.8　醚的物理性质

除含三个碳原子以下的醚为气体外,其余的醚在常温下通常为易挥发、易燃烧、有香味的液体。醚分子中因无羟基而不能在分子间生成氢键,因此醚的沸点比相应的醇低得多,与分子量相近的烷烃相当。例如,甲醚的沸点是 −23 ℃,而乙醇的沸点是 78.3 ℃。常温下,甲醚、甲乙醚、环氧乙烷等为气体,大多数醚为液体。常见醚的物理常数列于表 6.6 中。

醚分子中的碳氧键是极性键,易于与水形成氢键,所以醚在水中的溶解度与相应的醇相当。乙醚和正丁醇在 100 g 水中均可溶解 8 g 左右。甲醚、1,4 - 二氧六环、四氢呋喃等都可与水互溶,大多数醚不溶于水。醚能溶于有机溶剂,同时很多有机物质也能溶解于醚中,由于醚不活泼,因此,醚常用作溶剂。

表 6.6　常见醚的物理常数

名称	结构	沸点/℃	相对密度 20 ℃/g · dm^{-3}
甲醚	$CH_3—O—CH_3$	−25	0.661
甲乙醚	$CH_3—O—CH_2CH_3$	8	0.679
乙醚	$CH_3CH_2—O—CH_2CH_3$	35	0.714
正丙醚	$CH_3(CH_2)_2—O—(CH_3)_2CH_3$	90	0.736
异丙醚	$(CH_3)_2CH—O—CH(CH_3)_2$	69	0.735
正丁醚	$CH_3(CH_2)_3—O—(CH_2)_3CH_3$	143	0.769
甲丁醚	$CH_3—O—(CH_2)_3CH_3$	70	0.744
乙丁醚	$CH_3CH_2—O—(CH_2)_3CH_3$	92	0.752
乙二醇二甲醚	$CH_3—O—CH_2CH_2—O—CH_3$	83	0.863
乙烯醚	$CH_2=CH—O—CH=CH_2$	35	0.773
四氢呋喃		65	0.888
1,4 - 二氧六环		101	1.034
环氧乙烷		11	
环氧丙烷		34	0.859
1,2 - 环氧丁烷		63	0.873

表 6.6(续)

名称	结构	沸点/℃	相对密度 20 ℃/g·dm^{-3}
顺 – 2,3 – 环氧丁烷	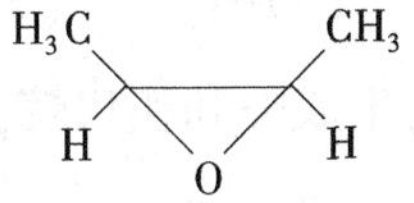	59	0.823
反 – 2,3 – 环氧丁烷	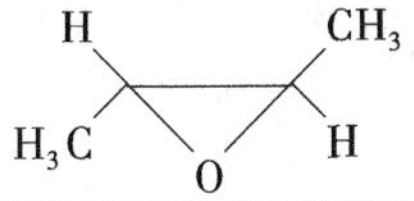	54	0.801

6.9　醚的化学性质

除某些环醚外,醚是一类很稳定的化合物,其化学稳定性仅次于烷烃。常温下,醚对于活泼金属、碱、氧化剂、还原剂等十分稳定。但醚仍可发生一些特殊的反应。

6.9.1　碱性

醚分子中的氧原子在强酸性条件下,可接受一个质子生成锌盐:

$$R—\overset{..}{\underset{..}{O}}—R + HCl \longrightarrow R—\overset{+}{\underset{\underset{H}{|}}{O}}—R + Cl^-$$

$$R—\overset{..}{\underset{..}{O}}—R + H_2SO_4 \longrightarrow R—\overset{+}{\underset{\underset{H}{|}}{O}}—R + HSO_4^-$$

锌盐可溶于冷的浓强酸中,用水稀释会分解析出原来的醚。所以不溶于水的醚能溶于强酸溶液中,利用醚的这种弱碱性,可分离提纯醚类化合物,也可鉴别醚类化合物。醚还可以和路易斯酸(如 BF$_3$,AlCl$_3$,RMgX)等生成锌盐。

$$R—\overset{..}{\underset{..}{O}}—R + BF_3 \longrightarrow \underset{R}{\overset{R}{|}} O \rightarrow \underset{F}{\overset{F}{B}}—F$$

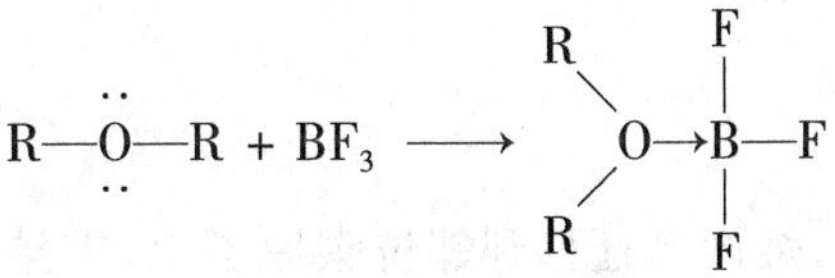

6.9.2　醚键断裂反应

醚与质子形成盐后,使醚分子中 C – O 键变弱,因此在酸性试剂作用下,醚链会断裂。在较高温度下,浓氢碘酸或浓氢溴酸等强酸能使醚键断裂,生成卤代烃和醇或酚。若使用过量的氢卤酸,则生成的醇将进一步与氢卤酸反应生成卤代烃。伯烷基醚与氢碘酸作用时,碘负离子与盐按 S$_N$2 机理进行反应。

$$CH_3CH_2OCH_2CH_3 + HI \rightleftharpoons CH_3CH_2\overset{+}{\underset{\underset{H}{|}}{O}}CH_2CH_3 \xrightarrow{I^-} CH_3CH_2I + CH_3CH_2OH$$
$$\xrightarrow{\text{HI(过量)}} 2CH_3CH_2I + H_2O$$

伯烷基醚键断裂时往往是较小的烃基生成碘代烷,例如:

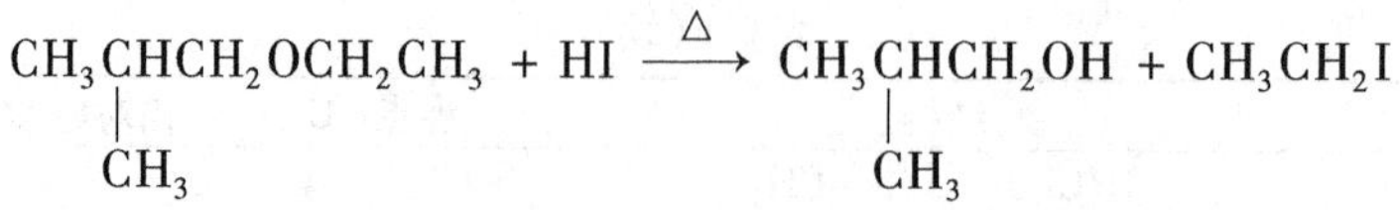

$$CH_3CHCH_2OCH_2CH_3 + HI \xrightarrow{\triangle} CH_3CHCH_2OH + CH_3CH_2I$$

（左侧 CH_3 在第一个 CH 下方，右侧 CH_3 在 CH 下方）

芳香混醚与浓 HI 作用时，总是断裂烷氧键，生成酚和碘代烷。

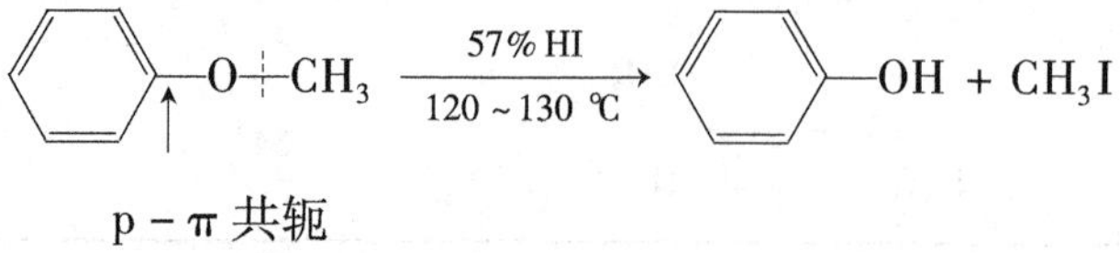

$$\text{苯基—O⫫CH}_3 \xrightarrow[120\sim130\ ℃]{57\%\ HI} \text{苯基—OH} + CH_3I$$

p－π 共轭

叔丁基醚可按 S_N1 机理进行反应。例如：

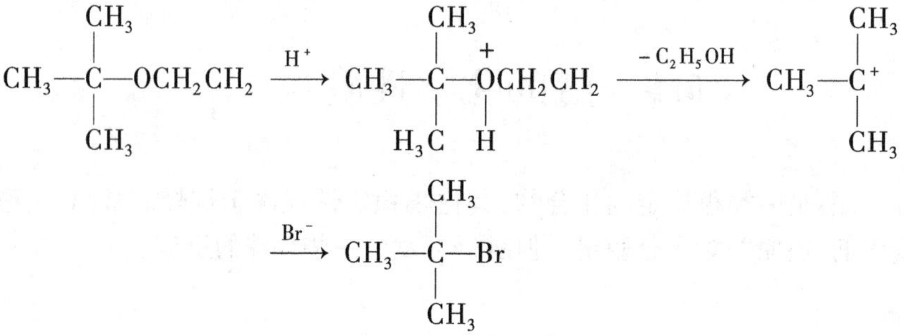

由于叔丁基醚比较活泼，用硫酸可使醚键断裂，利用这一性质常用来保护羟基。例如，由 $HOCH_2CH_2Br$ 合成 $HOCH_2CH_2CH_2OH$：

$$HOCH_2CH_2Br \longrightarrow HOCH_2CH_2CH_2OH$$

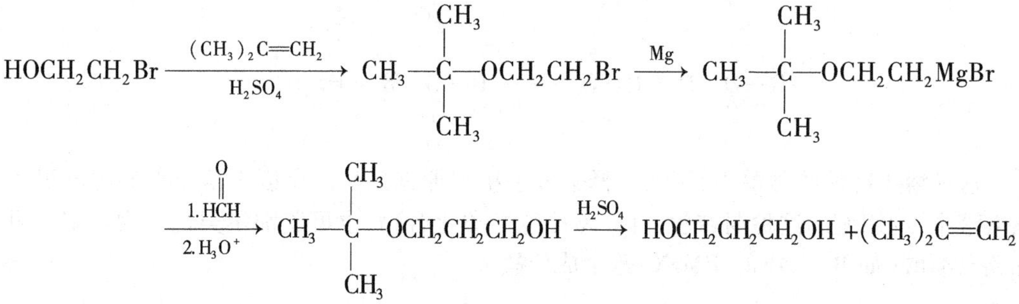

6.9.3 芳醚的反应

苯基烯丙基醚在加热时，烯丙基迁移到邻位碳原子上，重排为邻位烯丙苯酚，这个反应称为 Claisen 重排反应。如果邻位已经有取代占有，则该重排反应的产物是对位烯丙基苯酚。

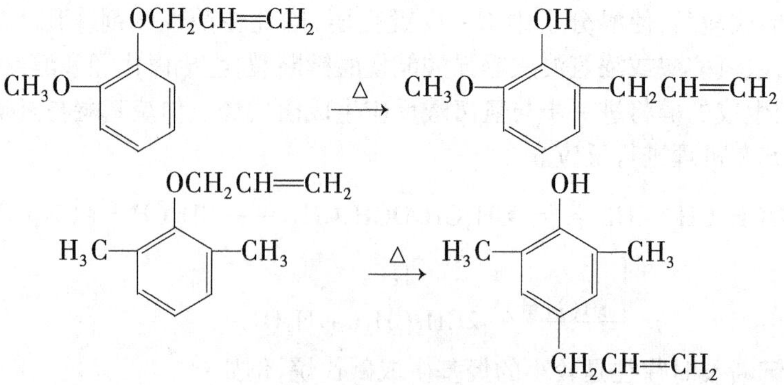

乙烯醇的烯丙基醚也发生类似的重排反应,得到醛产物:

$$\begin{array}{c} OCH_2CH=CH_2 \\ | \\ CH_2=CH_2 \end{array} \xrightarrow{\triangle} \left[\begin{array}{c} OH \quad CH_2CH=CH_2 \\ | \quad\quad | \\ CH=CH \end{array}\right] \longrightarrow \overset{\overset{\displaystyle O}{\parallel}}{HC}-CH_2CH_2CH=CH_2$$

6.9.4 氧化反应

醚长期与空气接触下,会慢慢生成不易挥发的过氧化物。

$$RCH_2OCH_2R \xrightarrow{[O]} \underset{\underset{\displaystyle O-O-H}{|}}{RCH_2OCHR}$$

过氧化物和氢过氧化物沸点很高,都不易挥发,蒸馏乙醚时,残留液中过氧化物浓度增加,受热后分解极易爆炸。蒸馏乙醚时,有时发生爆炸事故就是这个原因。因此,蒸馏乙醚时,不要完全蒸完,以免过氧化物受热而爆炸。在蒸馏乙醚之前,必须检验有无过氧化物存在,以防意外。用 KI – 淀粉试纸检验,如有过氧化物存在,KI 被氧化成 I_2 而使湿润的淀粉试纸变为蓝紫色。或者在醚中加入 $FeSO_4$ 和 KCNS 溶液,如有红色 $[Fe(CNS)_6]^{3-}$ 络离子生成,证明有过氧化物存在。

$$过氧化物 + Fe^{2+} \longrightarrow Fe^{3+} \xrightarrow{SCN^-} Fe(SCN)_6^{3+}$$

如果在醚中存在过氧化物,应该在醚中加入还原剂如 Na_2SO_3 或 $FeSO_4$ 后振荡,以破坏所生成的过氧化物。为了醚在存放的过程中过氧化物的生成,通常在储藏醚类化合物时,在醚中加入少许金属钠或铁屑。为了防止醚中过氧化物的产生,市售的无水乙醚中有时加入 $5 \times 10^{-8} g \cdot mL^{-1}$ 的抗氧剂二乙基氨基二硫代甲酸钠 $(C_2H_5)_2NCS_2Na$。甲基叔丁基醚不易产生过氧化物,而异丙醚和四氢呋喃也和乙醚一样,较易生成过氧化物。

6.10 环 醚

碳链两端或碳链中间两个碳原子与氧原子形成环状结构的醚,称为环醚。例如:

$$\begin{array}{ccc} CH_2-CH_2 & CH_3-CH-CH_2 & ClCH_2-CH-CH_2 \\ \diagdown\diagup & \diagdown\diagup & \diagdown\diagup \\ O & O & O \end{array}$$

环氧乙烷 环氧丙烷 环氧氯丙烷

其中五元环和六元环的环醚,性质比较稳定。三元环的环醚又称环氧化合物,由于环易开裂,容易与各种不同试剂发生反应而生成各种不同的产物,是环醚中结构最简单,但在合成上有广泛应用的重要合成原料。

环氧乙烷是最简单和最重要的环醚,是无色有毒气体,沸点 10.7℃,易于液化,可与水混溶,也可溶于乙醇、乙醚等有机溶剂,爆炸极限 3.6% ~78%(体积),使用时应注意安全。环氧乙烷可由乙烯在银的催化下氧化制得:

$$CH_2=CH_2 + O_2 \xrightarrow[250℃,加压]{Ag} \begin{array}{c} CH_2-CH_2 \\ \diagdown\diagup \\ O \end{array}$$

环氧乙烷分子中两个碳氧键之间的夹角为 61.6°,碳碳键的键长约为 0.147 nm,碳氧键长约为 0.144 nm。由于三元环存在张力,张力能 114.1 kJ·mol^{-1},故环氧乙烷的化学性质很活泼,容易在酸或碱催化下与亲核试剂发生亲核取代反应而使环开裂,生成开环产物。所以环氧乙烷是一种重要的工业原料。

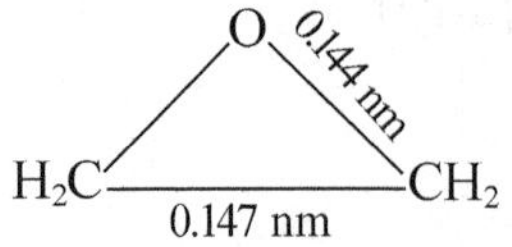

1. 酸催化的开环反应

在酸催化下,环氧乙烷容易和水、醇、氢卤酸等反应而得到各种开环产物。反应首先是环氧乙烷与 H$^+$ 作用生成质子化的环氧乙烷,然后作为亲核试剂的水分子、醇分子或卤离子等向它进攻,则环开裂,生成相应的产物。

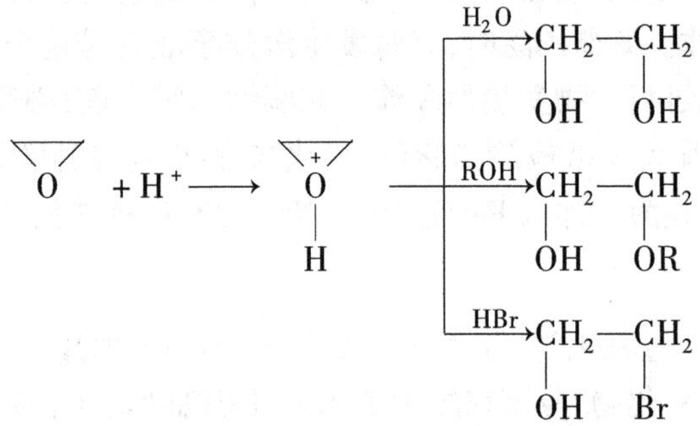

2. 碱催化的开环反应

在碱催化下,环氧乙烷也容易发生开环反应,这些反应也是按 S$_N$2 历程进行的亲核取代反应,在亲核试剂 HO$^-$,RO$^-$,NH$_3$,RMgX 等作用下,开裂反应(S$_N$2)主要发生在取代基较少的一端,即空间位阻较小的碳原子,生成相应的开环产物。

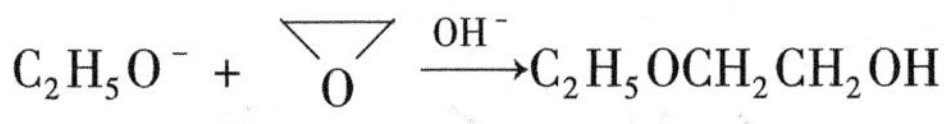

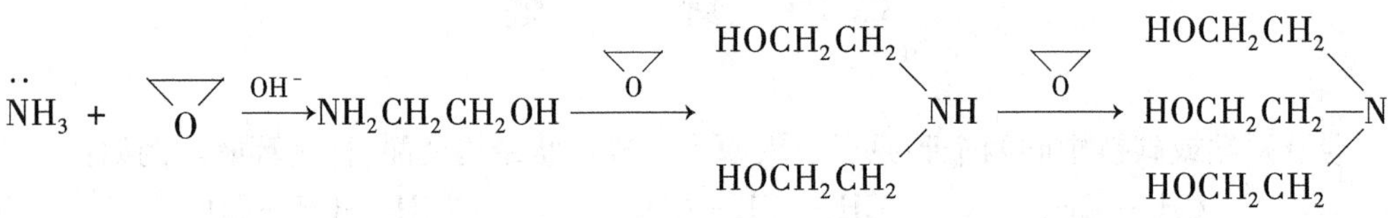

$$C_2H_5O^- + \triangledown\!O \xrightarrow{OH^-} C_2H_5OCH_2CH_2OH$$

β-羟乙胺　　　　　　二(β-羟乙基)胺　　　　　　三(β-羟乙基)胺

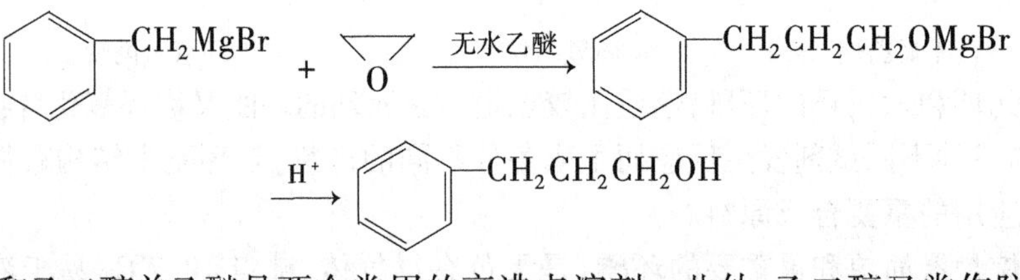

乙二醇和乙二醇单乙醚是两个常用的高沸点溶剂。此外,乙二醇又常作防冻剂(把它溶于水,能使水的冰点下降)和制造合成纤维"涤纶"的原料。乙二醇单醚(ROCH$_2$CH$_2$OH)更能溶解纤维素,故又称"溶纤剂",是油漆的优良溶剂。氯乙醇是一个有机合成中间体,因为在它的分子有两个官能团(—Cl,—OH),可起很多反应。

乙醇胺是一种润湿剂和防锈剂。环氧乙烷与格氏试剂 RMgX 作用水解后的产物是一个伯醇,这个伯醇与格氏试剂相比较多两个碳原子,因此它是一个实验室中制备伯醇和增长碳链的方法。

不对称环氧化合物的开裂(开环)方向取决于反应条件。一般碱催化的开裂反应(S_N2)主要发生在取代基较少的一端,即空间位阻较小的碳原子。酸催化的开裂反应主要发生在取代基较多的一端。

$$CH_3CH \overset{O}{-\!\!\!\triangle\!\!\!-} CH_2 \xrightarrow{CH_3O^-} CH_3\overset{O^-}{\underset{|}{C}}HCH_2OCH_3 \xrightarrow[-CH_3O^-]{CH_3OH} CH_3\overset{OH}{\underset{|}{C}}HCH_2OCH_3$$

在酸性条件下,首先是质子进攻氧原子,质子化了的环氧化合物由于环张力的关系带有部分碳正离子的性质。随后以 S_N1 或 S_N2 反应机制进行。若按 S_N1 过程,质子化的环氧化物开环生成碳正离子,则正电荷更容易位于原来环中含取代基更多的碳原子上,然后亲核试剂迅速进攻这个碳正离子得到产物,此时亲核进攻的方向与在碱性介质中的开环反应正好相反。若仍以 S_N2 反应进行,中间体环状正离子结构中,同样是带有取代基较多的碳原子上正荷更多一些,容易受到亲核试剂的进攻。在这里,空间阻碍不是主要因素,因为此处的离去基是一个碱性较弱的醇羟基。这个 S_N2 过程仍带有较多的 S_N1 特性。而在碱性条件下,离去基是一个碱性较强的烷氧负离子,它不容易离去,故位阻效应产生更多的作用。

$$CH_3CH\overset{O}{-\!\!\!\triangle\!\!\!-}CH_2 \xrightarrow{H^+} CH_3CH\overset{\overset{+}{O}H}{-\!\!\!\triangle\!\!\!-}CH_2 \xrightarrow[Nu^-]{} CH_3\overset{+}{C}H\overset{OH}{-\!\!-}CH_2 \longrightarrow CH_3\overset{Nu}{\underset{}{C}}H-\!\!-CH_2OH$$

不对称的三元环醚的开环反应存在着一个取向问题,一般情况是:酸催化条件下亲核试剂进攻取代较多的碳原子;碱催化条件下亲核试剂进攻取代较少的碳原子。

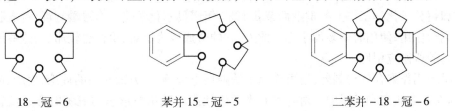

6.11　冠　　醚

1962 年首次合成了多氧的大环醚,它分子中具有 $-\!(CH_2-\!CH_2-\!O)_n$ 重复单元。由于它们的结构像王冠,因此称为冠醚。冠醚是含有多个氧原子的大环醚,是 20 世纪 70 年代发展起来的具有特殊络合性能的化合物。冠醚系统命名比较复杂,使用不便,因此,冠醚的命名通常采用 X－冠－Y 表示,X 表示环上所有原子的数目,Y 表示环上氧原子的数目。例如:

18－冠－6　　　　　　苯并 15－冠－5　　　　　二苯并－18－冠－6

冠醚主要用威廉森合成法制备。例如,18 - 冠 - 6 和二苯并 - 18 - 冠 - 6 的制法如下:

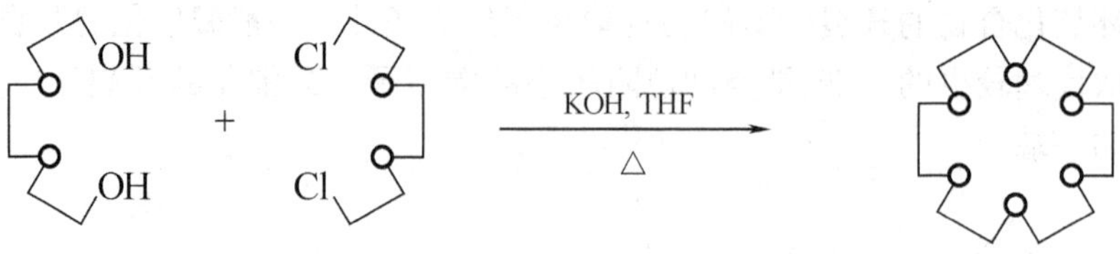

在冠醚的大环结构中有空穴,且由于氧原子上含有未共用电子对,可和金属阳离子形成络合离子。各种冠醚的空穴大小不同,因此对金属离子具有较高的络合选择性,只有和空穴大小相当的金属离子才能进入空穴。例如,18 - 冠 - 6 中的空穴直径为 0.30 nm,可以与 $KMnO_4$ 中钾离子(直径为 0.266 nm)形成稳定的络合物,而 12 - 冠 - 4,15 - 冠 - 5 能与 Li^+,Na^+ 形成稳定的络合物。

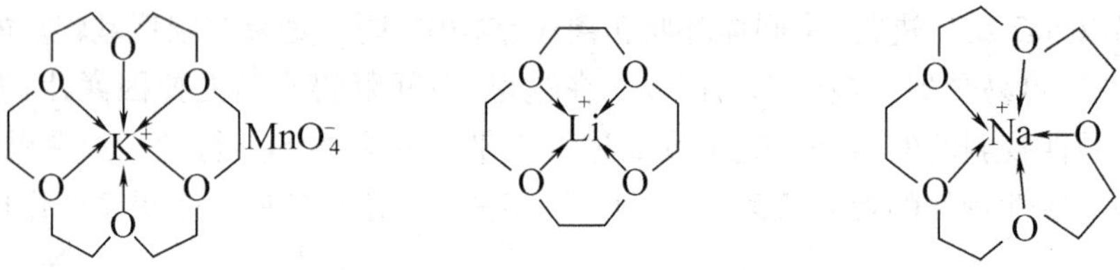

(蓝色溶液)

冠醚的这个性质可以利用来分离金属阳离子,也可利用来使某些反应加速进行。例如,环己烯用高锰酸钾氧化,因高锰酸钾不溶于环己烯,反应较难进行,产率不高,但加入 18 - 冠 - 6 后,反应即迅速进行。因为冠醚与高锰酸钾形成的络合物分子中具有亲油性的亚甲基排列在环的外侧而可溶于有机相(即环己烯)中,促进了氧化剂的相转移作用,使反应物可和氧化剂很好地接触,反应能顺利进行。

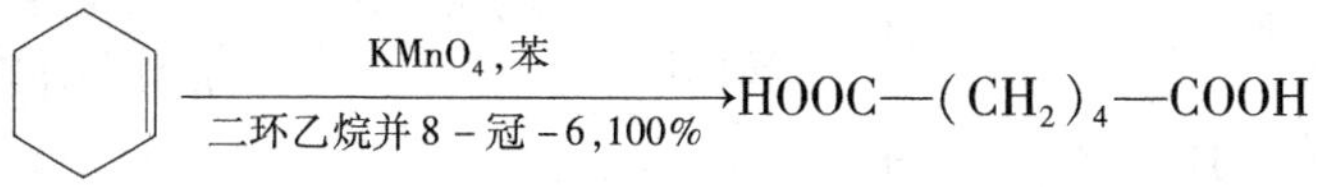

KCN 与卤代烃反应,由于 KCN 不溶于有机溶剂,KCN 与卤代烃的反应在有机溶剂中不容易进行,加入 18 - 冠 - 6 反应立刻进行。其原因是,由于冠醚可以溶于有机溶剂,K^+ 通过与冠醚络合进入反应体系中,CN^- 通过与 K^+ 之间的作用,也进入反应体系中,从而顺利地与卤代烃反应,冠醚的这种作用为相转移催化作用。

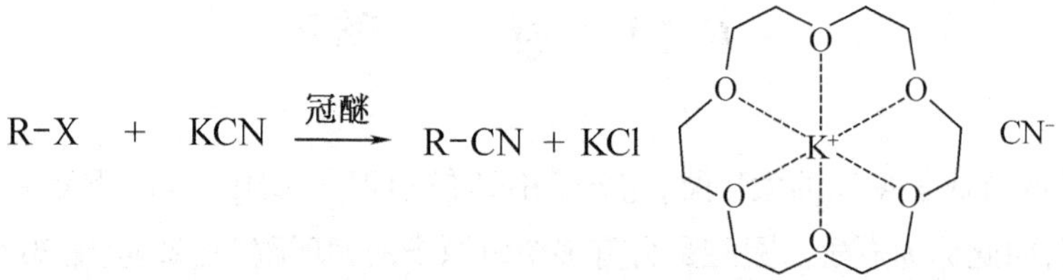

这些相转移催化反应的选择性强、产品纯度高、分离容易,也不必使用昂贵的非质子极性溶剂,因此用途非常广泛。Pedersen 和另两位化学家 C. J. Cram 及 J. M. Lehn 因在冠醚等主客体和超分子化学工作上的贡献而荣获 1987 年诺贝尔化学奖。但冠醚有毒,对皮肤和眼睛都有刺激作用,使用时要多加小心。此外,它的合成较为困难,价格也较昂贵,这些因素也限制了它的普遍应用性。

冠醚除用作络合催化剂外,还可作离子选择性电极等,这方面有关的理论、生产、应用等问题,尚在不断研究和发展中。对各种有光学活性或特殊拓扑形态的冠醚的合成及它们络合能力的研究导致主客体化学(Host and Guest Chemistry)的形成和发展。这些有显著的分子识别能力的冠醚主体,将有选择性地与作为客体分子的底物发生络合作用,主客体之间借助非共价键结合而形成络合物或包结物。人们设计合成了大量种类繁多的功能大环主体化合物,如冠醚、穴醚、大环多胺、由 6 ~ 12 个葡萄糖单元以 α - 1,4 - 苷键连接成环的环糊精(Cyclodextrin)、由 4 ~ 8 个 4 - 叔丁基苯酚与甲醛缩合而成的环芳烃(Calixarene)、多个苯环在 1,4 - 位以亚乙基或杂原子相连而成的环番(Cyclophane),等等。这些主体与客体之间以范德华力、静电引力、氢键、配位键、溶剂化力、疏水亲脂作用力和电荷迁移等相互作用。研究这些非共价键合分子集合体的化学也称为超分子化学(Supramolecular Chemistry),也就是分子内键合和分子聚集的化学。超分子体系是由两个或两个以上的分子通过分子间作用连接起来的实体,超分子化学是超出单个分子以外的化学,是有关超分子体系结构与功能的学科。运用在特定的结构区域内的非共价键和多种分子间通过氢键力、静电力和范德华力的相互作用和立体化学等方面的知识能设计出人工受体分子,它们通过形成超分子结构,即具有明确结构和功能的"超分子",与底物有选择性地结合,发生类似"锁和钥匙"的分子间专一性结合的分子识别过程。分子通过上述作用的分子识别而自发构筑成结构和功能确定的超分子体系的过程也称为分子自组装(Self-assembling)。超分子化学在模拟酶、模拟膜和催化反应、分子开关、超分子建筑、金属富集及分离、分析、制备有特殊结构性能的分子方面发挥了很大的作用,在类似生命过程的各种高效的单元反应组合及实现自然界复杂而独特的识别、转化、复原等可循环功能方面,主客体化学和超分子化学的研究近来正日益受到人们的重视。

化学作为一个多尺度的科学正在全面发展。长期以来,高分子化学家对分子量大于 5 万的较有兴趣,其他化学家则热衷于分子量小于 2 000 的小分子。超分子化学处理的这些大分子的分子量多在 2 000 到 5 万之间,20 世纪 80 年代以来,超分子科学所取得的成果已是十分引人注目。

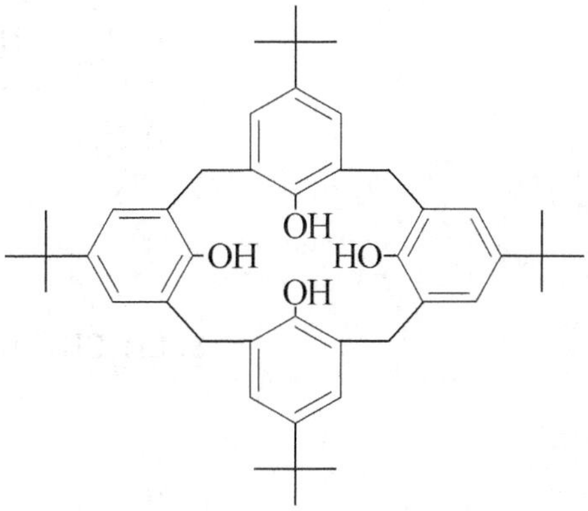

对叔丁基杯[4]芳烃

思 考 题

1. 用 HBr 处理新戊醇 (CH₃)₃CCH₂OH 时,只得到 (CH₃)₂CBrCH₂CH₃。

2. 当溴化氢水溶液与 3 - 丁烯 - 2 - 醇反应时,不仅产生 3 - 溴 - 1 - 丁烯,还产生 1 -

溴-2-丁烯。

3. 对甲基苯甲醚与过量氢碘酸作用，生成对甲基苯酚和碘甲烷，而不是对碘甲苯和甲醇。

4. 为什么乙二醇及其甲醚的沸点随相对分子质量的增加而降低？

	$HOCH_2CH_2OH$	$CH_3OCH_2CH_2OH$	$CH_3OCH_2CH_2OCH_3$
b. p./℃	197	125	84

5. 解释下列反应：

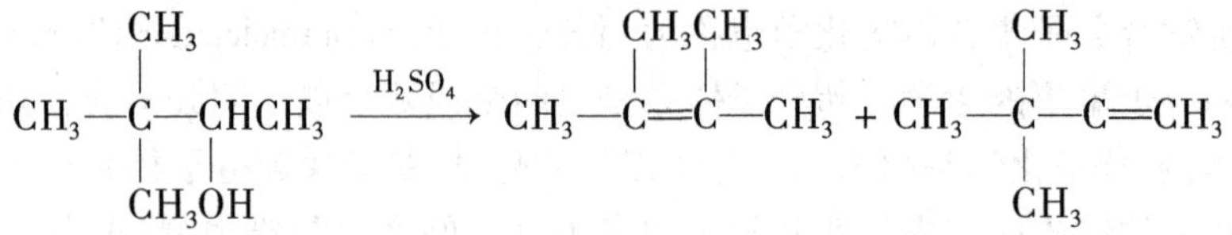

多　　　少

习　题

一、按系统命名法命名下列化合物

1. 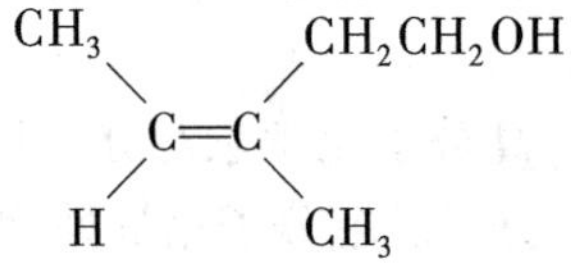

2. 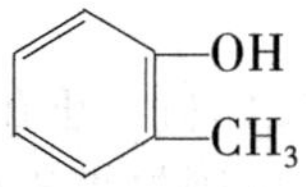

3. 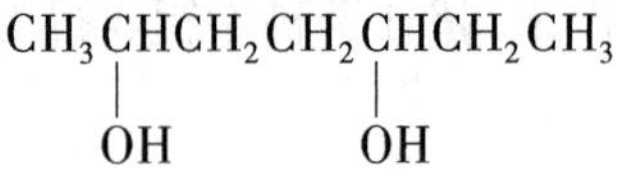

4. 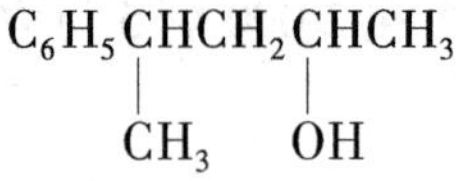

5. 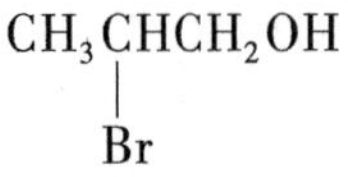

6. 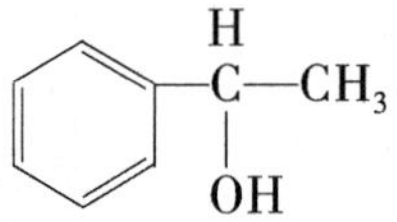

7. 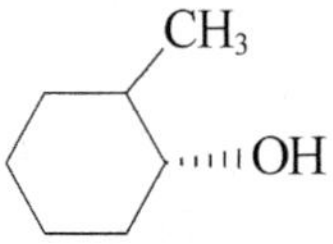

8. $CH_3CH_2OCH_2CH_2OCH_2CH_3$

9. 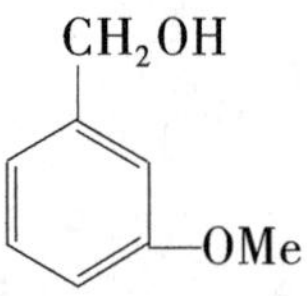

二、完成下列反应，写出反应的主要产物

1. $(CH_3)_2CHCH_2CH_2OH + HBr \longrightarrow$

2. 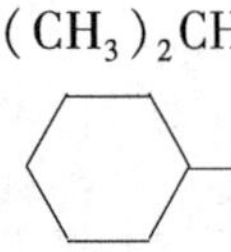—OH + HCl $\xrightarrow{\text{无水 } ZnCl_2}$

3. $(CH_3)_2CHOCH_3 + HI(1\ mol) \longrightarrow$

4.

$$\text{(2-甲基四氢吡喃)} + HI(过量) \longrightarrow$$

5. $CH_3(CH_2)_3CHCH_3 \xrightarrow[OH^-]{KMnO_4}$
　　　　　　$\underset{OH}{|}$

6.

$$\text{(对甲基苯酚)} \xrightarrow[H_2O]{Br_2(过量)}$$

7. $\begin{matrix} CH_2{-}OH \\ CH{-}OH \\ CH_2{-}OH \end{matrix} + 3HNO_3 \xrightarrow[\triangle]{H_2SO_4}$

8. $CH_3(CH_2)_2CHCH_2CH_3 \xrightarrow[分子内脱水]{浓\ H_2SO_4}$
　　　　　　　　$\underset{OH}{|}$

三、选择题

1. 下列化合物沸点最大的是(　　)。

A. 正己醇　　　　　B. 3 – 己醇　　　　　C. 正己烷　　　　　D. 2 – 甲基 – 2 – 戊醇

2. 不用查表,下列化合物按沸点降低的次序排列(　　)。

a. $CH_3CH_2CH_2Cl$　　b. $n{-}C_4H_9OH$　　c. CH_3CHCH_2OH　　d. $CH_3CH_2CHCH_3$
　　　　　　　　　　　　　　　　　　　　　　　$\underset{CH_3}{|}$　　　　　　　$\underset{OH}{|}$

A. a > b > c > d　　B. a > c > b > d　　C. b > c > d > a　　D. c > b > a > d

3. 比较酸性强弱:a. 苯酚 b. 2,4 – 二硝基苯酚 c. 间硝基苯酚 d. 对硝基苯酚(　　)。

A. b > d > c > a　　B. b > d > a > c　　C. d > a > c > b　　D. a > c > d > b

4. 下列化合物沸点最高的是(　　)。

A. $\begin{matrix} CH_2{-}OH \\ CH_2{-}OH \end{matrix}$　　　B. $\begin{matrix} CH_2OH \\ CH_2OCH_3 \end{matrix}$　　　C. $\begin{matrix} CH_2OCH_3 \\ CH_2OCH_3 \end{matrix}$　　　D. CH_3CH_3

5. 下列化合物在水中溶解度最大的是(　　)。

A. $HOCH_2CH_2CH_2CH_2OH$　　　　　　　B. $CH_3CH_2CH_2CH_2CH_3$

C. $CH_3CH_2OCH_2CH_3$　　　　　　　　D.

6. 下列化合物中能形成分子内氢键的为(　　)。

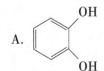

A.　　　　　　　　　　　　　　　　　　B.

C. 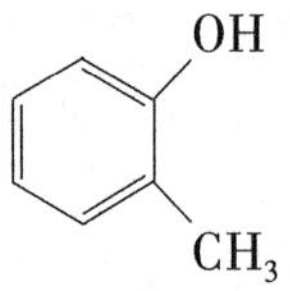

D. 

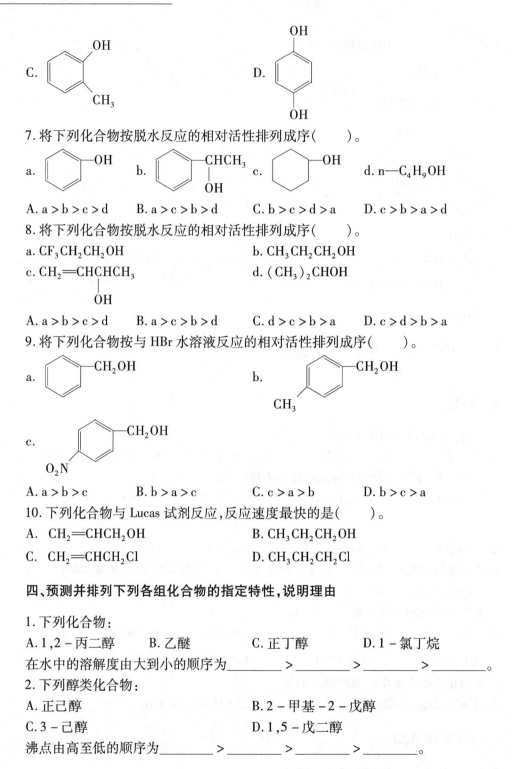

7. 将下列化合物按脱水反应的相对活性排列成序(　　)。

a. 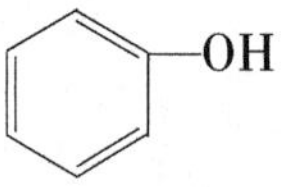　b. 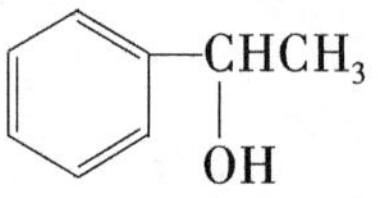　c. 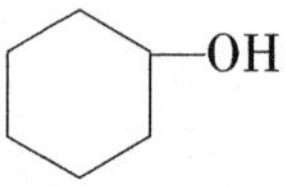　d. n—C_4H_9OH

A. a > b > c > d　　B. a > c > b > d　　C. b > c > d > a　　D. c > b > a > d

8. 将下列化合物按脱水反应的相对活性排列成序(　　)。

a. $CF_3CH_2CH_2OH$　　b. $CH_3CH_2CH_2OH$

c. $CH_2{=}CHCH(OH)CH_3$　　d. $(CH_3)_2CHOH$

A. a > b > c > d　　B. a > c > b > d　　C. d > c > b > a　　D. c > d > b > a

9. 将下列化合物按与 HBr 水溶液反应的相对活性排列成序(　　)。

a. 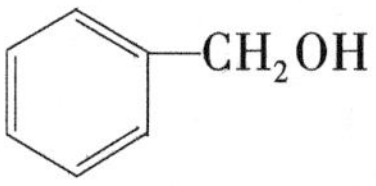　b. 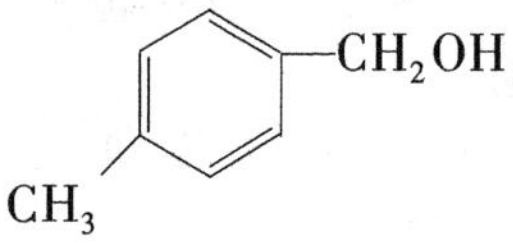

c. 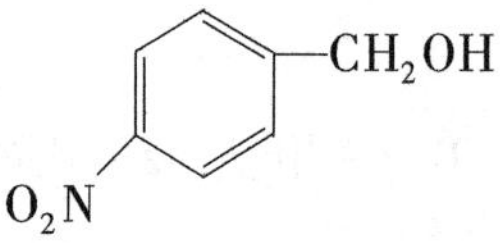

A. a > b > c　　B. b > a > c　　C. c > a > b　　D. b > c > a

10. 下列化合物与 Lucas 试剂反应,反应速度最快的是(　　)。

A. $CH_2{=}CHCH_2OH$　　B. $CH_3CH_2CH_2OH$

C. $CH_2{=}CHCH_2Cl$　　D. $CH_3CH_2CH_2Cl$

四、预测并排列下列各组化合物的指定特性,说明理由

1. 下列化合物:

A. 1,2 - 丙二醇　　B. 乙醚　　C. 正丁醇　　D. 1 - 氯丁烷

在水中的溶解度由大到小的顺序为________ > ________ > ________ > ________。

2. 下列醇类化合物:

A. 正己醇　　B. 2 - 甲基 - 2 - 戊醇

C. 3 - 己醇　　D. 1,5 - 戊二醇

沸点由高至低的顺序为________ > ________ > ________ > ________。

3. 下列酚类化合物：

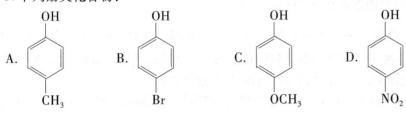

酸性相对强弱的顺序为_____ > _____ > _____ > _____。

4. 下列苄醇类化合物：

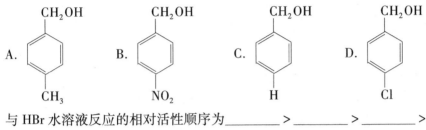

与 HBr 水溶液反应的相对活性顺序为_____ > _____ > _____ > _____。

5. 下列脂肪醇类化合物：

A. 1 – 丁醇　　　　　　　　　　B. 2 – 甲基 – 2 – 丙醇

C. 2 – 丁醇　　　　　　　　　　D. 3 – 丁烯 – 2 – 醇

脱水反应的相对活性顺序为_____ > _____ > _____ > _____。

6. 下列化合物：

A. 苯酚　　　　　B. 碳酸　　　　　C. 环己醇　　　　　D. 水

酸性相对强弱的顺序为_____ > _____ > _____ > _____。

7. 下列脂肪醇类化合物：

A. 1 – 丁醇　　　　　　　　　　B. 2 – 丁烯 – 1 – 醇

C. 2 – 丁醇　　　　　　　　　　D. 2 – 甲基 – 2 – 丙醇

与 Lucas 试剂反应的相对速度为_____ > _____ > _____ > _____。

五、鉴别与分离题

1. 用化学法鉴别下列各组化合物：

（1）1 – 丁醇　　　2 – 丁醇　　　　　2 – 甲基 – 2 – 丙醇

（2）苯甲醇　　　对甲酚　　　　　氯化苄　　　　　　苯甲醚

2. 提纯或分离下列化合物：

（1）提纯含有少量苯酚的环己醇。

（2）从对甲酚、苯甲醇和苯甲酸的混合物中分离各组分，画出分离流程图。

六、推导有机合成路线

1. 由乙烯、丙烯合成 4 – 戊烯 – 1 – 醇。

2. 由叔丁醇合成（CH_3）$_2$CHCH$_2$OH。

3. 由苯合成 2,6 – 二氯苯酚。

七、由有机化合物的性质推导其结构

1. 某芳香族化合物 A 分子式为 C_7H_8O,不与金属钠发生反应,但能与浓氢碘酸作用生成 B 和 C 两个化合物,B 能溶于氢氧化钠溶液并与三氯化铁溶液作用显紫色,C 能与硝酸银溶液作用生成黄色沉淀,试写出 A,B 和 C 的结构及推导过程。

2. 化合物 $A(C_6H_{12}O)$,与 Br_2/CCl_4 不反应,常温下与金属钠亦不起反应,和稀 HCl 或稀 NaOH 溶液反应得化合物 $B(C_6H_{14}O_2)$。B 与等摩尔的 HIO_4 反应只得一种醛 C。试写出 A,B,C 的构造式及反应简式。

第7章 醛 和 酮

醛、酮分子中含有官能团羰基 $\diagdown$C$=$O，故称醛酮为羰基化合物。羰基碳原子连接一个氢原子和一个烃基的化合物羰基叫做醛，醛基总是位于碳链的一端；羰基和两个烃基相连的化合物叫做酮。可用通式表示为

$$
\begin{array}{cc}
(H)R{-}\underset{\underset{O}{\|}}{C}{-}H & Ar{-}\underset{\underset{O}{\|}}{C}{-}H \\
\end{array}
$$

醛

$$
R_1{-}\underset{\underset{O}{\|}}{C}{-}R_2 \qquad Ar{-}\underset{\underset{O}{\|}}{C}{-}R \qquad Ar_1{-}\underset{\underset{O}{\|}}{C}{-}Ar_2
$$

酮

醛分子中的 $-\underset{\underset{H}{}}{\overset{\overset{O}{\|}}{C}}$ 称为醛基，酮分子中的羰基称为酮基。还有另一类特殊的不饱和环状二酮，称为醌，例如：

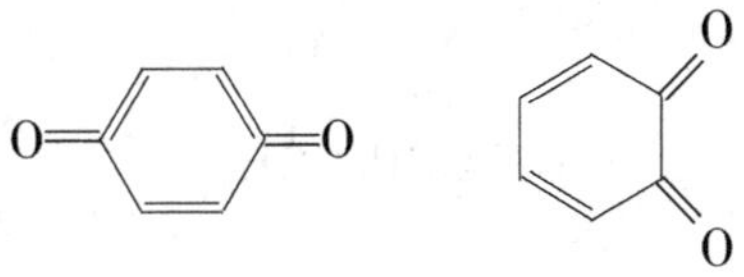

本章主要讨论一元醛、酮。

7.1 醛和酮的结构、分类及命名

7.1.1 醛和酮的结构

在醛、酮分子中，羰基是由碳原子和氧原子以双键结合的官能团，碳原子是 sp^2 杂化状态，三个 sp^2 杂化轨道分别与氧原子和另外两个原子（碳原子或氢原子）形成三个 σ 键，它们在同一平面上，键角接近 120°。碳原子未杂化的 p 轨道与氧原子的一个 p 轨道从侧面重叠形成 π 键。由于羰基氧原子的电负性大于碳原子，因此双键电子云不是均匀地分布在碳和氧之间，而是偏向于氧原子，形成一个极性双键，所以醛、酮是极性较强的分子。羰基的结构如图 7.1 所示。

与醛相比，和酮羰基相连的两个烷基的供电子作用使羰基碳上的正电荷相对减少，稳定性增强。一般来说，酮的热力学稳定性大于醛。羰基与芳环直接相连构成芳醛或芳酮。由于芳环与羰基之间存在着 π - π 共轭，使羰基的化学活性减弱，其热力学稳定性增大。

图 7.1　羰基的结构示意图

7.1.2　醛和酮的分类

根据羰基所连烃基的结构,可把醛、酮分为脂肪族、脂环族和芳香族醛、酮等几类。例如:

CH₃CHO　　　CH₃—C—CH₃　　　　　　　　　　—CHO　　　—C—CH₃

脂肪醛　　　　脂肪酮　　　　　脂环酮　　　　　芳香醛　　　　　芳香酮

根据羰基所连烃基的饱和程度,可把醛、酮分为饱和与不饱和醛、酮。例如:

CH₃CH₂CHO　　　CH₂=CHCHO　　　CH₂=CHCCHO

饱和醛　　　　　不饱和醛　　　　　不饱和酮　　　　　不饱和酮

根据分子中羰基的数目,可把醛、酮分为一元、二元和多元醛、酮等。例如:

OHC—CHO　　　CH₃CCH₂CCH₃

二元醛　　　　　　二元酮　　　　　　　多元酮

酮分子中与羰基相连的两个烃基相同的叫单酮(RCOR),不同的叫混酮(RCOR′)。碳原子数相同的饱和一元醛、酮互为位置异构体,具有相同的通式:$C_nH_{2n}O$。

7.1.3　醛和酮的命名

少数结构简单的醛、酮,可以采用普通命名法命名,即在与羰基相连的烃基名称后面加上"醛"或"酮"字。例如:

CH₃CHCHO　　　CH₃CCH₃　　　CH₃CH₂CCH₃　　　—C—CH₃
　　|
　　CH₃

异丁醛　　　　二甲(基)酮　　　甲(基)乙(基)酮　　　甲基苯基酮

结构复杂的醛、酮通常采用系统命名法进行命名。选择含有羰基碳原子的最长碳链为主链,从距羰基最近的一端进行编号,根据主链的碳原子数称为"某醛"或"某酮"。因为醛基处在分子的一端,命名醛时可不用标明醛基的位次,但酮基的位次必须标明。把羰基的位次写在名称的前面。如果主链上有支链或取代基时,则将支链或取代基的位次和名称放在母体名称前。命名不饱和醛、酮时,需标出不饱和键的位置。例如:

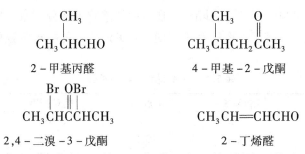

2 - 甲基丙醛　　　　　　　　　　4 - 甲基 - 2 - 戊酮

$$CH_3CHCCHCH_3$$

2,4 - 二溴 - 3 - 戊酮　　　　　　　$CH_3CH{=}CHCHO$

2 - 丁烯醛

羰基在环内的脂环酮,称为"环某酮",如羰基在环外,则将环作为取代基。例如:

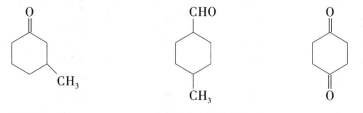

3 - 甲基环己酮　　　　4 - 甲基环己基甲醛　　　　1,4 - 环己二酮

命名芳香醛、酮时,把芳香烃基作为取代基。例如:

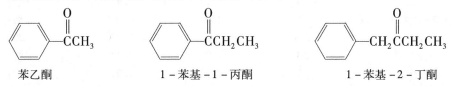

苯乙酮　　　　　　1 - 苯基 - 1 - 丙酮　　　　　　1 - 苯基 - 2 - 丁酮

含有两个以上羰基的化合物,可以用二醛、二酮等来命名。当酮羰基和醛羰基共存时,酮羰基称羰基、酰基或氧代,醛羰基称甲酰基。如:

OHCC≡CCHO　　　　　　　　　　　　　　　　　　　　　　CHO

丁炔二醛　　　　3 - 羰基戊醛(3 - 氧代戊醛)　　　3 - 氧代环己烷甲醛

7.2　醛和酮的物理性质

　　室温下,除甲醛是气体外,十二个碳原子以下的脂肪醛、酮均为液体,高级脂肪醛、酮和芳香酮多为固体。酮和芳香醛具有愉快的气味,低级醛具有强烈的刺激气味,C_9 和 C_{10} 的醛、酮具有果香味常用于香料工业。

　　由于 $\diagdown C{=}O$ 具有极性,醛、酮分子间作用力较大,所以醛、酮的沸点较相对分子质量相近的烷烃和醚高,但醛、酮分子间不能形成氢键,其沸点比相对分子质量相近的醇低。例如:

	丁烷	丙醛	丙酮	丙醇
分子量	58	58	58	60
沸点/℃	-0.5	48.8	56.1	97.2

　　醛、酮的羰基能与水分子形成氢键,所以四个碳原子以下的低级醛、酮易溶于水,如甲

醛、乙醛、丙醛和丙酮可与水互溶,其他醛、酮在水中的溶解度随分子量的增加而减小。高级醛、酮微溶或不溶于水,易溶于一般的有机溶剂。常见的醛酮的物理常数列于表7.1。

表7.1 一些醛酮的物理常数

名称	熔点/℃	沸点/℃	相对密度	溶解度/100 g H₂O
甲醛	−92	−21	0.815	55
乙醛	−123.5	20.8	0.781	溶
丙醛	−81	48.8	0.807	20
丁醛	−99	74.7	0.817	4
乙二醛	15	50.4	1.14	溶
丙烯醛	−87.7	53	0.841	溶
苯甲醛	−26	179	1.046	0.33
丙酮	−95	56	0.792	溶
丁酮	−86	79.6	0.805	35.3
2−戊酮	−77.8	102	0.812	几乎不溶
3−戊酮	−42	101	0.814	4.7
环己酮	−45	157	0.948	微溶
4−甲基−3−戊烯−2−酮	−59	130	0.865	溶
丁二酮	−2.4	88	0.980	25
2,4−戊二酮	−23	138	0.792	溶
苯乙酮	19.7	202	1.024	微溶
二苯甲酮	48	305	1.083	不溶

7.3 醛和酮的化学性质

7.3.1 羰基的亲核加成反应

醛酮的羰基是 $C=O$ 不饱和基团,氧原子的电负性比碳原子的电负性大,使羰基的碳原子带有部分正电荷,具有亲电性,易被亲核试剂进攻而引起的亲核加成。当亲核试剂与羰基作用发生亲核加成反应时,羰基的 π 键逐步异裂,同时,羰基碳原子和亲核试剂间的 σ 键逐步形成。在反应前后羰基的碳原子由 sp^2 转变为 sp^3 杂化态,即

$$
\begin{matrix} R_1 \\ \diagdown \\ C=O \\ \diagup \\ R_2 \end{matrix} +:Nu^- \longrightarrow \left[\begin{matrix} R_1 & Nu^{\delta-} \\ \diagdown & \diagup \\ C \cdots O^{\delta-} \\ \diagup_{\delta+} \\ R_2 \end{matrix} \right]^{\neq} \longrightarrow \begin{matrix} R_1 & Nu \\ \diagdown & \diagup \\ C-O^- \\ \diagup \\ R_2 \end{matrix} \longrightarrow \begin{matrix} R_1 & Nu \\ \diagdown & \diagup \\ C-OH \\ \diagup \\ R_2 \end{matrix}
$$

不同结构的醛、酮发生亲核反应的活性有明显差异,这种活性受电子效应和空间效应两种因素的影响。从电子效应考虑,羰基碳原子上的电子云密度愈低,愈有利于亲核试剂的进攻,所以羰基碳原子上连接的给电子基团(如烃基)愈多,反应愈慢。从空间效应考虑,羰基碳原子上的空间位阻愈小,愈有利于亲核试剂的进攻,所以羰基碳原子上连接的基团愈多、体积愈大,反应愈慢。由此可见,电子效应和空间效应对醛、酮的反应活性影响是一致的,不

同结构的醛、酮对亲核试剂的加成反应活性次序大致如下：

$$
\underset{H}{\overset{H}{C}}{=}O > CH_3\overset{O}{\overset{\|}{C}}H > R\overset{O}{\overset{\|}{C}}H > \bigotimes{-}CHO > CH_3\overset{O}{\overset{\|}{C}}CH_3 > \bigcirc{=}O >
$$

$$
CH_3\overset{O}{\overset{\|}{C}}R > R\overset{O}{\overset{\|}{C}}R > \bigotimes{-}\overset{O}{\overset{\|}{C}}CH_3 > \bigotimes{-}\overset{O}{\overset{\|}{C}}{-}\bigotimes
$$

1. 与氢氰酸加成

醛、酮与氢氰酸作用，氰基负离子的碳可作为亲核原子与醛或酮羰基发生亲核加成，生成 α - 羟基腈。反应是可逆的，少量碱存在可加速反应进行。

$$
\underset{R_2(H)}{\overset{R_1}{C}}{=}O + HCN \rightleftharpoons \underset{R_2(H)}{\overset{R_1}{\underset{CN}{C}}}OH \xrightarrow[H^+]{H_2O} \underset{R_2(H)}{\overset{R_1}{\underset{COOH}{C}}}OH
$$

α - 羟基氰可进一步发生水解、还原或脱水，水解后得到 α - 羟基酸，α - 羟基酸可进一步失水变成 α, β - 不饱和酸。例如：

$$
CH_3CH_2\overset{O}{\overset{\|}{C}}CH_3 \xrightarrow{HCN} CH_3CH_2\underset{CN}{\overset{OH}{\underset{|}{C}}}CH_3 \begin{cases} \xrightarrow[H^+]{H_2O} CH_3CH_2\underset{COOH}{\overset{OH}{\underset{|}{C}}}CH_3 \\ \xrightarrow{浓\ H_2SO_4} CH_3CH{=}\underset{COOH}{C}CH_3 \end{cases}
$$

由于产物比反应物增加了一个碳原子，所以该反应是有机合成中增长碳链的方法。

羰基的碳氧双键由一个 σ- 键和一个 π- 键组成，氧原子的电负性强，电子云偏向氧原子使其带部分负电荷，碳原子带部分正电荷。试剂的负性部分（亲核试剂）首先进攻羰基碳原子，形成氧负离子中间体。

$$
HCN + OH^- \underset{快}{\rightleftharpoons} CN^- + H_2O
$$

$$
\overset{}{C}{=}O \underset{慢}{\overset{CN^-}{\rightleftharpoons}} \underset{CN}{\overset{O^-}{C}} \underset{快}{\overset{H_2O}{\rightleftharpoons}} \underset{CN}{\overset{OH}{C}}
$$

反应的第一步是 CN⁻ 加到羰基碳上，速度较慢，反应速度只与 CN⁻ 的浓度有关；第二步是带正电荷的基团加到羰基氧上，速度较快。整个反应的速度取决于第一步反应的速度。

碱的作用，是将弱亲核试剂 HCN 转变成为亲核性较强的 CN⁻。因为氢氰酸是弱酸，在水溶液中存在如下电离平衡：

$$
HCN \rightleftharpoons H^+ + CN^-
$$

加碱有利于氢氰酸离解，提高 CN⁻ 的浓度；加酸使平衡向生成氢氰酸的方向移动，降低 CN⁻ 的浓度。

实际上，只有醛、脂肪族甲基酮、八个碳原子以下的环酮才能与氢氰酸反应。氢氰酸有剧毒,易于挥发,故与羰基化合物加成时,一般将无机酸加入醛(或酮)和氰化钠水溶液的混合物中,使得氢氰酸一生成立即与反应。但在加酸时注意控制溶液的 pH 值为 8,以利于反应的进行。

2. 与亚硫酸氢钠加成

醛、酮与饱和的亚硫酸氢钠溶液作用,亚硫酸氢钠分子中带未共用电子对的硫原子作为亲核中心进攻羰基碳原子,生成 α-羟基磺酸钠。反应是可逆的,必须加入过量的饱和亚硫酸氢钠溶液,以促使平衡向右移动。

$$\text{C=O} + \text{HO}-\overset{\cdot\cdot}{\underset{O}{\overset{}{S}}}-\text{O}^-\text{Na}^+ \longrightarrow \text{C}\overset{OH}{\underset{SO_3Na}{}}$$

与氢氰酸的亲核加成相同,只有醛、脂肪族甲基酮、八个碳原子以下的环酮才能与饱和的亚硫酸氢钠溶液反应。

由于 α-羟基磺酸钠不溶于饱和亚硫酸氢钠溶液,以白色沉淀析出,所以此反应可用来鉴别醛、酮。另外,α-羟基磺酸钠溶于水而不溶于有机溶剂,与稀酸或稀碱共热可分解析出原来的羰基化合物,所以此反应也可用于分离提纯某些醛、酮。

$$\underset{\underset{OH}{|}}{\text{R}-\text{CHSO}_3\text{Na}} \begin{cases} \xrightarrow{\text{HCl,H}_2\text{O}} \text{RCHO} + \text{NaCl} + \text{SO}_2 + \text{H}_2\text{O} \\ \xrightarrow{\text{NaCO}_3,\text{H}_2\text{O}} \text{RCHO} + \text{Na}_2\text{SO}_3 + \text{NaHCO}_3 \end{cases}$$

3. 与格氏试剂加成

格氏试剂是较强的亲核试剂,非常容易与醛、酮进行加成反应,加成的产物不必分离便可直接水解生成相应的醇,是制备醇的最重要的方法之一。

$$\overset{R-MgX}{\underset{}{\text{C}=\text{O}}} \longrightarrow \overset{R}{\underset{}{\text{C}-\text{OMgX}}} \xrightarrow[H^+]{H_2O} \overset{R}{\underset{}{\text{C}-\text{OH}}} + \text{Mg(OH)X}$$

格氏试剂与甲醛作用,可得到比格氏试剂多一个碳原子的伯醇;与其他醛作用,可得到仲醇;与酮作用,可得到叔醇。

$$\text{RMgX} + \text{HCHO} \xrightarrow{\text{干燥乙醚}} \text{RCH}_2\text{OMgX} \xrightarrow[H^+]{H_2O} \text{RCH}_2\text{OH}$$

$$\text{RMgX} + \text{R}_1\text{CHO} \xrightarrow{\text{干燥乙醚}} \underset{\underset{R_1}{|}}{\text{R}-\text{CHOMgX}} \xrightarrow[H^+]{H_2O} \underset{\underset{R_1}{|}}{\text{R}-\text{CH}-\text{OH}}$$

$$\text{RMgX} + \underset{\underset{R_2}{}}{\overset{\overset{R_1}{}}{\text{C}=\text{O}}} \xrightarrow{\text{干燥乙醚}} \underset{\underset{R_2}{|}}{\overset{\overset{R_1}{|}}{\text{R}-\text{C}-\text{OMgX}}} \xrightarrow[H^+]{H_2O} \underset{\underset{R_2}{|}}{\overset{\overset{R_1}{|}}{\text{R}-\text{C}-\text{OH}}}$$

由于产物比反应物增加了碳原子,所以该反应是有机合成中增长碳链的一种方法。但反应仅限于酮的烃基和格氏试剂的烃基都不太大,即空间位阻不很突出。否则得不到正常的加成产物。如下列反应,随着格氏试剂上烃基的空阻增大,正常加成产物的产率降为 0%。

$$(CH_3)_2CHCCH(CH_3)_2 + RMgX \longrightarrow (CH_3)_2CHCCH(CH_3)_2$$

$$R{=}C_2H_5 \quad CH_3CH_2CH_2 \quad (CH_3)_2CH$$

$$80\% \qquad\qquad 30\% \qquad\qquad 0\%$$

这是由于当空间位阻大的醇与有位阻的格氏试剂反应时,发生了两种"不正常"的反应:酮发生烯醇化及酮被还原,同时生成烯烃。

4.与醇加成

醇可以与醛酮发生亲核加成反应,但由于醇分子的亲和性较弱,该反应是可逆反应。在干燥氯化氢的催化下,醛与醇发生加成反应,生成的化合物称为半缩醛。半缩醛不稳定,容易分解成原来的醛和醇,因此,不易分离出来,但环状的半缩醛较稳定,能够分离得到。在同样条件下,半缩醛可以与另一分子醇反应,脱水生成稳定的化合物,称为缩醛。由于反应是可逆的,必须加入过量的醇以促使平衡向右移动。

$$
\begin{array}{c}
R \\ \diagdown \\ \diagup \\ H
\end{array}
C{=}O +
\underset{R_1}{\overset{\cdots}{O}}H
\ \underset{干HCl}{\rightleftharpoons}\
\left[
\begin{array}{c}
R \quad OH \\ \diagdown \ \diagup \\ C \\ \diagup \ \diagdown \\ H \quad OR_1
\end{array}
\right]
\ \underset{干HCl}{\overset{R_1OH}{\rightleftharpoons}}\
\begin{array}{c}
R \quad OR_1 \\ \diagdown \ \diagup \\ C \\ \diagup \ \diagdown \\ H \quad OR_1
\end{array}
$$

半缩醛   缩醛

酮一般不和一元醇加成,但在无水酸催化下,酮能与乙二醇等二元醇反应生成环状缩酮。

$$
\begin{array}{c}
R \\ \diagdown \\ \diagup \\ R_1
\end{array}
C{=}O + HOCH_2CH_2OH
\ \xrightarrow{干HCl}\
\begin{array}{c}
R \quad O{-}CH_2 \\ \diagdown \ \diagup \quad | \\ C \\ \diagup \ \diagdown \quad | \\ R \quad O{-}CH_2
\end{array}
$$

如果在同一分子中既有羰基又有羟基,只要二者位置适当(能形成五元或六元环),常常自动在分子内形成环状的半缩醛或半缩酮,并能稳定存在。

醛与醇的加成反应是按下列历程进行的:

$$
\begin{array}{c}
R \\ \diagdown \\ \diagup \\ H
\end{array}
C{=}O + H^+
\ \rightleftharpoons\
\begin{array}{c}
R \\ \diagdown \\ \diagup \\ H
\end{array}
C{=}\overset{+}{O}H
\ \xrightarrow{ROH}\
\begin{array}{c}
R \quad OH \\ \diagdown \ \diagup \\ C \\ \diagup \ \diagdown \\ H \quad \overset{+}{\underset{|}{O}}{-}R_1 \\ \quad H
\end{array}
\ \rightleftharpoons
$$

$$
\begin{array}{c}
R \quad \overset{+}{O}H_2 \\ \diagdown \ \diagup \\ C \\ \diagup \ \diagdown \\ H \quad OR_1
\end{array}
\ \xrightarrow{-H_2O}\
\begin{array}{c}
R \\ \diagdown \\ \overset{+}{C}{-}OR_1 \\ \diagup \\ H
\end{array}
\ \underset{}{\overset{R_1\ddot{O}H}{\rightleftharpoons}}
$$

$$
\begin{array}{c}
\qquad H \\ \qquad | \\ R \quad \overset{+}{O}{-}R_1 \\ \diagdown \ \diagup \\ C \\ \diagup \ \diagdown \\ H \quad OR_1
\end{array}
\ \xrightarrow{-H^+}\
\begin{array}{c}
R \quad OR_1 \\ \diagdown \ \diagup \\ C \\ \diagup \ \diagdown \\ H \quad OR_1
\end{array}
$$

由于醇是弱的亲核试剂,与羰基加成的活性很低,不利于反应的进行。但在无水氯化氢催化下,羰基氧与质子结合生成质子化的醛,增大了羰基的极性,有利于弱亲核性的醇向羰基加成生成半缩醛。半缩醛在酸的作用下,又可继续与质子结合成为质子化的醇,经脱水后成为反应活性很高的碳正离子,这也有利于弱亲核性的醇与其作用生成缩醛。

缩醛对碱、氧化剂、还原剂等都比较稳定,但在酸性溶液中易水解为原来的醛和醇,因此,在羰基化合物与醇的加成反应中要使用干燥的 HCl 为催化剂。

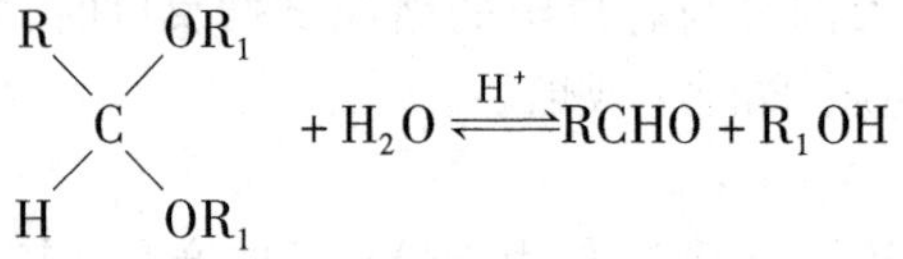

$$\underset{H}{\overset{R}{\underset{\quad}{C}}}\underset{OR_1}{\overset{OR_1}{\quad}} + H_2O \underset{}{\overset{H^+}{\rightleftharpoons}} RCHO + R_1OH$$

在有机合成中,常利用醛生成缩醛的方法来保护醛基,使活泼的醛基在反应中不被破坏;一旦反应完成后,再用酸水解释放出原来的醛基。例如,由 2－溴环己酮制备 2－环己烯酮:

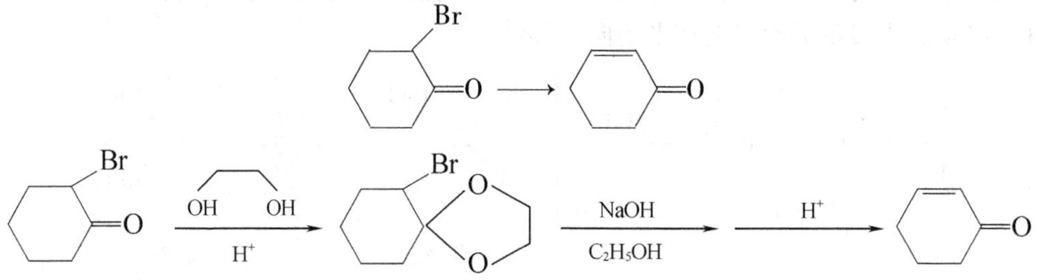

5. 与水加成

水也可以和羰基化合物进行加成反应,但由于水是比醇更弱的亲核试剂,所以只有极少数活泼的羰基化合物才能与水加成生成相应的水合物。例如:

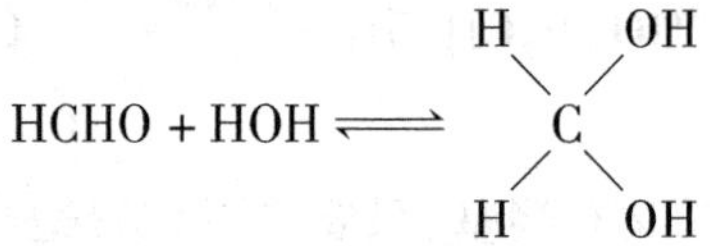

$$HCHO + HOH \rightleftharpoons \underset{H}{\overset{H}{\underset{\quad}{C}}}\underset{OH}{\overset{OH}{\quad}}$$

甲醛溶液中有 99.9% 都是水合物,乙醛水合物仅占 58%,丙醛水合物含量很低,而丁醛的水合物可忽略不计。

在三氯乙醛分子中,由于三个氯原子的吸电子诱导效应,它的羰基有较大的反应活性,容易与水加成生成水合三氯乙醛:

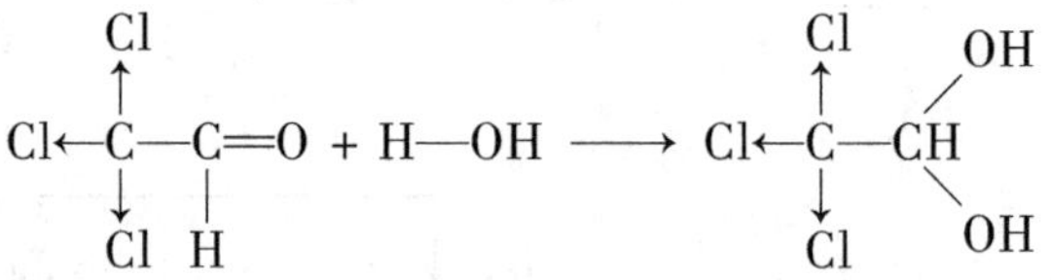

$$Cl\!-\!\overset{Cl}{\underset{Cl}{C}}\!-\!\overset{}{\underset{H}{C}}\!=\!O + H\!-\!OH \longrightarrow Cl\!-\!\overset{Cl}{\underset{Cl}{C}}\!-\!\overset{OH}{\underset{OH}{CH}}$$

水合三氯乙醛简称水合氯醛,为白色晶体,可作为安眠药和麻醉药。

6. 与炔化物的加成

炔化物是一个很强的亲核试剂,能与羰基发生亲核加成,在羰基碳上引入一个炔基。常用的炔化物亲核试剂是炔化钠或炔化锂。该反应在工业上有重大意义。

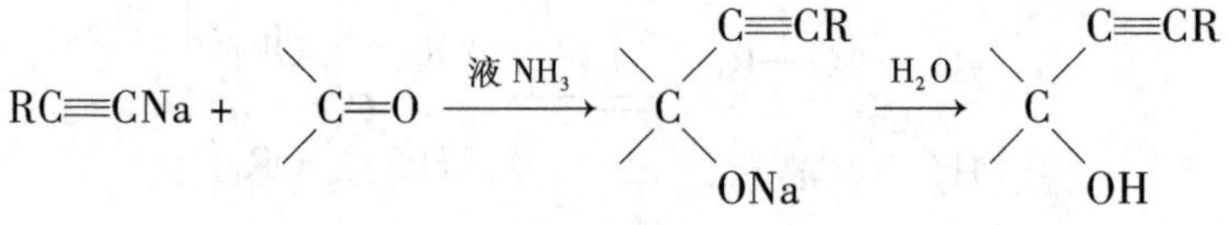

$$RC\!\equiv\!CNa + \underset{}{\overset{}{C}}\!=\!O \xrightarrow{\text{液 } NH_3} \underset{ONa}{\overset{C\equiv CR}{C}} \xrightarrow{H_2O} \underset{OH}{\overset{C\equiv CR}{C}}$$

如乙炔钠与环己酮反应可得到相应的 α - 炔醇：

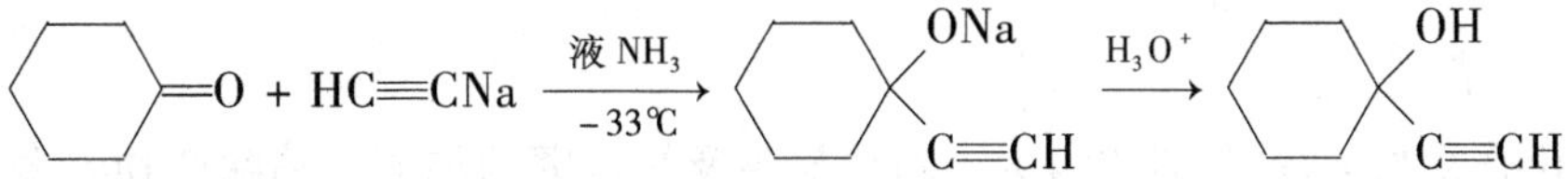

由于醛、酮与炔化物反应，产物比反应物增加了碳原子，所以该反应也是有机合成中增长碳链的一种方法。

7. 与氨的衍生物的加成 - 消除反应

氨及其衍生物，如伯胺、羟胺、肼（及取代肼）、氨基脲等都是亲核试剂，可与醛、酮发生亲核加成反应，最初生成的加成产物容易脱水，生成含碳氮双键的化合物，所以此反应称为加成 - 消除反应。

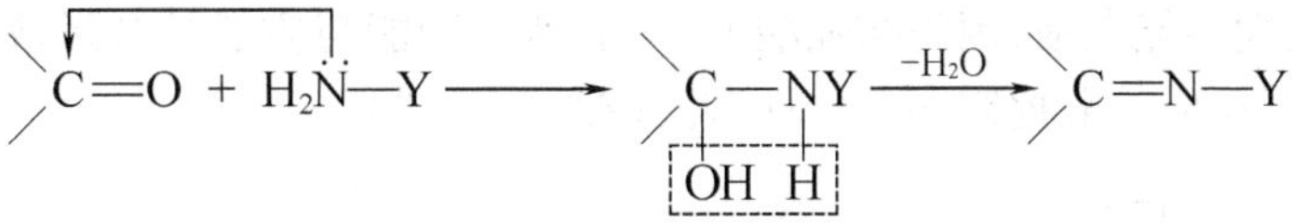

常用的氨的衍生物有：

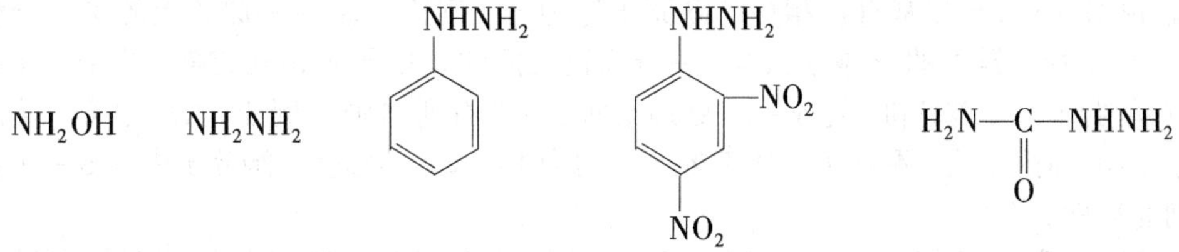

| 羟胺 | 肼 | 苯肼 | 2,4 - 二硝基苯肼 | 氨基脲 |

它们与羰基化合物进行加成 - 消除反应如下：

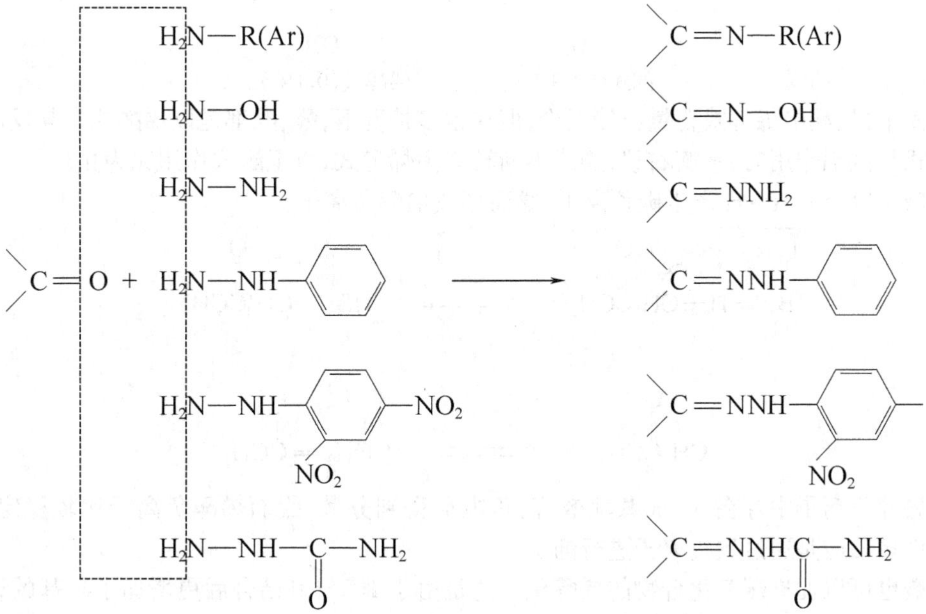

产物分别是西夫碱 $\diagdown C{=}N{-}R(Ar)$，肟 $\diagdown C{=}N{-}OH$，腙类 $\diagdown C{=}NNH_2$，以及缩胺

脲 $\overset{\diagdown}{\underset{\diagup}{C}}$=NNHC—NH$_2$。
　　　　　　||
　　　　　　O

　　羰基化合物与羟胺、苯肼、2,4 – 二硝基苯肼及氨基脲的加成 – 消除产物大多是黄色晶体,有固定的熔点,收率高,易于提纯,在稀酸的作用下能水解为原来的醛、酮。可利用这些性质来分离、提纯、鉴别羰基化合物。上述试剂也被称为羰基试剂,其中 2,4 – 二硝基苯肼与醛、酮反应所得到的黄色晶体具有不同的熔点,常把它作为鉴定醛、酮的灵敏试剂。

　　该反应一般在酸催化下进行,羰基氧与质子结合,可以提高羰基的活性:

$$\overset{\diagdown}{\underset{\diagup}{C}}=O + H^+ \rightleftharpoons \overset{\diagdown}{\underset{\diagup}{C}}=\overset{+}{O}H$$

　　但反应的酸性不能太强,因为在强酸下,氨的衍生物能与质子结合形成盐,这将丧失它们的亲核性,所以反应一般控制在弱酸性溶液(醋酸)中进行。

7.3.2　α – H 的反应

　　醛、酮分子中,与羰基直接相连的碳原子称为 α – 碳原子,α – 碳原子上的氢原子称为 α – H 原子。由于羰基的 π 电子云与 α – 碳氢键之间的 σ 电子云相互交叠产生 σ – π 超共轭效应,削弱了 α – 碳氢键,使 α – H 更加活泼,酸性有所增强。例如,乙烷中 C—H 键的 pK_a 约为 40,而丙酮或乙醛中 C—H 键的 pK_a 约为 19 ~ 20。因此醛、酮分子中的 α – H 表现出特别的活性。

　　对于脂肪醛、酮来说,α – H 的活性主要表现在以 H$^+$ 的形式离解出来,并转移到羰基氧上,形成所谓的烯醇式异构体,但平衡主要偏向酮式一边。例如:

$$CH_3-\overset{O}{\underset{||}{C}}-CH_3 \rightleftharpoons CH_3-C=CH_2$$
$$\qquad\qquad\qquad\qquad OH$$
　　　　酮式(99.9%)　　　　烯醇式(0.1%)

　　简单醛、酮中烯醇式含量虽然很少,但在很多情况下,醛、酮都是以烯醇式参与反应。当烯醇式与试剂作用时,平衡右移,酮式不断转变为烯醇式,直至酮式作用完为止。

　　碱可以夺取 α – H 产生碳负离子,继而形成烯醇负离子:

$$B:+ H-CH_2\overset{O}{\underset{||}{C}}CH_3 \longrightarrow HB + \overset{-}{C}H_2\overset{O}{\underset{||}{C}}CH_3$$

$$\overset{-}{C}H_2\overset{O}{\underset{||}{C}}CH_3 \rightleftharpoons CH_2=\overset{\overset{-}{O}}{C}CH_3$$

　　烯醇负离子中存在 p – π 共轭效应,负电荷得到分散,因而烯醇负离子比较稳定。醛、酮有许多反应是通过碳负离子进行的。

　　酸也可以促进羰基化合物的烯醇化。这是由于 H$^+$ 与氧结合后更增加了羰基的诱导效应,从而使 α – H 容易离解。

$$CH_3-\overset{O}{\underset{||}{C}}-CH_3 \overset{H^+}{\longrightarrow} CH_3-\overset{\overset{+}{O}H}{C}-CH_2-H \longrightarrow CH_3-C=CH_2 + H^+$$
$$\qquad\qquad\qquad\qquad\qquad\qquad\qquad\qquad\qquad\qquad OH$$

1. 卤代及碘仿反应

在酸或碱的催化下,醛、酮分子中的 α – H 原子容易与卤素作用,生成 α – 卤代醛或 α – 卤代酮,这是制备 α – 卤代羰基化合物的重要方法。

$$C_6H_5-\overset{O}{\overset{\|}{C}}-CH_3 + Br_2 \xrightarrow[\text{微量 AlCl}_3]{\text{乙醚}} C_6H_5-\overset{O}{\overset{\|}{C}}-CH_2Br + HBr$$

反应是通过烯醇式进行的。和简单烯一样,烯醇是依靠它们的 π 电子具有亲核性来反应的,但是烯醇比简单烯活泼得多,因为在反应中,羟基作为一个电子给予体参与反应。

$$C_6H_5-\overset{O}{\overset{\|}{C}}-CH_3 \rightleftharpoons C_6H_5-\overset{O-H}{\overset{\|}{C}}=CH_2 \xrightarrow{Br-Br} C_6H_5-\overset{O}{\overset{\|}{C}}-CH_2Br + HBr$$

由于引入卤原子的吸电子效应,使羰基氧原子上的电子云密度降低,再进行质子化形成烯醇要比未卤代时困难,因此,酸催化可控制反应在一卤代阶段。

卤代反应也可被碱催化,但碱催化的卤代反应很难停留在一卤代阶段。如果 α – C 为甲基,例如乙醛或甲基酮($CH_3CO—$),则三个氢都可被卤素取代。这是由于 α – H 被卤素取代后,卤原子的吸电子诱导效应使还没有取代的 α – 氢更活泼,更容易被取代。例如:

$$CH_3-\overset{O}{\overset{\|}{C}}-CH_3 + X_2 \xrightarrow{NaOH} CH_3-\overset{O}{\overset{\|}{C}}-CX_3$$

生成的 1,1,1 – 三卤代丙酮由于羰基氧和三个卤原子的吸电子作用,使碳 – 碳键不牢固,在碱的作用下会发生断裂,生成卤仿和相应的羧酸盐。例如:

$$CH_3-\overset{O}{\overset{\|}{C}}-C\overset{X}{\underset{X}{\overset{X}{<}}} \xrightarrow[H_2O]{NaOH} CH_3\overset{O}{\overset{\|}{C}}-O^- + CHX_3$$

因为有卤仿生成,故称为卤仿反应,当卤素是碘时,称为碘仿反应。碘仿(CHI_3)是黄色沉淀,利用碘仿反应可鉴别乙醛和甲基酮。

α – C 上有甲基的仲醇也能被碘的氢氧化钠($NaOI$)溶液氧化为相应羰基化合物:

$$CH_3-\underset{OH}{\overset{}{\underset{|}{CH}}}-R \xrightarrow{NaOI} CH_3-\overset{}{\underset{\|}{\overset{}{C}}}-R$$
(H) ...... (H)

所以利用碘仿反应,不仅可鉴别 $CH_3-\overset{}{\underset{\|}{\overset{}{C}}}-$ 类羰基化合物,还可鉴别 $CH_3-\underset{OH}{\overset{}{\underset{|}{CH}}}-$ 类的醇。

在应用卤仿反应制取减少一个碳原子的酸时,常使用价廉的次卤酸钠碱溶液作为试剂。例如:

$$CH_3-\overset{O}{\overset{\|}{C}}-CH_2CH_2CH_3 + 3NaOCl \xrightarrow[H_2O]{OH^-} HO-\overset{O}{\overset{\|}{C}}-CH_2CH_2CH_3 + CHCl_3 + 2NaOH$$

2. 羟醛缩合反应

在稀碱催化下,含 α – H 的醛可以发生分子间的加成反应,生成 β – 羟基醛,这类反应称为羟醛缩合反应。例如：

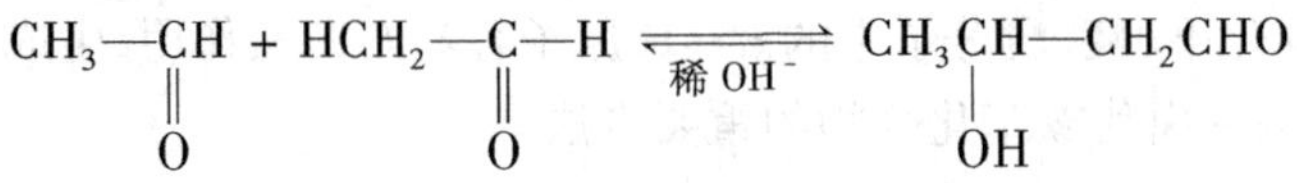

$$CH_3-\underset{\underset{O}{\|}}{CH} + HCH_2-\underset{\underset{O}{\|}}{C}-H \underset{稀\,OH^-}{\rightleftharpoons} CH_3\underset{\underset{OH}{|}}{CH}-CH_2CHO$$

β－羟基醛在加热下很容易脱水生成 α,β－不饱和醛：

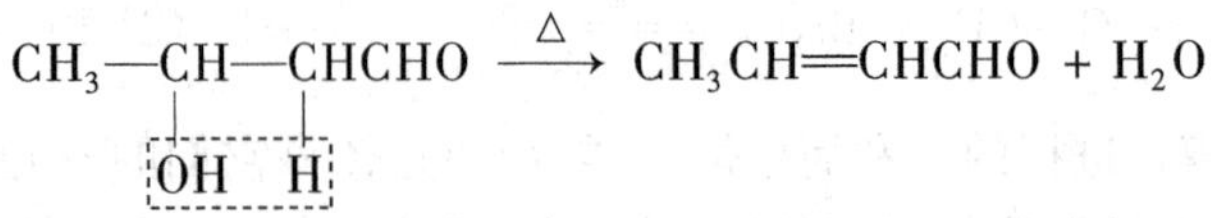

$$CH_3-\underset{\underset{\boxed{OH\quad H}}{|}}{CH}-CHCHO \xrightarrow{\triangle} CH_3CH=CHCHO + H_2O$$

羟醛缩合反应是按下面的机理进行的：

$$\overset{-}{O}H + H-CH_2-CHO \rightleftharpoons \overset{-}{C}H_2-CHO + H_2O$$

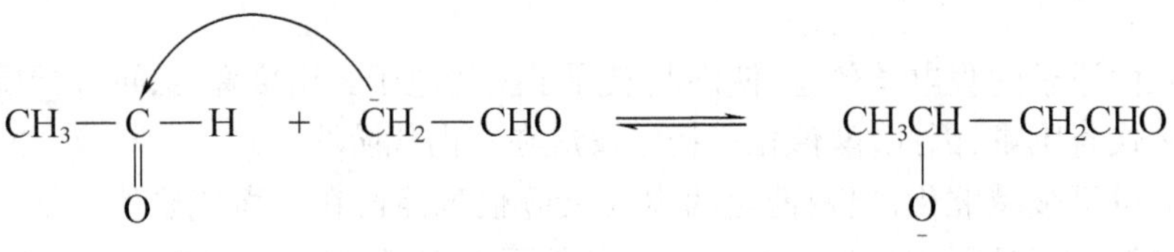

$$CH_3-\underset{\underset{O}{\|}}{C}-H + \overset{-}{C}H_2-CHO \rightleftharpoons CH_3CH-CH_2CHO$$

碳负离子作为亲核试剂进攻另一分子醛的羰基碳原子,发生亲核加成反应生成 β－羟基醛：

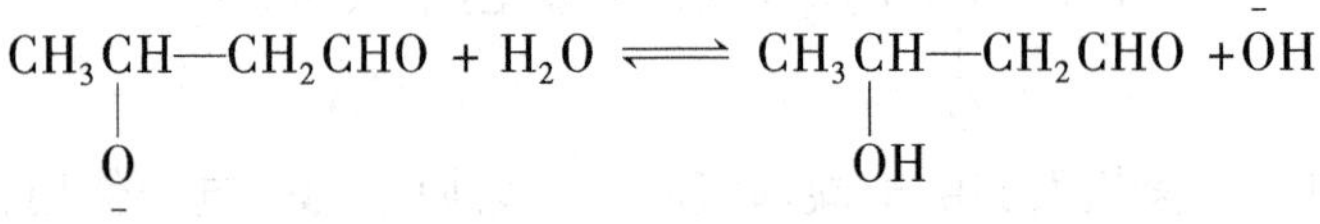

$$CH_3\underset{\underset{\overset{-}{O}}{|}}{CH}-CH_2CHO + H_2O \rightleftharpoons CH_3\underset{\underset{OH}{|}}{CH}-CH_2CHO + \overset{-}{O}H$$

不含 α－H 的醛,如甲醛、苯甲醛、2,2－二甲基丙醛等分子不发生同分子间的羟醛缩合反应;如果使用两种不同的含有 α－H 的醛,则可得到四种羟醛缩合产物的混合物,不易分离,无制备意义;如果一个含 α－H 的醛和另一个不含 α－H 的醛反应,则可得到收率好的单一产物。例如：

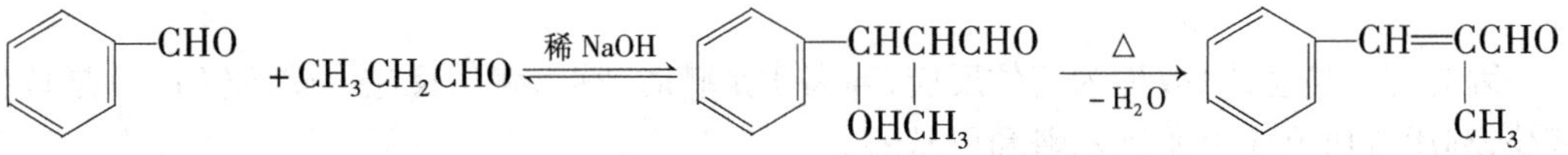

含有 α－H 的酮在碱的作用下也可发生缩合反应,由于电子效应和空间效应的影响,只能得到少量缩合产物,生成 β－羟基酮。例如：

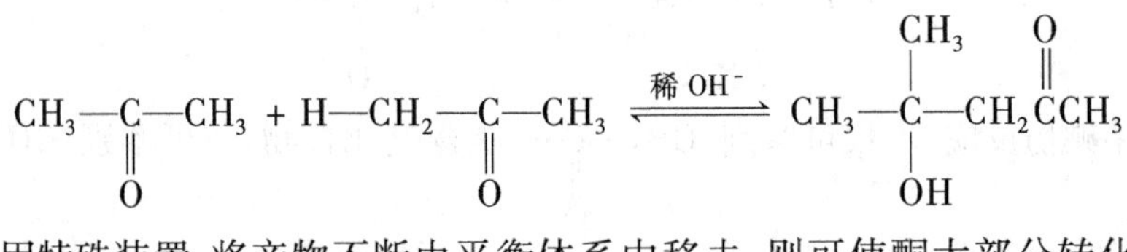

$$CH_3-\underset{\underset{O}{\|}}{C}-CH_3 + H-CH_2-\underset{\underset{O}{\|}}{C}-CH_3 \underset{稀\,OH^-}{\rightleftharpoons} CH_3-\underset{\underset{OH}{|}}{\overset{\overset{CH_3}{|}}{C}}-CH_2\underset{\underset{O}{\|}}{C}CH_3$$

如果采用特殊装置,将产物不断由平衡体系中移去,则可使酮大部分转化为 β－羟基酮,再经脱水,得到 α,β－不饱和酮。

3. 珀金反应

芳香醛与含有 α－H 的酸酐在碱性催化剂存在下,发生类似羟醛缩合反应得到 β－芳基－α,β－不饱和羧酸,称为珀金(Perkin)反应。反应所使用的碱通常是与酸酐对应的羧酸盐。例如,苯甲醛与乙酸酐及乙酸钾混合共热,发生缩合,最后经酸化生成 β－芳基丙烯酸：

$$C_6H_5CHO + (CH_3CO)_2O \longrightarrow C_6H_5CH{=}CHCOOK + CH_3COOH$$

$$\downarrow H^+$$

$$C_6H_5CH{=}CHCOOH$$

7.3.3 氧化－还原反应

1. 氧化反应

（1）醛的氧化

醛羰基碳上连有氢原子,所以醛很容易被氧化为相应的羧酸,甚至空气中的氧都可将醛氧化。因此,醛类化合物应避光隔氧,久置的醛在使用时应重新蒸馏。

醛可被多种氧化剂氧化,如 HNO_3,$KMnO_4$,Na_2CrO_7,CrO_3,H_2O_2 等,生成羧酸。若使用弱氧化剂,则醛可被氧化而酮不能,这是实验室区别醛、酮的方法。常用的弱氧化剂如托伦(Tollens)试剂(硝酸银的氨溶液)和斐林(Fehling)试剂(由硫酸铜溶液和酒石酸钾钠和氢氧化钠溶液等量混合)。将醛和托伦试剂共热,醛被氧化为羧酸,银离子被还原为金属银附着在试管壁上形成明亮的银镜,所以这个反应又称为银镜反应。

$$RCHO + 2Ag(NH_3)_2OH \longrightarrow RCOONH_4 + 2Ag\downarrow + H_2O + 3NH_3$$

要想得到银镜,试管壁必须干净,否则会出现黑色悬浮的金属银。托伦试剂既可氧化脂肪醛,又可氧化芳香醛。但在同样的条件下酮不发生银镜反应。

脂肪醛与斐林试剂反应,生成氧化亚铜砖红色沉淀。

$$RCHO + Cu^{2+} \xrightarrow{OH^-} RCOO^- + Cu_2O\downarrow$$

甲醛可使斐林试剂中的 Cu^{2+} 还原成单质的铜。其他脂肪醛可使斐林试剂中的 Cu^{2+} 还原成 Cu_2O 沉淀。酮及芳香醛不与斐林试剂反应。

上述两种弱氧化剂只氧化醛基,不氧化双键,所以不饱和醛可被氧化为不饱和酸。例如:

$$CH_3CH{=}CHCHO \quad \begin{array}{c} \xrightarrow[\quad Ag(NH_3)_2^+ \quad]{Cu,OH^-} CH_3CH{=}CHCOO^- \\ \xrightarrow{KMnO_4,H^+} CH_3COOH + CO_2 + H_2O \end{array}$$

（2）酮的氧化

与醛相比,酮一般不被氧化,在强氧化剂作用下,则碳碳键断裂生成小分子的羧酸,无制备意义。只有环酮的氧化常用来制备二元羧酸。例如,环己酮被氧化制备己二酸。

$$\bigcirc{=}O \xrightarrow[60\sim100\ ℃]{60\%\ HNO_3} HOOC(CH_2)_4COOH$$

己二酸是合成尼龙—66 的原料,环戊酮氧化得到戊二酸也具有制备意义。

$$\bigcirc{=}O \xrightarrow[\triangle]{50\%\ HNO_3} HOOC(CH_2)_3COOH$$

酮类化合物用 H_2O_2 或过氧酸氧化时,发生重排反应,结果是生成了酯,相当于在酮的分子结构中,在羰基和烃基之间插入了一个氧原子,这个反应叫拜尔－维立格(Baeyer－Villiger)反应,是由酮制备酯的一种方法。

$$\text{环己酮} + CH_3COOOH \xrightarrow[40℃]{CH_3CO_2C_2H_5} \text{内酯}$$

2. 还原反应

醛、酮的羰基都可以发生还原反应生成醇羟基，还可以被彻底还原为亚甲基（—CH$_2$—）。不同醛、酮还原时，反应的条件不同，还原的产物也不同。

（1）羰基还原为羟基

采用催化氢化的方法，醛、酮可分别被还原为伯醇或仲醇，常用的催化剂是镍、钯、铂。

$$RCHO + H_2 \xrightarrow{Ni} RCH_2OH$$

$$\underset{R_1}{\overset{R}{\diagup}}C{=}O + H_2 \xrightarrow{Ni} \underset{R_1}{\overset{R}{\diagup}}CHOH$$

催化氢化的选择性不强，分子中同时存在的不饱和键也同时会被还原。例如：

$$CH_3CH{=}CH{-}CHO + H_2 \xrightarrow{Ni} CH_3CH_2CH_2CH_2OH$$

某些金属氢化物如硼氢化钠（NaBH$_4$）、异丙醇铝（Al[OCH(CH$_3$)$_2$]$_3$）及氢化铝锂（Li-AlH$_4$）有较高的选择性，它们只还原羰基，不还原分子中的不饱和键。例如：

$$CH_3CH{=}CH{-}CHO \xrightarrow{NaBH_4} CH_3CH{=}CHCH_2OH$$

（2）羰基还原为亚甲基

用锌汞齐与浓盐酸可将羰基直接还原为亚甲基，这个方法称为克莱门森（E. Clemmenson）还原法。

$$\overset{}{\diagup}C{=}O \xrightarrow[\text{浓 HCl}]{Zn-Hg} \overset{}{\diagup}CH_2$$

该方法是在浓盐酸介质中进行的。因此，分子中若有对酸敏感的其他基团，如醇羟基、呋喃醛、酮，吡咯醛、酮等不适用这个方法还原。克莱门森还原对羰基具有很好的选择性，除 α，β - 不饱和键外，一般对双键无影响，而且反应操作简单。

采用沃尔夫 - 吉斯尼尔（L. Wolff - N. M. Kishner）- 黄鸣龙还原法也可将羰基还原为亚甲基。沃尔夫 - 吉斯尼尔的方法是将羰基化合物与无水肼反应生成腙，然后在强碱作用下，加热、加压使腙分解放出氮气而生成烷烃。

$$\overset{}{\diagup}C{=}O + NH_2NH_2(\text{无水}) \longrightarrow \overset{}{\diagup}C{=}NNH_2 \xrightarrow[\text{加热加压}]{KOH} \overset{}{\diagup}CH_2 + N_2\uparrow$$

这个反应广泛用于天然产物的研究中，但条件要求高，操作不便。1946 年，我国化学家黄鸣龙改进了这个方法。他采用水合肼、氢氧化钠和一种高沸点溶剂与羰基化合物回流生成腙，再将水及过量肼蒸出，然后升温至200℃ 回流3 到4 小时使腙分解得到烷烃。改进后的方法提高了产率，应用更加广泛。

该反应是在碱性介质中进行的，不适用于对碱敏感的分子。沃尔夫 - 吉斯尼尔 - 黄鸣龙还原法可与克莱门森还原法互相补充。

通过芳烃酰基化反应制得芳香酮，经克莱门森还原法或黄鸣龙还原法将羰基还原为亚甲基，是在芳环上引入直链烷基的一种间接方法。例如：

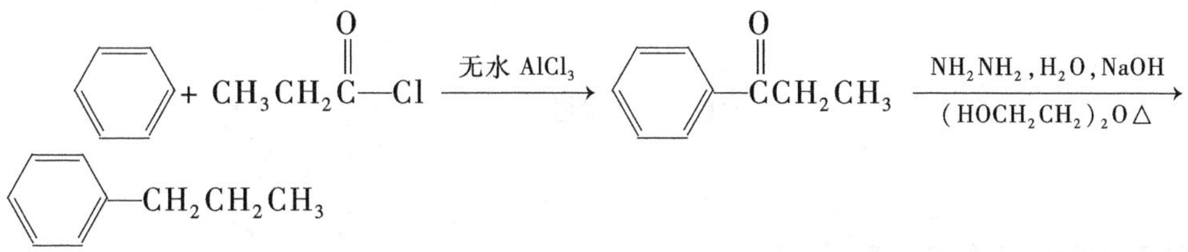

3. 歧化反应

不含 $\alpha - H$ 的醛,如 HCHO,$R_3C - CHO$ 等,与浓碱共热发生自身的氧化 – 还原反应,一分子醛被氧化成羧酸,另一分子醛被还原为醇,这个反应叫做歧化反应,也叫做坎尼扎罗 (Cannizzaro)反应。例如:

$$2HCHO \xrightarrow{\text{浓 NaOH}} HCOO^- + CH_3OH$$

两种无 $\alpha - H$ 的醛进行交叉歧化反应的产物复杂,不易分离,因此无实际意义。但如果用甲醛与另一种无 $\alpha - H$ 的醛进行交叉歧化反应时,甲醛总是被氧化为甲酸,另一种醛被还原为醇。例如,芳醛和甲醛在浓碱作用下,甲醛易被氧化成甲酸钠,而芳醛被还原成芳醇。可用该法制备苄醇,产率比较高。

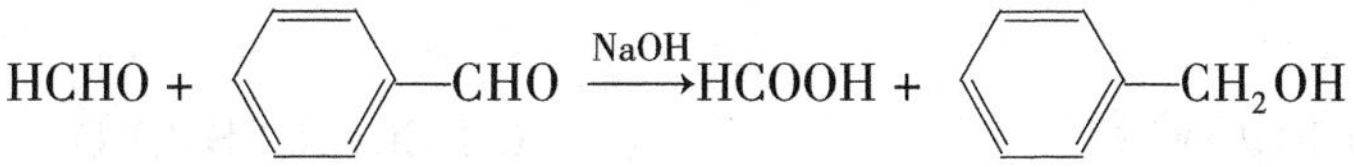

工业上生产季戊四醇就是由甲醛和乙醛缩合得到三羟甲基乙醛后,再与一分子甲醛发生康尼扎罗反应所得到的:

$$3HCHO + CH_3CHO \xrightarrow[H_2O]{Ca(OH)_2} (HOCH_2)_3C\text{—}CHO$$

$$HCHO + (HOCH_2)_3C\text{—}CHO \xrightarrow[H_2O]{Ca(OH)_2} HCOOH + (HOCH_2)_4C$$

季戊四醇大量用于油漆的醇树脂的生产,也可用于工程塑料聚醚的生产;它的四硝酸酯具有扩张血管的作用,也用于冠心病患者的治疗。

思 考 题

1. 为什么亲核加成反应活性 $HCHO > CH_3CHO > PhCHO$?

2. 为什么在 HCN 与 CH_3CHO 的反应中,加 HCl 使反应速度减慢,而加碱则使反应速度加快?

3. 为什么醛酮与氨衍生物的反应要在微酸性($pH \approx 3.5$)条件下才有最大收率,pH 值太大或太小都不利于反应?

习　题

一、按系统命名法命名下列化合物

1.

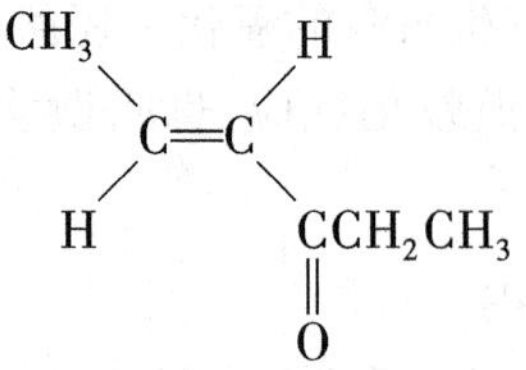

2.

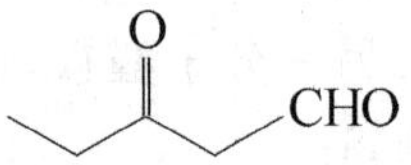

3.

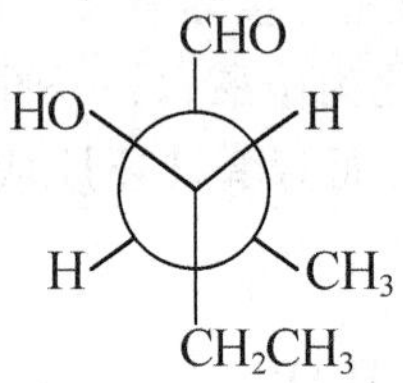

4. $CH_3CH{=}CHCHO$

5. $(CH_3)_2CHCH_2COCH_3$

6. $CH_3COCH_2CH_2CHO$

7.

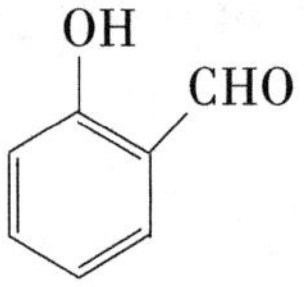

8.

9. $CH_3COCH_2COCH_3$

二、写出下列反应的主要产物

1. 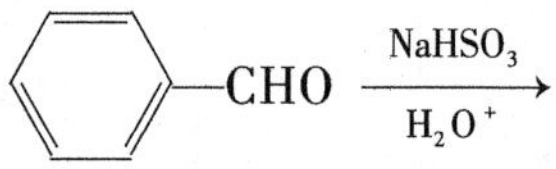 —CHO $\xrightarrow[H_2O^+]{NaHSO_3}$

2. $2C_2H_5OH +$ ${=}O$ $\xrightarrow{无水\ HCl}$

3. —CHO $+\ H_2NOH$ $\xrightarrow{H^+}$

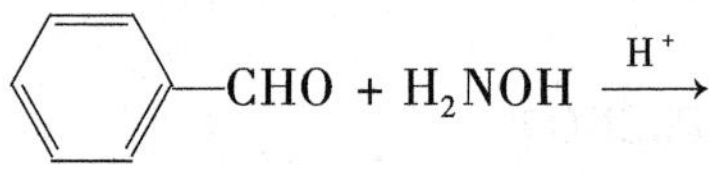

4. 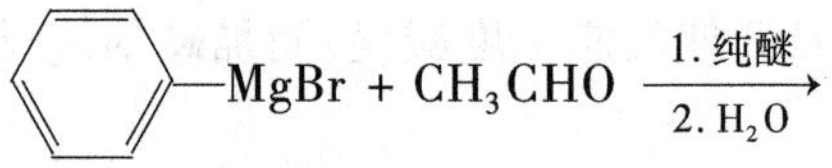 —MgBr $+\ CH_3CHO$ $\xrightarrow[2.\ H_2O]{1.纯醚}$

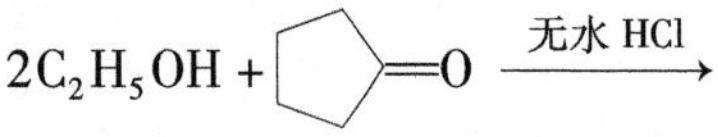

5. $CH_3CH_2COCH_3$ $\xrightarrow[OH^-]{I_2}$

6. $2CH_3CH_2CHO$ $\xrightarrow{5\%\ NaOH}$

7. 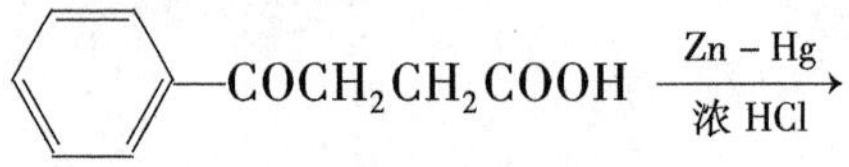 —$COCH_2CH_2COOH$ $\xrightarrow[浓\ HCl]{Zn-Hg}$

8. 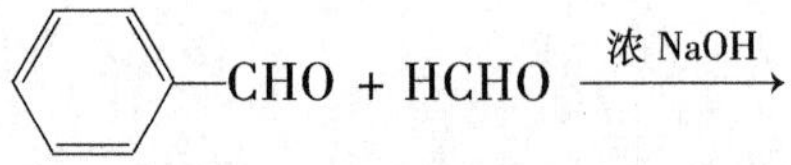 —CHO $+\ HCHO$ $\xrightarrow{浓\ NaOH}$

9. $CH_3CH{=}CHCH_2CH_2CHO$ $\xrightarrow{NaBH_4}$

三、选择正确答案,并作简要说明

1. 下列化合物中,可以与 $NaHSO_3$ 饱和溶液反应的是(　　)。

A. 苯乙酮　　　　　B. 环戊酮　　　　　C. 丙醛　　　　　D. 二苯甲酮

2. 下列试剂中属于亲核试剂的是(　　)。

A. $AlCl_3$　　　　　B. BF_3　　　　　C. ROH　　　　　D. HCl

3. 下列化合物中,进行亲核加成反应活性最大的是(　　)。

A. CH_3CHO　　B. CH_3COCHO　　C. $CH_3COCH_2CH_3$　　D. $(CH_3)_3CCOC(CH_3)_3$

4. 下列化合物中,进行亲核加成反应活性最大的是(　　)。

A. $OHC-\!\!\!\!\bigcirc\!\!\!\!-NO_2$　　　　　　　　B. $\bigcirc\!\!\!\!-CHO$

C. $H_3C-\!\!\!\!\bigcirc\!\!\!\!-CHO$　　　　　　　　D. $MeO-\!\!\!\!\bigcirc\!\!\!\!-CHO$

5. 可以利用(　　)和醛或酮之间的亲核加成反应,在有机合成中来保护羰基。

A. HCN　　　　　B. $NaHSO_3$　　　　　C. 醇　　　　　D. Wittig 试剂

6. 下列氧化反应应选择的氧化剂是(　　)。

$$C_6H_5-CH\!=\!CH-\underset{\underset{OH}{|}}{CH}-CH_3 \longrightarrow C_6H_5-CH\!=\!CH-COOH$$

A. $I_2/NaOH$　　　　B. O_3　　　　C. $KMnO_4$　　　　D. HNO_3

7. 下列化合物,与饱和亚硫酸氢钠溶液反应,出现无色沉淀最快的是(　　)。

A. $\overset{O}{\overset{\|}{\diagup\!\diagdown}}$　　　　B. $\overset{O}{\overset{\|}{\diagup\!\diagdown\!\diagdown}}$　　　　C. H_3C-CHO　　　　D. CH_3CH_2CHO

8. 下列化合物能进行碘仿反应的是(　　)。

A. 苯乙酮　　　　　B. 苯酚　　　　　C. 苯甲醛　　　　　D. 苯乙醛

四、按由大到小的顺序排列下列各组化合物的指定特性,并说明理由

1. 下列分子量相近的化合物的沸点:

A. $CH_3CH_2CH_2CH_2OH$　　　　　　B. $CH_3COCH_2CH_3$

C. $CH_3CH_2OCH_2CH_3$

2. 下列化合物亲核加成反应的相对活性顺序:

A. CH_3CHO　　　B. CH_3COCH_3　　　C. CF_3CHO　　　D. $CH_3COCH\!=\!CH_2$

3. 下列化合物羰基活性顺序:

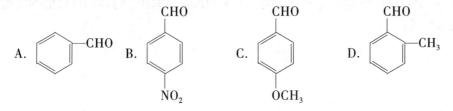

4. HCN 对羰基加成反应平衡常数 K 增大的顺序:

A. （苯）—CHO   B. （苯）—COCH$_3$ C. CH$_3$CHO   D. ClCH$_2$CHO

五、用化学方法鉴别下列各组化合物

1. （苯）—OH   （苯）—OCH$_3$ （苯）—CHO   （环己酮）=O   （环己基）—OH

2. CH$_3$CH$_2$CHO   CH$_3$COCH$_3$ CH$_3$CHOHCH$_3$ CH$_3$CH$_2$CH$_2$OH

3. （苯）—CHO   （环己酮）=O   CH$_3$CH$_2$CH$_2$CH$_2$CHO   CH$_3$COCH$_2$CH$_2$CH$_3$

六、由指定原料合成下列化合物

1. CH$_3$CH=CH$_2$ $\longrightarrow$ CH$_3$CH$_2$CH=CCH$_2$OH
　　　　　　　　　　　　　　　　|
　　　　　　　　　　　　　　　 CH$_3$

2. CH$_3$CH=CH$_2$ $\longrightarrow$ CH$_3$CH$_2$CH$_2$CCOOH
　　　　　　　　　　　　　　　　　　|
　　　　　　　　　　　　　　　　 CH$_3$

3. （环己基）—OH, CH$_3$COCH$_3$ $\longrightarrow$ （环己亚基）=C(CH$_3$)$_2$

4. CH$_3$CHCH$_2$CH$_3$ $\longrightarrow$ CH$_3$CH$_2$CHCH$_2$OH
　　　|　　　　　　　　　　　　　　　　|
　　 OH　　　　　　　　　　　　　　 CH$_3$

七、由有机化合物的性质推导其结构

1. 化合物 C$_{10}$H$_{12}$O$_2$（A）不溶于 NaOH,能与羟胺、氨基脲反应,但不与 Tollen 试剂作用,A 经 NaBH$_4$ 还原得 C$_{10}$H$_{14}$O$_2$（B）,A 与 B 都能给出碘仿反应,A 经氢碘酸作用生成 C$_9$H$_{10}$O$_2$（C）,C 能溶于 NaOH,但不溶于 NaHCO$_3$;C 经 Zn – Hg 加 HCl 还原生成 C$_9$H$_{12}$O（D）;A 经 KMnO$_4$ 氧化生成对甲氧基苯甲酸。试写出（A）（B）（C）（D）的结构及推导过程。

2. 化合物 C$_{10}$H$_{12}$O$_2$（A）不溶于 NaOH 溶液,能与 2,4 – 二硝基苯肼反应,但不与 Tollens 试剂作用。（A）经 LiAlH$_4$ 还原得 C$_{10}$H$_{14}$O$_2$（B）。（A）和（B）都进行碘仿反应。（A）与 HI 作用生成 C$_9$H$_{10}$O$_2$（C）,（C）能溶于 NaOH 溶液,但不溶于 Na$_2$CO$_3$ 溶液。（C）经 Clemmensen 还原生成 C$_9$H$_{12}$O（D）;（D）经 KMnO$_4$ 氧化得对羟基苯甲酸。试写出（A）～（D）可能的结构式及各步反应方程式。

第8章　羧酸及其衍生物

羧酸是一类含有羧基(—COOH)官能团的化合物。羧酸分子中羧基上的羟基被其他原子或基团取代的产物称为羧酸衍生物(如酰卤、酸酐、酯、酰胺等)。本章重点讨论一元羧酸及其衍生物的性质。

8.1　羧酸的分类、结构及命名

8.1.1　羧酸的分类

根据羧酸分子中羧基所连烃基碳架的不同,可把羧酸分为脂肪族羧酸和芳香族羧酸等。脂肪族羧酸可以分为开链羧酸和脂环羧酸,也可以分为饱和脂肪羧酸和不饱和脂肪羧酸。

$$CH_3COOH \qquad CH_3(CH_2)_{16}COOH \qquad CH_2{=}\overset{\underset{\displaystyle CH_3}{|}}{C}{-}CH_2COOH$$

环己基甲酸结构图

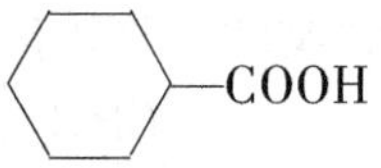

乙酸　　　　　　十八碳酸　　　　3 – 甲基 – 3 – 丁烯酸　　　　环己基甲酸

芳香族羧酸,羧基可以连在芳环上,也可以连在侧链上。

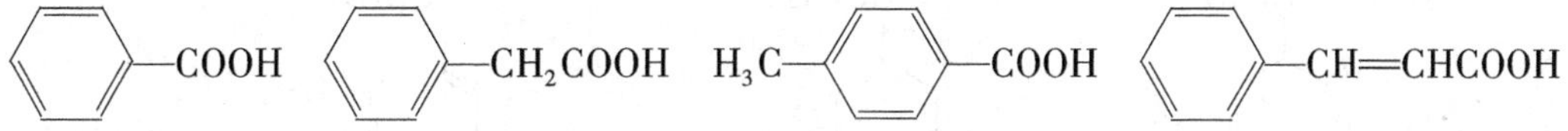

苯甲酸　　　　　　苯乙酸　　　　　对甲基苯甲酸　　　　　3 – 苯基丙烯酸

根据羧酸分子中羧基的数目,又可把羧酸分为一元羧酸、二元羧酸、多元羧酸等。

$$HOOC{-}COOH \qquad HOOCCH_2COOH \qquad HOOC(CH_2)_5COOH$$

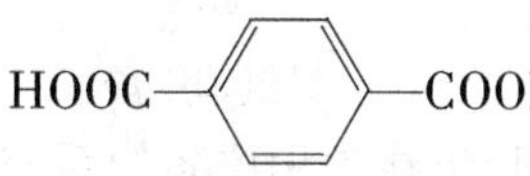

对苯二甲酸结构图

乙二酸　　　　　　丙二酸　　　　　　庚二酸　　　　　　对苯二甲酸

8.1.2　羧酸的结构

在羧酸分子中,羧基碳原子是 sp^2 杂化的,三个杂化 sp^2 轨道分别与其两个氧原子和一个碳(或氢)形成三个共平面的 σ 键,未参与杂化的 p 轨道与一个氧原子的 p 轨道形成 C ═ O 中的 π 键,而羧基中羟基氧原子上的未共用电子对与羧基中的 C ═ O 形成 p – π 共轭体系,从而使羟基氧原子上的电子向 C ═ O 转移,结果使 C ═ O 和 C—O 的键长趋于平均化。如图 8.1 所示。X 光衍射测定结果表明:甲酸分子中 C ═ O 的键长(0.123 nm)比醛、酮分子中 C ═ O 的键长(0.120 nm)略长,而 C—O 的键长(0.136 nm)比醇分子中 C—O 的键长(0.143 nm)稍短。羧酸中的羰基与羟基相互影响,羟基氧原子的电子云向羰基离域,降低了羟基氧原子上的电子云密度,增强了 O—H 键的极性,使羧酸具有明显的酸性。

饱和羧酸的烃基的 α – 碳氢键与羧基之间存在 σ – π 共轭作用,而芳香族羧酸中,烃基

与羧基之间存在 $\pi - \pi$ 共轭作用,羧基与烃基相互影响着各自的反应活性。

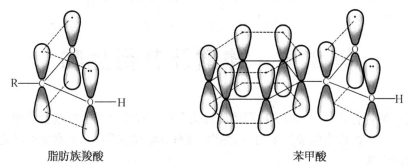

脂肪族羧酸　　　　　　　　　　　　　苯甲酸

图8.1　羧基上的 $p - \pi$ 共轭示意图

8.1.3　羧酸的命名

常见的羧酸由它的来源命名。如,

$$HCOOH \qquad CH_3COOH \qquad CH_3(CH_2)_{16}COOH \qquad CH_3(CH_2)_{10}COOH$$

蚁酸　　　　　　醋酸　　　　　　　硬脂酸　　　　　　　　月桂酸

脂肪族一元羧酸的系统命名方法与醛的命名方法类似,即首先选择含有羧基的最长碳链作为主链,从含有羧基的一端编号,用阿拉伯数字表示取代基的位置,根据主链的碳原子数称为"某酸",将取代基的位次及名称写在主链名称之前。

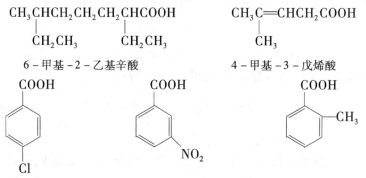

脂肪族二元羧酸的系统命名是选择包含两个羧基的最长碳链作为主链,根据碳原子数称为"某二酸",把取代基的位置和名称写在"某二酸"之前。

$$HOOCCOOH \qquad\qquad HOOCCH_2COOH$$

乙二酸　　　　　　　　　　　丙二酸

$$HOOCCH_2CH_2CH_2CH_2COOH \qquad\qquad HOOCCH_2CH_2COOH$$

己二酸　　　　　　　　　　　丁二酸

芳香羧酸和脂环羧酸的系统命名一般把环作为取代基。不饱和脂肪羧酸的系统命名是选择含有重键和羧基的最长碳链作为主链,根据碳原子数称为"某烯酸"或"某炔酸",把重键的位置写在"某"字之前。

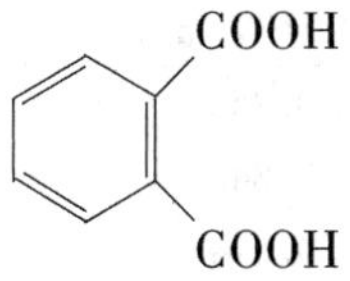

邻苯二甲酸 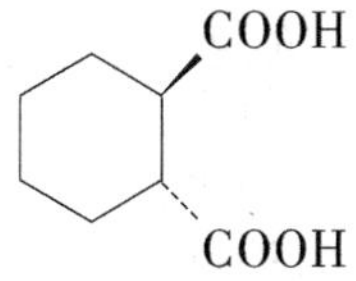　　　　　　　　　反 − 1,2 − 环己二酸

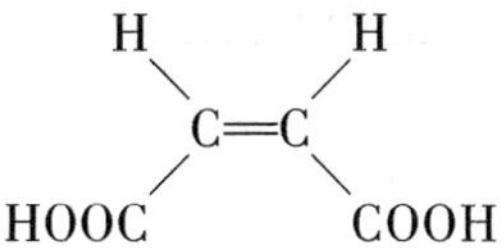

顺丁烯二酸(马来酸) 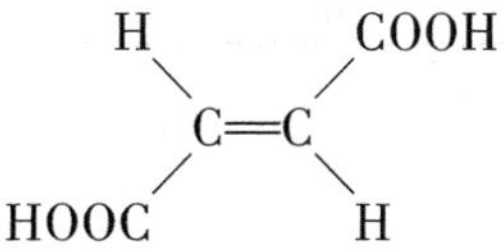　　　　　反丁烯二酸(富马酸)

8.2 羧酸的物理性质

室温下,十个碳原子以下的饱和一元脂肪羧酸是有刺激气味的液体,十个碳原子以上的是蜡状固体。羧基是极性较强的亲水基团,其与水分子间的缔合比醇与水分子间的缔合强,因此,羧酸在水中的溶解度比相应的醇大。甲酸、乙酸、丙酸、丁酸能与水以任意比例混溶。但随着羧酸相对分子量的增大,其疏水烃基的比例增大,在水中的溶解度迅速降低。高级脂肪羧酸不溶于水,而易溶于乙醇、乙醚等有机溶剂。芳香族羧酸在水中的溶解度都很小。

羧酸的沸点随分子量的增大而逐渐升高,并且比分子量相近的烷烃、卤代烃、醇、醛、酮的沸点高。这是由于羧基是强极性基团,羧酸分子间的氢键(键能约为 14 kJ · mol^{-1})比醇羟基间的氢键(键能约为 5 ~ 7 kJ · mol^{-1})更强。相对分子量较小的羧酸,如甲酸、乙酸,即使在气态时也以双分子二缔体的形式存在:

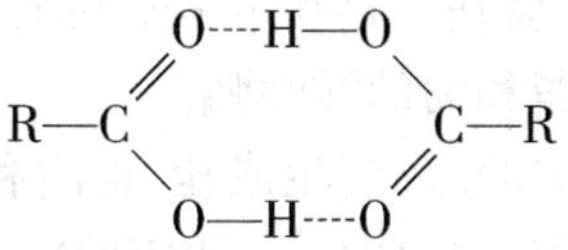

直链饱和一元羧酸的熔点随分子量的增加而呈锯齿状变化,偶数碳原子的羧酸比相邻两个奇数碳原子的羧酸熔点都高,这是由于含偶数碳原子的羧酸碳链对称性比含奇数碳原子羧酸的碳链好,在晶格中排列较紧密,分子间作用力大,需要较高的温度才能将它们彼此分开,故熔点较高。表 8.1 为常见正构一元饱和脂肪酸的物理常数。

表 8.1　常见的正构一元饱和脂肪酸的物理常数

化合物	熔点/℃	沸点/℃	相对密度(d_4^{20})	溶解度/(g/100 g H$_2$O)
甲酸	8.4	100.5	1.220	∞
乙酸	16.6	118	1.049	∞
丙酸	− 22	141	0.992	∞
丁酸	− 4.5	165.5	0.969	∞
戊酸	− 34	187	0.939	3.7
己酸	− 3	205	0.875	0.968
辛酸	16.5	240	0.862	0.068

表 8.1（续）

化合物	熔点/℃	沸点/℃	相对密度(d_4^{20})	溶解度/(g/100 g H_2O)
癸酸	31.3	269	0.853	0.015
月桂酸(C_{12})	43.6	298.9	0.848	0.005 5
豆蔻酸(C_{14})	54.4		0.844	0.002 0
软脂酸(C_{16})	62.9		0.841	0.000 7
硬脂酸(C_{20})	69.9		0.840	0.000 29

8.3 羧酸的化学性质

由于羧酸的官能团是由羰基和羟基复合而成,它们相互影响的结果,使羧酸分子具有独特的化学性质。根据羧酸分子结构的特点,羧酸分子可在分子的 5 个部分发生反应:①羧基中的羟基—O—H 的酸性;②羧基中的羟基—OH 的取代;③羧基中的羰基发生亲核取代反应;④羧基的脱去;⑤α-氢原子的取代反应。

8.3.1 酸性

羧酸具有酸性,羧酸的 pK_a 值一般为 4~5,比碳酸、酚和醇等含有活泼氢化合物的酸性强。

$$RCO_2H > H_2CO_3 > C_6H_5OH > H_2O > ROH$$

$$pK_a \quad 4\sim5 \quad 6.4(pK_1) \quad \sim \quad 10 \quad 15.7 \quad \sim 16$$

$$RCO_2 \Longrightarrow RCO_2^- + H^+$$

羧酸之所以酸性较强,是由于羧基中存在 $p-\pi$ 共轭效应,羧酸根负离子比较稳定,所以羧酸的酸性比同样含有羟基的醇和酚的酸性强。

羧酸能与 $NaOH$,Na_2CO_3,$NaHCO_3$ 反应生成盐,也能和活泼的金属作用放出氢气。

$$RCOOH + NaOH \longrightarrow RCOONa + H_2O$$

羧酸的酸性比碳酸强,所以羧酸可与碳酸钠或碳酸氢钠反应生成羧酸盐,同时放出 CO_2,用此反应可鉴定羧酸。

$$RCOOH + NaHCO_3 \longrightarrow RCOONa + H_2O + CO_2\uparrow$$

羧酸的碱金属盐或铵盐遇强酸(如 HCl)可析出原来的羧酸,这一反应经常用于羧酸的分离、提纯、鉴别。

$$RCOONa + HCl \longrightarrow RCOOH + NaCl$$

羧酸之所以有明显的酸性,这与它在解离后生成稳定的羧酸根有关。羧酸根中的负电荷可以均匀地分散在羧基的两个氧原子上,使这个负离子有非常好的稳定性:

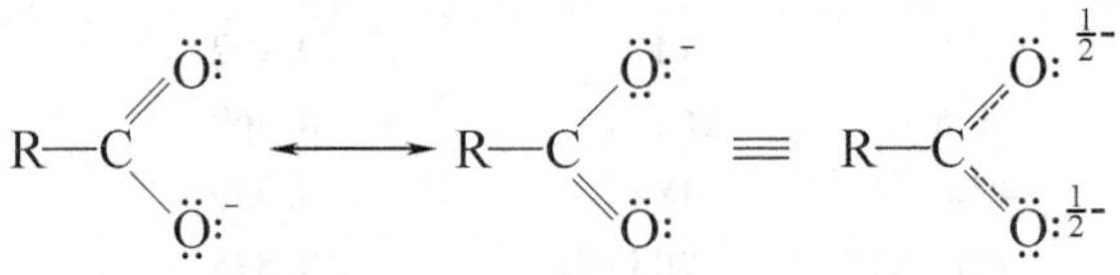

羧酸根中两个碳氧键长是相同的,均为 0.126 nm。在羧酸根中存在电子离域,使羧酸根中两个碳氧键长平均化,这也是羧酸根稳定化的依据。

影响羧酸酸性的因素很多,其中最重要的是羧酸烃基上所连基团的诱导效应。当烃基上连有吸电子基团(如卤原子)时,由于吸电子效应使羧基中羟基氧原子上的电子云密度降低,O—H 键的极性增强,因而较易电离出 H^+,其酸性增强;另一方面,由于吸电子效应使羧酸负离子的电荷更加分散,使其稳定性增加,从而使羧酸的酸性增强。总之,羧酸烃基上所连的基团的吸电子能力越强,数目越多,距离羧基越近,产生的吸电子效应就越大,羧酸的酸性就越强。

	CH_3COOH	$ClCH_2COOH$	$Cl_2CHCOOH$	Cl_3CCOOH
pK_a	4.76	2.86	1.26	0.64

	$CH_3CH_2CHClCOOH$	$CH_3CHClCH_2COOH$
pK_a	2.82	4.41

	$ClCH_2CH_2CH_2COOH$	$CH_3CH_2CH_2COOH$
pK_a	4.70	4.82

当烃基上连有给电子基团时,由于给电子效应使羧基中羟基氧原子上的电子云密度升高,O—H 键的极性减弱,因而较难电离出 H^+,其酸性减弱。总之,基团的给电子能力越强,羧酸的酸性就愈弱。

给电子基团数目增加,酸性减弱
$$\longrightarrow$$

	HCOOH	CH_3COOH	CH_3CH_2COOH	$(CH_3)_3CCOOH$
pK_a	3.77	4.76	4.88	5.05

二元羧酸中,由于羧基是吸电子基团,两个羧基相互影响使二元羧酸的一级电离平衡常数比一元饱和羧酸大,这种影响随着两个羧基距离的增大而减弱,见表 8.2。二元羧酸中,草酸的酸性最强。在丁烯二酸的顺反异构体中,虽然都是 $pK_{a_1} < pK_{a_2}$,但是对于 pK_{a_1} 而言,是顺式 < 反式,而对于 pK_{a_2} 来说,却是反式 < 顺式:

pK_{a_1}	1.92	3.03
pK_{a_2}	6.59	4.54

这是由于顺丁烯二酸可通过分子内氢键的形成来稳定一级解离生成的羧酸根负离子,使顺式的 pK_{a_1} 比反式的小;同时由于氢键的形成使顺丁烯二酸是第二个质子不易解离,则 pK_{a_2} 比反式的大。

表 8.2　二元酸的 pK_{a_1} 与 pK_{a_2}

二元酸	pK_{a_1}	pK_{a_2}
HOOCCOOH	1.27	4.27
$HOOCCH_2COOH$	2.85	5.70
$HOOC(CH_2)_2COOH$	4.21	5.64
$HOOC(CH_2)_3COOH$	4.34	5.41

不饱和脂肪羧酸和芳香羧酸的酸性,除受到基团的诱导效应影响外,往往还受到共轭效应的影响。一般来说,不饱和脂肪羧酸的酸性略强于相应的饱和脂肪羧酸。当芳香环上有基团产生吸电子效应时,酸性增强;产生给电子效应时,酸性减弱,例如:

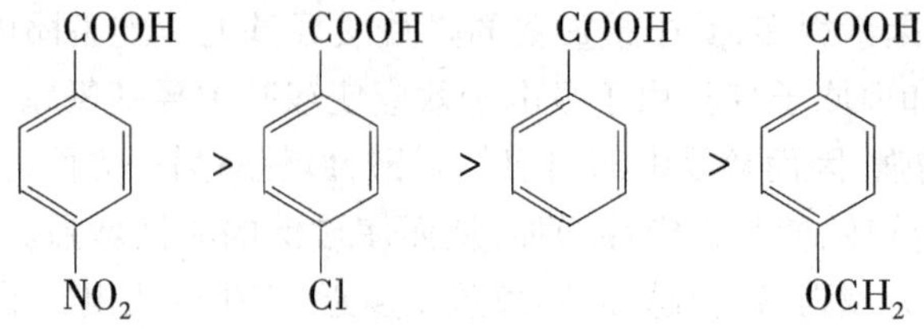

pK_a　　3.40　　3.97　　4.20　　4.47

8.3.2　羧酸衍生物的生成

羧基中羟基被其他原子或基团取代的产物称为羧酸衍生物。羧基上的羟基分别被卤素(—X)、酰氧基(—OCOR)、烷氧基(—OR)、氨基(—NH_2)取代,生成酰卤、酸酐、酯、酰胺,这些都是羧酸的重要衍生物。

1. 酰卤的生成

除甲酸外,羧酸与三卤化磷、五卤化磷或亚硫酰氯等反应,羧基中的羟基可被卤素原子取代生成酰卤。

$$3RCOOH + PCl_3 \longrightarrow 3RCOCl + H_3PO_3$$

$$3RCOOH + PCl_5 \longrightarrow RCOCl + POCl_3 + HCl$$

$$RCOOH + SOCl_2 \longrightarrow RCOCl + SO_2\uparrow + HCl\uparrow$$

在实验室中,常用 $SOCl_2$ 制备酰卤,因为副产物 HCl 和 SO_2 容易从反应体系中移除,过量的低沸点 $SOCl_2$ 可通过蒸馏除去,可以得到收率较高和相对较纯的产物。但生成的酸性气体 HCl 和 SO_2 应加以回收利用,以免污染环境。

酰卤易水解,反应需在无水条件下进行,产物酰卤通常都通过蒸馏方法提纯,所以试剂、副产物与产物的沸点要有较大的差别。

2. 酸酐的生成

一元羧酸在脱水剂五氧化二磷或乙酸酐作用下,两分子羧酸受热脱去一分子水生成酸酐。

$$R—\overset{O}{\overset{\|}{C}}—OH + H—O—\overset{O}{\overset{\|}{C}}—R' \xrightarrow{P_2O_5} R—\overset{O}{\overset{\|}{C}}—O—\overset{O}{\overset{\|}{C}}—R' + H_2O$$

甲酸一般不发生分子间的加热脱水生成酐,但在浓硫酸中受热时,甲酸分解成一氧化碳和水,可用来制取高纯度的一氧化碳。

$$H\overset{O}{\overset{\|}{C}}—OH \xrightarrow[60\sim80\ ℃]{H_2SO_4(浓)} H_2O + CO$$

乙酸酐是由乙酸经乙烯酮制的:

$$CH_3COOH \xrightarrow[700℃]{-H_2O} CH_2═C═O \xrightarrow{CH_3COOH} CH_3—\overset{O}{\overset{\|}{C}}—O—\overset{O}{\overset{\|}{C}}—CH_3$$

乙酐也常用来做脱水剂以制取高级的酸酐:

$$2RCOOH + (CH_3CO)_2O \rightleftharpoons (RCO)_2O + 2CH_3COOH$$

混合酸酐可由酰卤于羧酸盐作用得到:

$$RCOONa + R'COCl \longrightarrow R-\overset{O}{\underset{\|}{C}}-O-\overset{O}{\underset{\|}{C}}-R' + NaCl$$

某些二元羧酸分子内脱水生成稳定的五元或六元环状酸酐,通常只需要加热条件而不需要脱水剂。

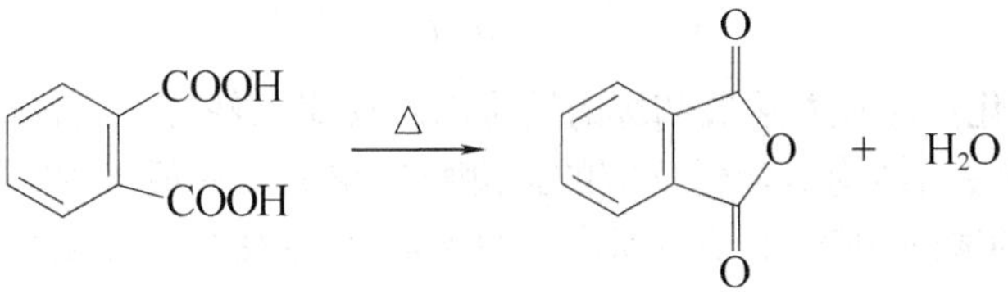

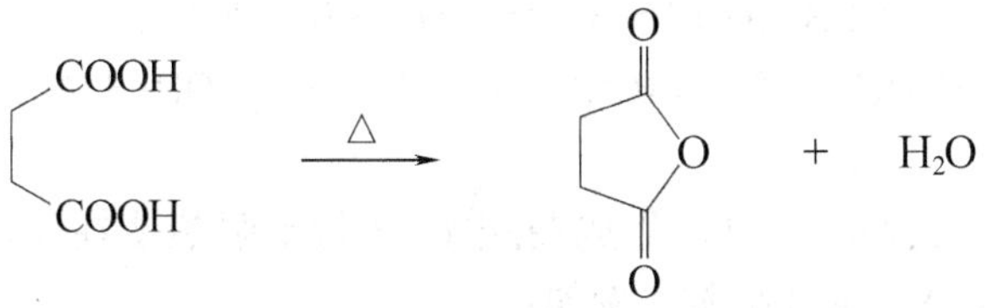

3. 酯的生成

羧酸和醇在无机酸的催化下共热,生成酯和水的反应称为酯化反应。

$$CH_3COOH + HOC_2H_5 \underset{}{\overset{H^+}{\rightleftharpoons}} CH_3COOC_2H_5 + H_2O$$

酯化反应是可逆的,逆反应是酯的水解,欲提高酯的产率,应用平衡移动原理,必须增大某一反应物的用量或降低生成物的浓度,使平衡向生成酯的方向移动。工业上生产乙酸乙酯采用乙酸过量,不断蒸出生成的乙酸乙酯和水的恒沸混合物,使平衡正向进行。同时不断加入乙酸和乙醇,实现连续化生产。

当用含有标记的氧原子的醇($R'O^{18}H$)在酸催化下进行酯化,反应完成后,O^{18}在酯分子中而不是在水分子中。这说明酯化反应生成的水,是醇羟基中的氢与羧基中的羟基结合而成的,即羧酸发生了酰氧键的断裂。例如:

$$CH_3\overset{O}{\underset{\|}{C}}-OH + H-O^{18}C_2H_5 \rightleftharpoons CH_3\overset{O}{\underset{\|}{C}}-O^{18}C_2H_5 + H_2O$$

酸催化下的酯化反应按如下历程进行:

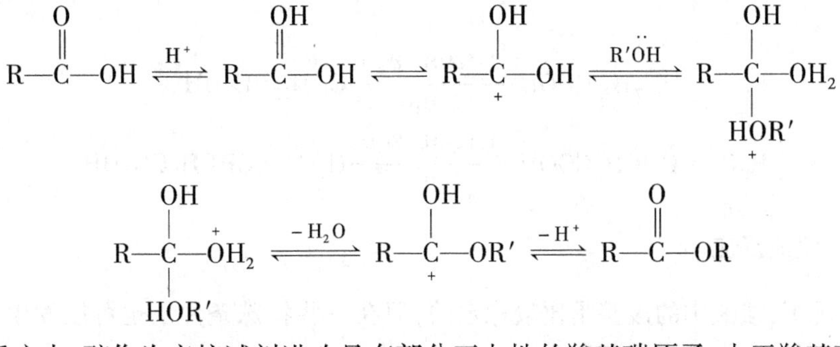

酯化反应中,醇作为亲核试剂进攻具有部分正电性的羧基碳原子,由于羧基碳原子的正电性较小,很难接受醇的进攻,所以反应很慢。当加入少量无机酸做催化剂时,羧基中的羰基氧接受质子,使羧基碳原子的正电性增强,从而有利于醇分子的进攻,加快酯的生成。

叔醇的酯化反应的机理如下：

$$R'_3C—OH + H^+ \longrightarrow R'_3C^+ + H_2O$$

$$R—\overset{\overset{O}{\|}}{C}—OH + R'_3C^+ \longrightarrow R—\overset{\overset{O}{\|}}{C}—\underset{\underset{R'_3C}{|}}{\overset{+}{O}}H \xrightarrow{-H^+} R—\overset{\overset{O}{\|}}{C}—O—CR'_3$$

因此，羧酸的酯化反应随着羧酸和醇的结构以及反应条件的不同，可以按照不同的机理进行。同时，羧酸和醇的结构对酯化反应的速度影响很大。一般 α－C 原子上连有较多烃基或所连基团越大的羧酸和醇，由于空间位阻的因素，使酯化反应速度减慢。不同结构的羧酸和醇进行酯化反应的活性顺序为

$$RCH_2COOH > R_2CHCOOH > R_3CCOOH$$

$$RCH_2OH(伯醇) > R_2CHOH(仲醇) > R_3COH(叔醇)$$

4. 酰胺的生成

羧酸与氨或胺（伯胺、仲胺）反应，生成羧酸铵，铵盐受强热或在脱水剂的作用下，可失去一分子水形成酰胺或 N－取代酰胺。例如：

$$CH_3COOH + NH_3 \longrightarrow CH_3COONH_4 \overset{100℃}{\rightleftharpoons} CH_3CONH_2 + H_2O$$

二元羧酸与氨反应生成二铵盐在受热时发生分子内脱水、脱氨反应，生成五元环或六元环状酰亚胺。例如：

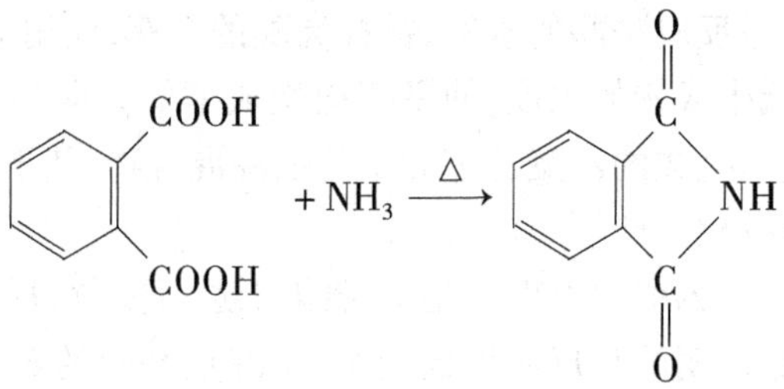

8.3.3 还原反应

羧基中的羰基由于 p－π 共轭效应的结果，失去了典型羰基的特性，所以羧基很难用催化氢化或一般的还原剂还原，只有特殊的还原剂如 $LiAlH_4$ 能将其直接还原成伯醇。$LiAlH_4$ 是选择性的还原剂，还原羧基不仅产率高，而且还原不饱和羧酸时不还原碳碳不饱和键。例如：

$$C_{17}H_{35}COOH \xrightarrow[2.\ H_2O]{1.\ LiAlH_4,\ Et_2O} C_{17}H_{35}CH_2OH$$

$$H_2C = CHCH_2COOH \xrightarrow[2.\ H_2O]{1.\ LiAlH_4,\ Et_2O} H_2C = CHCH_2CH_2OH$$

8.3.4 脱羧反应

通常情况下，羧酸中的羧基是比较稳定的，但在一些特殊条件下也可以发生脱去羧基，放出二氧化碳的反应，称为脱羧反应。

一元羧酸的钠盐与强碱共热，生成比原来羧酸少一个碳原子的烃。例如，无水醋酸钠和碱石灰混合加热，发生脱羧反应生成甲烷：

$$CH_3-\overset{\overset{\displaystyle O}{\|}}{C}-ONa + NaOH \xrightarrow[\triangle]{CaO} CH_4 + Na_2CO_3$$

这是实验室制备甲烷的方法。

有些低级二元羧酸,由于羧基是吸电子基团,在两个羧基的相互影响下,受热也容易发生脱羧反应。如乙二酸和丙二酸加热,脱去二氧化碳,生成比原来羧酸少一个碳原子的一元羧酸:

$$CH_3COCH_2COOH \xrightarrow{\triangle} CH_3COCH_3 + CO_2$$

$$HOOCCH_2COOH \xrightarrow{\triangle} CH_3COOH + CO_2$$

丁二酸及戊二酸加热至熔点以上不发生脱羧反应,而是分子内脱水生成稳定的内酐。己二酸及庚二酸在氢氧化钡存在下加热,既脱羧又失水,生成环酮:

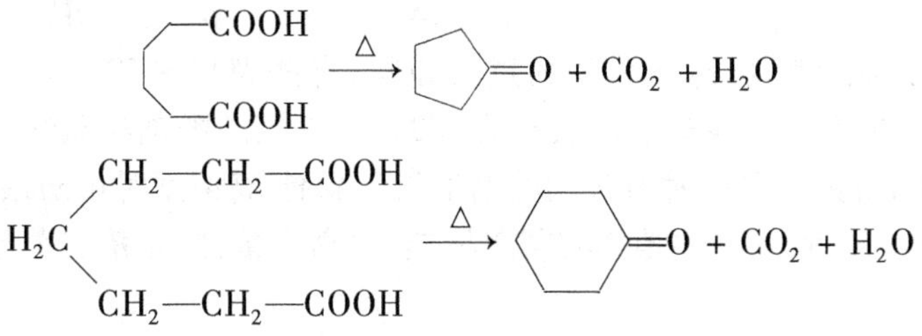

8.3.5 α-氢原子的卤代反应

羧基是较强的吸电子基团,它可通过诱导效应和 σ-π 超共轭效应使 α-H 活化。但羧基的致活作用比羰基小得多,所以羧酸的 α-H 被卤素取代的反应比醛、酮困难。但在碘、红磷、硫等的催化下,取代反应可顺利发生在羧酸的 α-位上,生成 α-卤代羧酸。

反应机理如下:

$$CH_3CH_2CH_2CH_2COOH + Br_2 \xrightarrow{P} CH_3CH_2CH_2\underset{\underset{\displaystyle Br}{|}}{C}HCOOH$$

$$P + Br_2 \longrightarrow PBr_3$$

$$RCH_2COOH \xrightarrow{PBr_3} RCH_2COBr$$

$$RCH_2\overset{\overset{\displaystyle O}{\|}}{C}Br \longrightarrow RCH=\overset{\overset{\displaystyle OH}{|}}{C}Br$$

$$Br-Br + RCH=\overset{\overset{\displaystyle O-H}{|}}{C}Br \longrightarrow \underset{\underset{\displaystyle R}{|}}{Br}CH\overset{\overset{\displaystyle O}{\|}}{C}Br + HBr$$

$$\underset{\underset{\displaystyle R}{|}}{Br}CH\overset{\overset{\displaystyle O}{\|}}{C}Br + RCH_2COOH \longrightarrow \underset{\underset{\displaystyle R}{|}}{Br}CH\overset{\overset{\displaystyle O}{\|}}{C}OH + RCH_2COBr$$

红磷的作用是使羧酸与卤素反应先转变为酰卤,酰卤比羧酸容易发生 α-卤代反应,得到 α-卤代酰卤。后者再与羧酸作用,就生成 α-卤代酸。

α-溴代酸是非常重要的化合物,是制备其他 α-取代酸的母体。例如:

$$
CH_3CHCOH \xrightarrow{\ OH^-\ } CH_3CHCOH
$$

（其中 Br 被 OH 取代）

$$
\xrightarrow{\ NH_3\ } CH_3CHCOH
$$

（其中取代基为 NH₂）

$$
\xrightarrow{\ CN^-\ } CH_3CHCOH \xrightarrow{\ H_2O\ } CH_3CHCOH
$$

（CN 与 COOH）

卤代羧酸是合成多种农药和药物的重要原料,有些卤代羧酸如 α, α - 二氯丙酸或 α, α - 二氯丁酸还是有效的除草剂。氯乙酸与 2,4 - 二氯苯酚钠在碱性条件下反应,可制得 2,4 - 二氯苯氧乙酸,它是一种有效的植物生长调节剂,高浓度时可防治禾谷类作物田中的双子叶杂草;低浓度时,对某些植物有刺激早熟,提高产量,防止落花落果,产生无籽果实等多种作用。

8.4 羧酸衍生物的结构及命名

羧基中羟基被其他原子或基团取代的产物称为羧酸衍生物。如果羧基中的羟基被卤素 (—X)、酰氧基(—OCOR)、烷氧基(—OR)、氨基(—NH₂)取代,分别生成酰卤、酸酐、酯、酰胺,这些都是羧酸的重要衍生物。羧酸衍生物反应活性很高,可以转变成多种其他化合物,是十分重要的有机合成中间体。

8.4.1 羧酸衍生物的结构

羧酸中去掉羧基中的烃基后剩余的部分成为酰基($R-\overset{\underset{\displaystyle O}{\|}}{C}-$)。羧酸衍生物结构式的共同点是分子中都含有酰基,所以又称为酰基衍生物。可用通式表示为

$$
R-\overset{\underset{\displaystyle O}{\|}}{C}-L \quad L = -X, OR, OCOR, NH_2(NHR, NR_2)
$$

酰基中的羰基可与其相连的卤素、氧或氮原子上的未用 p 电子形成 p - π 共轭体系,未共用电子对向羰基离域,使 C—L 键具有部分双键的性质。羧酸衍生物的结构可用共振结构式表示如下:

$$
[\ R-\overset{\underset{\displaystyle O:}{\|}}{C}-L \longleftrightarrow R-\overset{\underset{\displaystyle :O^-}{\|}}{C}-L \longleftrightarrow R-\overset{\underset{\displaystyle :O^-}{\|}}{C}=L^+\ ]
$$

在酰氯分子中,由于氯的电负性较强,吸电子的诱导效应大于供电子的共轭效应,因此酰卤中 C—Cl 键易断裂,化学性质活泼。

在酰胺中,C—N 键中的碳为 sp³ 杂化,氮上的孤电子对和羰基发生共轭,且共轭效应大于吸电子的诱导效应,这两个因素导致酰胺中的 C—N 比胺中的要短,这样的 C—N 键具有

部分双键的性质。

同样,酯中的羰基和烷基中的氧的孤电子对共轭,酯的 C—O 键比醇中的要短,酯中的 C—O 键也具有部分双键的性质。

因此,羧酸衍生物化学反应的活性次序为:酰氯 > 酸酐 > 酯 ≥ 酰胺。

8.4.2　羧酸衍生物的命名

羧酸去掉羧基中的羟基后剩余部分称为酰基。酰基的名称是将相应的羧酸名称中的 "酸"变成"酰基"。例如:

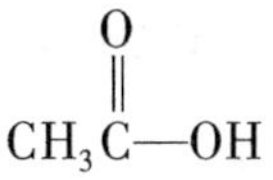

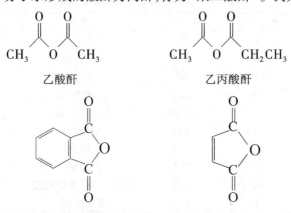

$$\begin{array}{ccc} \text{CH}_3\overset{\text{O}}{\overset{\|}{\text{C}}}\text{—OH} & \text{H}_2\text{C}=\text{CH}-\overset{\text{O}}{\overset{\|}{\text{C}}}\text{—OH} & \text{C}_6\text{H}_5\overset{\text{O}}{\overset{\|}{\text{C}}}\text{—OH} \\ \text{乙酸} & \text{丙烯酸} & \text{苯甲酸} \end{array}$$

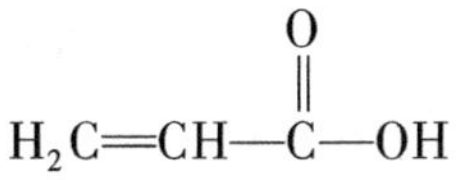

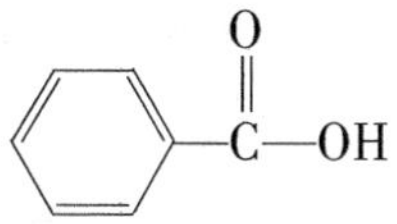

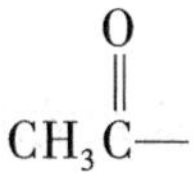

乙酰 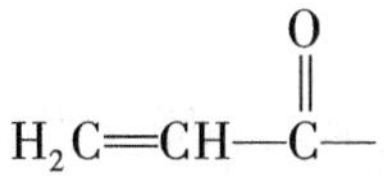　　　　　　丙烯酰 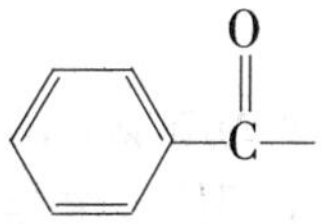　　　　　　苯甲酰

酰卤根据酰基和卤原子来命名,称为"某酰卤"。例如:

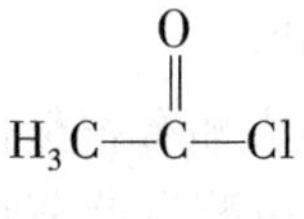

H₃C—C(=O)—Cl　　CH₃CH₂—C(=O)—Cl　　CH₂=CH—C(=O)—Cl　　C₆H₅—C(=O)—Cl

乙酰氯 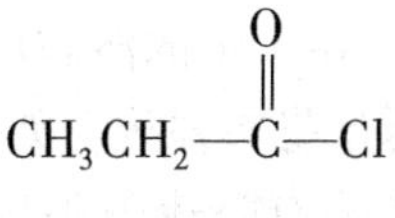　　　　　丙酰氯 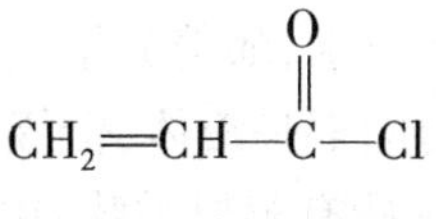　　　　　丙烯酰氯 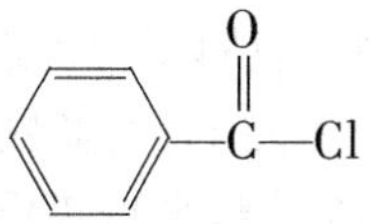　　　　　苯甲酰氯

酸酐根据相应的羧酸命名。两个相同羧酸形成的酸酐为简单酸酐,称为"某酸酐",简称"某酐";两个不相同羧酸形成的酸酐为混合酸酐,称为"某酸某酸酐",简称"某某酐";二元羧酸分子内失去一分子水形成的酸酐为内酐,称为"某二酸酐"。例如:

乙酸酐　　　　　　　　乙丙酸酐

邻苯二甲酸酐　　　　顺丁烯二酸酐

酯根据形成它的羧酸和醇来命名,称为"某酸某酯"。例如:

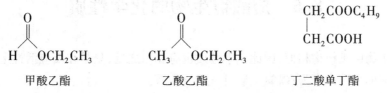

甲酸乙酯　　　　　　乙酸乙酯　　　　　　丁二酸单丁酯

酰胺根据酰基和氨基来命名,称为"某酰胺",连接在氮原子上的烃基用"N-某基"表示。

$$H-\overset{\overset{\displaystyle O}{\|}}{C}-NH_2 \qquad CH_3-\overset{\overset{\displaystyle O}{\|}}{C}-NH_2 \qquad CH_3-\overset{\overset{\displaystyle O}{\|}}{C}-N(CH_3)_2$$

甲酰胺 　　　　　　　　 乙酰胺 　　　　　　　　 N,N-二甲基乙酰胺

$$CH_3CH_2\underset{\underset{\displaystyle CH_3}{|}}{CHCH_3}-\overset{\overset{\displaystyle O}{\|}}{C}-NH(CH_3) \qquad CH_3-\overset{\overset{\displaystyle O}{\|}}{C}-N(CH_3)(C_2H_5)$$

N-甲基-3-甲基戊酰胺 　　　　　　　　 N-甲基-N-乙基乙酰胺

8.5 羧酸衍生物的物理性质

　　室温下,低级的酰氯和酸酐都是无色且对黏膜有刺激性的液体,高级的酰氯和酸酐为白色固体,内酐也是固体。酰氯和酸酐的沸点比分子量相近的羧酸低,这是因为它们的分子间不能通过氢键缔合的缘故。酰胺分子间可通过氢键缔合,熔点和沸点较高,除甲酰胺外都是固体。氨基上有烃基取代时,分子间的缔合程度减小,熔点和沸点降低。由于酰胺可与水形成氢键,所以低级酰胺易溶于水,随着分子量的增大,在水中的溶解度逐渐减小。

　　室温下,大多数常见的酯都是液体,低级的酯具有花果香味。如乙酸异戊酯有香蕉香味(俗称香蕉水);正戊酸异戊酯有苹果香味;甲酸苯乙酯有野玫瑰香味;丁酸甲酯有菠萝香味等。许多花和水果的香味都与酯有关,因此酯多用于香料工业。羧酸衍生物一般都难溶于水而易溶于乙醚、氯仿、丙酮、苯等有机溶剂。部分羧酸衍生物的物理常数列于表8.3。

表8.3　常见羧酸衍生物的物理常数

化合物	熔点/℃	沸点/℃	化合物	熔点/℃	沸点/℃
乙酰氯	-112	52	甲酸甲酯	-100	32
乙酰溴	-98	76.6	甲酸乙酯	-80	54
丙酰氯	-94	80	乙酸乙酯	-83	77.1
正丁酰氯	-89	102	乙酸戊酯	-78	142
苯甲酰氯	-1	197.2	苯甲酸乙酯	-34	213
乙酸酐	-73	140	甲酰胺	2.5	192
丙酸酐	-45	169	乙酰胺	81	222
丁二酸酐	119.6	261	丙酰胺	79	213
苯甲酸酐	42	360	N,N-二甲基甲酰胺	-61	153
邻苯二甲酸酐	132	284.5	苯甲酰胺	130	290

8.6 羧酸衍生物的化学性质

　　羧酸衍生物由于结构相似,因此化学性质也有相似之处,只是在反应活性上有较大的差异。化学反应的活性次序为:酰氯>酸酐>酯≥酰胺。

8.6.1　水解反应

酰氯、酸酐、酯都可水解生成相应的羧酸。低级的酰卤遇水迅速反应,高级的酰卤由于在水中溶解度较小,水解反应速度较慢;多数酸酐由于不溶于水,在冷水中缓慢水解,在热水中迅速反应;酯的水解只有在酸或碱的催化下才能顺利进行。

$$
\begin{matrix}
R-\overset{O}{\underset{}{C}}-X \\[2pt]
R-\overset{O}{\underset{}{C}}-O-\overset{O}{\underset{}{C}}-R' \\[2pt]
R-\overset{O}{\underset{}{C}}-O-R' \\[2pt]
R-\overset{O}{\underset{}{C}}-NR'R''
\end{matrix}
\; + \; H-OH \longrightarrow R-\overset{O}{\underset{}{C}}-OH \; + \;
\begin{matrix}
HX \\[4pt]
HO-\overset{O}{\underset{}{C}}-R' \\[4pt]
HOR' \\[4pt]
HNRR'
\end{matrix}
$$

酯的水解在理论上和生产上都有重要意义。酸催化下的水解是酯化反应的逆反应,水解反应不能进行完全。而碱催化下的水解产物生成的羧酸可与碱生成盐能够从平衡体系中除去,所以碱催化下的水解反应可以进行到底。酯的碱性水解反应也称为皂化。

$$
R-\overset{O}{\underset{}{C}}-OR' + HOH \; \underset{}{\overset{H^+}{\rightleftharpoons}} \; R-\overset{O}{\underset{}{C}}-OH + R'OH
$$

$$
R-\overset{O}{\underset{}{C}}-OR' + HOH \; \overset{OH^-}{\longrightarrow} \; R-\overset{O}{\underset{}{C}}-O^- + R'OH
$$

8.6.2　醇解反应

酰氯、酸酐、酯都能发生醇解反应,产物主要生成酯。羧酸衍生物进行醇解反应活性与水解相同,即酰卤 > 酸酐 > 酯 > 酰胺。

$$
\begin{matrix}
R-\overset{O}{\underset{}{C}}-X \\[2pt]
R-\overset{O}{\underset{}{C}}-O-\overset{O}{\underset{}{C}}-R' \\[2pt]
R-\overset{O}{\underset{}{C}}-O-R' \\[2pt]
R-\overset{O}{\underset{}{C}}-NR'R''
\end{matrix}
\; + \; H-OR'' \longrightarrow R-\overset{O}{\underset{}{C}}-OR'' \; + \;
\begin{matrix}
HX \\[4pt]
HO-\overset{O}{\underset{}{C}}-R' \\[4pt]
HOR' \\[4pt]
HNRR'
\end{matrix}
$$

酯的醇解亦称酯交换反应,酯交换反应常用来制取高级醇的酯,因为结构复杂的高级醇一般难与羧酸直接酯化,往往是先制得低级醇的酯,再利用酯交换反应,即可得到所需要高级醇的酯。酯交换反应在工业上的重要用途之一是涤纶的合成:

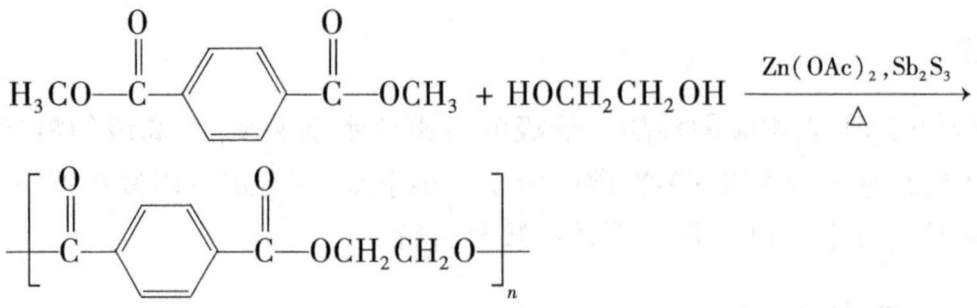

涤纶

8.6.3 氨解反应

酰氯、酸酐、酯可以发生氨解反应,生成酰胺。因此,该类型反应可用于酰胺的制备。由于氨本身是碱,所以氨解反应比水解反应更易进行。酰氯和酸酐与氨的反应都很剧烈,需要在冷却或稀释的条件下缓慢混合进行反应。

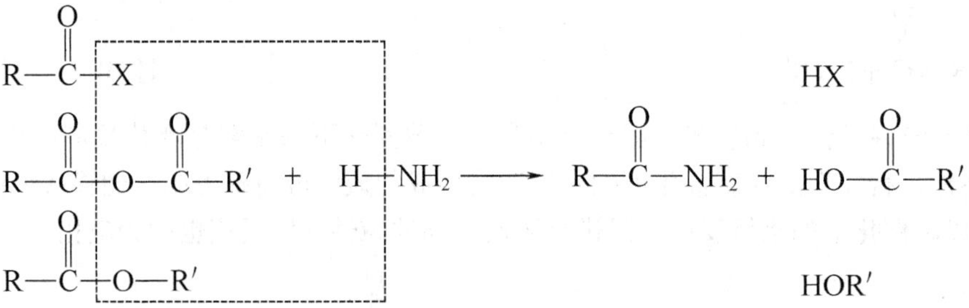

羧酸衍生物氨解的反应活性为:酰卤 > 酸酐 > 酯。

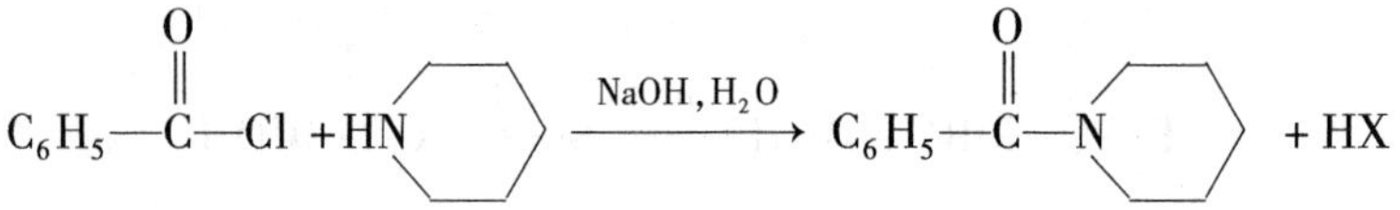

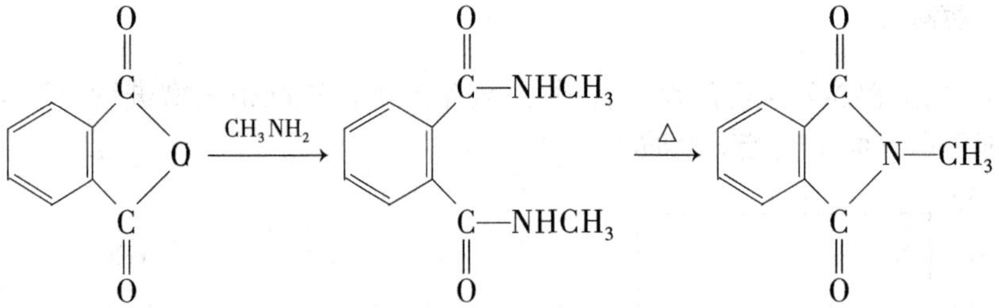

羧酸衍生物的水解、醇解、氨解都属于亲核取代反应历程,可用下列通式表示:

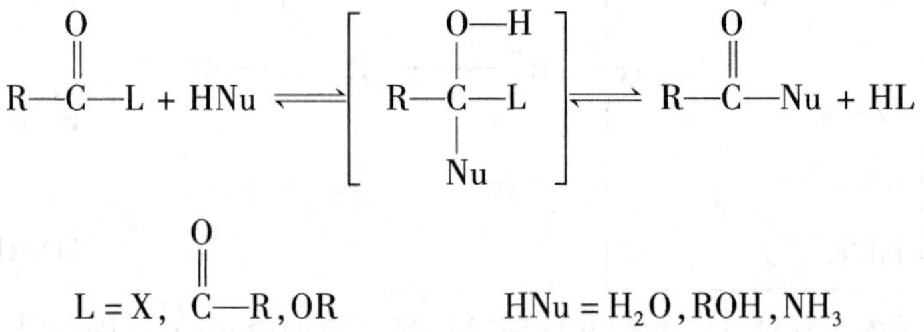

$$L = X, \ \overset{O}{\underset{\|}{C}} - R, OR \qquad HNu = H_2O, ROH, NH_3$$

反应实际上是通过先加成然后再消除来完成的。第一步由亲核试剂 HNu 进攻酰基碳原子,形成加成中间产物,第二步脱去一个小分子 HL,恢复碳氧双键,最后酰基取代了活泼氢和 Nu 结合得到取代产物。显然,酰基碳原子的正电性越强,水、醇、氨等亲核试剂向酰基碳原子的进攻越容易,反应越快。在羧酸衍生物中,基团—L 有一对未共用电子对,这个电

子对可与酰基中的 $C=O$ 形成 $p-\pi$ 共轭体系。基团—L 的给电子能力顺序为

$$-Cl \; < \; -\overset{..}{\underset{..}{O}}-\overset{O}{\overset{\|}{C}}-R \; < \; -\overset{..}{\underset{..}{O}}R \; < \; -\overset{..}{N}H_2$$

因此酰基碳原子的正电性强度顺序为：酰氯 > 酸酐 > 酯 > 酰胺。另一方面，反应的难易程度也与离去基团 A 的碱性有关，L 的碱性愈弱愈容易离去。离去基团 L 的碱性强弱顺序为：$NH_2^- > RO^- > RCO_2^- > X^-$，即离去的难易顺序为：$NH_2^- < RO^- < RCO_2^- < X^-$。

综上所述，羧酸衍生物的酰–L 键断裂的活性(也称酰基化能力)次序为：酰氯 > 酸酐 > 酯 ≥ 酰胺。酰氯和酸酐都是很好的酰基化试剂。

8.6.4　还原反应

金属钠的乙醇溶液能够把酯还原为醇，还原剂 $LiAlH_4$ 能将所有的羧酸衍生物还原，酰氯、酸酐和酯还原为醇，而酰胺还原为胺。

$$R-\overset{O}{\overset{\|}{C}}-OR' \xrightarrow[2.\,H_2O]{1.\,LiAlH_4} R'CH_2OH + R'OH$$

$$R-\overset{O}{\overset{\|}{C}}-OR' \xrightarrow{Na,\,EtOH} RCH_2OH + R'OH$$

$$R-\overset{O}{\overset{\|}{C}}-NH_2 \xrightarrow[2.\,H_2O]{1.\,LiAlH_4} RCH_2NH_2$$

$$R-\overset{O}{\overset{\|}{C}}-NHR' \xrightarrow[2.\,H_2O]{1.\,LiAlH_4} RCH_2NHR'$$

$$R-\overset{O}{\overset{\|}{C}}-NR_2 \xrightarrow[2.\,H_2O]{1.\,LiAlH_4} RCH_2NR_2$$

8.6.5　酯缩合反应

酯分子中的 $\alpha-H$ 原子由于受到酯基的影响变得较活泼，用醇钠等强碱处理时，两分子的酯脱去一分子醇生成 $\beta-$酮酸酯，这个反应称为克来森(Claisen)酯缩合反应。

$$CH_3-\overset{O}{\overset{\|}{C}}-OC_2H_5 + H-CH_2-\overset{O}{\overset{\|}{C}}-OC_2H_5 \underset{2.\,H_2O,\,H^+}{\overset{1.\,C_2H_5ONa}{\rightleftharpoons}} CH_3\overset{O}{\overset{\|}{C}}CH_2\overset{O}{\overset{\|}{C}}-OC_2H_5 + C_2H_5OH$$

酯缩合反应历程类似于羟醛缩合反应。首先强碱夺取 $\alpha-H$ 原子形成负碳离子，负碳离子向另一分子酯羰基进行亲核加成，再失去一个烷氧基负离子生成 $\beta-$酮酸酯：

$$CH_3-\overset{O}{\overset{\|}{C}}-OC_2H_5 \xrightarrow{C_2H_5ONa} \overset{-}{C}H_2-\overset{O}{\overset{\|}{C}}-OC_2H_5 + C_2H_5OH$$

$$CH_3-\overset{O}{\overset{\|}{C}}-OC_2H_5 \;+\; \overset{-}{C}H_2-\overset{O}{\overset{\|}{C}}-OC_2H_5 \;\Longleftarrow\; CH_3-\overset{\overset{\bar{O}}{|}}{\underset{OC_2H_5}{C}}-CH_2-\overset{O}{\overset{\|}{C}}-OC_2H_5$$

$$\Longleftarrow\; CH_3-\overset{O}{\overset{\|}{C}}-CH_2-\overset{O}{\overset{\|}{C}}-OC_2H_5 \;+\; C_2H_5O^-$$

在酯缩合过程中,乙酸乙酯的 $\alpha-H$ 的酸性弱于乙醇,不利于乙酸乙酯负离子的生成。但乙酰乙酸乙酯负离子的形成具有更大的共振稳定性,使平衡移动趋向于生成缩合产物乙酰乙酸乙酯盐,最后酸化才能得到游离的乙酰乙酸乙酯。

若两个含有 $\alpha-H$ 原子的不同的酯进行交叉酯交换反应,理论上可得到 4 种不同产物,在制备上价值不大。若两个不同的酯只有一个具有 $\alpha-H$ 原子,交叉酯交换反应有制备意义。

$$CH_3-\overset{O}{\overset{\|}{C}}-OC_2H_5 \;+\; H-\overset{O}{\overset{\|}{C}}-OC_2H_5 \;\underset{2.\,H_2O,H^+}{\overset{1.\,C_2H_5ONa}{\rightleftharpoons}}\; HCCH_2\overset{O}{\overset{\|}{C}}-OC_2H_5 \;+\; C_2H_5OH$$

8.6.6 与格利雅试剂的反应

羧酸衍生物与格利雅(Grignard)试剂反应的实质是格利雅中的碳负离子所进行的亲核加成反应。

$$R-\overset{O}{\overset{\|}{C}}-L \xrightarrow[Et_2O]{R'MgX} \left[R-\overset{\overset{OMgX}{|}}{\underset{R'}{C}}-L\right] \xrightarrow{-MgXL} R-\overset{O}{\overset{\|}{C}}-R' \xrightarrow[Et_2O]{R'MgX} \left[R-\overset{\overset{OMgX}{|}}{\underset{R'}{C}}-R'\right] \xrightarrow{H_2O} R-\overset{\overset{OH}{|}}{\underset{R'}{C}}-R'$$

酰氯在低温、无水 $AlCl_3$ 存在下与等物质的量的 RMgX 反应生成酮。由于酰氯与格利雅(Grignard)试剂反应的活性比酮高,反应可以停止在生成酮的阶段。如果格氏试剂过量,酮继续发生反应得到叔醇。

$$R-\overset{O}{\overset{\|}{C}}-Cl \;+\; R'MgX \longrightarrow R-\overset{\overset{O-MgX}{|}}{\underset{R'}{C}}-Cl \xrightarrow{H_2O} R-\overset{O}{\overset{\|}{C}}-R' \xrightarrow[2.\,H_2O]{1.R'MgX} R-\overset{\overset{OH}{|}}{\underset{R'}{C}}-R'$$

$$\overset{H_3C}{\underset{H_3C}{>}}CH-\overset{O}{\overset{\|}{C}}-Cl \xrightarrow[2.\,H_2O]{1.\,2CH_3MgI} \overset{H_3C}{\underset{H_3C}{>}}CH-\overset{\overset{OH}{|}}{\underset{CH_3}{C}}-CH_3$$

酸酐和酯与格氏试剂反应先生成酮,由于酮分子中的羰基比酸酐分子中的羰基活性高,生成的酮会与格氏试剂继续反应生成叔醇。但甲酸酯与 RMgX 反应产物为仲醇。内酯与 RMgX 反应产物为二醇。

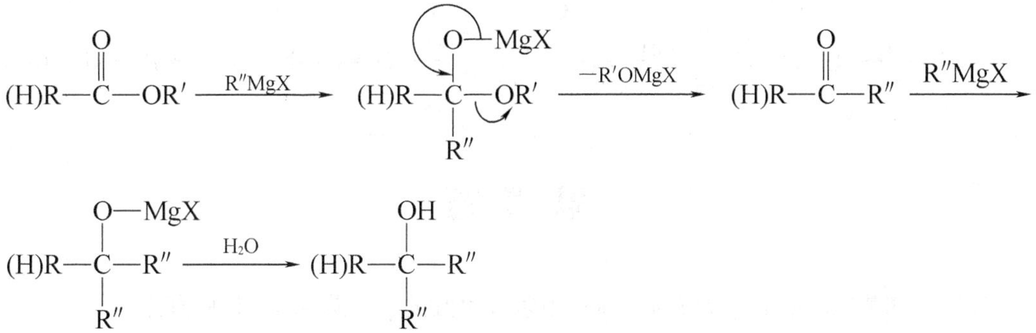

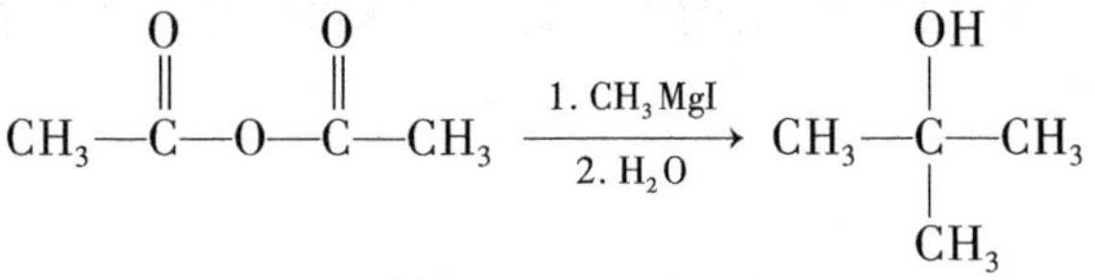

（图示反应式）

酰胺与格氏试剂的反应在有机合成中应用较少,含活泼氢的酰胺还有分解格氏试剂的性质。

8.6.7 酰胺的特殊性质

1. 酸碱性

酰胺分子中,氨基上的未共用电子对与羰基形成 p－π 共轭体系,使氮原子上的电子云密度降低,减弱了氨基接受质子的能力,是近乎中性的化合物。在酰亚胺分子中,由于两个酰基的吸电子诱导效应,使氮原子上氢原子的酸性明显增强,能与强碱生成盐。

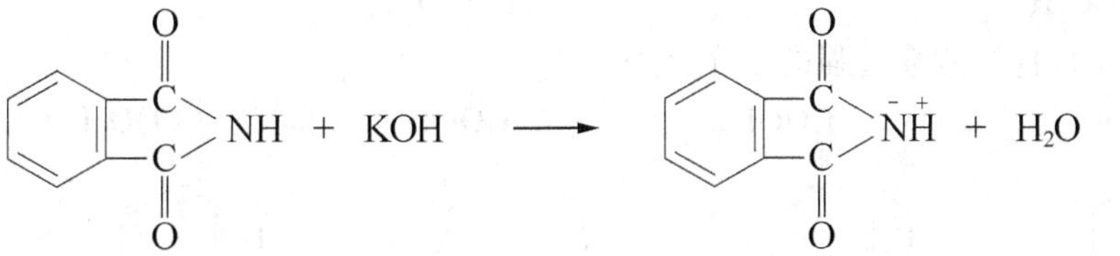

（图示反应式）

丁二酰亚胺盐在较低的温度下与溴作用可制备 N－溴代丁二酰亚胺(NBS)。NBS 是制备烯丙型溴代烃的溴化剂。

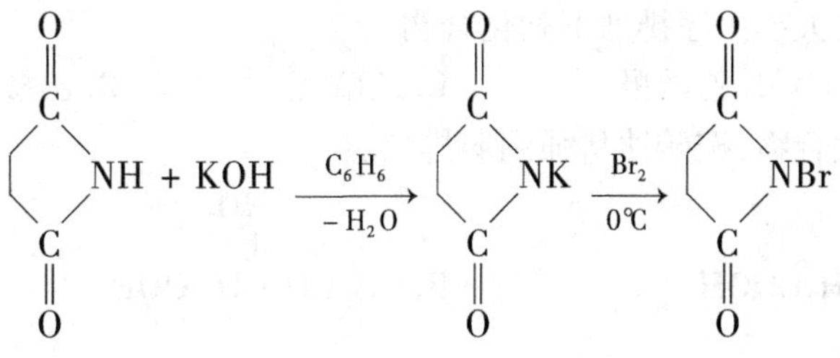

（图示反应式）

2. 霍夫曼降解反应

氮原子上连有两个氢原子的酰胺与次卤酸盐反应,生成比原酰胺少一个碳原子的伯胺,该反应称为酰胺的霍夫曼(Hoffmann)降解(重排)反应,是制备伯胺的方法之一。

$$RCONH_2 \xrightarrow[\text{NaOH}]{\text{Br}_2} R{-}NH_2 + NaBr + Na_2CO_3$$

在降解反应中,氨基首先被溴取代生成 N－溴代酰胺,在强碱作用下脱去溴化氢生成不稳定的酰基氮烯中间体,其立即重排成为异氰酸酯,经水解脱去二氧化碳生成伯胺。

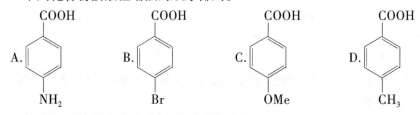

$$RCONH_2 \xrightarrow{Br_2} R-\overset{\overset{\displaystyle O}{\|}}{C}-\overset{\overset{\displaystyle Br}{|}}{\underset{\displaystyle H}{N}} \xrightarrow{OH^-} R-\overset{\overset{\displaystyle O}{\|}}{C}-\ddot{N}: \xrightarrow{重排} O=C=N-R \longrightarrow R-NH_2+CO_2$$

思 考 题

1. 对硝基苯甲酸的 pK_a 为 3.42,而对甲基苯甲酸的 pK_a 为 4.47,请解释之。

2. 对羟基苯甲酸的酸性比苯甲酸的酸性弱,而水杨酸(邻羟基苯甲酸)酸性比苯甲酸的酸性强 15 倍,请解释之。

习 题

一、排序题

1. 将下列化合物按酸性由强到弱的顺序排列。

A. $CH_3CH_2CHBrCO_2H$ B. $CH_3CHBrCH_2CO_2H$

C. $CH_3CH_2CH_2CO_2H$ D. $CH_3CH_2CH_2CH_2OH$

E. C_6H_5OH F. H_2CO_3

G. Br_3CCO_2H H. H_2O

2. 下列化合物按酸性增强的顺序排列。

A. (对位 NH_2 苯甲酸)   B. (对位 Br 苯甲酸)   C. (对位 OMe 苯甲酸)   D. (对位 CH_3 苯甲酸)

3. 按水解活性的大小次序排列下列化合物。

A. 乙酰胺   B. 乙酸酐   C. 乙酰氯   D. 乙酸乙酯

4. 将下列各组化合物,按酸性从强到弱排列。

(1) A. $CH_3\overset{\overset{\displaystyle NO_2}{|}}{C}HCH_2COOH$ B. $CH_3CH_2\overset{\overset{\displaystyle NO_2}{|}}{C}HCOOH$

   C. $\overset{\overset{\displaystyle NO_2}{|}}{C}H_2CH_2CH_2COOH$

(2) A. CH_3OCH_2COOH B. CH_3CH_2OH

   C. CH_3COOH D. $CH_3CH_2NH_2$

(3) A. 乙醇   B. 乙酸   C. 丙二酸   D. 乙二酸

(4) A. 三氯乙酸   B. 氯乙酸   C. 乙酸   D. 羟基乙酸

5. 将下列各组化合物,按碱性从强到弱排列。

（1）A. $CH_3CH_2CCl_2COO^-$　　　　　B. $CH_3CH_2CHClCOO^-$

　　　C. $CH_3CH_2CH(CH_3)COO^-$

（2）A. 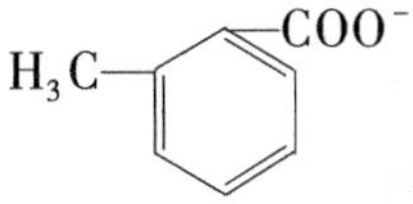 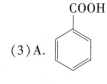　　　　　B.

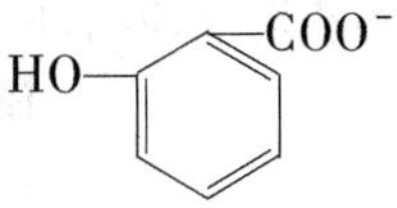

　　　C. 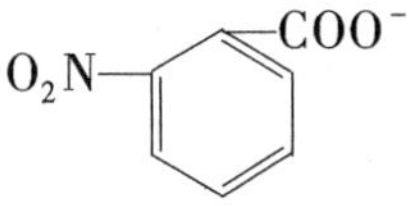 O₂N 苯环 COO⁻

（3）A. $CH_3CH_2CH_2O^-$　　　　　B. $CH_3CHClCOO^-$

　　　C. $CH_3CH_2COO^-$　　　　　D. $CH_3CH_2NH^-$

6. 按碱水解反应速度由大到小顺序排列。

A. $CH_3CH_2COOC_6H_5$　　　　　B. $CH_3\underset{\underset{\displaystyle CH_3}{|}}{CH}COOC_6H_5$

C. $CH_3COOC_6H_5$　　　　　D. $(CH_3)_3CCOOC_6H_5$

7. 将下列各组化合物，按酸性从强到弱排列。

（1）A. FCH_2COOH　　B. $ClCH_2COOH$　　　C. $BrCH_2COOH$　　　D. CH_3COOH

（2）A. $HC\equiv C—CH_2COOH$　　　　　B. $CH_3CH_2CH_2COOH$

　　　C. $CH_2\!=\!CH—CH_2COOH$

（3）A. 苯COOH　　B. 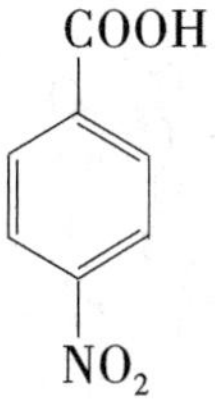 对NO₂苯COOH　　C. 对OMe苯COOH

（4）A. CH_3COOH　　B. C_6H_5COOH　　C. 草酸(COOH-COOH)　　D. 丙二酸(CH₂(COOH)₂)

（5）A. 苯COOH　　B. 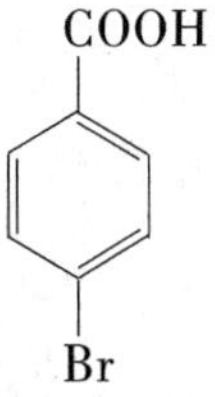 对Br苯COOH　　C. 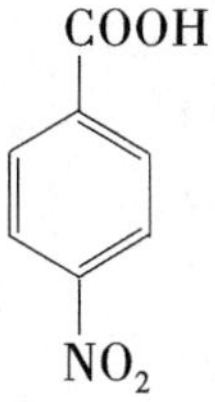 对NO₂苯COOH　　D. 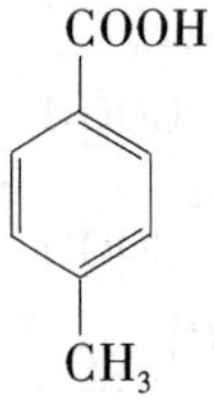 对CH₃苯COOH

8. 比较下列酯在碱性条件下水解的相对活性。

（1）A. 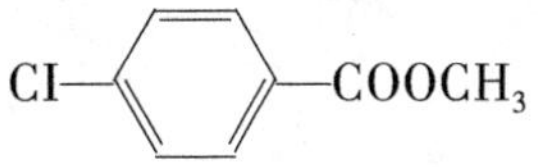 Cl—苯—COOCH₃　　　　　B. 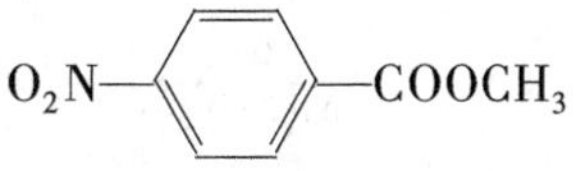 O₂N—苯—COOCH₃

　　　C. 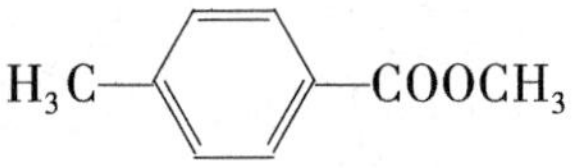 H₃C—苯—COOCH₃　　　　　D. 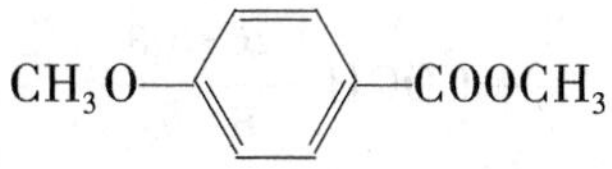 CH₃O—苯—COOCH₃

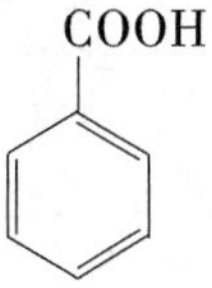

（2）A. CH₃COO—苯　　　　　B. 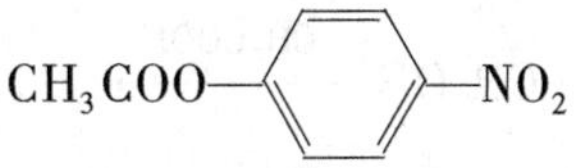 CH₃COO—苯—NO₂

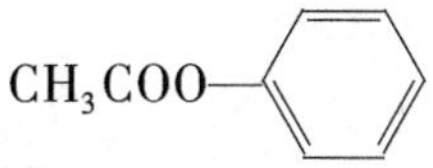

C. 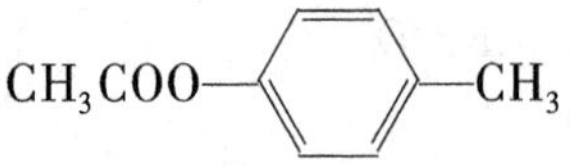 CH_3COO—⬡—CH_3　　　　D. 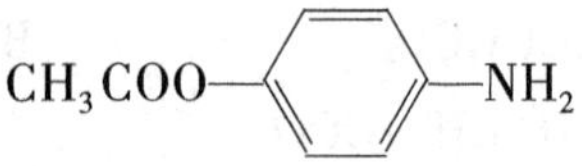 CH_3COO—⬡—NH_2

9. 比较下列酯进行氨解的相对反应活性。

A. $CH_3COOC_2H_5$　　　　　　B. $C_2H_5COOC_2H_5$

C. $(CH_3)_2CHCOOC_2H_5$　　　D. $(CH_3)_3CCOOC_2H_5$

二、命名下列化合物

1. 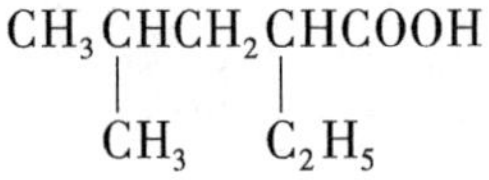 $\underset{\overset{|}{CH_3}}{CH_3CHCH_2}\underset{\overset{|}{C_2H_5}}{CHCOOH}$

2. △—CH_2COOH

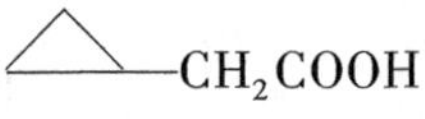

3. $HOOCCH_2COCH_2COOH$

4. 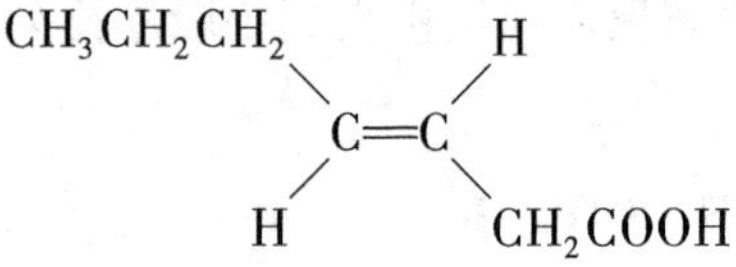 $\underset{H}{\overset{CH_3CH_2CH_2}{C}}=\underset{CH_2COOH}{\overset{H}{C}}$

5. 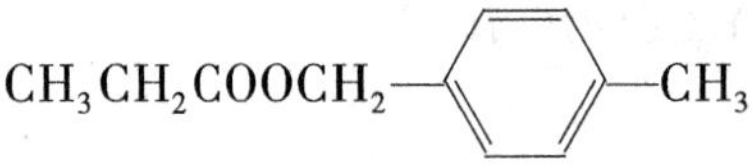 $CH_3CH_2COOCH_2$—⬡—CH_3

6. 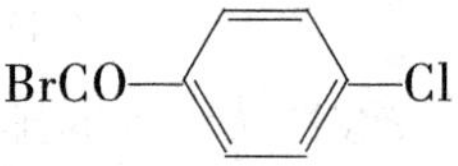 $BrCO$—⬡—Cl

7. 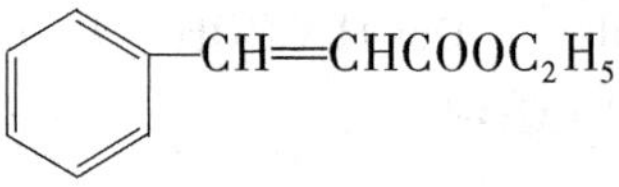 ⬡—$CH=CHCOOC_2H_5$

8. $CNCH_2CH_2CN$

9.  $CH_3\overset{\overset{\displaystyle O}{\|}}{C}NH(CH_3)_2$

10.

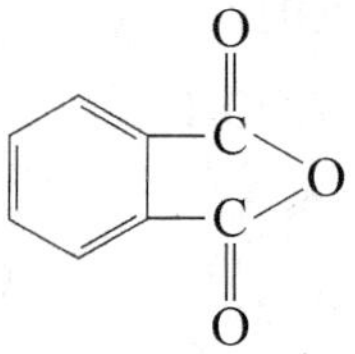

三、完成下列反应式

1. 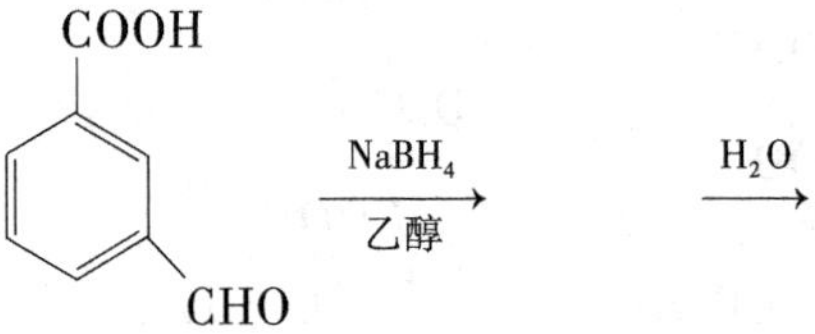 (苯环 COOH / CHO) $\xrightarrow[\text{乙醇}]{NaBH_4}$ $\xrightarrow{H_2O}$

2. (环己烷 COOH / COOH) $\xrightarrow{\Delta}$

3. $\underset{CHCOOH}{\overset{CHCOOH}{\|}}$ $\xrightarrow{\Delta}$

4. ⬡ $\xrightarrow{HNO_3}$ $\xrightarrow[Ba(OH)_2]{\Delta}$

5. 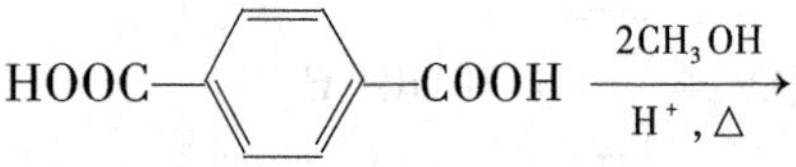 $HOOC$—⬡—$COOH$ $\xrightarrow[H^+,\Delta]{2CH_3OH}$

6. 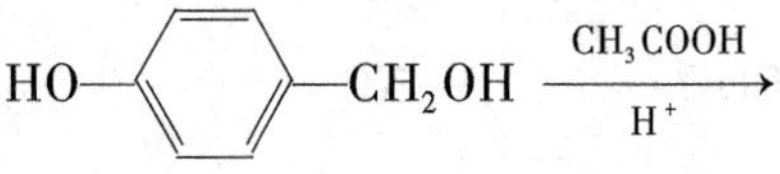 HO—⬡—CH_2OH $\xrightarrow[H^+]{CH_3COOH}$

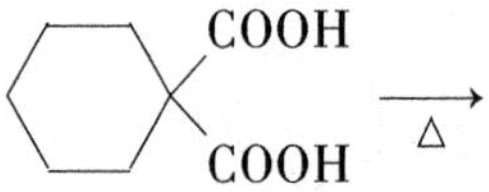

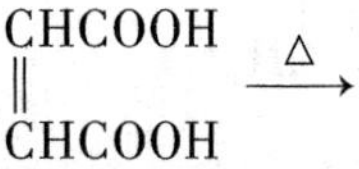

7. $C_6H_5CH_2CH_2COOH \xrightarrow{SOCl_2} \quad \xrightarrow{AlCl_3} \quad \xrightarrow[HCl]{Zn-Hg}$

8. 2 [benzene ring]—COOH $\xrightarrow[H^+]{HOCH_2CH_2OH}$

9. $HOCH_2CH_2CH_2COOH \xrightarrow{\triangle} \quad \xrightarrow{Na, C_2H_5OH}$

10. [phthalimide structure] $\xrightarrow[H_2O, \triangle]{NaOH, Br_2}$

四、推测结构

1. 化合物(A),分子式为 $C_4H_6O_4$,加热后得到分子式为 $C_4H_4O_3$ 的(B),将(A)与过量甲醇及少量硫酸一起加热得分子式为 $C_6H_{10}O_4$ 的(C)。(B)与过量甲醇作用也得到(C)。(A)与 $LiAlH_4$ 作用后得分子式为 $C_4H_{10}O_2$ 的(D)。写出(A)(B)(C)(D)的结构式以及它们相互转化的反应式。

2. 某二元酸 $C_8H_{14}O_4$(A),受热时转变成中性化合物 $C_7H_{12}O$(B),(B)用浓硝酸氧化生成二元酸 $C_7H_{12}O_4$(C)。(C)受热脱水成酸酐 $C_7H_{10}O_3$(D);(A)用 $LiAlH_4$ 还原得 $C_8H_{18}O_2$(E)。(E)能脱水生成 3,4 - 二甲基 - 1,5 - 己二烯。试推导(A)~(E)的构造。

3. 有两个酯类化合物(A)和(B),分子式均为 $C_4H_6O_2$。(A)在酸性条件下水解成甲醇和另一个化合物 $C_3H_4O_2$(C),(C)可使 $Br_2 - CCl_4$ 溶液褪色。(B)在酸性条件下水解生成一分子羧酸和化合物(D);(D)可以发生碘仿反应,也可与 Tollens 试剂作用。试推测(A)~(D)的结构式。

五、由指定的原料合成下列化合物(无机试剂任选)

1. $CH_3CHO \longrightarrow CH_3CH\!=\!CHCONH_2$

2. $CH_3CH_2CH_2COOH \longrightarrow \underset{\displaystyle CH_2CH_3}{HOOCCHCOOH}$

3. $CH_3CH_2CH_2OH \longrightarrow CH_3CH_2CHOHCOOH$

4. $CH\!\equiv\!CH \longrightarrow CH_3COOC_2H_5$

5. [benzene ring] $\longrightarrow$ [benzene ring with COOH and Br substituents]

6. $(CH_3)_2CH\!=\!CH_2 \longrightarrow (CH_3)_3CCOOH$

第9章 含氮有机化合物

有机含氮化合物是指分子中含有氮原子的化合物,这类化合物种类很多,主要包括硝基化合物、胺、重氮和偶氮化合物、腈、异腈、酰胺等。本章介绍硝基化合物、胺类、重氮和偶氮化合物等有机含氮化合物。

9.1 硝基化合物的分类、结构和命名

9.1.1 硝基化合物的分类

烃分子中的氢原子被硝基取代后生成的衍生物,称为硝基化合物。硝基($-NO_2$)是硝基化合物的官能团。根据分子中硝基数目的不同,硝基化合物可分为一硝基化合物和多硝基化合物;根据烃基的不同的,可分为脂肪族硝基化合物、芳香族硝基化合物和脂环族硝基化合物;脂肪族硝基化合物根据硝基所连的饱和碳原子的数目,可分为伯、仲、叔硝基化合物。

脂肪族:

CH$_3$NO$_2$	CH$_3$CH$_2$CH$_2$NO$_2$	CH$_3$CHCH$_3$	CH$_3$CCH$_2$CH$_3$
伯硝基化合物	伯硝基化合物	仲硝基化合物	叔硝基化合物

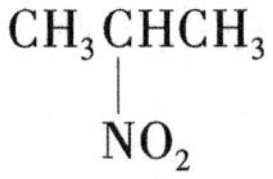

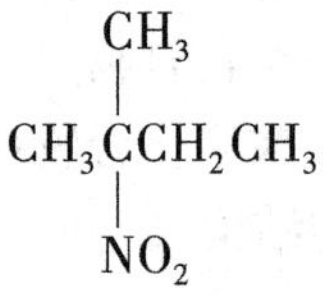

芳香族:

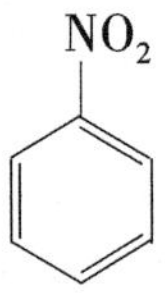

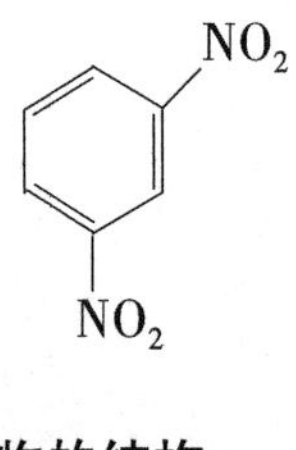

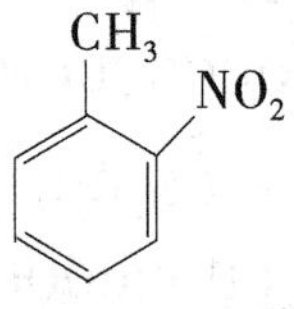

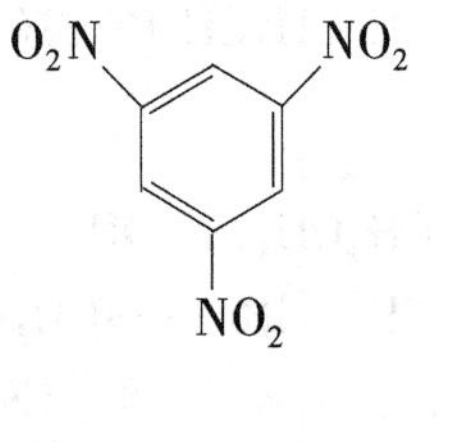

9.1.2 硝基化合物的结构

硝基是一个强吸电子基团,因此硝基化合物都有较高的偶极矩。通过键长的测定发现,在$-NO_2$中的氮原子和两个氧原子之间的距离相同,且介于$N=O$双键和$N-O$单键之间。根据杂化轨道理论,硝基中的氮原子是sp^2杂化的,它以三个sp^2杂化轨道与两个氧原子和一个碳原子形成三个共平面的σ键,未参与杂化的一对p电子所在的p轨道与每个氧原子的一个p轨道形成一个共轭π键体系。

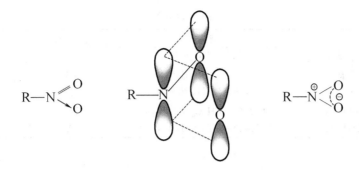

9.1.3　硝基化合物的命名

硝基化合物的命名与卤代烃相似,通常硝基作为取代基。例如:

CH$_3$NO$_2$　　　CH$_3$CH$_2$CH$_2$NO$_2$　　　CH$_3$CHCH$_3$　　　HOOC—⬡—NO$_2$
　　　　　　　　　　　　　　　　　　　|
　　　　　　　　　　　　　　　　　　NO$_2$

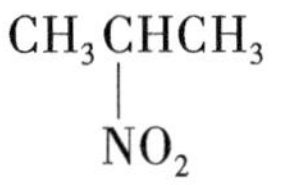

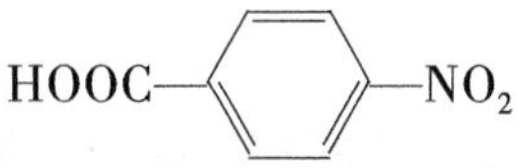

　硝基甲烷　　　　硝基丙烷　　　　　2 - 硝基丙烷　　　　对硝基苯甲酸

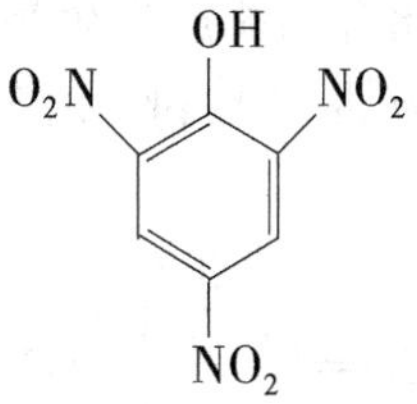

2,4,6 - 三硝基苯酚 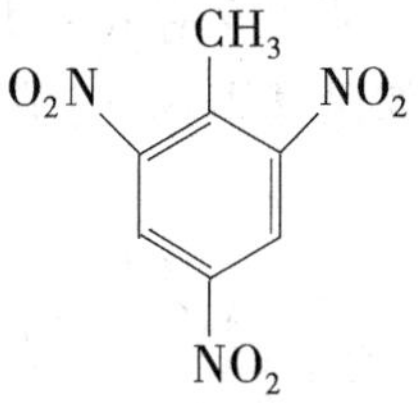　　　2,4,6 - 三硝基甲苯 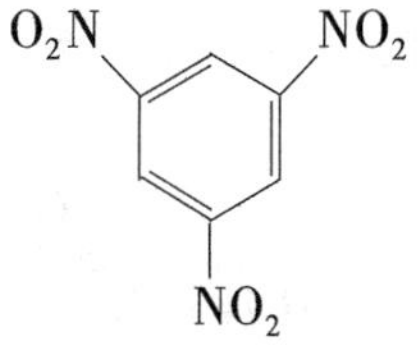　　　1,3,5 - 三硝基苯

9.2　硝基化合物的物理性质

　　脂肪族硝基化合物是无色而具有香味的液体,相对密度都大于 1,难溶于水,易溶于醇和醚。大部分芳香族硝基化合物是黄色的固体,有的还具有苦杏仁味。液态的硝基化合物是许多有机化合物的优良溶剂,但硝基化合物有毒,它的蒸气能透过皮肤而被吸收,能和血液中的血红素作用,严重时可以致死。因此应尽量避免使用硝基化合物做溶剂。多硝基化合物在受热时易分解易发生爆炸,可作为炸药使用。

　　表 9.1 是常见硝基化合物的物理常数。硝基化合物由于具有较强的极性,因此硝基化合物的熔点、沸点比相应的卤代烃高,多为高沸点的液体或固体。

表 9.1　常见硝基化合物的物理常数

名称	结构式	熔点/℃	沸点/℃
硝基甲烷	CH$_3$NO$_2$	− 28.5	100.8
硝基乙烷	CH$_3$CH$_2$NO$_2$	− 50	115
1 - 硝基丙烷	CH$_3$CH$_2$CH$_2$NO$_2$	− 108	131.5
2 - 硝基丙烷	CH$_3$CH(NO$_2$)CH$_3$	− 93	120
硝基苯	C$_6$H$_5$NO$_2$	5.7	210.8
间二硝基苯	1,3 - C$_6$H$_4$(NO$_2$)$_2$	89.8	303(770 mm)

表 9.1(续)

名称	结构式	熔点/℃	沸点/℃
1,3,5-三硝基苯	1,3,5-$C_6H_3(NO_2)_3$	122	315
邻硝基甲苯	1,2-$CH_3C_6H_4NO_2$	-4	222.3
对硝基甲苯	1,4-$CH_3C_6H_4NO_2$	54.5	238.3
2,4-二硝基甲苯	1,2,4- $CH_3C_6H_3(NO_2)_2$	71	300
2,4,6-三硝基甲苯	1,2,4,6- $CH_3C_6H_2(NO_2)_3$	82	分解

9.3 硝基化合物的化学性质

9.3.1 脂肪族硝基化合物

1. 酸性

硝基为强吸电子基,能活泼 α-H,所以含有 α-H 的硝基化合物能产生硝基式-假酸式互变异构,从而具有一定的酸性。如硝基甲烷、硝基乙烷、硝基丙烷的 pK_a 值分别为 10.2,8.5,7.8。

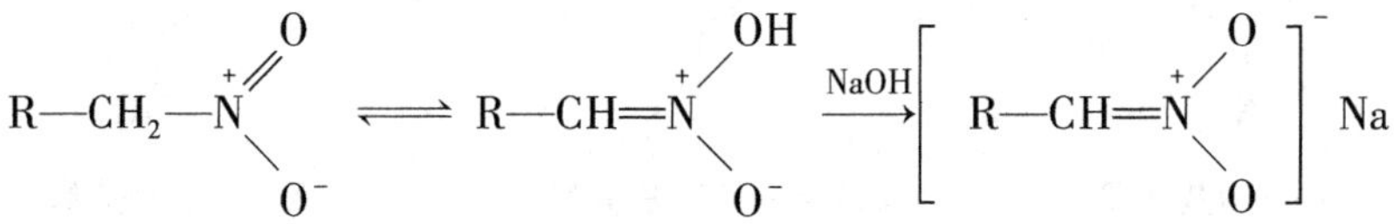

2. 还原反应

$$R—NO_2 + 3H_2 \xrightarrow{Ni} R—NH_2$$

3. 与羰基化合物缩合

含有 α-H 的硝基化合物在碱性条件下能与某些羰基化合物发生缩合反应。

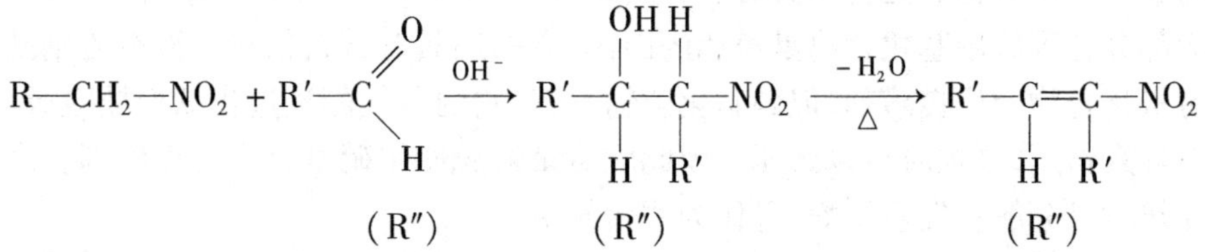

其缩合过程是:硝基烷在碱的作用下脱去 α- H 形成碳负离子,碳负离子再与羰基化合物发生缩合反应。

4. 与亚硝酸的反应

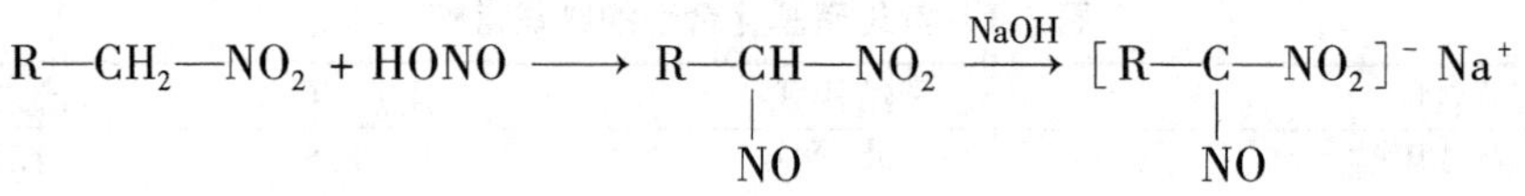

蓝色结晶　　　　溶于 NaOH 呈红色溶液

$$R_2—CH—NO_2 + HONO \longrightarrow \underset{\substack{|\\ NO}}{R_2—C—NO_2} \xrightarrow{NaOH} \text{不溶于 NaOH 蓝色不变}$$

蓝色结晶

叔硝基烷与亚硝酸不起反应。此性质可用于区别三类硝基化合物。

9.3.2　芳香族硝基化合物

1. 还原反应

芳香族硝基化合物易被还原，还原产物因反应条件（还原剂及反应介质）不同而不同。硝基化合物在强酸作用下，用铁、锡等金属还原，产物为伯胺，金属的作用是提供电子，在中性或弱酸性溶液中 N－苯基羟胺还原的速度很慢，因此，产物是 N－苯基羟胺；在碱性溶液中，亚硝基苯和 N－苯基羟胺继续还原的速度都减慢，因此，产物为氧化偶氮苯或其还原产物。

$$\underset{\substack{|\\ NO_2}}{RCHCH_3} \xrightarrow{LiAlH_4} \underset{\substack{|\\ NH_2}}{RCHCH_3}$$

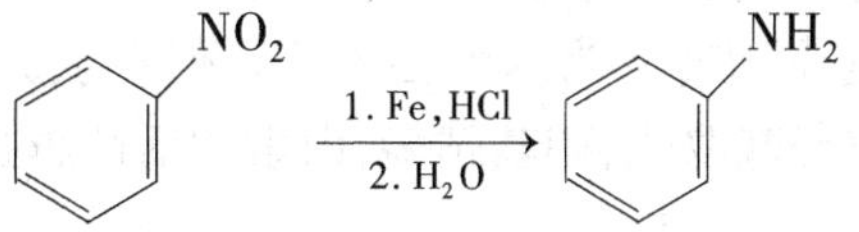

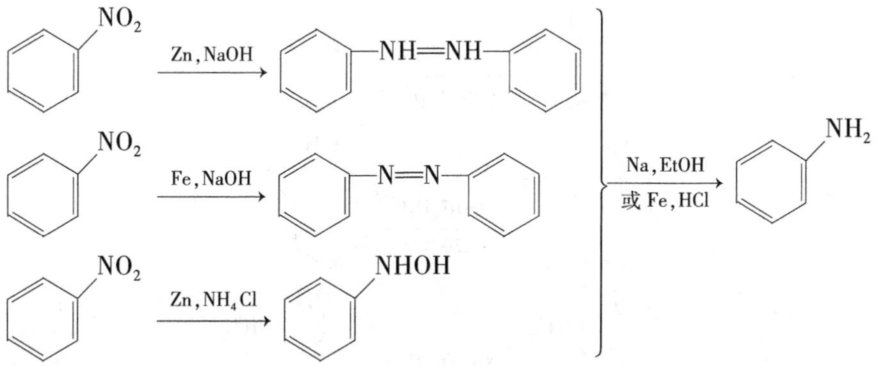

多硝基化合物芳烃在 Na_2S_x，NH_4HS，NaHS 等硫化物为还原剂作用下，可以进行部分还原，即还原一个硝基为氨基。例如：

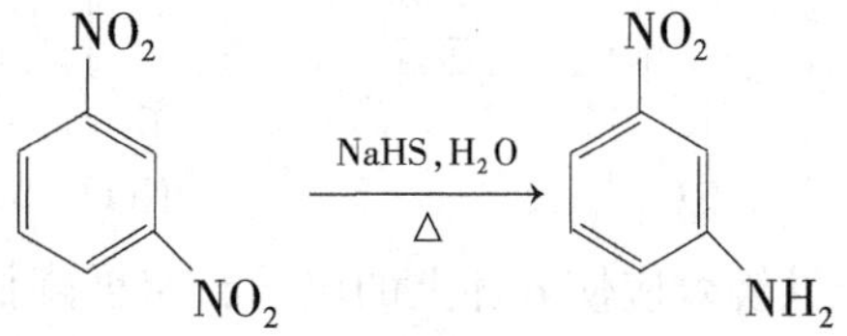

2. 苯环上的取代反应。

硝基是间位定位基、强钝化基团。所以，硝基苯的环上取代反应主要发生在间位且只能发生卤代、硝化和磺化反应，不能发生付－克（Friedel－Crafts）反应。

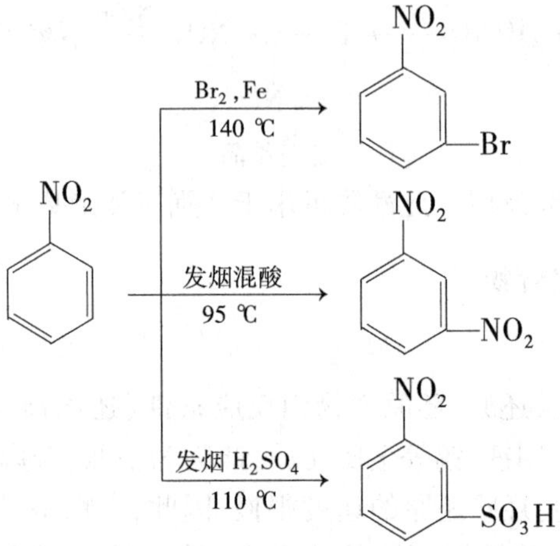

3. 芳环上的亲核取代反应

硝基的邻位或对位上的某些取代基常显示出特殊的活性。氯苯是稳定的化合物,普通条件下要使氯苯与氢氧化钠作用转变为苯酚很困难。但在氯原子的邻位或对位上有硝基时,卤素的活性增大,容易被羟基取代,硝基越多,卤素的活性越强。例如:

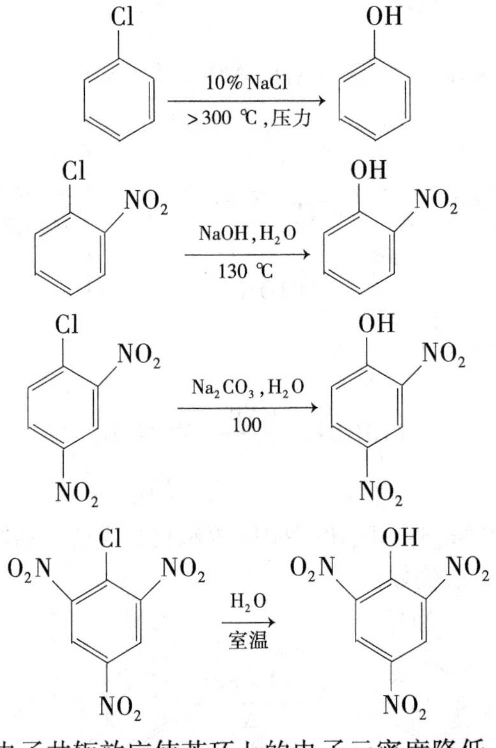

这是由于硝基的吸电子共轭效应使苯环上的电子云密度降低,特别是使硝基的邻位或对位碳原子上的电子云密度降低,使氯原子容易被取代。由于同样原因,硝基也使苯环上的羟基或羧基,特别是处于邻位或对位的羟基或羧基上的氢原子质子化倾向增强,即酸性增强。如:

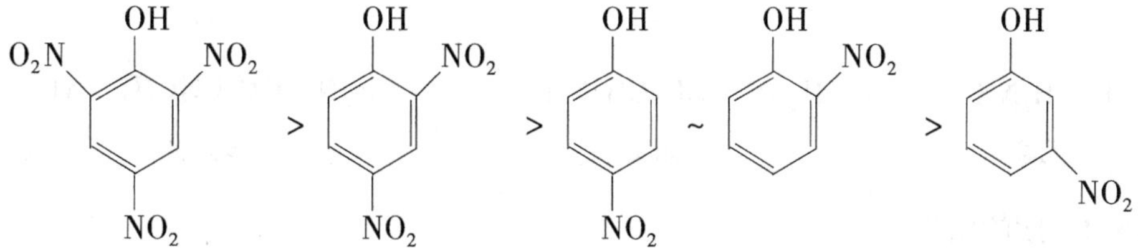

pK$_a$	0.80	4.0	7.16	7.21	8.00

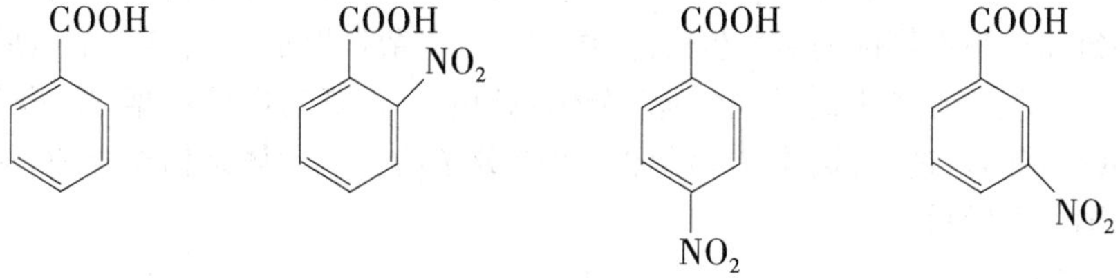

pK$_a$	4.17	2.21	3.40	3.49

9.4　胺的分类、结构与命名

氨分子中的氢原子被一个或几个烃基取代后的化合物统称为胺,如 RNH_2,R_2NH,R_3N。胺是一类非常重要的化合物,是有机合成的重要中间体,用于染料、药物、高聚物、橡胶、农用药物等的生产。

9.4.1　胺的分类、结构及命名

胺可以看做是氨(NH_3)分子中的氢原子被烃基取代的衍生物,正如醇、醚是水的衍生物一样。根据氨分子中一个、两个或三个氢原子被烃基取代的情况,将胺分为伯胺(1°胺)、仲胺(2°胺)、叔胺(3°胺)。铵离子(NH_4^+)中氮原子所连接的四个氢原子被烃基取代所形成的化合物称为季铵盐。季铵盐分子中的酸根离子被"OH^-"取代而成的化合物,叫季铵碱。

NH_3	RNH_2	R_2NH
氨	伯胺	仲胺
R_3N	$[R_4N]^+X^-$	$[R_4N]^+OH^-$
叔胺	季铵盐	季铵碱

需要注意的是,伯、仲、叔胺的分类方法与学过的伯、仲、叔卤代烃和伯、仲、叔醇的分类方法是不同的。例如:

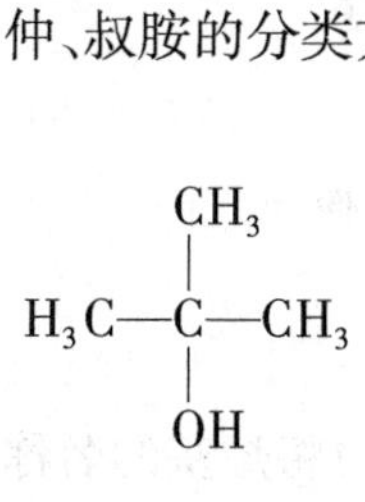

叔丁醇(叔醇) 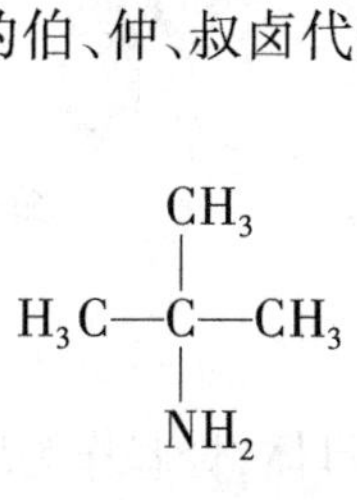　　　　　叔丁胺(伯胺)

胺也可以根据分子中氮原子所连接烃基的种类不同,将胺分为脂肪胺和芳香胺。氮原子直接与脂肪烃相连的胺称为脂肪胺,氮原子直接与芳环相连的胺称为芳香胺。胺还可以根据胺分子中所含氨基(—NH_2)的数目不同而将胺分为一元胺、二元胺、多元胺。例如:

$$CH_3CH_2NH_2 \qquad H_2NCH_2CH_2CH_2NH_2 \qquad \begin{matrix} NH_2 \\ | \\ H_2N{-}CH_2CHCH_2{-}NH_2 \end{matrix}$$

一元胺   二元胺   多元胺

9.4.2　胺的结构

氮原子的电子构型是 $1s^2 2s^2 2p^3$，最外层有三个未成对电子，占据着三个 2p 轨道，氨和胺分子中的氮原子为不等性的 sp^3 杂化，其中三个 sp^3 杂化轨道分别与三个氢原子或碳原子，形成三个 σ 键，氮原子上的另一个 sp^3 杂化轨道被一对孤对电子占据，位于棱锥形的顶端，类似第四个基团。这样，氨的空间结构与甲烷分子的正四面体结构相类似，氮在四面体的中心。如图 9.1 所示。

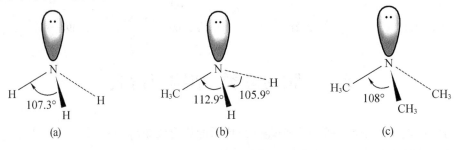

图 9.1　胺、甲胺和三甲胺的结构
(a)一元胺；(b)甲胺；(c)三甲胺

苯胺分子中，氨基的结构虽然与氨的结构相似，但未共用电子对所占杂化轨道的 p 成分要比氨多。因此，苯胺氮原子上的未共用电子对所在的轨道与苯环上的 p 轨道虽不完全平行，但仍可与苯环的 π 轨道形成一定的共轭，如图 9.2 所示。苯胺分子中氮原子仍稍显棱锥形结构，H—N—H 键角 113.9°，较氨中 H—N—H 键角(107.3°)大。H—N—H 平面与苯环平面的夹角为 39.4°。

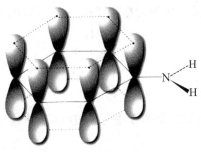

图 9.2　苯胺的结构

9.4.3　命名

简单的胺是以胺作母体，烃基作为取代基，命名时将烃基的名称和数目写在母体胺的前面，"基"字一般可以省略；当胺中氮原子所连烃基不同时，按顺序规则中的"较优"基团后列出。例如：

$$CH_3CH_2NH_2 \qquad\qquad CH_3NHCH_3 \qquad\qquad CH_3CH_2CH_2NHCH_2CH_3$$

乙胺   二甲胺   乙丙胺

当氮原子上同时连有芳香基和脂肪烃基时则以芳香胺作为母体,命名时在脂肪烃基前加上字母"N",表示该脂肪烃基是直接连在氮原子上。例如:

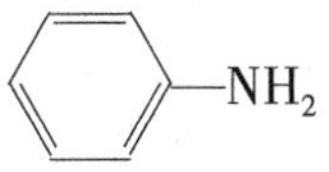

苯胺 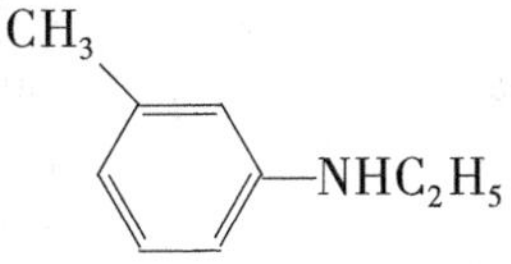　　　　　　　　　　间甲基 – N – 乙基苯胺 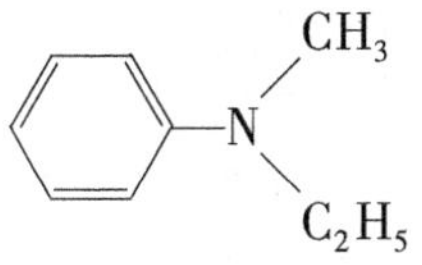　　　　　　N – 甲基 – N – 乙基苯胺

比较复杂的胺,是以烃作为母体,氨基作为取代基来命名。例如:

$$CH_3CHCH_2CHCH_2CH_2CH_2NH_2$$

6 – 甲基 – 4 – 乙基 – 1 – 氨基庚烷

胺盐及季铵化合物可看做是铵的衍生物,胺盐亦可直接称为某胺的某盐。例如:

$$CH_3NH_3^+Cl^-　　　　[(CH_3)_4N]SO_3H　　　　[(CH_3)_3NCH_2CH_3]^+OH^-$$

氯化甲铵　　　　　　　硫酸氢四甲铵　　　　　　氢氧化三甲乙铵

命名时注意氨、胺和铵的含义,在表示基时用"氨";表示 NH_3 的烃基衍生物时用"胺";表示铵盐或季铵碱时用"铵"。

9.5　胺的物理性质

常温常压下,甲胺、二甲胺、三甲胺、乙胺为无色气体,其他胺为液体或固体。低级胺有类似氨的气味,高级胺无味。芳胺有特殊气味且毒性较大,与皮肤接触或吸入其蒸气都会引起中毒,所以使用时应注意防护。有些芳胺(如萘胺、联苯胺等)还能致癌。胺的沸点比相对分子质量相近的烃和醚高,比醇和羧酸低。在相对分子质量相同的脂肪胺中,伯胺的沸点最高,仲胺次之,叔胺最低。伯胺、仲胺的沸点比分子质量相近的醇和羧酸低。

低级胺易溶于水,随着相对分子质量的增加,胺的溶解度逐渐降低。例如,甲胺、二甲胺、乙胺、二乙胺等可与水以任意比例混溶,C_6 以上的胺则不溶于水。

伯胺和仲胺可以形成分子间氢键,而叔胺的氮原子上不连氢原子,分子间不能形成氢键,故伯胺和仲胺的沸点要比碳原子数目相同的叔胺高。同样的道理,伯胺和仲胺的沸点较分子量相近的烷烃高。但是,由于氮的电负性不如氧的强,胺分子间的氢键比醇分子间的氢键弱,所以胺的沸点低于相对分子质量相近的醇的沸点。一些常见的一元胺的物理常数见表9.2。

表 9.2　一元胺的物理性质

化合物	熔点/℃	沸点/℃	pK_a(共轭酸)H_2O,25℃
甲胺	– 93	– 7	10.66
乙胺	– 81	17	10.80
丙胺	– 83	49	10.58
丁胺	– 50	77.8	
二甲胺	– 96	7	10.73
二乙胺	– 42	56	11.09

表 9.2(续)

化合物	熔点/℃	沸点/℃	pK$_a$(共轭酸)H$_2$O,25℃
三甲胺	–117	3.5	9.80
三乙胺	–115	90	10.85
三丁胺		213	
苄胺		185	9.34
苯胺	–6	184	4.58
N–甲基苯胺	–57	196	4.85
N,N–二甲基苯胺	2	194	5.06
二苯胺	54	302	0.8
三苯胺	127	365	

9.6　胺的化学性质

氨基是胺的官能团,胺的性质和反应主要是由于氨基氮原子上未共享电子对、氮原子上的氢以及氨基对烃基的影响而产生的。

9.6.1　碱性

胺和氨相似,胺分子中氮原子上有孤电子对,因此它可接受质子而显碱性,能与大多数酸作用成盐。

$$R{-}\overset{..}{N}H_2 + HCl \longrightarrow R{-}\overset{+}{N}H_3Cl^-$$

$$R{-}\overset{..}{N}H_2 + HOSO_3H \longrightarrow R{-}\overset{+}{N}H_3\overset{-}{O}SO_3H$$

胺的碱性较弱,其盐与氢氧化钠溶液作用时,释放出游离胺。

$$R{-}\overset{+}{N}H_3Cl^- + NaOH \longrightarrow RNH_2 + NaCl + H_2O$$

胺的碱性强弱,可用 K$_b$ 或 pK$_b$ 表示:

$$R{-}\overset{..}{N}H_2 + H_2O \overset{K_b}{\rightleftharpoons} R{-}\overset{+}{N}H_3 + OH^-$$

$$K_b = \frac{[R{-}\overset{+}{N}H_3][OH^-]}{[RNH_2]} \qquad pK_b = -logK_b$$

一般脂肪胺的 pK$_b$ =3~5,芳香胺的 pK$_b$ =7~10(NH$_3$ 的 pK$_b$ =4.76);多元胺的碱性大于一元胺。

也可以用它的共轭酸(RNH$_3^+$)的酸度来表示:

$$R{-}\overset{+}{N}H_3 + H_2O \overset{K_a}{\rightleftharpoons} R{-}\overset{..}{N}H_2 + H_3O^+$$

$$K_a = \frac{[R{-}NH_2][H_3O^+]}{[R\overset{+}{N}H_3]} \qquad pK_a = -logK_a$$

$$K_aK_b = K_w \quad pK_a + pK_b = pK_w$$

碱性越强,pK$_b$ 越小,它的共轭酸的 pK$_a$ 越大。从表 9.2 的数据可看出:脂肪胺的碱性 >

芳胺。因为脂肪胺中氮原子为 sp^3 杂化,氮原子上一对未共享电子对占据在 sp^3 杂化轨道上,可以接受质子而显碱性。而在芳胺中氮原子介于 sp^3 和 sp^2 杂化之间,更接近于 sp^2 杂化,氮原子上一对未共享电子对具有较多的 p 轨道成分,与芳环上的 π 电子轨道部分重叠,发生共轭,使得芳胺接受质子的能力减弱。

胺分子中 N 上的 H 越多,溶剂化效应越大,形成的铵正离子就越稳定。不同溶剂的溶剂化效应是不同的。

在水溶液中,胺的碱性强弱次序为

$$(CH_3)_2NH > CH_3NH_2 > (CH_3)_3N > NH_3$$

非水溶液或气态时,脂肪胺的碱性强弱次序为

$$(CH_3)_3N > (CH_3)_2NH > CH_3NH_2 > NH_3$$

对取代芳胺,当芳环上连有吸电子基团时,芳胺的碱性减弱。苯环上连供电子基时,碱性略有增强;连有吸电子基时,碱性则降低。

9.6.2　氮上的烷基化和酰基化

1. 烷基化

胺作为亲核试剂与卤代烃发生亲核取代反应,生成仲胺、叔胺和季铵盐。该反应用于工业上生产胺类化合物,但往往得到的是胺的混合物。胺与伯卤代烷发生 S_N2 反应:

$$RNH_2 + R'CH_2X \longrightarrow \underset{\underset{CH_2R'}{|}}{R\overset{+}{N}H_2}X^-$$

伯胺　　　　　　　　仲胺的盐

$$\underset{\underset{CH_2R'}{|}}{R\overset{+}{N}H_2}X^- + RNH_2 \rightleftharpoons \underset{\underset{CH_2R'}{|}}{RNH} + RNH_3^+X^-$$

仲胺的盐　　　　　　仲胺

$$\underset{\underset{CH_2R'}{|}}{RNH} + R'CH_2X \longrightarrow \underset{\underset{CH_2R'}{|}}{RN\overset{+}{H}}X^-$$

仲胺　　　　　　　　叔胺的盐

$$\underset{\underset{(CH_2R')_2}{|}}{R\overset{+}{N}H}X^- + RNH_2 \rightleftharpoons \underset{\underset{(CH_2R')_2}{|}}{RN} + R\overset{+}{N}H_3X^-$$

叔胺的盐　　　　　　叔胺

$$RN(CH_2R')_2 + R'CH_2X \longrightarrow \underset{\underset{(CH_2R')_2}{|}}{RN\overset{+}{C}H_2R'}X^-$$

叔胺　　　　　　　　季铵盐

在一般条件下,反应难以停留在生成仲胺或叔胺这一步,而得到是胺的混合物。如果用过量的伯卤代烷,可以得到季铵盐。例如:

$$\text{环己基甲胺} + 3CH_3I \xrightarrow[\triangle]{CH_3OH} \text{碘化(环己基甲基)三甲铵}(99\%)$$

伯卤代烷称为胺的烃化剂。仲卤代烷、α-卤代酸、环氧化合物均可以用作胺的烃化剂。例如：

$$n{-}C_4H_9NH_2 + CH_2{-}CH_2(O) \longrightarrow n{-}C_4H_9NCH_2CH_2OH$$
$$\underset{|}{} CH_2CH_2OH$$

（过量）

注意：胺与叔卤代烷反应主要生成消去产物。

2.胺的酰化反应

氨、伯胺和仲胺能与酰卤、酸酐、苯磺酰氯等酰化试剂反应生成酰胺或苯磺酰胺。例如：

$$C_2H_5NHCH_3 + \text{苯}{-}\underset{O}{\overset{\|}{C}}{-}Cl \longrightarrow \text{苯}{-}\underset{O}{\overset{\|}{C}}{-}N\underset{CH_3}{\overset{C_2H_5}{}} + HCl$$

$$\underset{R}{\overset{R}{}}NH + (R'CO)_2O \longrightarrow \underset{R}{\overset{R}{}}N{-}\underset{O}{\overset{\|}{C}}{-}R' + R'COOH$$

N,N-二取代酰胺

叔胺分子中的氮原子上没有连接氢原子，所以不能进行酰化反应。伯胺、仲胺经酰化反应后得到具有一定熔点的结晶固体，因此酰化反应可以鉴别伯胺和仲胺。

在有机合成上，常利用酰化反应来保护氨基。如苯胺进行硝化时，硝酸能使苯胺氧化成苯醌，如果用乙酸酐将苯胺中的氨基进行酰化保护起来后，再进行硝化反应，最后将产物水解，便可得硝基苯胺。

$$\text{苯}{-}NH_2 \xrightarrow{\text{乙酸酐}} \text{苯}{-}NH{-}\underset{O}{\overset{\|}{C}}{-}CH_3 \xrightarrow[5\sim10\ ℃]{HNO_3,H_2SO_4} O_2N{-}\text{苯}{-}NH{-}\underset{O}{\overset{\|}{C}}{-}CH_3$$

$$\xrightarrow[H^+]{H_2O} O_2N{-}\text{苯}{-}NH_2$$

与酰基化反应相似，脂肪族或芳香族的伯胺、仲胺在碱存在下与苯磺酰氯作用，生成苯磺酰胺。伯胺生成的苯磺酰胺，氨基上的氢原子受磺酰基的影响呈弱酸性，能溶于碱而生成水溶性的盐。仲胺所生成的苯磺酰胺，氨基上没有氢原子不显酸性，不能溶于碱溶液中。叔胺与苯磺酰氯不起反应。所以常利用苯磺酰氯（或对甲基苯磺酰氯）来分离鉴别三种胺类化合物。这个反应称为海森堡反应(Hinsberg Reaction)。

$$RNH_2 + \text{苯}{-}SO_2Cl \longrightarrow \text{苯}{-}SO_2NHR \xrightarrow{NaOH} [\text{苯}{-}SO_2NR]^- Na^+$$

$$R_2NH + \text{苯}{-}SO_2Cl \longrightarrow \text{苯}{-}SO_2NR_2$$

$$R_3N + \text{〔苯环〕}SO_2Cl \longrightarrow 无反应现象$$

9.6.3　与亚硝酸反应

伯、仲、叔胺都可与亚硝酸反应,但反应现象和产物各有不同,因此可以利用该反应来鉴别伯、仲、叔胺。由于亚硝酸不稳定,反应中一般用亚硝酸钠与盐酸或硫酸作用产生。

1. 伯胺与亚硝酸的反应

伯胺与亚硝酸反应形成重氮盐。脂肪族重氮盐极不稳定,即使在低温下也会自动分解,并发生取代、消除等一系列反应,生成醇与烯烃类的混合物,并定量放出氮气。例如,乙胺与亚硝酸的反应:

$$CH_3CH_2NH_2 + NaNO_2 + HCl \longrightarrow CH_3CH_2-\overset{+}{N}\equiv NCl^- \longrightarrow CH_3\overset{+}{C}H_2 + Cl^- + N_2$$

生成的碳正离子可以发生各种不同的反应:

$$CH_3CH_2Cl \overset{Cl^-}{\longleftarrow} CH_3\overset{+}{C}H_2 \overset{OH^-}{\longrightarrow} CH_3CH_2OH$$
$$\downarrow -H^+$$
$$CH_2=CH_2$$

由于脂肪族伯胺与亚硝酸反应产物比较复杂,在合成上用途不大,但这个反应释放出的氮是定量的,因此可以测定某一物质或混合物中氨基的含量。

芳香伯胺与亚硝酸在低温条件下反应生成芳香族重氮盐(Diazonium Salt),这一反应称为重氮化反应(Diazotization)。

$$\text{〔苯环〕}-NH_2 + NaNO_2 + HCl \overset{0\sim5℃}{\longrightarrow} \text{〔苯环〕}-\overset{+}{N}\equiv NCl^- + NaCl + H_2O$$

氯化重氮苯

芳香族重氮盐只有在水溶液和低温时才稳定。遇热分解,干燥时易爆炸,故制备后直接在水溶液中应用。芳香重氮盐的用途很广,将在下一节介绍。

2. 仲胺与亚硝酸的反应

脂肪仲胺和芳香仲胺与亚硝酸反应的结果基本相同,都得到亚硝基化合物。

$$(C_2H_5)_2NH \overset{NaNO_2 + HCl}{\longrightarrow} (C_2H_5)_2N-NO$$

N - 亚硝基二乙胺

$$\text{〔苯环〕}-NHCH_3 \overset{NaNO_2 + HCl}{\longrightarrow} \text{〔苯环〕}-\overset{\displaystyle N-NO}{\underset{\displaystyle CH_3}{|}}$$

N - 甲基 - N - 亚硝基苯胺

这种反应生成的产物因氮上没有可供转移的氢,因此产物是稳定的。但生成的 N - 亚硝基化合物与稀酸共热,则分解成原来的仲胺。因此可利用此性质来精制仲胺。

3. 叔胺与亚硝酸的反应

叔胺的氮原子上没有氢,与亚硝酸的作用和伯、仲胺不同,脂肪叔胺与亚硝酸作用生成不稳定的盐,该盐若以强碱处理则重新游离析出叔胺。

$$R_3N + HNO_2 \longrightarrow R_3\overset{+}{N}HNO_2 \overset{NaOH}{\longrightarrow} R_3N + NaNO_2 + H_2O$$

芳香叔胺因为氨基的强致活作用,芳环上电子云密度较高,易与亲电试剂反应。因此,在芳环上发生亲电取代反应生成对 – 亚硝基胺,如对位已被占据,则反应发生在邻位。

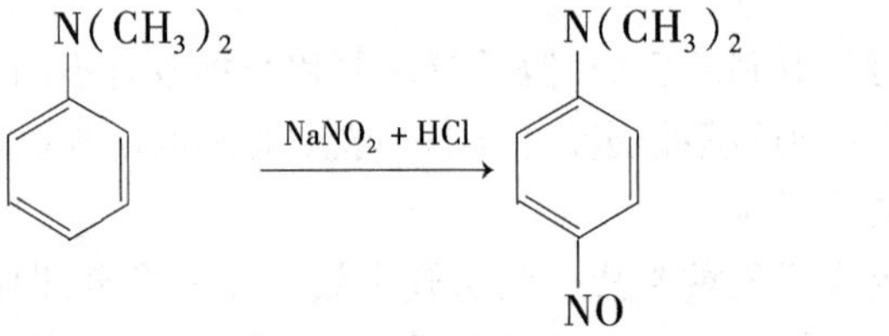

4 – 亚硝基 – N,N – 二甲基苯胺

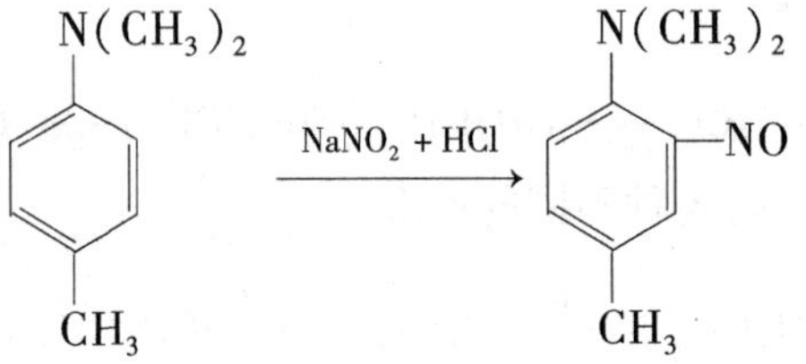

4 – 甲基 – 2 – 亚硝基 – N,N – 二甲基苯胺

4 – 亚硝基 – N,N – 二甲基苯胺在酸性条件下是橘黄色的盐。

9.6.4 芳环上的亲电取代反应

由于氨基使苯环活化,所以芳胺的苯环容易进行一系列的亲电取代反应。

1. 卤代反应

苯胺很容易发生卤代反应,但反应很难控制在一元反应阶段。如苯胺与溴水反应,常温下即生成 2,4,6 – 三溴苯胺的白色沉淀。

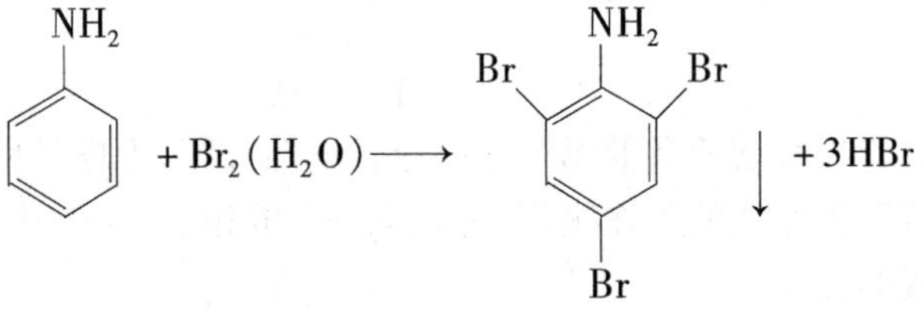

反应定量进行,可用于苯胺的鉴别和定量分析。如要制取一溴苯胺,则应先降低苯胺的活性,再进行溴代,其方法有两种。

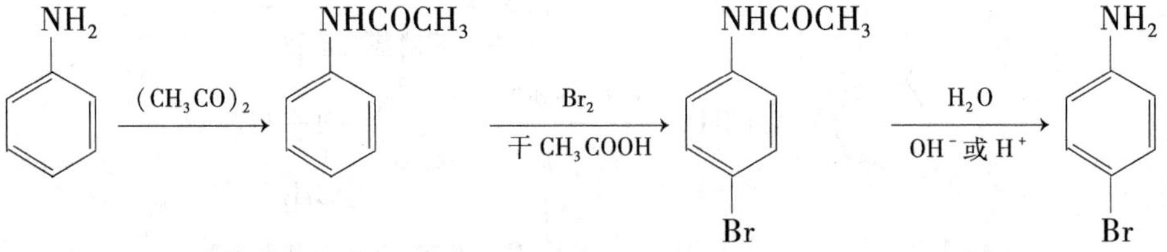

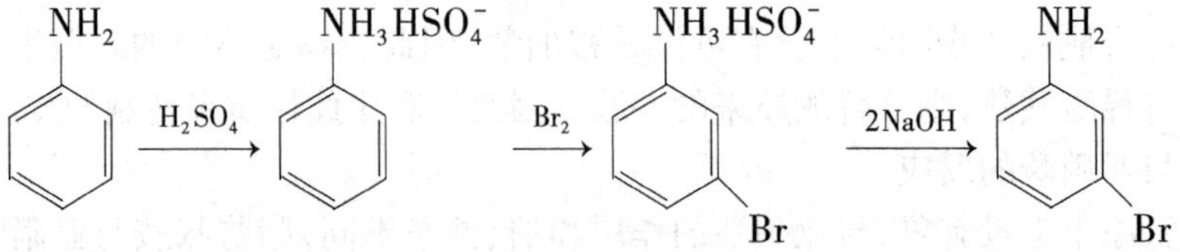

2. 磺化反应

苯胺在 180℃时与浓硫酸共热脱水,先生成不稳定的苯胺磺酸,然后重排生成对-氨基苯磺酸:

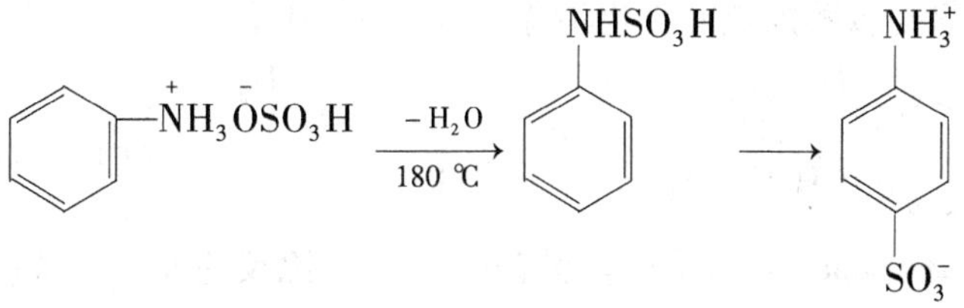

对氨基苯磺酸是一个内盐,也是合成染料的中间体。临床上常用的各种磺胺类药物,其母体是对氨基苯磺酰胺:

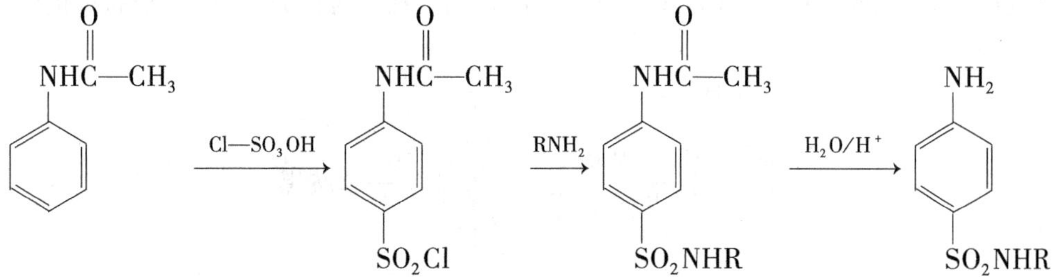

当 R 不同时,就得到了各种不同的磺胺药物。

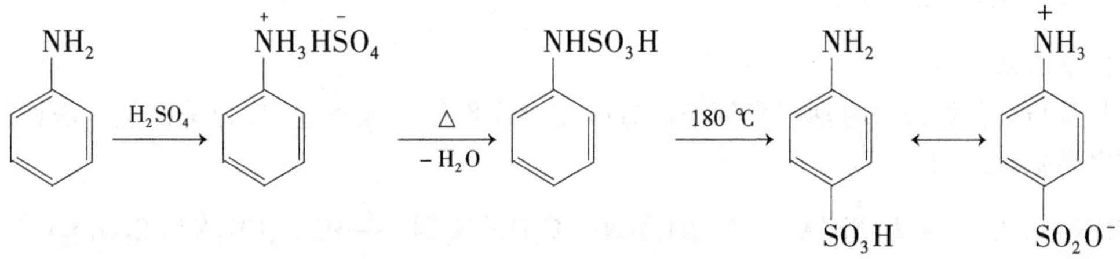

3. 硝化反应

芳伯胺直接硝化易被硝酸氧化,通常必须先把氨基保护起来(乙酰化或成盐),然后再进行硝化。将氨基酰化,得对位硝基产物;如先生成铵盐,则主要得到间硝基产物。

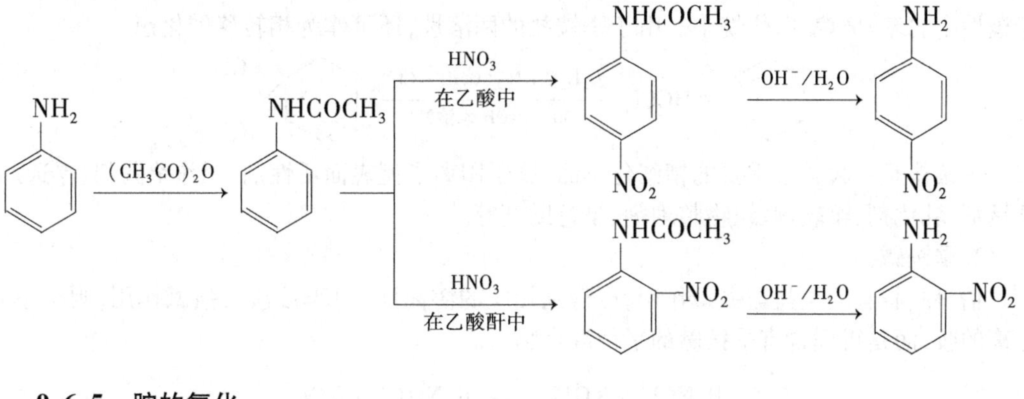

9.6.5　胺的氧化

胺容易氧化,用不同的氧化剂可以得到不同的氧化产物。叔胺的氧化最有意义。

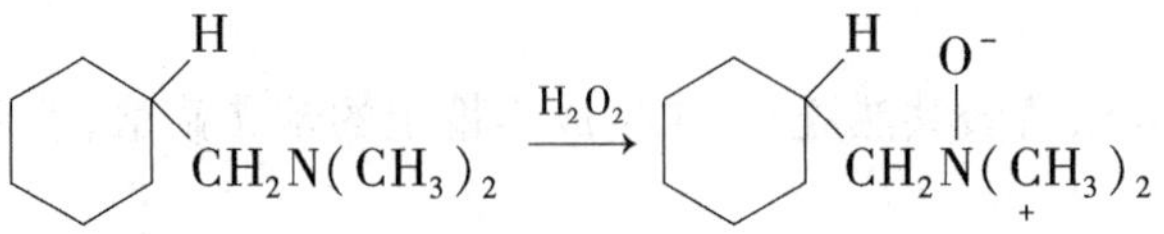

具有 β - 氢的氧化叔胺加热时发生消除反应,产生烯烃。

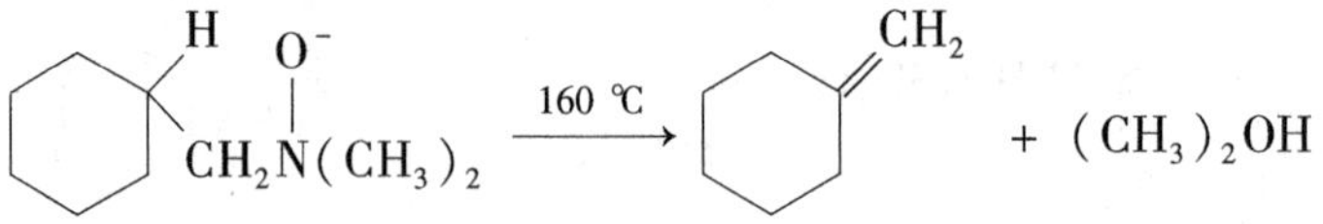

此反应称为科普(Cope)消除反应。科普(Cope)消除反应是一种立体选择性很高的顺式(同侧)消除反应。

芳胺很容易氧化,例如,新的纯苯胺是无色的,但暴露在空气中很快就变成黄色然后变成红棕色。用氧化剂处理苯胺时,生成复杂的混合物。在一定的条件下,苯胺的氧化产物主要是对苯醌。

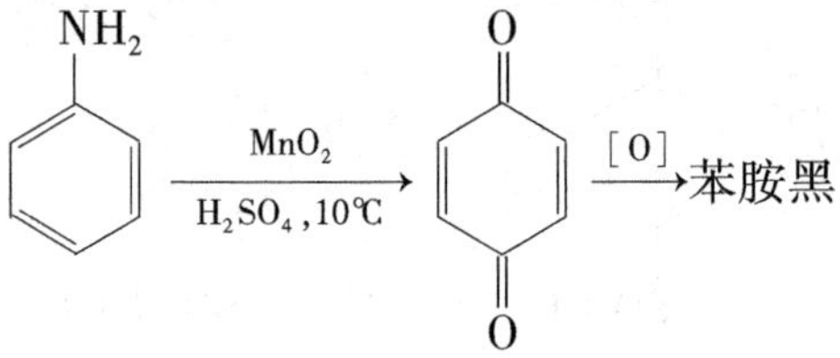

9.6.6 季铵盐和季铵碱

1. 季铵盐

叔胺与卤代烷或具有活泼卤原子的芳卤化合物作用生成铵盐,称为季铵盐。季铵盐是氨彻底烃基化产物。

$$R_3N + R'X \longrightarrow R_3\overset{+}{N}R'X^- \qquad (C_2H_5)_3N + C_6H_5CH_2Cl \overset{\triangle}{\longrightarrow} C_6H_5CH_2N^+(C_2H_5)_3Cl^-$$

季铵盐的结构和性质与胺有很大的差别。季铵盐是白色的晶体,具有盐的性质,易溶于水,不溶于非极性有机溶剂;有较高的熔点,常常在加热到熔点时即分解。在极性有机溶剂中的溶解度决定于溶剂,四烃基铵离子及负离子的性质。例如,$C_6H_5CH_2\overset{+}{N}(CH_3)_3Cl^-$ 溶于极性小的苯、癸烷、卤代烷中。由于季铵盐的两溶性,还可作为相转移催化剂。

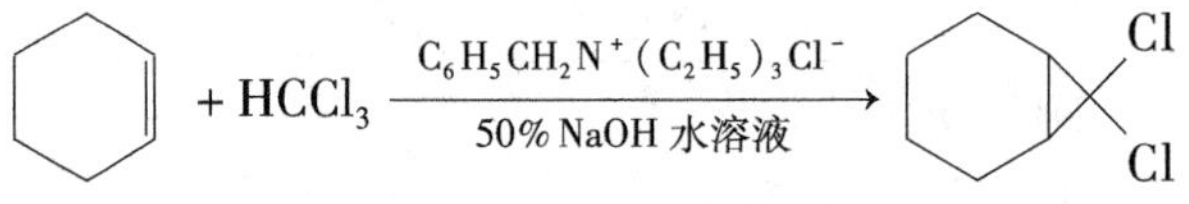

季铵盐是一大类很重要的精细化学品,属于阳离子型表面活性剂,用作杀菌剂、浮选剂、防锈剂、乳化剂、柔软剂、织物整理剂、染色助剂等。

2. 季铵碱

伯、仲、叔胺的铵盐与强碱作用,可得到相应的游离胺,但季铵盐与强碱作用,则得不到游离的胺,而是得到含有季铵碱的平衡混合物。

$$R_4\overset{+}{N}Cl^- + KOH \longrightarrow R_4\overset{+}{N}OH^- + KCl$$

这一反应如果在醇溶液中进行,则由于碱金属的卤化物不溶于醇,能使反应进行彻底;用湿的氧化银代替氢氧化钾,则由于生成的卤化银难溶于水,反应也能顺利进行。

$$R_4\overset{+}{N}Cl^- + Ag_2O \overset{H_2O}{\longrightarrow} R_2\overset{+}{N}OH^- + AgBr$$

季铵碱有强碱性,其碱性强度与 NaOH 或 KOH 相近。它具有强碱的一般性质,易潮解,易溶于水等。

季铵碱受热发生分解反应,烃基上无 β - H 的季铵碱在加热下分解生成叔胺和醇。例如:

$$(CH_3)_4\overset{+}{N}OH^- \xrightarrow{\triangle} (CH_3)_3N + CH_3OH$$

β - 碳上有氢原子时,加热分解生成叔胺、烯烃和水。例如:

$$[(CH_3)_3-N-CH_2CH_2CH_3]OH^- \xrightarrow{\triangle} (CH_3)_3N + CH_3CH=CH_2$$

当季铵碱分子中有两种或两种以上不同的 β - 氢原子时,消除反应的取向遵从霍夫曼(Hofmann)规则,即反应主要从含氢较多的 β - 碳原子上消去氢原子,主要生成双键碳原子上烷基取代较少的烯烃。例如:

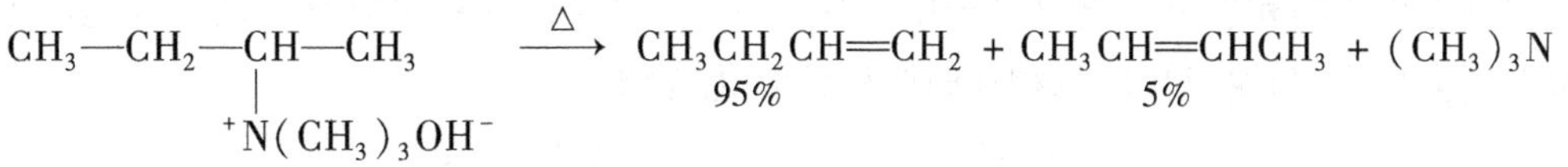

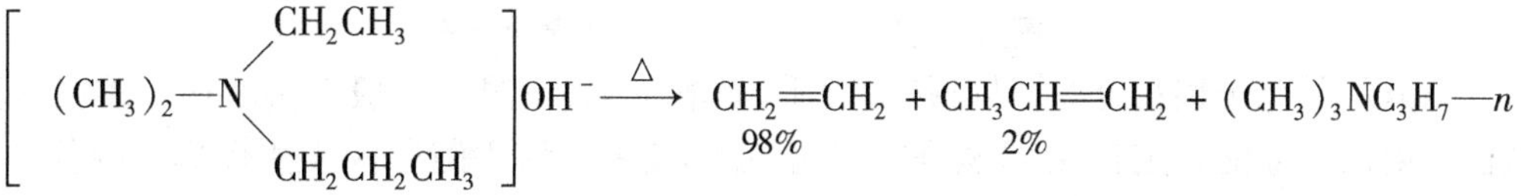

$$CH_3-CH_2-\underset{\underset{+N(CH_3)_3OH^-}{|}}{CH}-CH_3 \xrightarrow{\triangle} CH_3CH_2CH=CH_2 + CH_3CH=CHCH_3 + (CH_3)_3N$$
$$\qquad\qquad 95\% \qquad\qquad 5\%$$

$$\left[(CH_3)_2-N\overset{CH_2CH_3}{\underset{CH_2CH_2CH_3}{\big<}}\right]OH^- \xrightarrow{\triangle} CH_2=CH_2 + CH_3CH=CH_2 + (CH_3)_3NC_3H_7-n$$
$$\qquad\qquad 98\% \qquad\quad 2\%$$

这种反应称为霍夫曼降解。产物为 Hofmann 烯的原因可以从两个方面进行说明。

(1) β - H 的酸性

季铵碱的热分解是按 E_2 历程进行的,由于氮原子带正电荷,它的诱导效应影响到 β - 碳原子,使 β - 氢原子的酸性增加,容易受到碱性试剂的进攻。如果 β - 碳原子上连有供电子基团,则可降低 β - 氢原子的酸性,β - 氢原子也就不易被碱性试剂进攻。

(2) 立体因素

季铵碱热分解时,要求被消除的氢和氮基团在同一平面上,且处与对位交叉。能形成对位交叉式的氢越多,且与氮基团处于邻位交叉的基团的体积小。有利于消除反应的发生。当 β - 碳上连有苯基、乙烯基、羰基、氰基等吸电子基团时,霍夫曼规则不适用。例如:

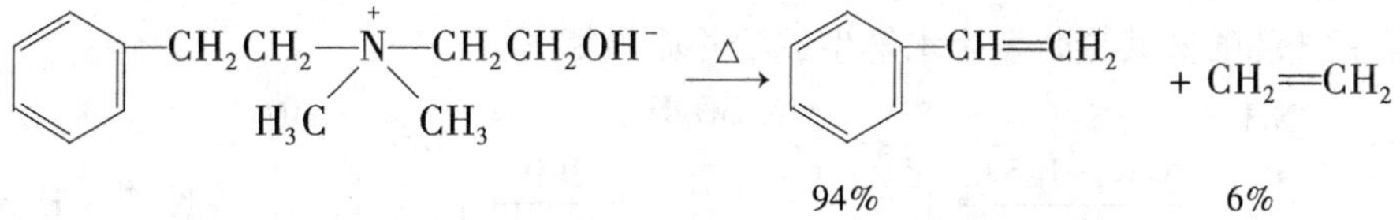

由于季铵碱的消除转变成烯烃具有一定的取向,通过测定烯烃的结构,可以推测胺的结构,即用足量的碘甲烷与胺作用,使胺转变成甲基季铵盐,这一过程称为彻底甲基化;彻底甲基化后的季铵盐用湿氧化银进行处理,得到相应的季铵碱;季铵碱受热分解生成叔胺和烯烃。根据所得烯烃的结构,即可推测出原来胺分子的结构。例如:

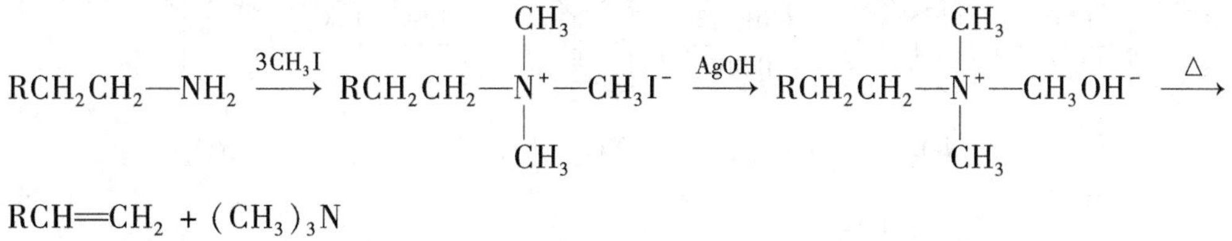

$$RCH_2CH_2-NH_2 \xrightarrow{3CH_3I} RCH_2CH_2-\overset{CH_3}{\underset{CH_3}{\overset{|}{N^+}}}-CH_3I^- \xrightarrow{AgOH} RCH_2CH_2-\overset{CH_3}{\underset{CH_3}{\overset{|}{N^+}}}-CH_3OH^- \xrightarrow{\triangle}$$

$$RCH=CH_2 + (CH_3)_3N$$

根据消耗的碘甲烷的摩尔数可推知胺的类型;测定烯烃的结构即可推知 R 的骨架。

例如：

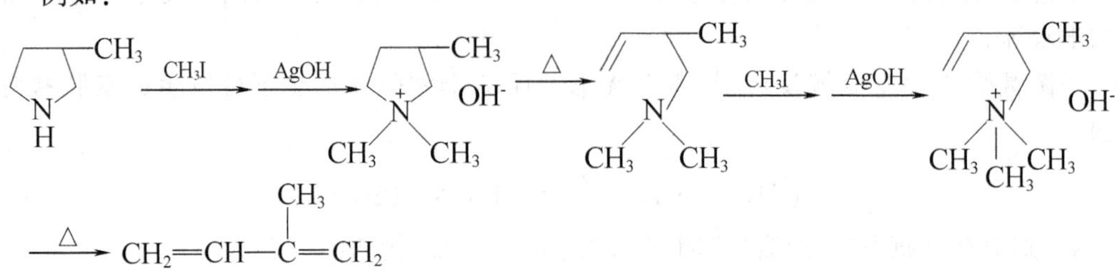

$$\xrightarrow{\triangle} CH_2=CH-\overset{\underset{\displaystyle CH_3}{|}}{C}=CH_2$$

9.7 芳基重氮盐

重氮化合物和偶氮化合物分子中都含有 $-N_2-$ 基团,该基团只有一端与烃基相连时叫做重氮化合物,两端都与烃基相连时叫做偶氮化合物。

$$ArN^+\equiv NCl^- \qquad\qquad ArN=NAr$$

重氮化合物   偶氮化合物

重氮盐是离子型化合物,具有盐的性质,易溶于水,不溶于一般有机溶剂。重氮盐只在低温的溶液中才能稳定存在,干燥的重氮盐对热和震动都很敏感,易发生爆炸。制备时一般不从溶液中分离出来,直接进行下一步反应。重氮盐是通过重氮化反应来制备的。如:

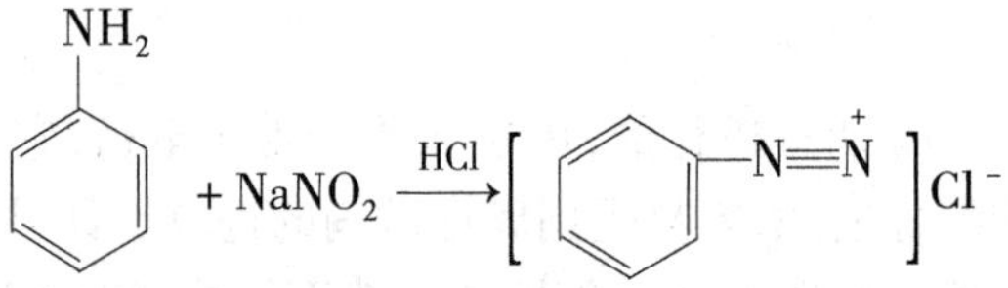

脂肪族伯胺与 HNO_2 的反应产物不稳定,因此,本节重点讨论芳基重氮盐。重氮盐的化学性质很活泼,能发生多种反应。

9.7.1 取代反应

1. 被羟基取代

当重氮盐和酸液共热时发生水解生成酚并放出氮气。

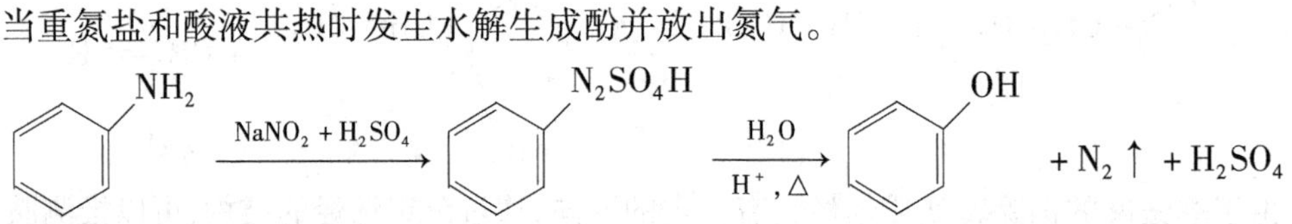

重氮盐水解成酚时只能用硫酸盐,不用盐酸盐,因盐酸盐水解易发生副反应。例如,由苯制备间硝基苯酚:

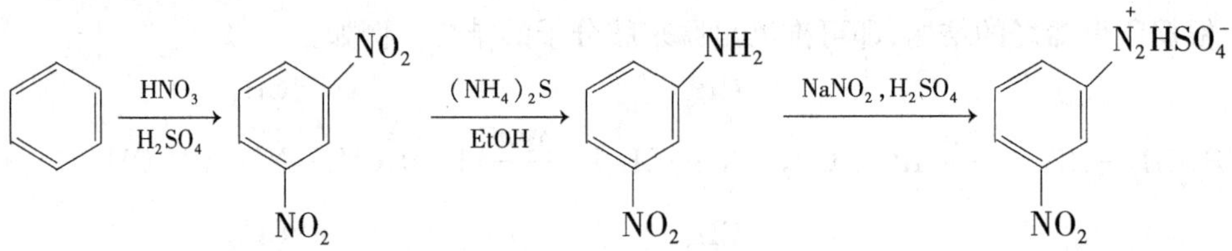

2. 被卤素和氰基取代

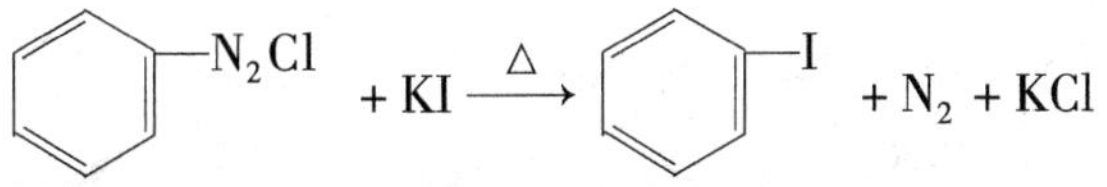

$$\text{C}_6\text{H}_5\text{-N}_2\text{Cl} + \text{KI} \xrightarrow{\triangle} \text{C}_6\text{H}_5\text{-I} + \text{N}_2 + \text{KCl}$$

此反应是将碘原子引进苯环的好方法,但此法不能用来引进氯原子或溴原子。氯、溴、氰基的引入用桑德迈尔(Sandmeyer)法,重氮盐溶液在 CuCl,CuBr,CuCN 存在下分解,分别生成芳基氯、芳基溴、芳基腈。

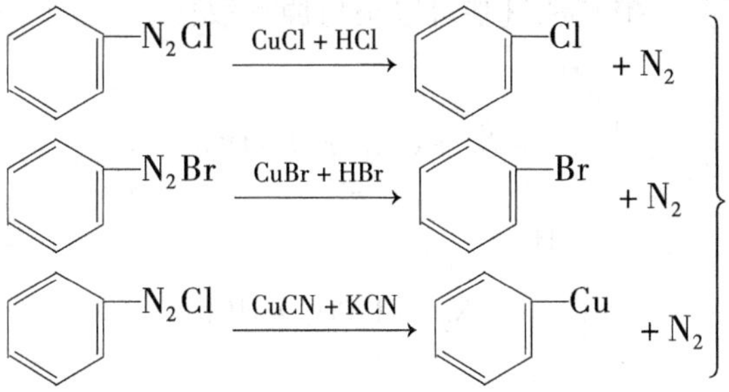

桑德迈尔反应

3. 硝基取代

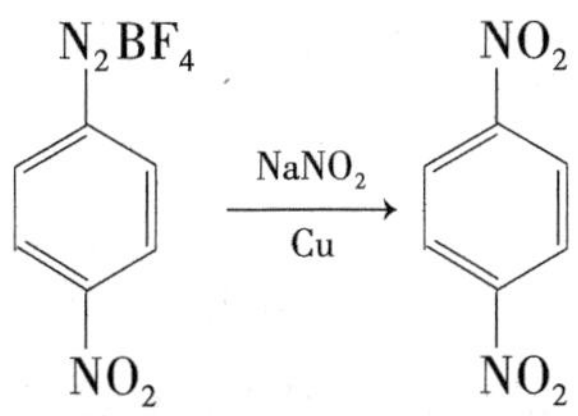

例如,由苯合成对二硝基苯 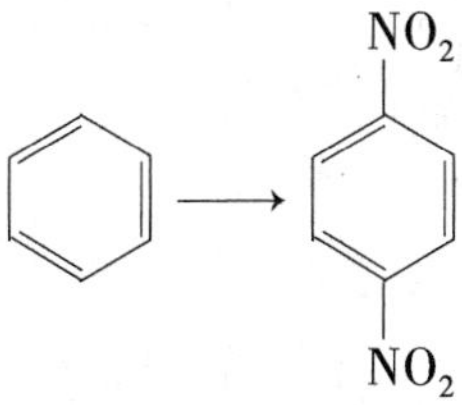 ,有以下两种合成方法:

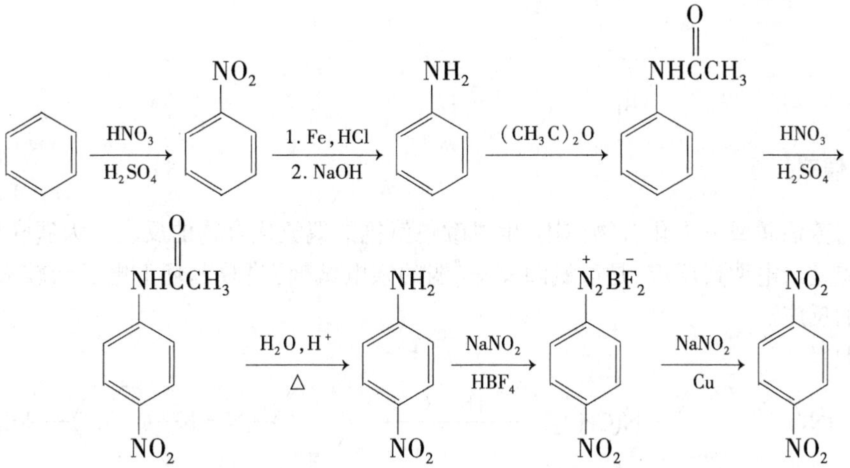

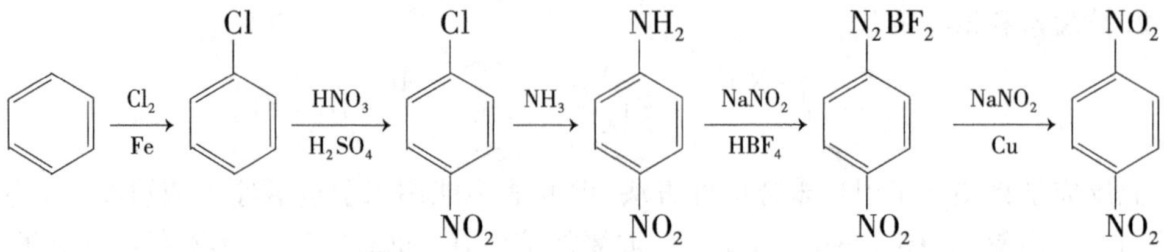

4. 被氢原子取代

采用 H_3PO_2 或 EtOH 作为试剂,芳环上的硝基和氨基可以被氢原子取代。

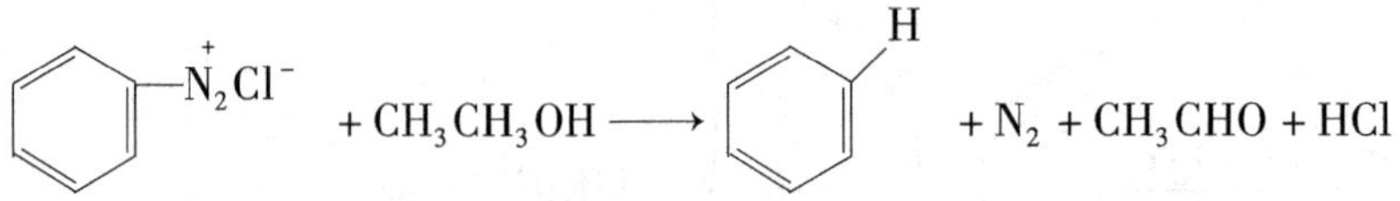

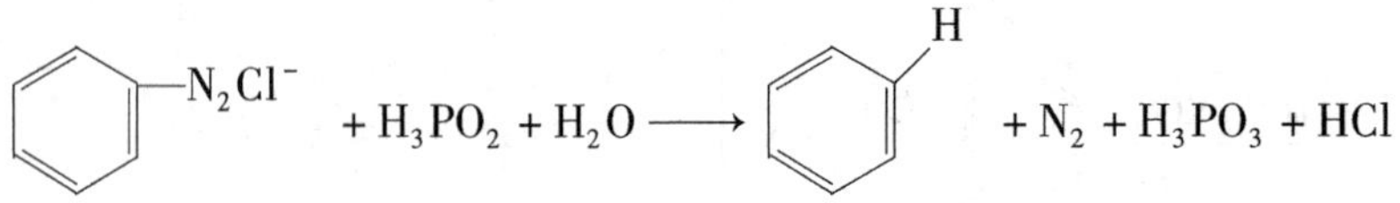

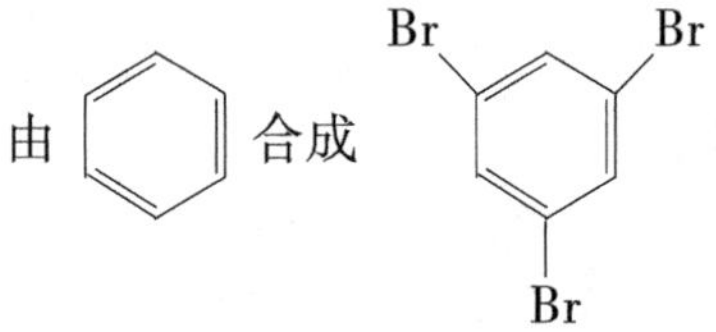

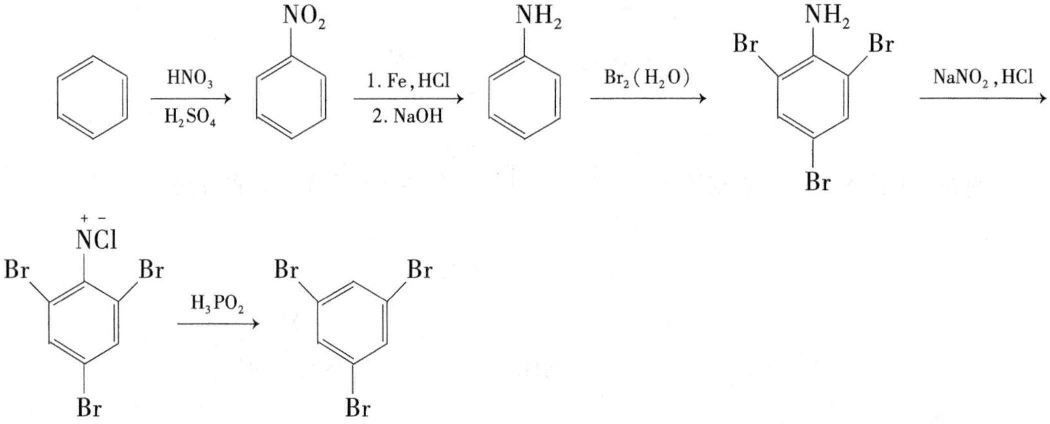

由 合成

9.7.2 偶联反应

重氮盐与芳伯胺或酚类化合物作用,生成颜色鲜艳的偶氮化合物的反应称为偶联反应。

偶联反应是亲电取代反应,是重氮阳离子(弱的亲电试剂)进攻苯环上电子云较大的碳原子而发生的反应。

1. 与胺偶联

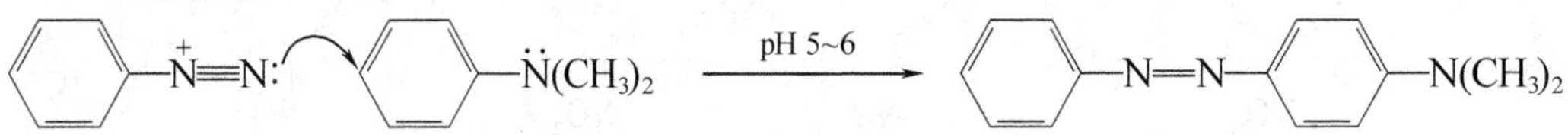

反应需要在中性或弱酸性溶液中进行,这是由于在中性或弱酸性溶液中,重氮离子的浓度最大,且氨基是游离的,不影响芳胺的反应活性。如果溶液的酸性太强(pH < 5),会使胺生成不活泼的铵盐,偶联反应就难进行或很慢。

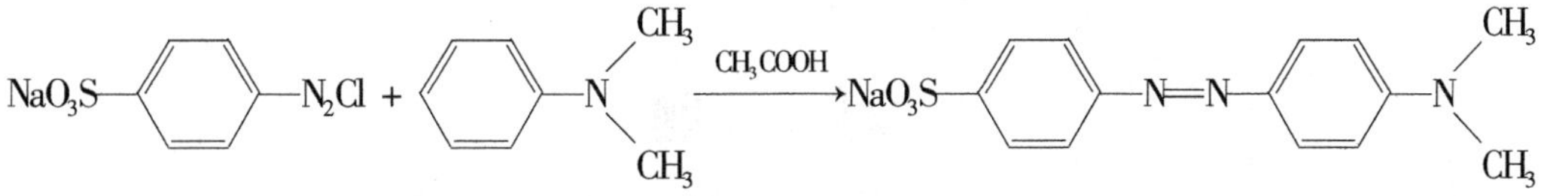

偶联反应总是优先发生在对位,若对位被占,则在邻位上反应,间位不能发生偶联反应。

2. 与酚偶联

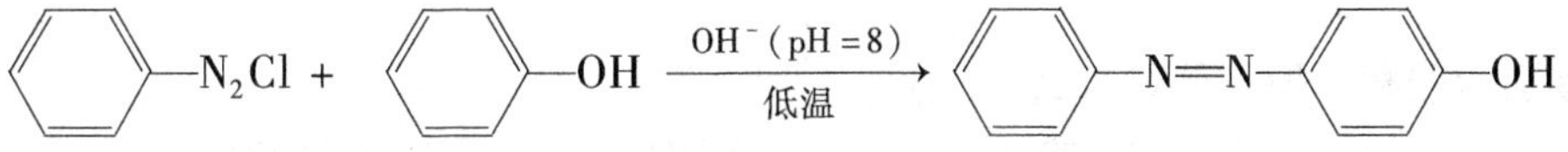

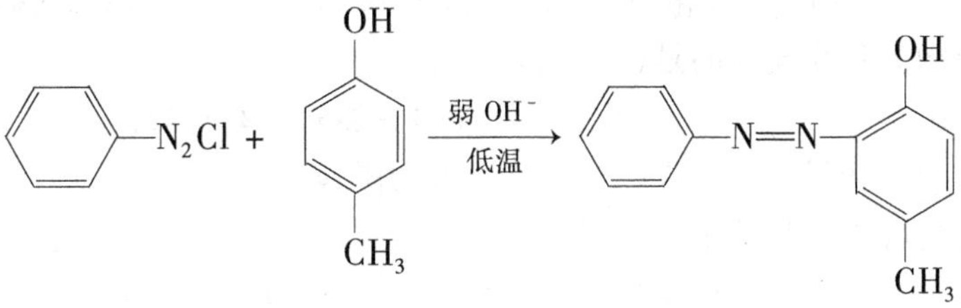

反应要在弱碱性条件下进行,因在弱碱性条件下酚生成酚盐负离子,使苯环更活化,有利于亲电试剂重氮阳离子的进攻。

但碱性不能太大(pH 不能大于 10),因碱性太强,重氮盐会转变为不活泼的苯基重氮酸或重氮酸盐离子。而苯基重氮酸或重氮酸盐离子都不能发生偶联反应。

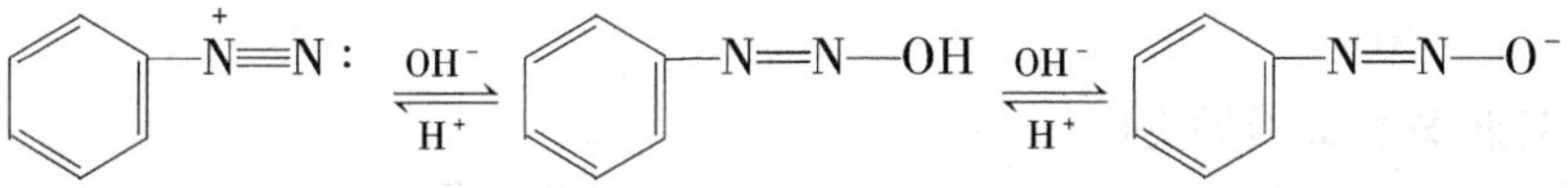

重氮阳离子是一个弱亲电试剂,只能与活泼的芳环(酚、胺)偶合,其他的芳香族化合物不能与重氮盐偶合。在重氮基的邻对位连有吸电子基时,对偶联反应有利。

所以在进行偶联反应时,要考虑到多种因素,选择最适宜的反应条件,才能收到预期的效果。

9.7.3　还原反应

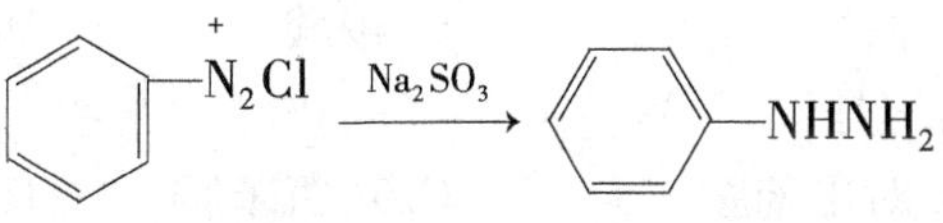

思　考　题

将下列化合物按碱性递增次序排列,并说明理由。

NH_3　　　　$C_6H_5NH_2$　　　　$CH_3CH_2NH_2$　　　　$CH_3CH_2CONH_2$　　　　CH_3NHCH_3

习　题

一、选择题

1. 鉴别苯胺和苯酚,可以加入(　　　)。

A. 溴水　　　　　　　B. $FeCl_3$ 溶液　　　　　C. HNO_2　　　　　D. 四氯化碳

2. 下列化合物的碱性最强的是(　　　)。

A. 丙胺　　　　　　　　　　　　　　　　B. 1 – 氨基 – 2 – 丙醇

C. 3 – 氨基 – 1 – 丙醇　　　　　　　　　D. 丙酰胺

3. 下列化合物属于仲胺的是(　　　)。

A. 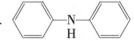　　　　　　　　B. CH_3—C(CH_3)(CH_3)—NH_2

C. (苯基)CHCH$_3$（NH$_2$）　　　　　　　D. (环己基)—NHCH$_3$

4. 下列各胺碱性最强的是(　　　)。

A. (苯环)—NH$_2$　　　　　　　　　　B. O_2N—(苯环)—NH$_2$

C. (苯环)—NH—C$_2$H$_5$　　　　　　　D. O_2N(含O_2N的苯环)—NH$_2$

5. Gabriel 合成法可以得到高纯度的(　　　)。

A. 伯胺　　　　　B. 伯醇　　　　　C. 羧酸　　　　　D. 酰胺

6. 下列各胺碱性最弱的是(　　　)。

A. 苯胺　　　　　B. 对甲苯胺　　　　　C. 对氯苯胺　　　　　D. 对硝基苯胺

7. 下列各胺碱性最强的是(　　　)。

A. (环)NH　　　B. NH$_3$　　　C. (苯环)—NH$_2$　D. (二苯胺结构)N—H

8. 胺类进行 Hinsberg 反应中,产生水溶性盐的是(　　　)。

A. 伯胺　　　　　B. 仲胺　　　　　C. 叔胺　　　　　D. 都可以

9. 胺类与 HNO_2 反应,产生黄色油状物的是(　　　)。

A. 伯胺　　　　　B. 仲胺　　　　　C. 叔胺　　　　　D. 都可以

10. 硝基苯在酸性介质中以铁粉还原生成(　　　)。

A. 亚硝基苯　　　　　B. 苯胲　　　　　C. 苯胺　　　　　D. 氧化偶氮苯

11. 鉴别丁胺、甲丁胺、二甲丁胺,可以加入(　　　)。

A. 溴水　　　　　B. 亚硝酸　　　　　C. 盐酸　　　　　D. 氢氧化钠

12. 加入(　　)可以鉴别乙胺、甲乙胺、二甲乙胺。

A. 溴/四氯化碳　　　　　　　　　　B. 苯磺酰氯/氢氧化钠

C. 盐酸/无水 $ZnCl_2$　　　　　　　　D. H_2/Ni

13. 硝基苯催化加氢生成(　　)。

A. 亚硝基苯　　　　B. 苯胲　　　　　　C. 苯胺　　　　　　D. 氧化偶氮苯

二、命名下列化合物

1.

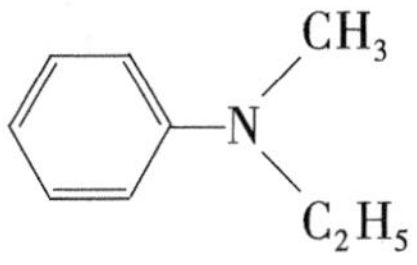

$$C_6H_5-\underset{\underset{C_2H_5}{|}}{\overset{\overset{CH_3}{|}}{N}}$$

2. $CH_3CH_2-\underset{\underset{\overset{+}{N}(CH_3)_3}{|}}{CH}-CH_3OH^-$

3.

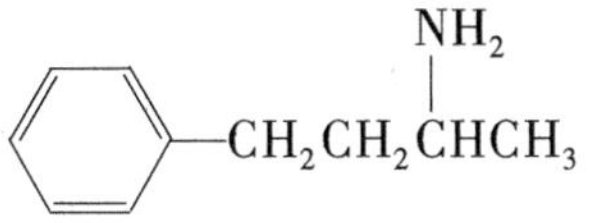

$C_6H_5-CH_2CH_2\underset{\underset{NH_2}{|}}{CHCH_3}$

4.

环己基$-NH_2$

5.

$$O_2N\underset{NO_2}{\overset{CH_3}{\diagdown}}NO_2$$

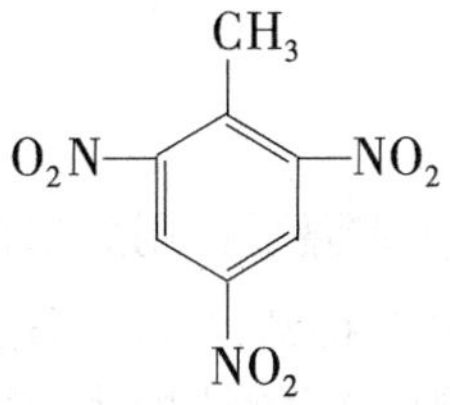

6.

苯环 NH_2 及 CH_3

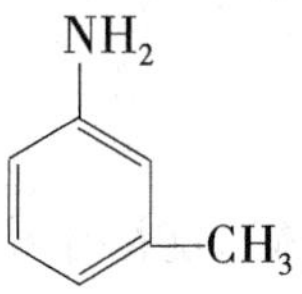

7. $NCCH_2CH_2CN$

8. $(C_2H_5\overset{+}{N}H_3)_2SO_4^{2-}$

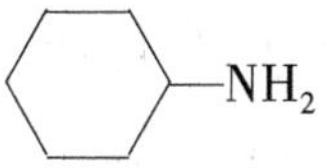

9. $(CH_3)_3\overset{+}{N}CH_2C_6H_5Br^-$

三、完成下列反应式

1. $\left[(CH_3)_3\overset{+}{N}CH_2CH_2CH_2CH_3\right]Cl^- \xrightarrow{NaOH}$

2.

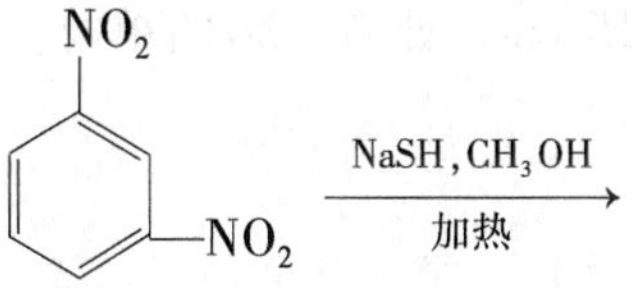

间二硝基苯 $\xrightarrow[\text{加热}]{NaSH,CH_3OH}$

3. 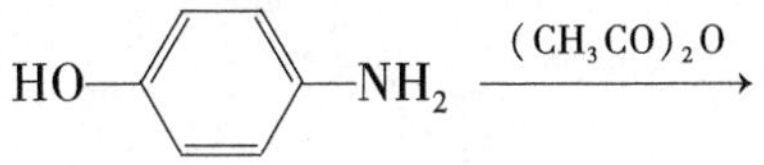 $HO-C_6H_4-NH_2 \xrightarrow{(CH_3CO)_2O}$

4.

间硝基苯甲醛 CHO $\xrightarrow[<100℃,90\%]{SnCl_2,\text{浓 HCl}}$

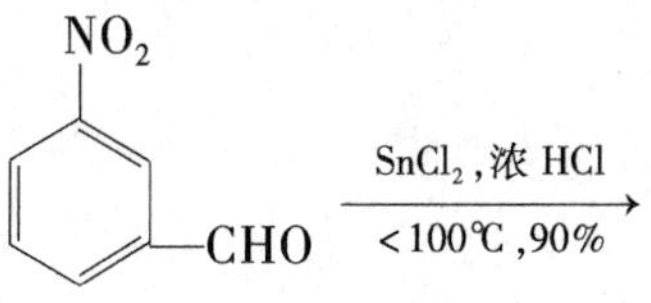

5. $(C_2H_5)_3N + CH_3CHBrCH_3 \longrightarrow$

6. 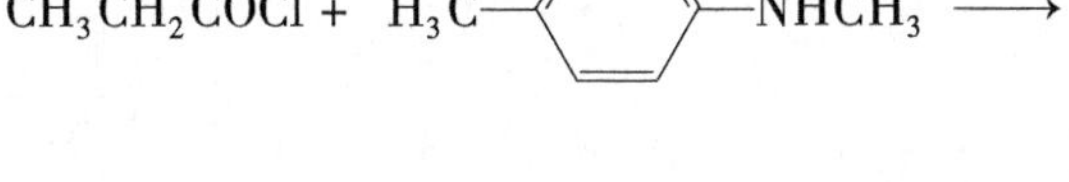 $CH_3CH_2COCl + H_3C-C_6H_4-NHCH_3 \longrightarrow$

7.

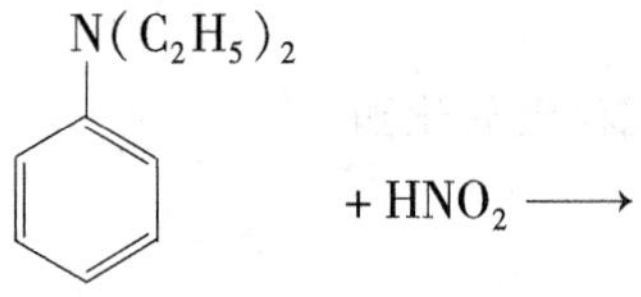

N(C₂H₅)₂ 的苯环 + HNO₂ ⟶

$$N(C_2H_5)_2 \text{苯环} + HNO_2 \longrightarrow$$

8. $CH_3CH_2-\overset{\underset{|}{\overset{+}{N}(CH_3)_3}}{CH}-CH_3OH^- \xrightarrow{\Delta}$

9. 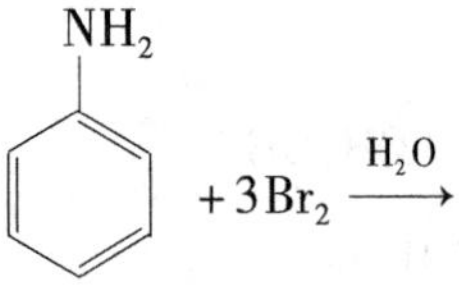 $NH_2 \text{苯环} + 3Br_2 \xrightarrow{H_2O}$

10. 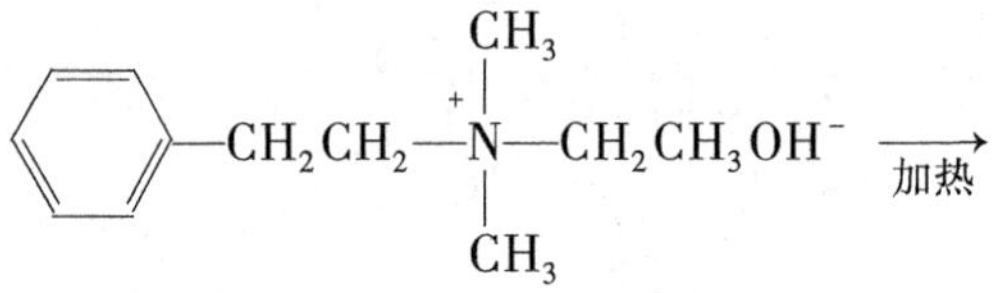 苯环$-CH_2CH_2-\overset{\underset{|}{\overset{|}{CH_3}}}{\overset{+}{N}}-CH_2CH_2OH^- \xrightarrow{\text{加热}}$

（结构中含 CH₃ 上下两个取代基于 N）

四、推测结构

1. 分子式为 $C_6H_{15}N$ 的（A），能溶于稀盐酸。（A）与亚硝酸在室温下作用放出氮气，得到几种有机物，其中一种（B）能进行碘仿反应。（B）和浓硫酸共热得到（C）（C_6H_{12}），（C）能使高锰酸钾褪色，且反应后的产物是乙酸和 2 – 甲基丙酸。推测（A）的结构式，并写出推断过程。

2. 两种异构体（A）和（B），分子式都是 $C_7H_6N_2O_4$，用发烟硝酸分别使它们硝化，得到同样产物。把（A）和（B）分别氧化得到两种酸，它们分别与碱石灰加热，得到同样产物 $C_6H_4N_2O_4$，后者用 Na_2S 还原，则得间硝基苯胺。写出（A）和（B）的构造式及各步反应式。

3. 化合物（A）是一个胺，分子式为 C_7H_9N。（A）与对甲苯磺酰氯在 KOH 溶液中作用，生成清亮液体，酸化后得白色沉淀。当（A）用 $NaNO_2$ 和 HCl 在 0～5℃ 处理后再与 α – 萘酚作用，生成深颜色的化合物（B）。（A）的 IR 谱表明在 815 cm^{-1} 处有一强的单峰。试推测（A）（B）的结构式并写出各步反应。

第 10 章　杂环化合物

　　杂环化合物是由碳原子和非碳原子共同组成的环状骨架结构的一类化合物。这些非碳原子统称为杂原子，常见的杂原子为 N，O，S 等。前面学习过的环醚、内酯、内酐和内酰胺等都含有杂原子，但它们容易开环，性质上又与开链化合物相似，所以不把它们放在杂环化合物中讨论。

　　杂环化合物的种类繁多，数量庞大，在自然界分布极为广泛，许多天然杂环化合物在动、植物体内起着重要的生理作用。例如，植物中的叶绿素、动物血液中的血红素、中草药中的有效成分生物碱及部分苷类、部分抗生素和维生素、组成蛋白质的某些氨基酸和核苷酸的碱基等都含有杂环的结构。杂环化合物通常是酶和辅酶中催化生化反应的活性部位。正是由于上述杂环化合物的存在，万物才有了勃勃生机。因此，杂环化合物在有机化合物（尤其是有机药物）中占有重要地位。下面是几个常见的杂环化合物。

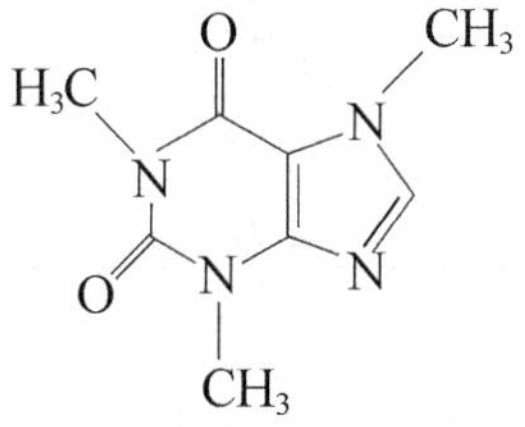

咖啡因 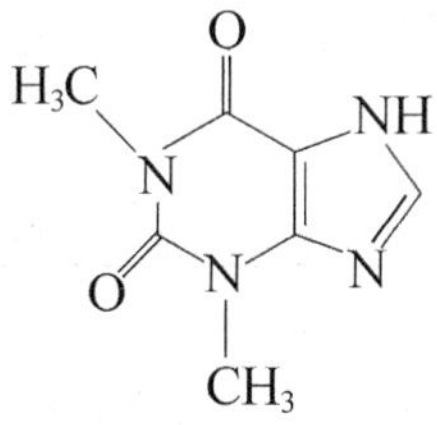　　　　　　　　茶碱 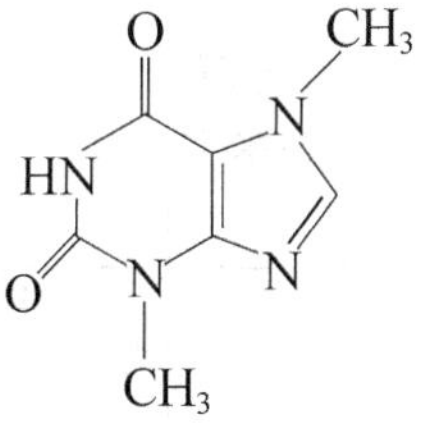　　　　　　　　可可碱

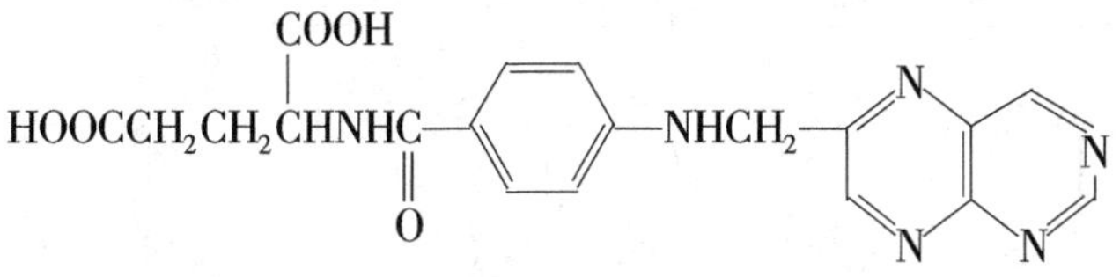

叶酸 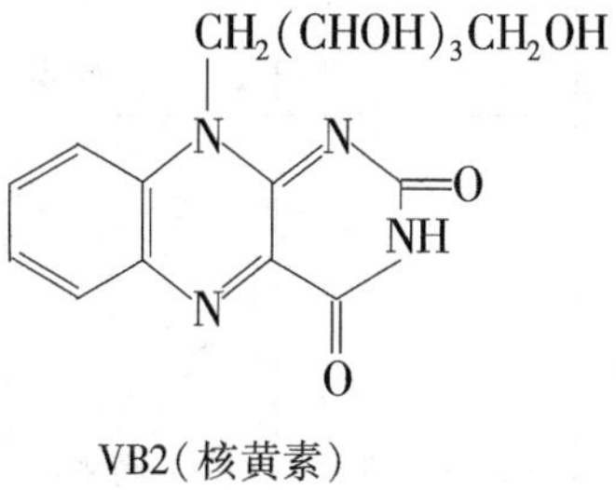　　　　　　　　　　　　　　VB2（核黄素）

10.1　杂环化合物的分类和命名

10.1.1　杂环化合物的分类

　　杂环可简单地分为芳香性杂环化合物和非芳香性杂环化合物两大类。非芳香性化合物具有与相应脂肪族化合物相类似的性质。本章讨论的杂环化合物主要指具有一定程度芳香性的较稳定的杂环化合物，即芳香杂环化合物。芳香杂环化合物可以按照环的大小分为五元杂环和六元杂环两大类；也可按杂原子的数目分为含一个、两个和多个杂原子的杂环，还可以按环的多少分为单杂环和稠杂环等。具体见表10.1。

表 10.1　杂环化合物的分类、名称和标位

类别		杂环母环				
单杂环	含一个杂原子的五元杂环	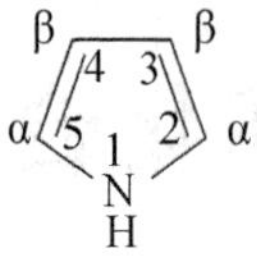 吡咯 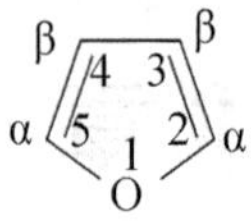	呋喃 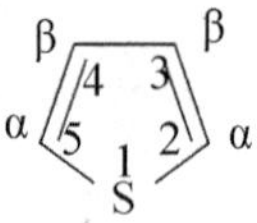	噻吩		
	含两个杂原子的五元杂环	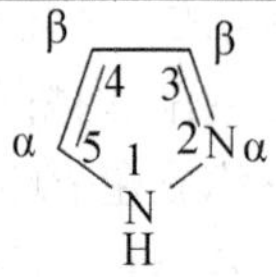 吡唑 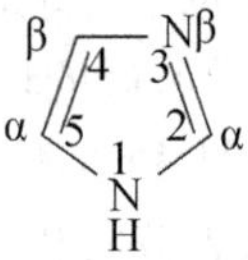	咪唑 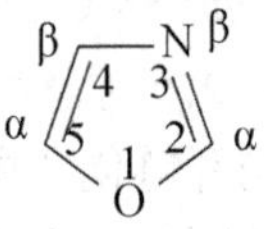	噁唑 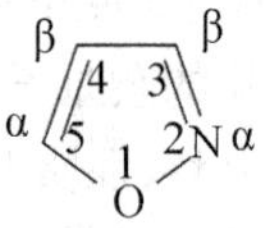	异噁唑 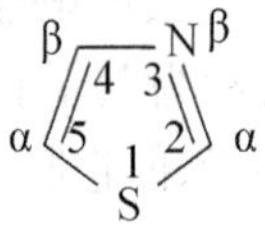	噻唑
	含一个杂原子六元杂环	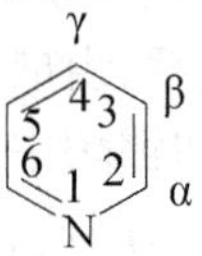 吡啶 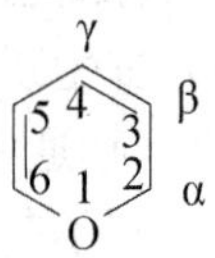	α-吡喃 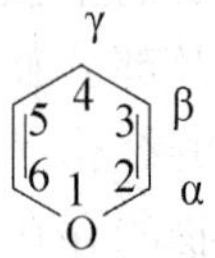	γ-吡喃		
	含两个杂原子六元杂环	 哒嗪 	嘧啶 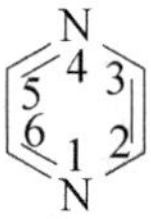	吡嗪		
稠杂环	五元稠杂环	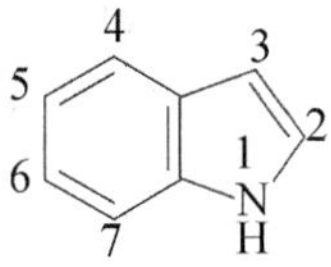 吲哚 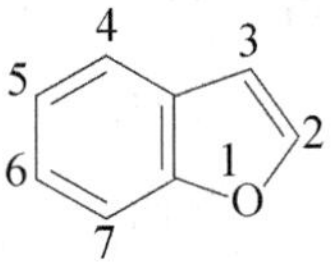	苯并呋喃 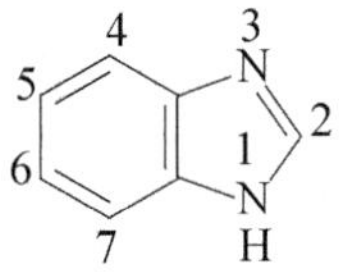	苯并咪唑 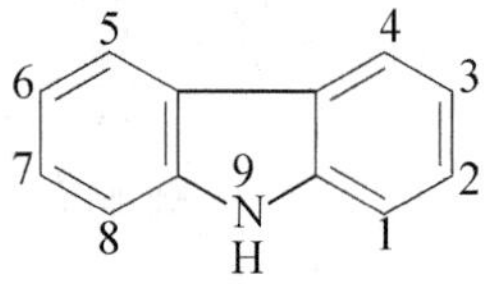	咔唑	
	六元稠杂环	喹啉	异喹啉	喋啶	嘌呤	
		吖啶	吩嗪	吩噻嗪		

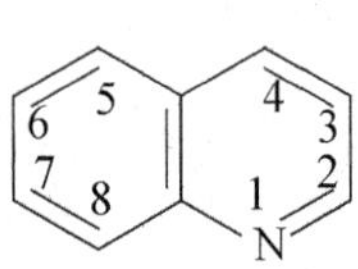

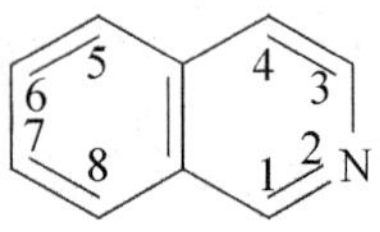

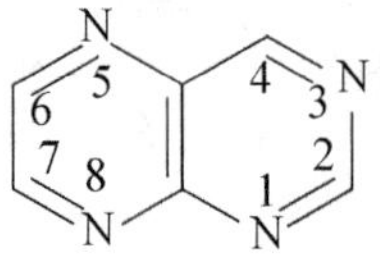

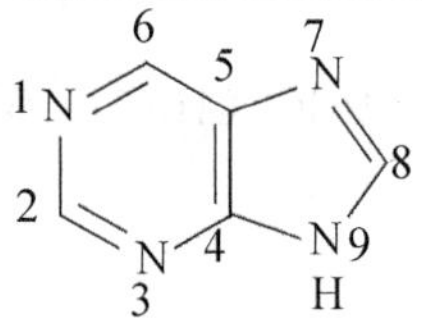

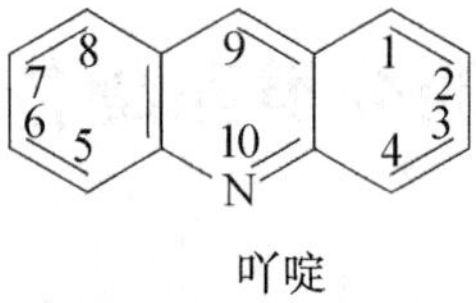

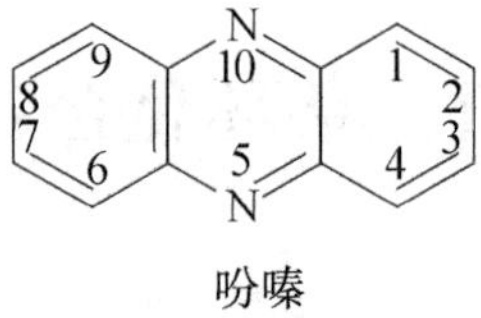

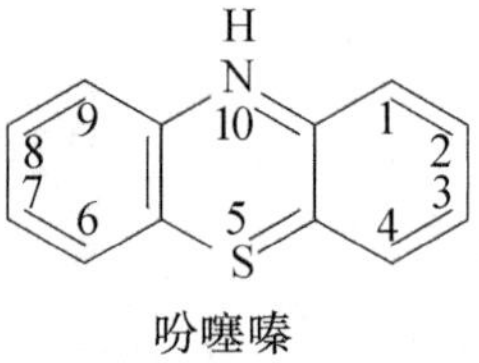

10.1.2　杂环化合物的命名

杂环化合物的命名比较复杂。现广泛应用的是按 IUPAC 命名原则规定,我国采用"音译法",按照英文名称的读音,一般在同音汉字的左边加一"口"旁,组成音译名,其中"口"代表环的结构。

当杂环上连有取代基时,命名时以杂环为母体,为了标明取代基的位置,必须将杂环母

体编号。杂环母体的编号原则是：

(1)通常从杂原子开始，将杂原子编号为 1，依次为 1,2,3,…；或杂原子相邻的碳原子编号为 α，依次为 α,β,γ…。

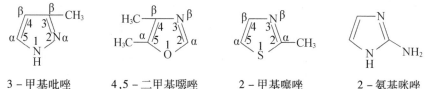

3-甲基吡咯　　　　α-呋喃甲醛　　　　2-甲基噻吩

(2)含两个或多个杂原子的杂环编号时应使杂原子位次尽可能小；当环上有不同的杂原子时，按 O,S,NH,N 的优先顺序编号。

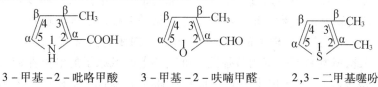

3-甲基吡唑　　4,5-二甲基噁唑　　2-甲基噻唑　　2-氨基咪唑

(3)当环上连有不同的取代基时，编号时应根据顺序规则及最低系列原则。结构复杂的杂环化合物是将杂环当作取代基来进行命名。

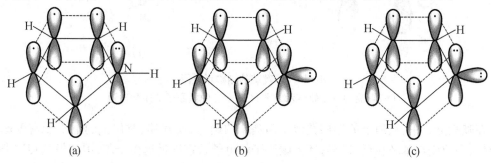

3-甲基-2-吡咯甲酸　　3-甲基-2-呋喃甲醛　　2,3-二甲基噻吩

10.2　单杂环化合物的结构与芳香性

10.2.1　五元杂环化合物

近代物理方法测得，吡咯、呋喃和噻吩是含有一个杂原子的五元杂环化合物，组成环的五个原子位于同一平面上。碳原子与杂原子均以 sp^2 杂化轨道与相邻的原子以 σ 键构成五元环，每个原子都有一个未参与杂化的 p 轨道与环平面垂直，碳原子的 p 轨道中有一个电子，而杂原子的 p 轨道中有两个电子，这些 p 轨道相互侧面垂直重叠形成封闭的大 π 键，大 π 键的 π 电子数是 6 个，符合 $4n+2$ 规则，因此，这些杂环具有芳香性特征。如图 10.1 所示。

图 10.1　吡咯、呋喃和噻吩的 π 分子轨道示意图
(a)吡咯；(b)呋喃；(c)噻吩

吡咯、呋喃和噻吩分子中的键长数据如下（单位：pm）：

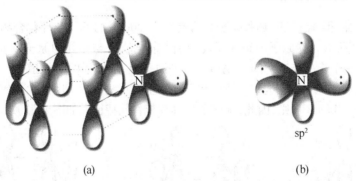

从键长数据来看，五元芳杂环键长没有完全平均化，芳香性不如苯，其稳定性也比苯差。

在这三个五元杂环中，由于五个 p 轨道中分布着六个电子，杂原子实际上有给电子性，因此杂环上碳原子的电子云密度比苯环上碳原子的电子云密度高，相当于苯环上连接 —OH，—SH，—NH$_2$，所以又称这类杂环为"富电子"芳杂环。

由于杂原子的电负性为：O > N > S，所以给电子能力为：S > N > O，环上电子云密度大小顺序如下：

由于杂原子的电负性为：O > N > S，所以给电子能力为：S > N > O，环上电子云密度大小顺序如下：

10.2.2　六元杂环的结构

六元单杂环的典型结构可以用吡啶来说明。吡啶是一个平面六元环，环上的碳原子和氮原子均以 sp^2 杂化轨道相互重叠形成 σ 键。每个原子上有一个 p 轨道垂直于环平面，每个 p 轨道中有一个电子，这些 p 轨道侧面重叠形成一个封闭的大 π 键，π 电子数目为 6，符合 4n + 2 规则，因此，吡啶具有一定的芳香性。吡啶环上的氮原子的电负性较大，对环上电子云密度分布有很大影响，使 π 电子云向氮原子上偏移，在氮原子周围电子云密度高，而环的其他部分电子云密度降低，尤其是邻、对位上降低显著。所以吡啶的芳香性比苯差。如图 10.2 所示。

吡啶的结构与苯非常相似，近代物理方法测得，吡啶分子中的碳碳键长为 139 pm，介于 C—N 单键（147 pm）和 C = N 双键（128 pm）之间，而且其碳碳键与碳氮键的键长数值也相近，键角约为 120°，这说明吡啶环上键的平均化程度较高，但没有苯完全。

图 10.2　吡啶的结构示意图
（a）吡啶的分子轨道示意图；（b）吡啶中氮原子的杂化轨道

在吡啶分子中，氮原子的作用类似于硝基苯的硝基，使其邻、对位上的电子云密度比苯环降低，间位则与苯环相近，这样，环上碳原子的电子云密度远远少于苯，因此像吡啶这类芳杂环又被称为"缺 π"杂环。这类杂环化合物进行亲电取代反应时比较难，而亲核取代反应变易，氧化反应变难，还原反应变易。

10.3　五元杂环化合物

10.3.1　物理性质

吡咯、呋喃和噻吩由于形成芳香大 π 键,因此与苯环类似,三个五元杂环的偶极矩数值和方向如下:

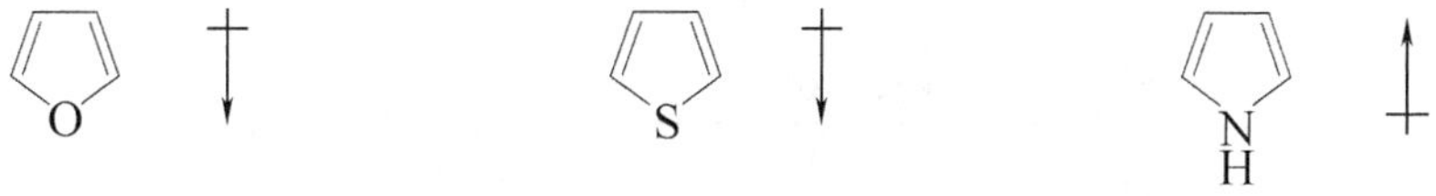

$2.33×10^{-30}$ C·m　　　　　　$1.70×10^{-30}$ C·m　　　　　　$6.03×10^{-30}$ C·m

在芳杂环中,杂原子除了具有吸电子的诱导效应外,还具有反方向的供电子的共轭效应,致使呋喃和噻吩的偶极矩数值变小,而在吡咯中,氮原子的供电子共轭效应大于吸电子的诱导效应,使偶极矩方向逆转。

三个五元杂环都难溶于水。其原因是杂原子的一对 p 电子都参与形成大 π 键,杂原子上的电子云密度降低,与水缔合能力减弱。但是它们的水溶性仍有差别,吡咯氮上的氢可与水形成氢键,呋喃上的氧与水也能形成氢键,但相对较弱,而噻吩环上的硫不能与水形成氢键,因此三个杂环的水溶解度顺序为:吡咯 > 呋喃 > 噻吩。

10.3.2　化学性质

1. 酸碱性

吡咯分子中虽有仲胺结构,但并没有碱性,其原因是氮原子上的一对电子都已参与形成大 π 键,与质子难以结合。相反,氮上的氢原子却显示出弱酸性,其 pK_a 为 17.5,比酚弱,比醇强,可与强碱($NaNH_2$,KNH_2,RMgX)或金属作用。

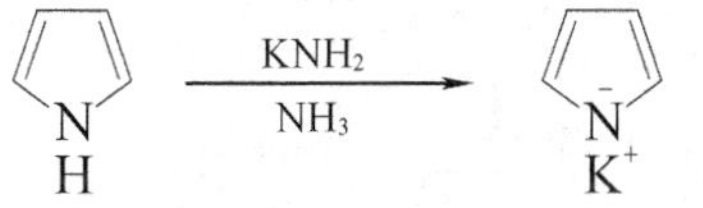

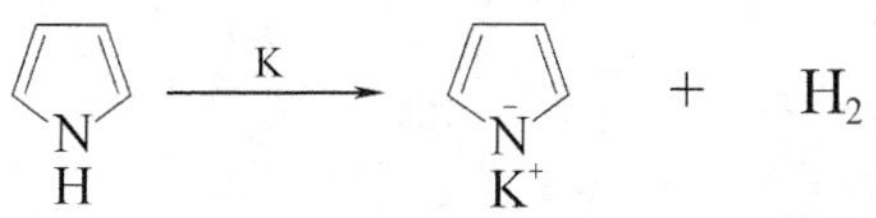

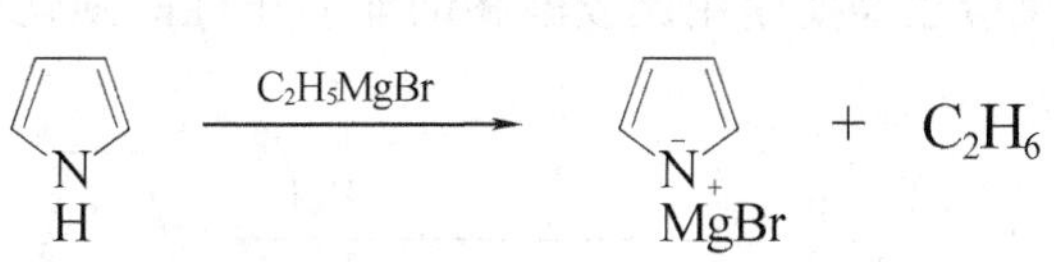

呋喃中的氧原子也因参与形成大 π 键而失去了醚的弱碱性,不易生成锌盐。噻吩中的硫原子不能与质子结合,因此也不显碱性。

2. 亲电取代反应

三个五元杂环都属于多 π 杂环,碳原子上的电子云密度都比苯高,亲电取代反应容易发生,活性顺序为:吡咯 > 呋喃 > 噻吩≫苯。亲电取代反应需在较弱的亲电试剂和温和的条件下进行。相反在强酸性条件下,吡咯和呋喃会因发生质子化而破坏芳香性,会发生水解、聚合等副反应。五元环亲电取代反应的主要产物是 α - 取代的产物。

（1）卤代反应

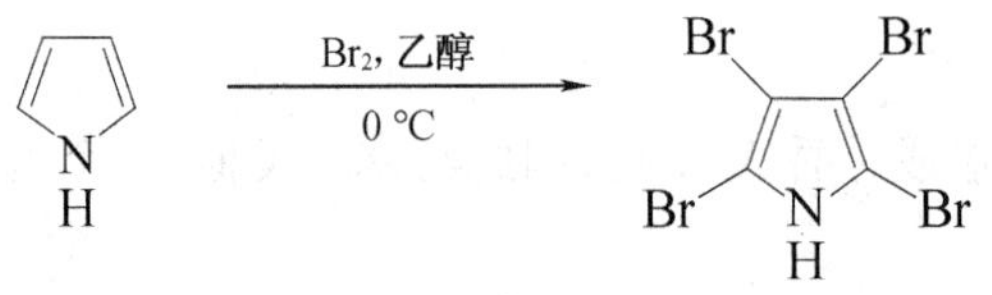

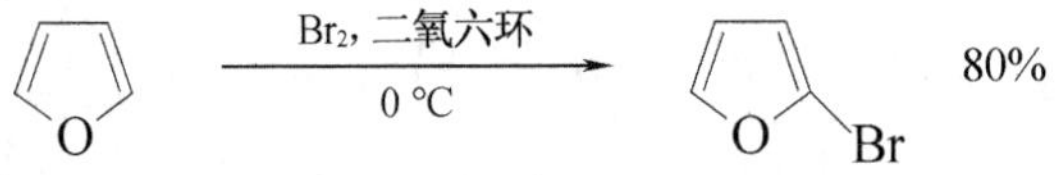

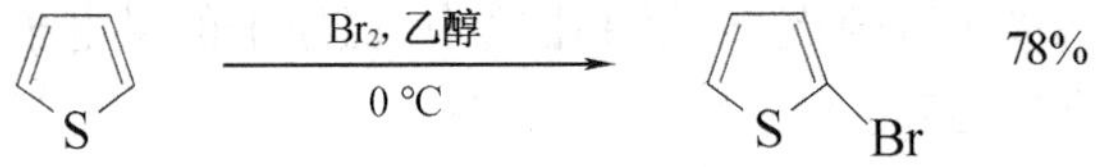

（2）硝化反应

不能用硝酸或混酸进行硝化反应,只能用较温和的非质子性的硝乙酐作为硝化试剂,并且在低温条件下进行反应。

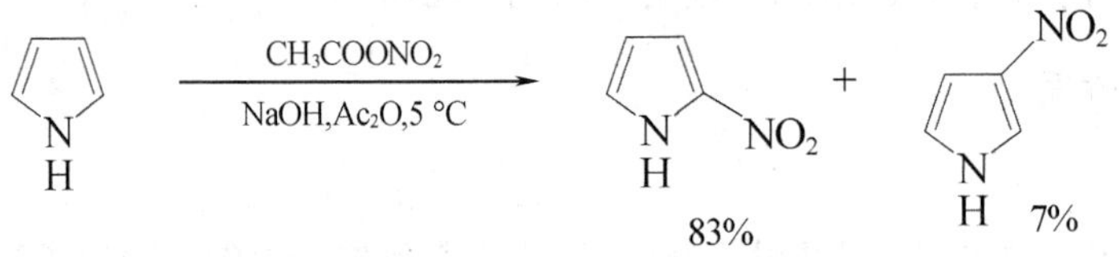

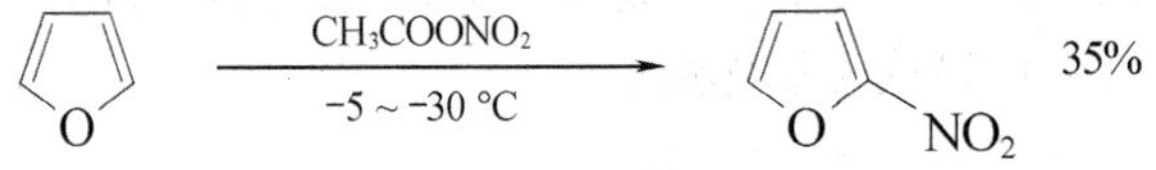

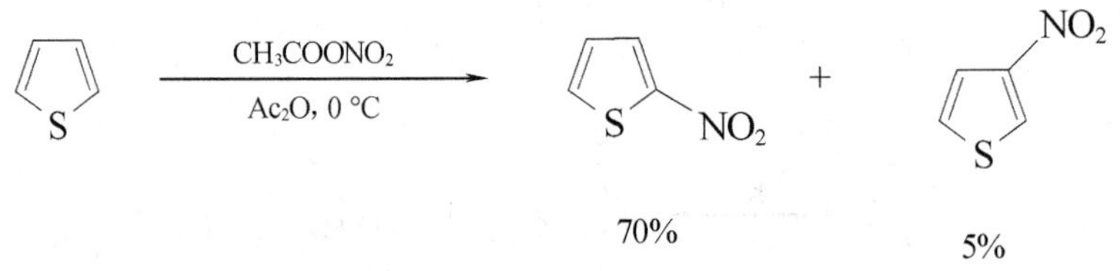

（3）磺化反应

吡咯和呋喃的磺化反应也需要使用比较温和的非质子性的磺化试剂,常用吡啶三氧化硫作为磺化试剂。例如:

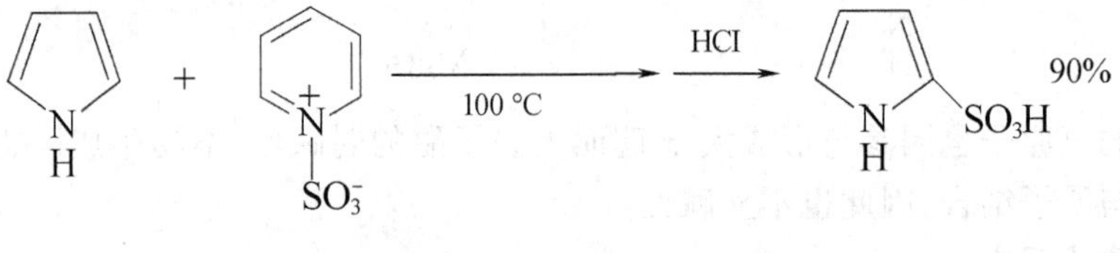

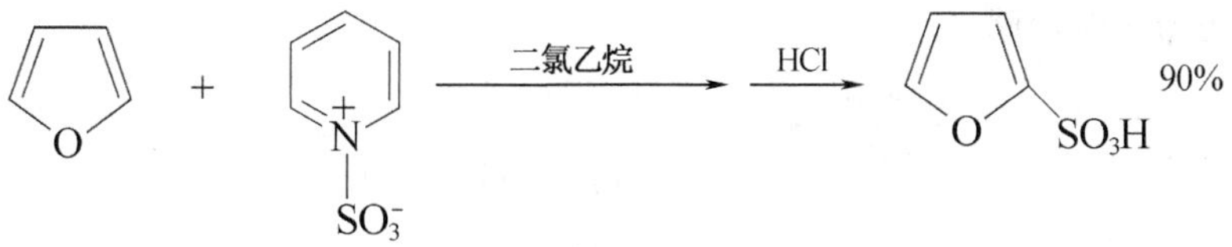

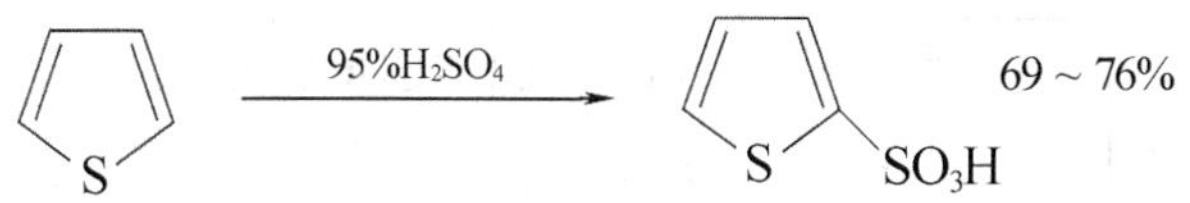

由于噻吩比较稳定，可直接用硫酸进行磺化反应。利用此反应可以把煤焦油中共存的苯和噻吩分离开来。

（4）付－克酰基化

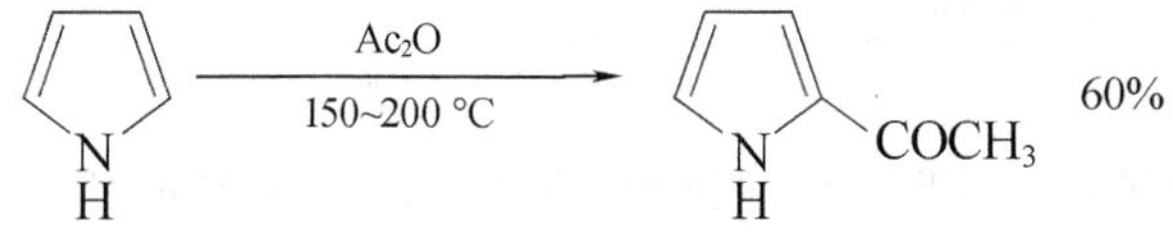

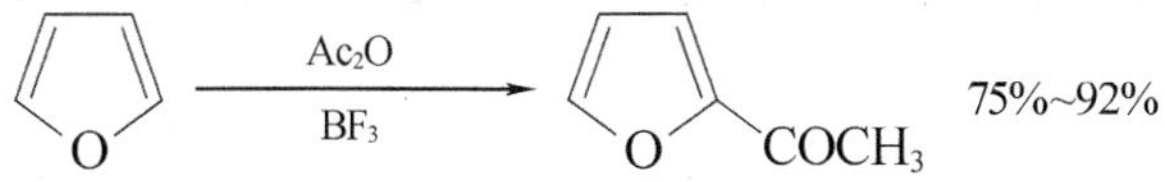

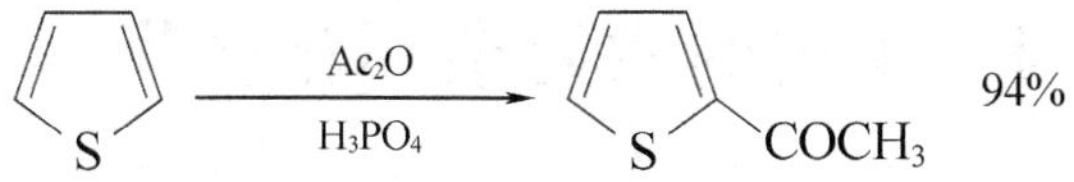

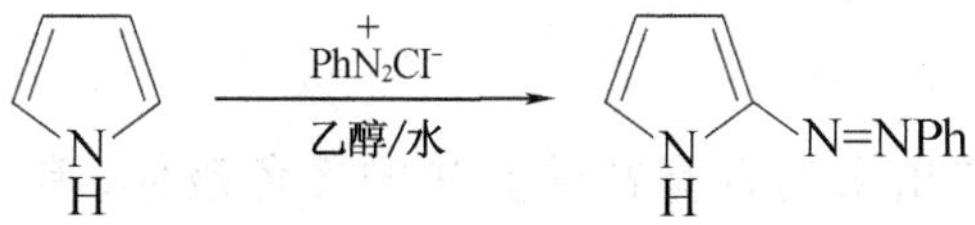

3. 加成反应

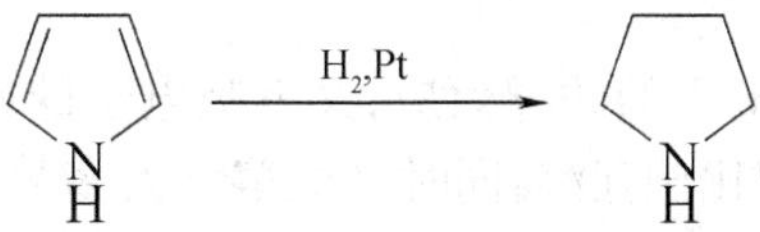

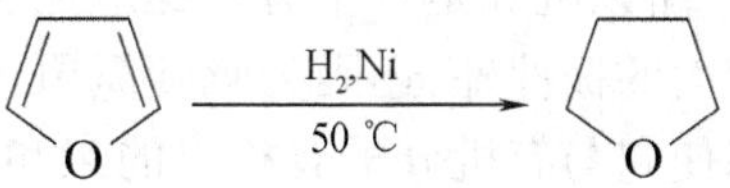

四氢呋喃(THF)

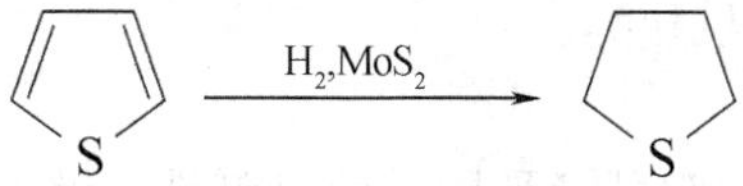

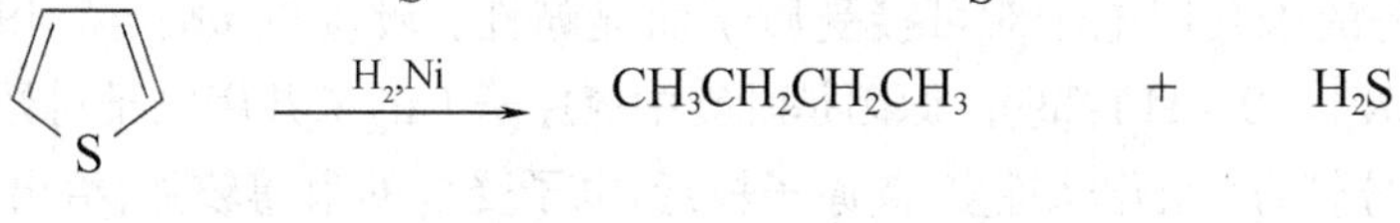

10.3.3　α－呋喃甲醛

α－呋喃甲醛是从米糠中得来，故又称糠醛，可由农副产品如燕麦壳、玉米芯、棉籽壳等原料来制取。糠醛是一种无色液体，沸点 162℃，在空气中易变黑。糠醛在醋酸存在下遇苯胺呈亮红色，可用来定性检验糠醛。糠醛是一种良好的溶剂，也是有机合成的原料。它不含

α - H,性质类似于苯甲醛。

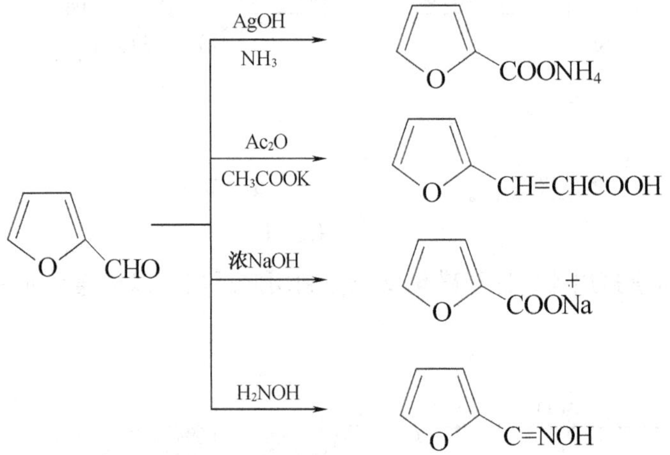

呋喃是重要的化工原料,如糠醛在催化剂($ZnO - Cr_2O_3 - MnO_2$)作用下加热至 400 ~ 415 ℃,脱去羰基而生成呋喃。我国是农业大国,有丰富的农副产品资源,这是呋喃的主要来源。

10.4 重要的六元杂环化合物

10.4.1 吡啶

吡啶是从煤焦油中分离出来的具有特殊臭味的无色液体,沸点为 115. 3℃,比重为 0. 982,是性能良好的溶剂和脱酸剂。其衍生物广泛存在于自然界中,是许多天然药物、染料和生物碱的基本组成部分。

在吡啶环中,氮原子既有吸电子的诱导效应,又有吸电子的共轭效应(- C),因此吡啶为极性分子。吡啶与水能以任何比例互溶,同时又能溶解大多数极性及非极性的有机化合物,甚至可以溶解某些无机盐类。所以吡啶是一个有广泛应用价值的溶剂。吡啶分子具有高水溶性的原因除了分子具有较大的极性外,还因为吡啶氮原子上的未共用电子对可以与水形成氢键。吡啶结构中的烃基使它与有机分子有相当的亲和力,所以可以溶解极性或非极性的有机化合物。而氮原子上的未共用电子对能与一些金属离子如 Ag^+,Ni^{2+},Cu^{2+} 等形成配合物,而致使它可以溶解无机盐类。

1. 碱性和成盐

吡啶氮原子上的未共用电子对可接受质子而显碱性。吡啶的 $pK_a = 5.19$,比氨($pK_a = 9.24$)和脂肪胺($pK_a = 10 \sim 11$)都弱。原因是吡啶中氮原子上的未共用电子对处于 sp^2 杂化轨道中,其 s 轨道成分较 sp^3 杂化轨道多,离原子核近,电子受核的束缚较强,给出电子的倾向较小,因而与质子结合较难,碱性较弱。但吡啶与芳胺(如苯胺,$pK_a = 4.6$)相比,碱性稍强一些。

吡啶与强酸可以形成稳定的盐,某些结晶型盐可以用于分离、鉴定及精制工作中。吡啶的碱性在许多化学反应中用于催化剂脱酸剂,由于吡啶在水中和有机溶剂中的良好溶解性,所以它的催化作用常常是一些无机碱无法达到的。

吡啶不但可与强酸成盐,还可以与路易斯酸成盐。例如:

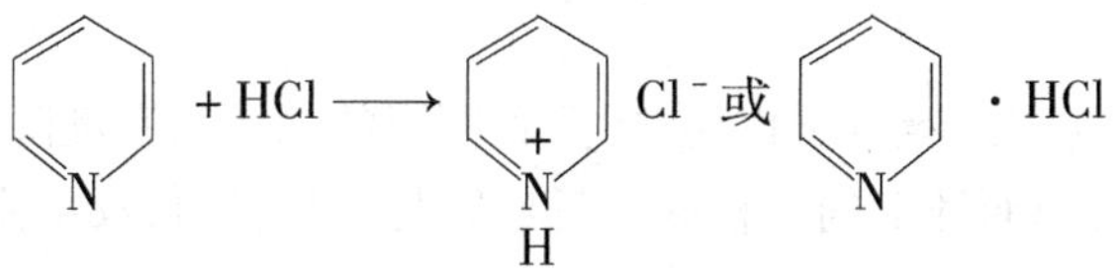

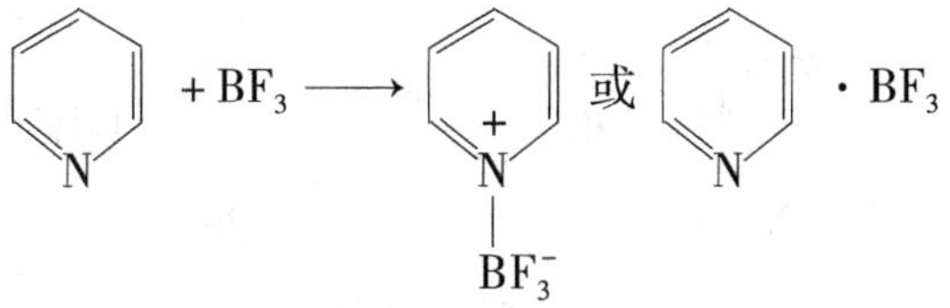

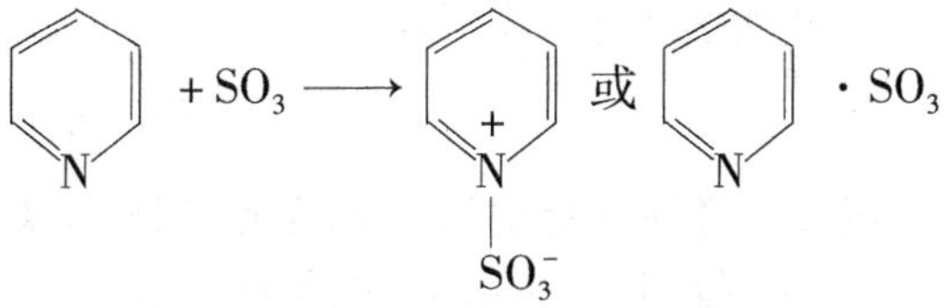

吡啶 + HCl ⟶ N-质子化吡啶氯盐 Cl⁻ 或 吡啶·HCl

吡啶 + BF₃ ⟶ N-BF₃ 加合物 或 吡啶·BF₃

吡啶 + SO₃ ⟶ N-SO₃⁻ 加合物 或 吡啶·SO₃

其中,吡啶三氧化硫是一个重要的非质子型的磺化试剂。

此外,吡啶还具有叔胺的某些性质,可与卤代烃反应生成季铵盐,也可与酰卤反应成盐。例如:

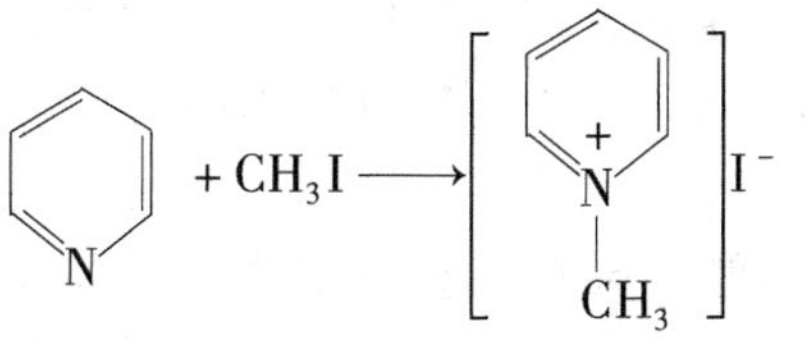

吡啶 + CH₃I ⟶ [N-甲基吡啶阳离子] I⁻ 碘化 N – 甲基吡啶

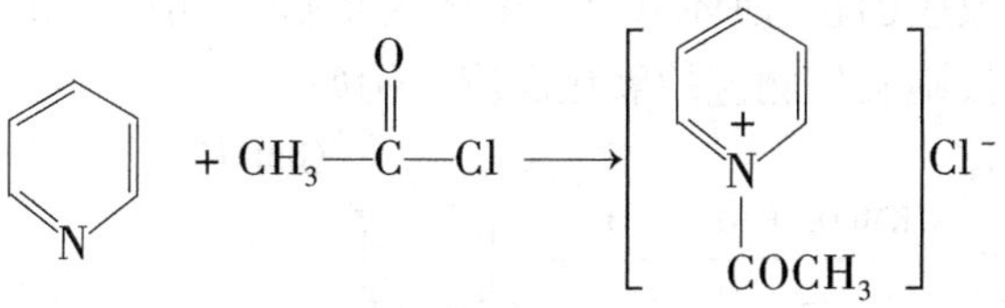

吡啶 + CH₃—CO—Cl ⟶ [N-乙酰基吡啶阳离子] Cl⁻ 氯化 N – 乙酰基吡啶

吡啶与酰卤生成的 N – 酰基吡啶盐是良好的酰化试剂。

2. 亲电取代反应

由于吡啶分子中的氮原子有吸电子的诱导效应,使环上电子云密度比有所降低,因此其亲电取代反应的活性也比苯难,与硝基苯相当。由于环上氮原子的钝化作用,使亲电取代反应的条件比较苛刻,且产率较低,取代基主要进入 3(β) 位。例如:

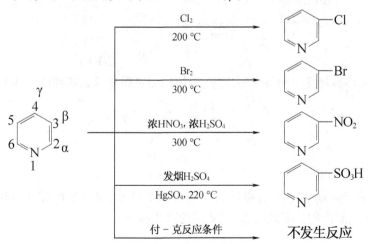

3. 亲核取代反应

由于吡啶环上氮原子的吸电子作用,环上碳原子的电子云密度降低,尤其在 2 位和 4 位上的电子云密度更低,因而环上的亲核取代反应容易发生,取代反应主要发生在 2 位和 4 位上。例如:

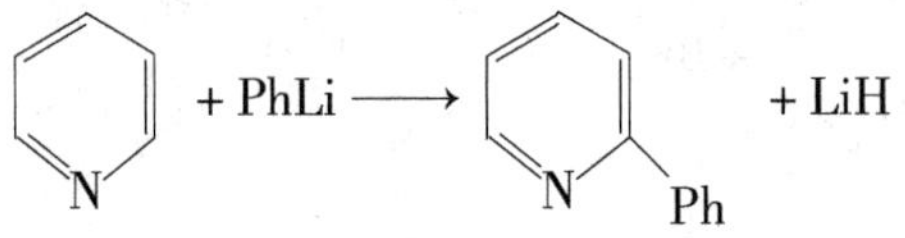

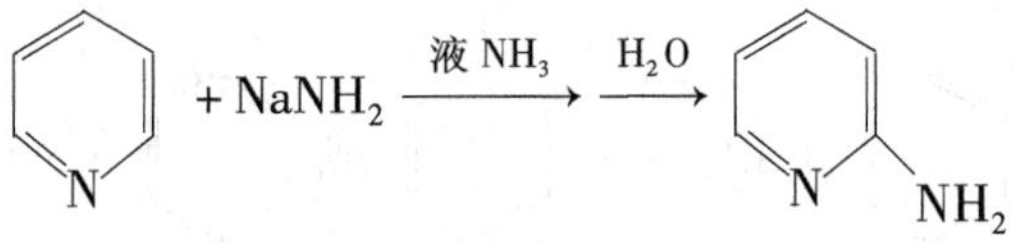

吡啶与氨基钠反应生成 2 - 氨基吡啶的反应称为齐齐巴宾(Chichibabin)反应,如果 2 位已经被占据,则反应发生 4 位,得到 4 - 氨基吡啶,但产率低。

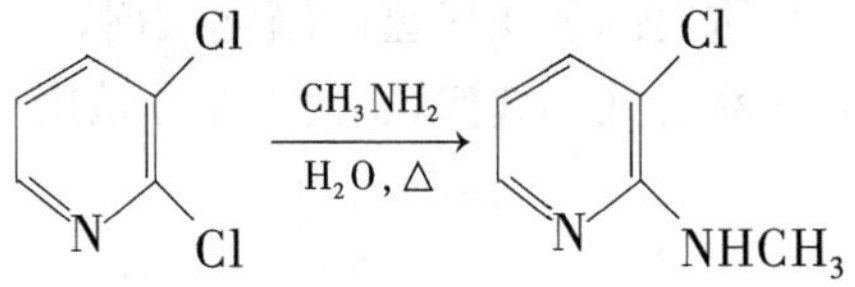

4. 氧化还原反应

由于吡啶环上的电子云密度低,一般不易被氧化,尤其在酸性条件下,吡啶成盐后氮原子上带有正电荷,吸电子的诱导效应加强,使环上电子云密度更低,更增加了吡啶对氧化剂的稳定性。当吡啶环带有侧链时,则发生侧链的氧化反应。例如:

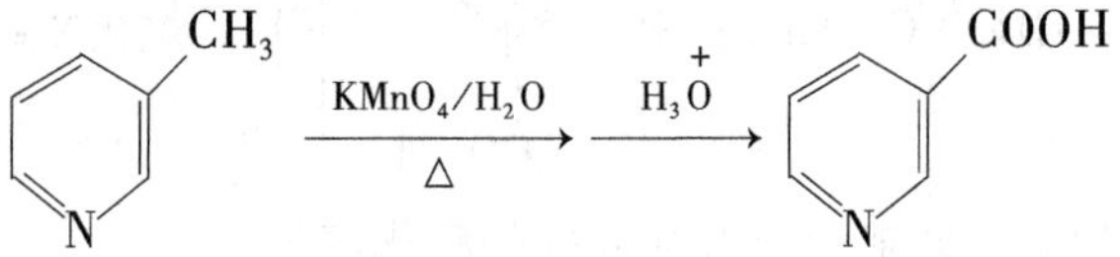

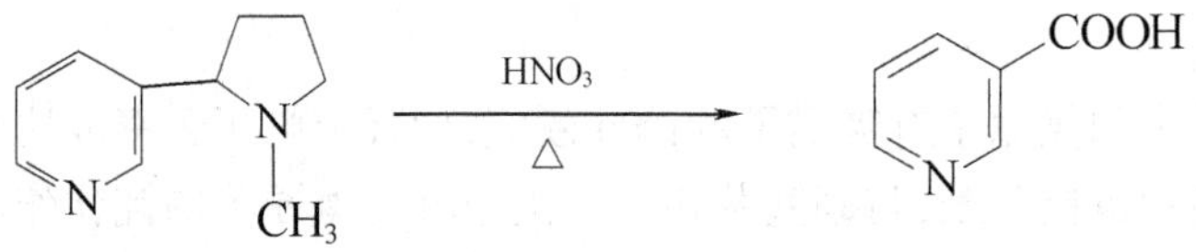

烟碱(尼古丁)   烟酸

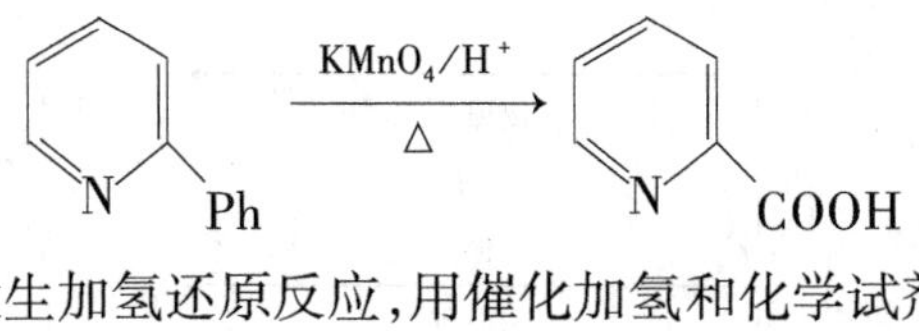

吡啶环比苯环容易发生加氢还原反应,用催化加氢和化学试剂都可以还原。例如:

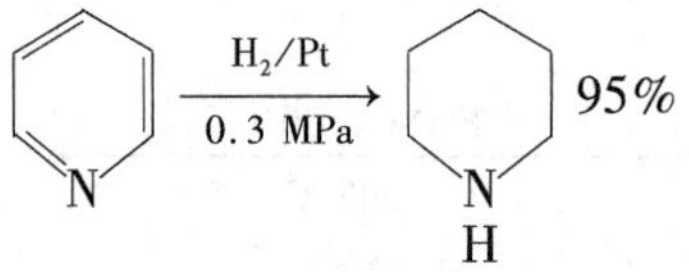

哌啶

吡啶的还原产物为六氢吡啶(哌啶),具有仲胺的性质,碱性比吡啶强($pK_a = 11.2$),沸点 106℃。很多天然产物具有此环系,是常用的有机碱。

10.4.2　喹啉与异喹啉

喹啉和异喹啉都是由一个苯环和一个吡啶环稠合而成的化合物。

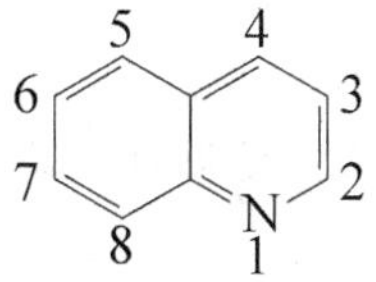

喹啉(Quinoline)　　　　　　　　异喹啉(Isoquinoline)
苯并[b]吡啶　　　　　　　　　　苯并[c]吡啶

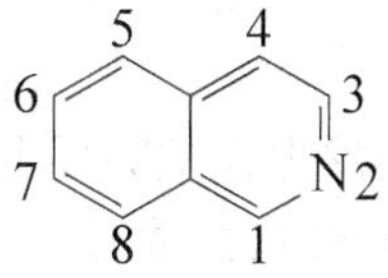

喹啉和异喹啉都存在与煤焦油中,1834 年首次从煤焦油中分离出喹啉,不久,用碱干馏抗疟药奎宁(Quinine)也得到喹啉并因此而得名。喹啉衍生物在医药中起着重要作用,许多天然或合成药物都具有喹啉的环系结构,如奎宁、喜树碱等。而天然存在的一些生物碱,如吗啡碱、罂粟碱、小檗碱等,均含有异喹啉的结构。

合成喹啉及其衍生物的常用方法是斯克劳普(Skraup)合成法。用苯胺(或其他芳胺)、甘油(或 α,β 不饱和醛酮)、硫酸、硝基苯(相应于所用芳胺)共热,即可得到喹啉及其衍生物。

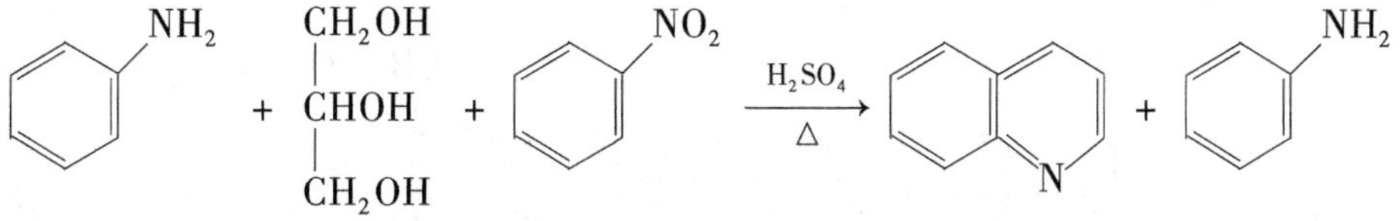

喹啉和异喹啉都是平面性分子,含有 10 个 π 电子的芳香大 π 键,结构与萘相似。喹啉和异喹啉的氮原子上有一对未共用电子对,均位于 sp^2 杂化轨道中,与吡啶的氮原子相同,其碱性与吡啶也相似。由于分子中增加了憎水的苯环,故水溶解度比吡啶大大降低。其物理性质见表 10.2。

表 10.2　喹啉、异喹啉及吡啶的物理性质

名称	沸点/℃	熔点/℃	水溶解度	苯溶解度	pK_a
喹啉	238	-15.6	溶(热)	混溶	4.90
异喹啉	243	26.5	不溶	混溶	5.42
吡啶	115.5	-42	混溶	混溶	5.19

喹啉和异喹啉环系是由一个苯环和一个吡啶环稠合而成的。由于苯环和吡啶环的相互影响,使喹啉和异喹啉发生的反应有以下规律:

(1)喹啉和异喹啉,亲电取代反应发生在苯环上,其反应活性比萘低,比吡啶高,取代基主要进入 5 位和 8 位。

52%　　　　　　　　48%

35%

（2）亲核取代反应发生在吡啶环上，反应活性比吡啶高。喹啉环上 2 位和 4 位，异喹啉环上 1 位的氯原子容易被亲核试剂取代。

（3）氧化反应发生在苯环上（过氧化物氧化除外）。

（4）还原反应发生在吡啶环上。例如：

思 考 题

1. 为什么吡啶的亲电取代反应发生在 3 位,而亲核取代发生在 2 和 6 位。
2. 为什么呋喃、噻吩及吡咯比苯容易进行亲电取代,而吡啶却比苯难发生亲电取代?
3. 预测下列化合物的碱性强弱,并予以适当的理论解释。

习　　题

一、命名下列化合物

1.
2.
3.
4.
5.
6.

二、写出下列反应的产物

1. O_2N —— S —— CH_3 $\xrightarrow[H_2SO_4]{HNO_3}$

2. + CH_3MgI —— $\xrightarrow[2. \triangle]{1. CH_3I}$

3. + C_2H_5I —— $\xrightarrow{\triangle}$

4. $\xrightarrow{HNO_3 + H_2SO_4}$

5.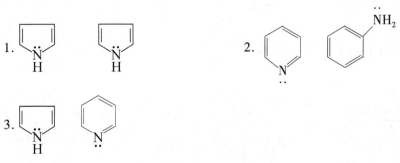

$\xrightarrow[\triangle]{Br_2}$

6. $\xrightarrow{\text{浓 NaOH}}$

7. $+ CH_3CHO \xrightarrow{OH^-}$

8. $+ \xrightarrow{ZnCl_2}$

9. $\xrightarrow[CH_3OH, \triangle]{CH_3COONa}$

10. $+ (CH_3)_2CHI \longrightarrow$

11. $\xrightarrow{KMnO_4}$ $\xrightarrow[2. H_2NNH_2]{1. SOCl_2}$

12. $+ CH_2O + HN(CH_3)_2 \longrightarrow$

13. $\xrightarrow[\text{压力}]{H_2/Ni}$ $\xrightarrow[\triangle]{HCl}$ $\xrightarrow{KCN}$ $\xrightarrow{H_2/Ni}$ $\xrightarrow{H^+, \triangle}$

三、比较下列各组化合物的碱性强弱,并解释之

1.

2.

3.

四、由杂环化合物或易得的取代杂环化合物为原料合成下列化合物

1.

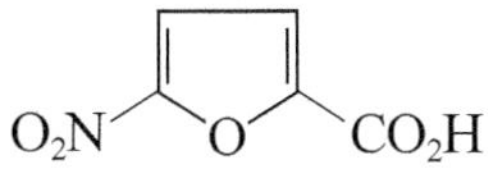

2.

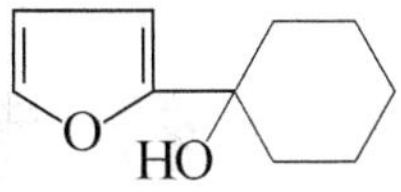

3.

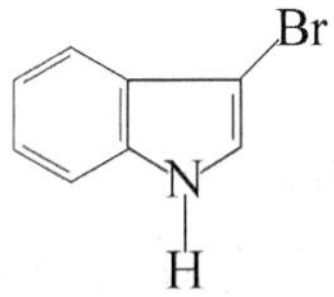

4.

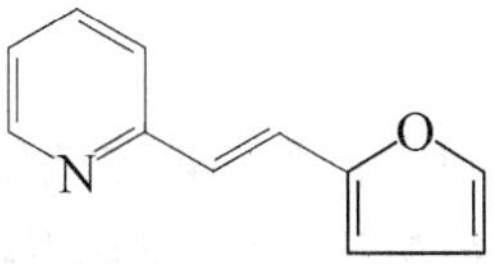

5.

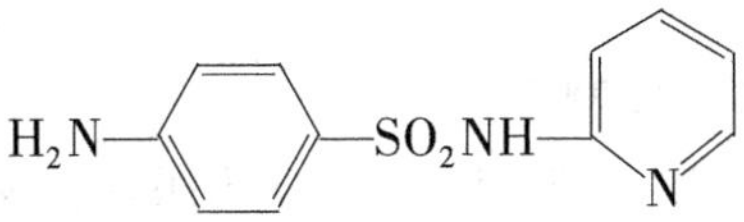

6.

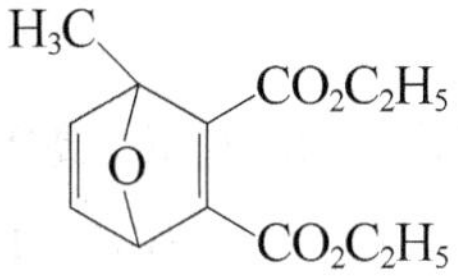

五、推断题

罂粟碱 $C_{20}H_{21}O_4N$ 是一个生物碱,存在于鸦片中。它与过量的 HI 酸作用产生 4 mol 的 CH_3I,表示有 4 个—OCH_3 基存在(Zeisel)。用 $KMnO_4$ 氧化首先得到一个酮 $C_{20}H_{19}O_5N$,它继续氧化得到一个混合物。经分离鉴定它们的结构式如下,试推断罂粟碱的结构,并解释所发生的反应。

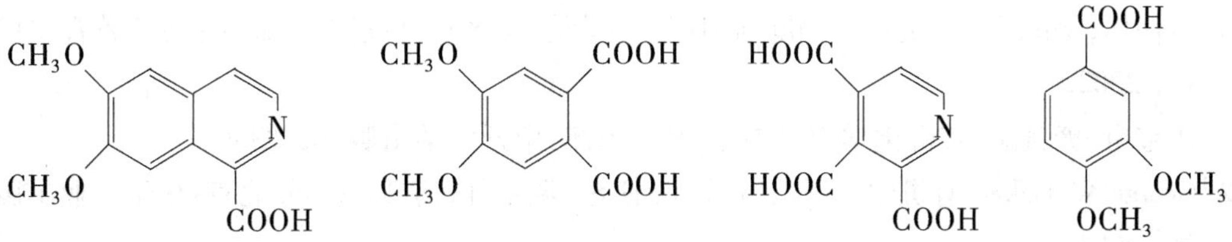

六、填写题

下面是尼古丁(Nicotine)的全合成路线,请填写各步反应所需要的试剂。

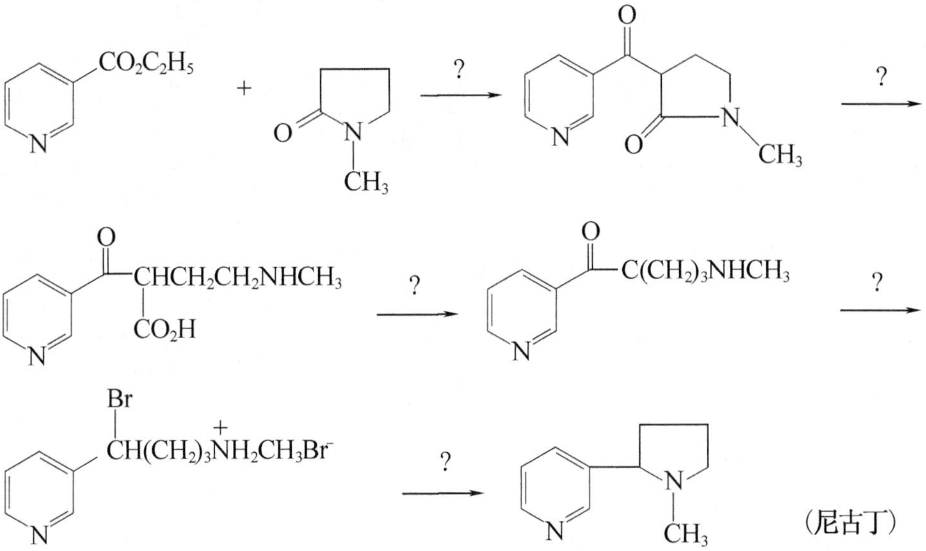

(尼古丁)

参 考 文 献

［1］胡宏纹.有机化学(上、下册)［M］.3 版.北京:高等教育出版社,2006.

［2］邢其毅,裴伟伟,徐瑞秋,等.基础有机化学(上、下册)［M］.3 版.北京:高等教育出版社,2005.

［3］曾昭琼.有机化学［M］.4 版.北京:高等教育出版社,2004.

［4］莫里森 R T,博伊德 R N.有机化学(上、下册)［M］.2 版.北京:科学出版社,1992.

［5］高鸿宾.有机化学［M］.4 版.北京:高等教育出版社,2005.

［6］王积涛,王永梅,张宝申.有机化学［M］.2 版.天津:南开大学出版社,2003.

［7］汪小兰.有机化学［M］.北京:高等教育出版社,2005.

［8］高占先.有机化学［M］.2 版.北京:高等教育出版社,2007.

［9］陈宏博.有机化学 ［M］.大连:大连理工大学出版社,2010.

［10］裴伟伟,冯骏材.有机化学例题与习题——题解及水平测试［M］.北京:高等教育出版社,2002.

［11］张宝申,庞美丽.有机化学学习辅导［M］.天津:南开大学出版社,2004.

［12］George W. Gokel.有机化学手册［M］.张书圣,温永红,丁彩凤,译.北京:化学工业出版社,2006.